U0215646

中国现代艺术与设计学术思想丛书

肇文兵 编

黄能馥文集

山东美术出版社

编委会

2004 年黄能馥先生在九寨沟。

《中国南京云锦》出版座谈会上的发言

根据考古科学的发现，中国丝绸已经有2000年的历史。公元前11世纪，中国就已创造了经线显花的重经织物织锦。织锦是丝绸中最华贵的品种。织锦的出现，不仅标志着中国丝织技术的成熟和进步，而且对中国服饰文化，服饰制度，诗歌、舞蹈等上层建筑领域产生了深刻的影响。从公元前11世纪到公元1世纪，中国织锦的主要产地在黄河下游的河南东部和山东的胶东地区。胶东的临淄一带原本是盐碱地带生产落后，人口稀少。周成王封太公于营丘（临淄）。实施了劝课农桑富国强民之策，使齐国"冠带衣履天下。"上世纪50年代在临淄春秋时期的古墓中就曾发现过经线显花的织锦。在西汉时期陈留（今河南开封东部）及襄邑（今河南睢县）是织锦和刺绣的中心产地，当时已经把织锦花纹编成花本，结成提花综束来进行提花织造。它的装造有筐式竹笺提花机和垂直束综式提花机（又称帘式提花机）两类，前者现今仍在侗族、土家族、壮族、苗族、哈尼族等地

《中国南京云锦》出版座谈会上的发言手稿，2003 年。

总　序

　　一所学校的历史与一个国家的发展，发生如此紧密的联系，即使翻遍世界各国的史书，其案例也是屈指可数。一门学科的建立与一批学者的命运，产生难以言状的纠葛，即使查阅世界教育的档案，其资料也是寥若晨星。

　　这所学校就是中央工艺美术学院，这批学者就是这所学校的开创者。

　　从1956年11月1日中央工艺美术学院建立，到1999年11月20日国家撤销其建制，在中华人民共和国高等学校发展的历史上，这所学校共存在了43年又20天。尽管，并入清华大学翻开了学院发展的新篇章。然而，作为中国高等学校学科建设的历史，这个事件标志着中国的艺术与设计教育进入了一个新的时代。

　　可以毫不夸张地说，中央工艺美术学院的历史就是新中国高等设计教育的历史。中央工艺美术学院开创者的思想，代表着艺术与设计学科世界前沿的最高水平。只是由于我们的传媒未能有效地向世界传播这样的信息，以致这批开创者的思想，在相当长的一段时间雪藏而不被人知。

　　清华大学美术学院刘巨德教授评价学院开创者的一段话耐人寻味：“他们当中有一批学贯中西的文化人，还有一批是土生土长的文化人，这两批人都有着共同的特点，他们都拥有艺术救国、艺术强国的情怀，他们本身又都有美术和设计两个翅膀，是又能画又能设计的。我的老师庞先生，既是现代绘画的先驱，又是现代设计的开拓者，他们都有人文的境界，不是仅限于某个专业的，可以说是通才，他们对中国古典文化有非常深入的研究，对西方现代文化也了如指掌，是真正的学贯中西，他们能将两者融通，又能立足于中国传统文化，他们视野宽阔，艺术修养也很高，是集美术学和设计学于一身的。”[1]

　　最近，清华大学美术学院进行了建院历史上的首次国际评估，这次评估的成果必将对学院未来的发展产生不可估量的影响。评估的机遇使我们能够客观地回望学院开创者的业绩，并将其置于全球的平台上进行评价，不禁为他们超前的意识所折服。正是因为学院第一代学者的开拓：“学院的教学思想和教学体系一直主导着中国现代设计艺术教育的发展。建院以来，学院结合国家和社会需求，承担和参与了国家主要的艺术设计项目，发挥了国家级艺术设计研究机构的作用。学院在不同历史阶段提出了工艺美术、工业设计、艺术设计等专业概念，始终引领中国设计艺术的发展走向。”[2]

[1] 郑曙旸：《清华大学美术学院的研究型发展定位》，43页，《装饰》，2010年第6期。

[2] 清华大学美术学院：《清华大学设计艺术学科国际评估自评报告》，2010年。

学院开创者的学术思想及其研究，始终围绕着艺术与设计的学科定位。在中央工艺美术学院的北京光华路旧址校门之上，高悬"衣食住行"的铜质标志（现移至清华园清华大学美术学院A座大厅），它宣示艺术与设计学科的指向：为人民服务——创造生态的合理生活方式。

在开创者的心目中，"工艺美术"代表着现代设计的概念。"工艺美术是艺术和科学的产儿。"[1]"工艺美术是在生活领域（衣、食、住、行、用）中，以功能为前提，通过物质生产手段的一种美的创造。"[2]这一点与20世纪50年代新中国建立之初，国家兴办中央工艺美术学院的目的是有着本质区别的。决策者的定位在于传统手工艺的发展与传承，思想还停留于农耕文明的思维定势，而非开创者启发于工业文明的新思路。在那个激情燃烧的岁月，学科与专业的发展泛政治化，由此导致了以庞薰琹为代表的一代学人的悲剧人生。丧失了独立自由的学术精神，导致先进的学术思想被禁锢，以至艺术与设计的观念，被限定在一个狭小的职业领域。

逝去的日子不堪回首。限于历史的原因，当时作为中央工艺美术学院直接上级的国家轻工业部，很难认识到这所学院存在的真实价值，以及国家发展战略的支柱在于产业制造能力和技术研发水平——"设计（DESIGN）"恰恰是其直接的推动力。社会主义的国家机器，具有强大的行政能力，只有通过政府的推进，以国家发展的战略高度定位"设计（DESIGN）"，才能通过顶层规划来实现产业发展的技术创新。但由于种种原因，直到现在我们才开始以50年前建立在工业文明基础之上的理论，来指导今天面向生态文明的艺术与设计。

人类进入21世纪，"环境与发展"的矛盾严峻地摆在全世界人民的面前。"设计（DESIGN）"的理念，已从最初的专业领域扩展到经济与社会的各个层面。定位于消费文化的产品服务设计观念，将转换为定位于生态文化的环境服务设计观念。创新与可持续，成为今天的设计不可或缺的两大内容。全世界所有从事设计与设计教育的业者，都将面临巨大的挑战和机遇以及如何应对……

在这样的形势下，出版这样一套主要产生于20世纪、反映中央工艺美术学院开创者艺术与设计思想的文集，其意义与价值不言而喻。

郑曙旸

2010年10月16日于荷清苑

---

[1] 田自秉：《工艺美术概论》，2页，上海，知识出版社，1991年版。
[2] 同上，6页。

目　录

传 略

黄能馥，著名中国服饰史与丝绸史专家，数十年来致力于中国传统装饰图案、服饰史、丝绸史的研究工作，出版著作二十余部，其中《中国历代装饰纹样大典》、《中国服装史》、《中国丝绸科技艺术七千年》、《服饰中华——中华服饰艺术七千年》等备受国内外学界赞誉。如今，耄耋之年的黄先生仍笔耕不辍，依旧执着于中国传统服饰文化的研究与整理工作。

1924年[1]，黄能馥出生于浙江义乌稠城镇一户农家，父母为他取名"黄能福"。少年时期黄能馥曾就读于义乌县立初中，1942年从该中学肄业并进入新群高中学习土地测量，历时半年。此后，又进入浙江省测量队，成为专业测量员，这段经历虽然辛苦，但却为他后来的服饰文化研究工作打下良好的测绘基础。1949年，黄能馥回母校义乌初中任语文教员，第二年考取杭州国立艺专（1950年11月，杭州国立艺专更名为中央艺术学院华东分院）。1953年初，因中央美术学院华东分院院系调整，黄能馥由杭州中央美术学院华东分院转至北京的中央美术学院工艺美术系学习，1953年毕业后，继续留校攻读研究生，此后追随沈从文先生研究中国丝绸史。

1956年，中央工艺美术学院成立，黄能馥调入中央工艺美院任教员。在这一年，他结识了当时还是沈从文助手的陈娟娟女士[2]。两人因服饰研究工作相识，其后多年，他们在沈从文先生的指导下，共同致力于中国古代服饰史的研究与整理工作，并成为中国传统服饰文化研究领域的领军人物，二人因此结下良缘。说到黄能馥的学术研究生涯，就一定绕不过陈娟娟女士，陈女士不仅是他生活上的伴侣，也是工作上的重要合作者。陈娟娟20岁进入故宫博物院就开始从事院藏丝绸织物和服装的研究工作。她在年轻时患上了风湿性心脏病，但工作热情和认真严谨的态度并未由此减少。陈娟娟女士长年以立体显微镜观察实物，用细针一层一层、一丝一丝地拨动丝绸实样，从而记录织物的组织结构，这种认真仔细和韧性十分令人钦佩。

---

[1] 此前可见多种出版物上黄能馥先生的出生年均为1927年，在这次论文集的编辑过程中，黄能馥先生确认其真实的出生年为1924年，盖因当年考取国立专时户口登记为1927年，因此之后的简历均延用了当时的记录，借此文集出版的契机，黄能馥先生希望将生年更正为1924年。编者注。

[2] 陈娟娟（1936-2003），著名文博学者。1956年进入北京故宫博物院，师从沈从文先生，毕生致力于中国织绣文物研究工作。曾任故宫博物院研究员、国家文物鉴定委员会委员，清华大学美术学院数字博物馆专家委员会委员，中国丝绸博物馆、苏州丝绸博物馆、南京云锦研究所顾问。与黄能馥先生的多年合作中，其中最重要的著作便是《中国丝绸科技艺术七千年》。

据中国纺织出版社高级编辑范森先生讲，陈娟娟女士是"世界上唯一长期坚持这项工作的研究人员"[1]，在近半个世纪的时间里，她亲手为故宫和其他博物馆鉴定了数以万计的织绣文物。1959年，黄能馥与陈娟娟女士结为伉俪，从此开始了他们在学术与人生上相濡以沫、互相扶持的岁月。正是有了这份扶持和不懈的坚持，两位老人在中国服饰文化研究领域都作出了重要的贡献，也因此成就了他们共同的老师——沈从文先生当年的一份遗愿。他们常一起参加出土文物研究工作，陈娟娟做科学鉴定，研究面料、染料、织法和针法，黄能馥临摹纹样图案，研究款式、色彩、佩饰以及穿着效果。他们是新中国最早开始研究复制出土丝绸刺绣服装的学者之一，先后指导复制汉、唐、清等各朝代的丝织品几十件，其中的"万历皇帝缂丝十二章衮服"曾获复制金杯奖和全国工艺美术百花奖。半个世纪以来，二人共同完成了数十万字的中国服饰史与丝织史的研究与写作工作，其中最重要的合作便是完成于2003年的《中国丝绸科技艺术七千年》一书。

1958年底，为迎接新中国建国十周年，北京市开始兴建十大建筑。中央工艺美术学院承担了大量的美术设计工作，其中染织美术系完成了人民大会堂、民族文化宫和军事博物馆等部分建筑的装饰设计工作。主要有人民大会堂主席台、北京厅与钓鱼台国宾馆的地毯设计，以及人民大会堂丝织窗帘、锦罗绒沙发面料的设计。黄能馥参与了这项具有历史意义的工作。

1959年至1961年，学院组织各专业教师深入生活采风，1959年，黄能馥和染织系的常沙娜、李绵璐老师深入莫高窟临摹大量的服饰纹样。1960年，又同张仃、李绵璐、梁任生等赴云南采风，整理并绘制了大量民间装饰纹样。从1960年开始，黄能馥开始为中央工艺美术学院染织系的学生讲授"纹样"课。1962年由中华书局出版了他的第一本著作《中国印染史话》，当时印数达5万余册，这也是新中国较早的一部关于传统印染技术的出版物，这本书虽然字数不多，却简洁全面地介绍了中国古代印染工艺的历史与成就，今天读起来仍是饶有趣味。第二年，黄能馥又与李绵璐合作开始《中国染织纹样简史》的编著工作。同年，他与夫人陈娟娟第一次合作编著的《丝绸史话》由北京中华书局出版。

1966年，"文化大革命"爆发，学院的大批知名教授学者都被当作"牛鬼蛇神"关进"牛棚"，黄能馥也未能幸免，被迫停止了正常的教学和研究工作。1970年5月，黄能馥与学院师生一起被下放到河北省获鹿县的1594部队农场。尽管如此，在"文革"期间，他对于古代服饰文化的研究和整理工作并没有真正停止过。在特殊年代里，黄能馥与陈娟娟依然共同协助沈从文先生的中国服饰文化研究工

---

[1] 引自2003年2月17日《中国纺织报》第二版，《7年成书收获7千年文化》一文。此文亦收录于本文集。

作。红卫兵曾把他们搜集并绘制的大量古代服饰纹样当作"四旧"处理，黄能馥也一度被关了"牛棚"。这个时期陈娟娟还被查出患有癌症，时代的艰辛和生活的折磨同时袭来，在重压下，黄能馥一度产生过放弃研究的念头，但与沈从文先生的一次见面，令他重拾学术研究的信念并一直坚守至今。

此后的二十余年里，黄能馥始终坚持中国古代丝绸技术与服饰文化的研究工作，并延续着沈从文先生所开辟的"以历史文献和考古实物相对证"的研究方法。该研究方法自始至终体现在黄能馥多年以来出版的学术著作当中，每一段对古代实物的描述均要辅以图片作为说明。图片有实物的照片，也有从书籍文献上翻拍而来的，更多的时候，因为条件的限制，没有可能拍到实物，黄先生就采用手绘的方式辅以说明。甚至有些时候，为了获得第一手珍贵的资料，黄能馥还会用自己并不丰厚的收入去买那些昂贵而稀有的文物图片。在黄能馥已有的出版作品中，其中有大量插图是他在当年实地调查中根据实物手绘而成。

1972至1973年期间，国家文物局曾抽调中央工艺美术学院的一批教师参加"中华人民共和国出土文物展览"的文物临摹、复制及设计工作，黄能馥参与了其中出土织物的分析与绘制工作。在不到一年的时间里，他们以湖南长沙马王堆出土文物为复制重点，为展览完成了51件高质量的文物临摹复制品。此次展览是"文革"后期首次以国家名义组织的出国文物展。"文革"结束后，黄能馥先生就不断有新的研究成果出现。他积极投入到中国古代服饰文化的研究与教学工作中去，仿佛要将"文革"中失去的岁月追赶回来。学院刚刚恢复教学的头两年，黄能馥先生为学生开设了"传统染织图案临摹与分析"、"写生变化及二方连续"以及"传统印染"课程。

1980年6月，停刊19年之后的《装饰》杂志复刊，当时由丁聪担任艺术指导，黄能馥参加了复刊的编辑工作。一年以后，黄能馥又主持编辑了另一本学术刊物——《工艺美术论丛》，该论丛第一辑于当年10月出版，由吴劳任主管，丁聪任美编，人民美术出版社出版。《工艺美术论丛》从1981年到1982年共出版3辑。1980年，黄能馥又参加了《中国百科全书·文物卷》、《当代中国的工艺美术》、《北京风物志》等书的编写工作。同年，他和陈娟娟女士共同完成的《丝绸史话》由中华书局再版，印数达6万余册。这一年，他为78级染织系学生开设了"中国纹样简史"课程。

1982年起，黄能馥历任中国流行色协会学术顾问、专家委员会委员。同年，受《中国美术全集》编委会聘任为《中国工艺美术全集·工艺美术编·印染织绣》上下集主编，两书分别于1985年12月和1987年9月由文物出版社出版中文版，后出版英文版与日文版。1983年，黄能馥任国家科委加拿大"中国古代传统科技展览会"

的纺织科技顾问；同年，他与常任侠等五人应中日友好协会邀请合著《中国美术史谈义》，由日方译成中文，并由日本淡交社在京都出版，黄能馥执著其中的《中国青铜器》一部。在这一年，他还撰写了《谈龙说凤》一文，该文的撰写是为纠正"文革"期间人们对龙凤纹样所产生的误解，此文发表于《故宫博物院院刊》1983年第3期头版。

从20世纪80年代初一直到90年代，黄能馥先生几乎每一年都有作品出版，可谓高质而多产。其中有个人专著、编著，也有与他人合作的作品，更多的是与陈娟娟女士的合作。1988年，黄能馥从中央工艺美术学院退休，离开了教学岗位，也意味着有更多时间专心进行服饰史的写作工作。1995年，黄能馥夫妇合作完成两部重要著作，分别是《中国历代装饰纹样大典》与《中国服装史》。《中国服装史》在1997年1月的全国第二届服装书刊展评会上获最佳书刊奖；1999年在《中国历代装饰纹样大典》基础上，经过修订又出版了《中国历代装饰纹样》，该书于2002年获清华大学优秀教材奖。

2002年，两位先生合作的《中国丝绸科技艺术七千年》问世，作品的出版在学界引起瞩目，获得国内外专家学者的高度好评。该书的时间跨度长达七千年，以一千多幅实物图片与图表辅以翔实的科学分析，对中国丝绸机具品种和构造的演变，纹样组织、品种、图案、色彩，印染和刺绣技术的发展均作出独到的历史评价；从丝绸发展角度佐证了中华文明史的源头，将其令人信服地向前推进了2000年。遗憾的是，在此书完成的第二年，陈娟娟女士因病辞世。二人合力完成的这部巨著也在这一年获得第十一届全国优秀科技图书一等奖及第六届国家图书奖。

此后的近十年间，黄能馥依旧笔耕不辍，每年仍会有作品出版。在黄能馥的家里，一进客厅就可看到墙上挂着陈娟娟女士的照片，客厅和卧室、书房里都一样堆满了资料和书籍。可以想见，黄能馥在妻子照片的陪伴下依旧执着于服饰文化研究的日日夜夜。

黼黻文章，纸上耕就。黄能馥的学术生涯并没有任何传奇色彩，简单而平常，他只是一味踏踏实实、忠于自己的初衷在进行服饰史与丝绸史的研究与整理，历史研究本身就是一项琐碎、艰苦、没有太多精彩可言的工作，如果没有信念与坚持是很难数十年如一日地将精力投入进去的。因为这份执着与坚守，也因为这种甘于简单与平常的境界，才有了我们今天可见的完备而详尽的中国服饰史和丝绸史的研究现状。

服饰文化研究

王权的标志——"十二章"服饰纹样

服装有实用和装身两大功能。在原始社会未有服装以前，原始人就用红色矿石粉末文身文面，用骨管、兽牙、贝壳、砥石、石珠等穿孔做成装饰品来美化自己，可以说美化装身的要求早已存在。原始人使用红色文身文面，具有祈求永生的原始宗教意义。当服饰文明进步到穿衣戴帽的阶段之后，原始人身上文绘的花纹被衣服所掩盖，于是文身的花纹逐渐转移到服装上面，从而产生了服饰纹样。

奴隶社会的服饰纹样是奴隶制社会精神文化的一个方面，纹样内容的政治意义大于审美的欣赏意义。最重要的纹样为国王衮服上面的"十二章"，"十二章"最早的记载见于《尚书·益稷》："帝曰：予欲观古人之象，日、月、星辰、山、龙、华虫，作会；宗彝、藻、火、粉米、黼、黻，絺绣，以五采彰施于五色，作服，汝明。"这段话原来没有标点，如果断句不同，就可引出不同的解析。前汉时按孔安国的解析是：日、月、星辰为三辰，与山、龙、华（草华）、虫（雉）以五彩画于衣服旌旗，藻，水草有纹者，火为火字，粉若粟冰，米若聚米，黼若斧形，黻为两弓相背。综合起来"天子服日月而下，诸侯自龙衮而下至黼黻，士服藻火，大夫加粉米，上得兼下，下不得兼上"。他把"粉"和"米"分列为二章，不列入宗彝，如再把"华"与"虫"分为二章，合起来就成为"十三章"而不是"十二章"了，这是他说得不明确的地方。

后汉马融把华、虫合为一章，其余说法与孔安国相同，明确以日、月、星辰、山、龙、华虫、藻、火、粉、米、黼、黻为"十二章"。这个说法被《续汉书·舆服志》所采纳，后来《晋书·舆服》、《宋书·礼志》、《南齐书·舆服志》也都相同，但这种做法又与《周官》五冕中毳冕衣服画虎彝蜼（wěi，长尾猴）彝的制度相矛盾。

后汉郑玄诠《周官》"司服"条提出另一种说法："予欲观古人之象，日、月、星辰、山、龙、华虫、作缋，宗彝、藻、火、粉米、黼黻、（絺）绣，此古天子冕服十二章，舜欲观焉，华虫五色之虫，缋人职曰：鸟兽蛇，杂四时五色以章之谓是也，絺读为希，或作黹，字之误也，王者相变，至周而以日、月、星辰画于旌旗，所谓三辰旌旗，昭其明也。而冕服九章，登龙于山，登火于宗彝，尊其神明也，九章初一曰龙，次二曰山，次三曰华虫，次四曰火，次五曰宗彝，皆画以为缋，次六曰藻，次七曰粉米，次八曰黼，次九曰黻，皆希以为绣。则衮之衣五章，裳四章，凡九也。鷩画以雉，谓华虫也。其衣三章，裳四章，凡七也。毳画虎蜼，谓宗彝也，其衣三章，裳二章，凡五也。绣则粉米无画，其衣一章，裳二章，凡三也。玄衣无文，裳刺黻而已。"这样，郑玄把作缋宗彝解析为宗彝里面缋画，同时《周官》毳冕中的虎彝蜼彝合在上面，即于宗彝上画上虎蜼之形，从而把《尚书》十二章与《周官》五冕内容相结合。虽然有的学者批评郑玄解析得勉强，但自梁朝起采用了郑玄的学说，《隋书·礼仪六》追记梁朝服制，皇帝"衣则日、月、星辰、山、龙、华虫、火、宗彝，画以为绘。裳则藻、粉米、黼、黻以为绣，凡十二章"。到隋唐成为定式，一直流行到清代。

隋顾彪在《尚书疏》中说："日月星辰取其照临，山取其能兴雷雨，龙取其变化无方，华取文章，雉取耿介，藻取有文，火取炎上，粉取洁白，米取能养，黼取能断，黻取善恶向背。"

宋聂崇义在他的《三礼图》"衮冕"条中说："以日月星辰画于旌旗，所谓三辰旌旗，昭其明也……龙能变化，取其神，山取其人所仰也，火取其明也；宗彝古宗庙彝尊，名以虎、蜼，画于宗彝，因号虎蜼为宗彝，虎取其严猛，蜼取其智，遇雨以尾塞鼻，是其智也。"又同书"毳冕"条说："藻水草也，取其文，如华虫之义，粉米取其洁，又取其养人也……黼诸文亦作斧，案绘人职据其色而言，白与黑谓之黼，若据绣于物上，即为金斧之文，近刃白，近銎（qióng）黑，则曰斧，取金斧断割之义也。青与黑为黻，形则两弓相背，取臣民背恶向善，亦取君臣离合之义。"

"十二章"纹样的题材，不是奴隶社会才有的。人类在原始社会生存斗争的漫长岁月里，观察到日、月、星辰预示气象的变化，山能提供原始人以生活资源，弓和斧是劳动生产的工具，火改变了人类的生活方式，粉米是农业耕作的果实，虎、蜼（长尾猴）、华虫（雉鸡）是原始人狩猎活动接触的对象，龙是中国许多原始氏族崇拜的图腾对象，黻纹是原始人对于宇宙对立统一规律认识的抽象。所以在中国原始彩陶文化中，日纹、星纹、日月山组合纹、火纹、粮食纹、鸟纹、蟠龙纹、弓形纹、斧纹、水藻纹等早已出现。到了奴隶社会，由于奴隶主阶级支配着物质生产的资料，同时也就支配着精神生产的资料。日、月、星辰、山、龙、华虫、虎、蜼、藻、粉米、黼（斧）、黻（亚）等题材被统治阶级用作象征统治权威的标志，是不足为奇的现象。（图1）

关于"十二章"的起源，中外学者都引用《虞书·益稷》篇所记帝舜的一段话为根据。《虞书》是周代史官追记的，但"十二章"中除宗彝在夏代以前尚未出现，可以存疑，其他纹样早已分见于各地彩陶纹样中，直接见于衣服上的龙纹和黻纹，则在商代玉、石、青铜奴隶主人物造像衣服纹饰中已经存在。这些商代奴隶主服装双臂多饰降龙纹，双腿多饰升龙纹，胸前饰正面龙头形兽面纹。领部及后背部

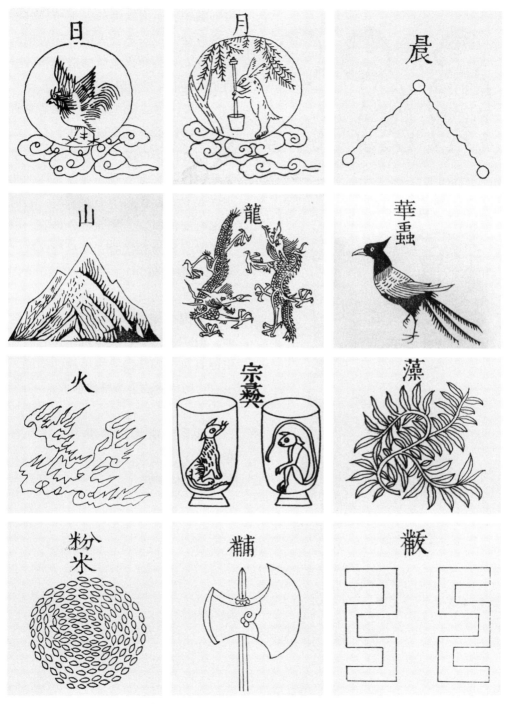

图 1　明·王圻《三才图会》所载帝王冕服"十二章"纹
分别是：日、月、星辰、山、龙、华虫、火、宗彝、藻、粉米、黼、黻。

图2　河南安阳殷墟出土玉人。头顶总发后垂，身穿龙袍饰有黻纹，前胸饰龙头纹，两臂饰降龙纹各一，两腿饰升龙纹。（黄能馥临摹）

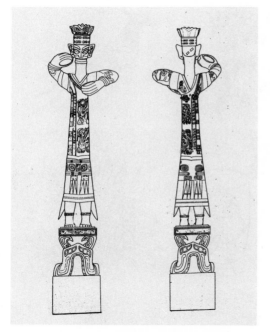

图3　1986年四川广汉市三星堆2号祭坑出土商代晚期古蜀国鱼凫王青铜立像。三星堆博物馆藏，曾发表于《三星堆——古蜀王国的圣地》。

位饰黻纹。衣服纹饰的大布局和后世皇帝所穿龙袍及王公大臣所穿蟒袍形式相近。只是商代龙纹的造型和后世的龙纹有很大差别罢了（图2）。

另外《考工记·辀人》有"龙旂九斿"的记载，也是说画龙于衣，以祭宗庙。四川广汉三星堆曾出土蜀王大型铜像，头戴王冠，身穿龙袍，龙纹作双龙对称式列于上衣右侧，右肩背部有变体凤纹，装饰十分华丽。以上所举，均为商代的"龙袍"式样，也就是中国最早的"龙袍"了（图3）。

中国奴隶制社会到战国时期解体，但"十二章"纹样由于在思想意识上具有巩固统治阶级皇权的功能，一直为历代封建皇帝所传承。

原载黄能馥、陈娟娟：《中国服饰史》，上海人民出版社，2004年版，第60—67页。

汉王朝的服饰制度

汉高祖初期，找不到四匹纯色的马来拉车，将相只能坐牛车，刘邦本人对服装的上层建筑作用起初也认识不足，曾将儒生的高冠用来当溲器，后来经叔孙通的说服，才叫叔孙通去制定礼仪。汉初，采用秦朝的黑衣大冠为祭服，对一般服装，除刘邦当亭长时用竹皮自制的刘氏冠不许一般人戴之外，没有什么禁例。此后，经过七十年左右的经济恢复，到汉文帝时，国力已经充裕起来，但汉文帝只穿"弋绨、革舄、赤带"，皇后的裙裾长不及地，提倡节俭。汉文帝在位23年，经济进一步繁荣，出现了"文景之治"。由于经济的发展繁荣，服饰也逐渐由俭转奢，当时纺织品产量的不断增长，以及由丝绸出口交换进来的珠玉犀象、琥珀玳瑁等高贵的装饰品，刺激着衣生活水平的上升。京师贵戚的穿着打扮，逐渐超过了王制，高贵的服装面料如锦、绣、绮、縠、冰纨等，原来属于后妃们专用，此时，富商大贾也都穿以为常，在他们嘉会宾客的时候，还拿这些高贵的丝织品披挂墙壁。贵族之家僮婢亦穿绣衣丝履，这在儒家看来，是一种尊卑混乱的现象，所以儒家学者贾谊就给汉文帝上书，建议按照儒学传统思想建立服饰制度，但汉文帝未能实行。到汉武帝元封七年（前104年）决定改正朔，易服色，表示受命于天，把元封七年改为太初元年，以正月为岁首，服色尚黄，数用五，但也没有规定详细的官服制度。直到东汉明帝永平二年（公元59年），下诏采用《周官》、《礼记》、《尚书·皋陶篇》，乘舆服从欧阳氏说，公卿以下从大小夏侯氏说，才制定了官服制度。永平二年正月祀光武帝明堂位时，汉明帝和公卿诸侯首次穿着冕冠衣裳举行祭礼，这是儒家学说衣冠制度在中国得以全面贯彻执行的开端。汉明帝的祭服、朝服制度包括冠冕、衣裳、鞋履、佩绶等，各有等序，它的重点在冠冕，朝服采用深衣制。

汉代冠帽和古制不同之处，是古时男子直接用冠约发（图1），汉代则先以巾帻包头，而

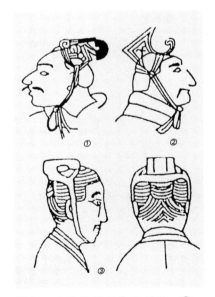

图1　直接用冠压发的形象。①、②为河南洛阳出土西汉空心砖画像，据《河南汉代画像砖》；③为河北满城西汉墓出土玉人，据《满城汉墓发掘报告》。

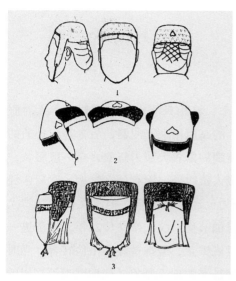

图2　由直接戴武弁到用帻衬戴武弁及发展为武弁大冠。①秦始皇陵兵马俑坑出土之戴弁陶俑。②咸阳杨家湾西汉墓从葬坑出土之戴弁陶俑，弁下已衬有帻。③武威磨咀子62号新莽墓墓主所戴武弁大冠（转自孙机先生插图）。

图3　左为介帻，中为平上帻，右为平巾帻。①沂南东汉画像石中之介帻。②山东汶山孙家村汉画像石中之平上帻，据《汉代画像全集》二编。③东汉灰陶刀盾俑，传世品。④望都2号东汉墓出土石雕骑俑。③④二例代表从平上帻向平巾帻过渡之形态。⑤南京石子岗东晋（南朝）墓出土戴平巾帻之陶俑，中国历史博物馆藏品（转引孙机先生插图）。

后加冠，这在秦代是地位较高的人才能如此装束的。"巾"本是古时表示青年人成年的标志，男人到20岁，有身份的士加冠，没有身份的庶人裹巾。巾是"谨"的意思。战国时韩国人以青巾裹头，故称"苍头"。秦国以黑巾裹头，称为"黔首"。东汉末，如袁绍、孔融等都以幅巾裹头。"帻"是战国时由秦国兴起的（图2），用绛袙（赤钵头）颁赐武将，陕西咸阳秦俑坑出土的武士就有戴赤钵头的。帻类似帕首的样子，开始只把鬓发包裹，不使下垂，汉代在额前加立一个帽圈，其名称为"颜题"，与后脑三角状耳相接。巾是覆在顶上，使原来的空顶变成"屋"，后来高起部分呈介字形屋顶状的称为"介帻"，呈平顶状的称"平上帻"，身份高贵的再在帻上加冠。进贤冠与长耳的介帻相配，惠文冠与短耳的平上帻相配。平上帻也有无耳的。帻的两旁下垂于两耳的缯帛名为"收"。蔡邕在《独断》中讲：帻是古代卑贱执事不能戴冠者所用，孝武帝到馆陶公主家见到董偃穿着无袖青襟单衣，戴着绿帻，乃赐之衣冠。汉元帝额上有壮发，以帻遮掩，群臣仿效，然而无巾。王莽无发，把帻加上巾屋，将头盖住，有"王莽秃，帻施屋"的说法。汉代未成年人的帻是空顶的，即"未冠童子，帻无屋者"。（图3）

汉代的冠帽是区分等级地位的基本标志之一，主要有冕冠、长冠、委貌冠、爵弁、通天冠、远游冠、高山冠、进贤冠、法冠、武冠、建华冠、方山冠、术士冠、却非冠、却敌冠、樊哙冠等16种以上。这些冠的形式，只能从汉代美术遗作中去探寻。

冕冠，是皇帝、公侯、卿大夫的祭服。冕
綖长一尺二寸（合27.96厘米，汉尺一尺合0.233
米），宽七寸（合16.31厘米），前圆后方，冕
冠外面涂黑色，内用红绿二色。皇帝冕冠十二
旒，系白玉珠，三公诸侯七旒，系青玉珠，卿
大夫五旒，黑玉为珠。各以缓彩色为组缨，旁
垂黈纩。戴冕冠时穿冕服，与蔽膝、佩绶各按
等级配套。用织成料制作，由陈留襄邑的服官
监管生产。

长冠，汉高祖刘邦先前戴之，用竹皮编
制，故称"刘氏冠"，后定为公乘以上官员的
祭服，又称斋冠。配黑色绛绿领袖的衣服，绛
色裤袜。

委貌冠（图4），长七寸，高四寸，上小下
大，形如覆杯，以皂色绢制之，与玄端素裳相
配。公卿诸侯、大夫于辟雍行大射礼时所服。
执事者戴白鹿皮所做的皮弁，形式相同，是夏
之毋追、殷之章甫、周之委貌的发展。

爵弁（图5），广八寸，长一尺六寸，前
小后大，上用雀头色之缯为之。与玄端素裳相
配。祠天地五郊，明堂云翘乐舞人所服。爵弁
也是周代爵弁的发展。

通天冠（图6），高九寸，正竖，顶稍斜，
直下为铁卷，梁前有"山"，展筒为"述"。
百官月正朝贺时，天子戴之（"山"、"述"
是在梁和展筒之前高起的装饰）。

远游冠（图7），制如通天冠，有展筒横于
前而无山述。诸王所戴。有五时服备为常用，
即春青、夏朱、季夏黄、秋白、冬黑。西汉时
为四时服，春青、夏赤、秋黄、冬皂。

高山冠（图8），又称"侧注冠"，直竖无山述，中外官谒者仆射所服，原为
"齐王冠"，秦灭齐，以之赐近臣谒者。

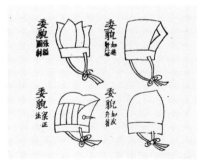

图4　宋代聂崇义《三礼图》所载的
委貌冠。

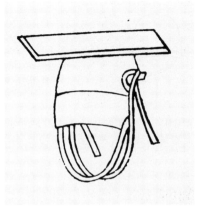

图5　宋代聂崇义《三礼图》所载的
爵弁。

图6　汉代石刻荆轲刺秦王中戴通天
冠的秦始皇。

图7　宋代聂崇义《三礼图》所载远游冠。

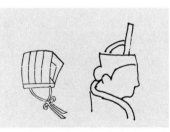

图8　宋代聂崇义《三礼图》所绘的高山冠及孝堂山汉石祠画像石戴高山冠者。

图9　宋代聂崇义《三礼图》所绘的进贤冠。

图10　宋代聂崇义《三礼图》所绘的法冠及敦煌莫高窟285窟南壁西魏壁画戴獬豸冠（即法冠）者。

图11　战国刺虎镜骑士的鹖冠。

　　进贤冠（图9），前高七寸，后高三寸，长八寸。公侯三"梁"（梁即冠上的竖脊），中二千石以下至博士两梁，博士以下一梁。为文儒之冠。

　　法冠（图10），又称獬（音械）豸（音质）冠，獬豸一角，能别曲直，故以其形为冠，执法者所戴。楚王曾获此兽，制成此冠，秦灭楚后赐执法近臣，汉沿用为御史常服。

　　武冠，又称武弁大冠，诸武官所戴，中常侍加黄金珰附蝉为纹，后饰貂尾，谓之"赵惠文冠"，秦灭赵后以之赐近臣。金取刚强，百炼不耗；蝉居高饮清，口在腋下；貂内劲悍而外柔缛。汉代的貂用赤黑色，王莽用黄貂。

　　鹖冠（图11），《续汉书·舆服志》武官在外及近卫武官戴，在冠上加双鹖尾竖左右，"鹖者勇雉也，其斗对一，死乃止"。亚细亚北方斯克泰人帽以及高句丽人的折风冠，形状像弁，均插羽为饰。

　　建华冠（图12），以铁为柱卷，贯大铜珠9枚，形似缕簏，下轮大，上轮小，好像汉代盛丝的缕簏。又名"鹬冠"，可能以鹬羽为饰。祀天地五郊，明堂乐舞人所戴。

　　方山冠（图13），亦称"巧士冠"，近似进贤冠和高山冠，用五彩縠为之，不常服，唯郊天时从人及卤簿（仪仗）中用之。概为御用舞乐人所戴。

术氏冠（图14），汉制前圆，吴制差池四重，与《三礼图》所载相合。是司天官所戴，但东汉已不施用。

却非冠（图15），制如长冠而下促，宫殿门吏，仆射所冠。

却敌冠（图16），前高四寸，通长四寸，后高三寸，制如进贤冠，卫士所戴。

樊哙冠（图17），广九寸，高七寸，前后出各四寸，制似冕。司马殿门卫所戴。此冠取于鸿门宴时，樊哙闻项羽欲杀刘邦，忙扯破衣裳裹住手中的盾牌戴于头上，闯入军门立于刘邦身旁以保护刘邦，后创制此种冠式以名之。赐殿门卫士所戴。

汉代的朝服为袍，即深衣制。式样无差别，衣料精粗及颜色有差别，红为上，青绿次之，汉代袍服多大袖，所谓"褒衣大裙"，内穿肥裆大裤，衣袖由宽大的袖身袂（音媚）和往上收的袖口祛（音驱）组成，由袖身下垂逐渐上收连接袖口，成一条弓弧线，即所谓"胡状"，袍服里面衬以单衣。春秋战国时期的曲

图12　宋代聂崇义《三礼图》所绘的建华冠。

图13　宋代聂崇义《三礼图》所绘的方山冠。

图14　宋代聂崇义《三礼图》所绘的术士冠。

图15　宋代聂崇义《三礼图》所绘的却非冠。

图16　宋代聂崇义《三礼图》所绘的却敌冠。

图17　①宋·聂崇义《三礼图》所绘的樊哙冠。②湖南长沙　图18　山东沂南东汉画像墓
马王堆一号西汉墓出土帛画上的戴樊哙冠者。③江苏洪楼汉画　出土的佩绶武士像。
像石中的戴樊哙冠者。

裾袍，西汉仍流行，到东汉时就只流行直裾袍了。

　　在袍服外要佩挂组绶，"组"是官印上的绦带，"绶"是用彩丝织成的长条形饰物，盖住装印的鞶（音盘）囊，故称"印绶"。以绶的颜色标示身份的高低：帝皇黄赤绶四采，黄赤绀缥，长一丈九尺九寸，五百首；太皇太后、皇太后、皇后同；诸侯王赤绶四采，赤黄绀缥，长二丈一尺，三百首；长公主、天子贵人同；公侯将军金印紫绶二采，紫白，长一丈七尺，一百八十首；九卿银印青绶三采，青白红，长一丈七尺，一百二十首；千、六百石铜印墨绶三采；四百、三百、二百石铜印黄绶。自青绶以上有三尺二寸长的綝（音逆）与绶同采，而首半之，用以佩璲（音遂，即美玉）。紫绶以上可加玉环和鐍（音决）（鐍是有舌的固定带子用的环状物）。这里的"首"是经丝密度的单位，单根丝为一系，四系为一扶，五扶为一首，绶广六寸，首多者丝细密，首少者粗。佩璲就是结绶于綝，意即在佩玉的带纽上结采组，与绶相连。平时官员随身携带官印，装于系挂在腰间的鞶囊中，将绶带垂于外边，绶带一端打双结，一端垂于身后。商周绶带的前面挂下广二尺、上广一尺、长三尺、其颈五寸的韨。春秋战国时废去韨佩，改为系璲，以方便行动（图18）。

　　汉代妇女礼服也采用深衣制，《续汉书·舆服志》："太皇太后，皇太后入庙服绀上皂下，蚕青上缥下，皆深衣制。"所以深衣是男女通用的服装。《礼记》的《玉藻》、《深衣》二篇对深衣制有很多记载，内容所谓"应规、矩、绳、权、衡"之类，重点在于"明礼"，而对形制和尺度则说得不清楚，也不太符合实际。1972年在湖南长沙马王堆对西汉楚长沙王利仓夫人墓进行了系统的发掘整理，出土袍12件（棉袍11件，夹袍1件）均为交领右衽，外襟形式有曲裾直裾两种，除上衣下裳相连、袪广（大袖口）、袂胡下（袖宽大下垂至袖口呈弓弧线）等项与《礼记》所记相符外，其余如裳的腰围"三祛"（三倍于祛围）、"缝齐倍要"（下摆为腰围的一倍）、裳前后各六幅等，文献与实物形制相差很远。所以对文献的繁琐考证，应当掌握分寸。

深衣中一种无衬里的单衣，称为"禅衣"。《说文》："禅，衣不重也。"《释名·释衣服》："禅衣，言无里也。"《说文》说，直裾式的禅衣谓之"襜褕"。颜师古注《前汉书·何并传》则说，"襜褕"为曲裾单衣。《释名》说：袖式无"胡"的禅衣谓之"袧"（音抠）。

《礼记·深衣》和《玉藻》的注解中讲到深衣的"续衽钩边"，"续衽"就是把衽加以连续延长，"钩边"据朱熹讲是布边向外向左，如燕尾状。四川广汉三星堆曾出土一件商代青铜人立像，穿的衣服左右两衽都是直裾，而下角垂成斜尖角状，两衽都比一般直裾加宽，可从前身掩到后侧身处，并割正幅使下端成斜尖角形，两裾的斜尖角正好在身后形成燕尾形装饰，谓之"交输"。这种服装在秦汉时期的战士俑身上经常可以见到，这是深衣中的另一种形式，到汉代发展为新妇穿的服式。

除深衣作朝服之外，男子一般穿襦裤，妇女穿襦裙和类似半臂的绣䩮（音掘），都穿短上衣，上衣和下衣分开。汉成帝时（前32～公元7）规定青绿为民间常服，蓝色偏暖的青紫为贵族燕居的服色。古时用蓝靛染色，经多次套染而成的深青会泛红光，故怕深青乱紫，连县官也不许穿。而青、绿色在视觉上有平和后退之感，后世一直被定作平民的服色。

裤子在先前多为无裆的管裤，将士骑马打仗穿全裆裤，西汉士儒妇女仍穿无裆裤。汉昭帝时（前87～前75），大将军霍光专权，上官皇后是霍光的外孙女，为了阻挠其他宫女与皇帝亲近，就买通医官以爱护汉昭帝身体为名，命宫中妇女都穿有裆并在前后用带系住的"穷裤"，穷裤也称"缇裆裤"，以后有裆的裤子就流行开来。汉代男子所穿裤子，有的裤裆极浅，穿在身上露出肚脐，但没有裤腰，裤管

图19 河南洛阳西八清里出土绘画，女穿喇叭摆长裙，额顶发间插步摇，两鬓间有珠宝花饰。见波士顿藏《支那画帖》。

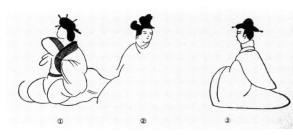

图20 河南密县打虎亭东汉墓壁画妇女发式。①花钗大髻。②三角髻。③四起大髻。

图21 四川出土槃鼓舞。

图22 北京大葆台西汉墓出土玉舞人。

很肥大。

汉代妇女的发型，通常以挽髻为主，一般是从头顶中央分清头路，再将两股头发编成一束，由下朝上反搭，挽成各种式样。有侧在一边的堕马髻、倭堕髻；有盘髻如旋螺的；还有瑶台髻、垂云髻、盘桓髻、百合髻、分髾（音梢）髻、同心髻、椎髻等名称。髻上一般不加包饰，大都作露髻式。皇后首饰还有金步摇、笄、珈等等（图19、20）。

舞蹈服装则流行长袖和飞带，并在衣上加燕尾形的飞髾为饰，以助长舞者的动势（图21、22）。

秦汉时期的鞋子，单底的叫履，复底的叫舄，面涂黑漆或红漆，形式有方头、圆头、双尖头等。古乐浪汉墓出土的有男女革履，面涂黑漆，底部有木底嵌入。新疆也有革履发现，靴子是穿裤褶时所穿，有半筒和高筒两种。

原载黄能馥、陈娟娟：《中国服饰史》，上海人民出版社，2004年版，第144—169页。

唐代的冠帽制度

一、幞头

秦汉时期华夏地区身份高贵的人男子二十而冠，戴的是冠帽，身份卑贱的人戴帻，帻本是一种包头布，用以束发。在关西秦晋一带称为"络头"，南楚江湘一带称为"帕头"，河北赵魏之间称为"幧头"，《释名·释首饰》说或称之"陌头"。开始就是用一块巾布从后脑向前把发髻捆住，在前额打结，使巾布两角翘在前额作自然的装饰，这在当时青年男子中间，认为是一种美的打扮，所以乐府诗《日出东南隅行》有"少年见罗敷，脱帽着帩头"之句。东汉以来有些有身份的人士以较完整的幅巾包头。北周武帝宣政元年，将幅巾的戴法加以规范化，并以皂纱为之，作为常服。《北周书·武帝纪》说"其制若今之折角巾也"。折角巾就是将幅巾叠起一角从前额向后包覆，将两角置于脑后打结，所余一角自然垂于脑后，就像现在有些女子包头巾的包法。但在陕西三原隋李和墓、湖南湘阴隋墓、河南安阳马家坟201号隋墓出土的陶俑头上所裹幅巾，有两角于脑后打结自然下垂如带状，另两角则回到顶上打成结子作装饰，这种形式就成为初期的幞头。宋代俞琰《席上腐谈》卷上，说"周武帝所制（幞头）不过如今之结巾，就垂两角，初无带"，正与以上情况相符。更进一步的幞头是宋代沈括《梦溪笔谈》所说："幞头一谓之四脚，及四带也，二带系脑后垂之，二带反系头上，令曲折附顶。"幞头为什么要在四角接上带子呢？原因是先前的幞头戴在头上，顶是平而起褶的，四角接上带子，两角在脑后打成结后自然飘垂可成为装饰，另两角反到前面攀住发髻，可以使之隆起而增加美观。在武汉东湖岳家嘴隋墓出土陶俑的幞头，已可见到发髻隆起的外观。到了唐代，社会上流行高冠峨髻的风尚，所以又在幞头内衬以巾子（即一种薄而硬的帽胚架）。唐封演《封氏闻见记》卷五："幞头之下别施巾，象古冠下之帻也。"宋郭若虚《图画见闻志》卷一："巾子裹于幞头之内。"这种巾子，1964年已在新疆吐鲁番阿斯塔那唐墓中发现，就是一种帽胚架，它可以决定幞头的造型。开始是平头小样，《旧唐书·舆服志》谈到唐高祖武德时期流行"平头小样巾"。以后幞头造型不断变化，武则天赐朝贵臣内高头巾子，又称为"武家诸王样"。唐中宗赐给百官英王踣（音箔）样巾，式样高踣而前倾，这种式样与唐太宗第四子魏王所用巾子"魏王踣"相似。唐玄宗开元十九年（731年）赐供奉官及诸司长官罗头巾及官样巾子，又称官样圆头巾子，这些幞头式样，在出土的唐代陶俑和人物画中都可找到。如西安李寿墓壁画、咸阳底张湾独孤开远墓出土陶俑的幞头，顶部较低矮，里面衬的可能就是平头小样巾。礼泉马寨村郑仁泰墓及西安羊头镇李爽墓出土陶俑，幞头顶部增高，似衬高头巾子。高而前踏的式样，可从戴令言墓出土陶俑中见到。天宝年间幞头顶部像两个圆球，该式样在豆卢建墓出土陶俑身上也能见到。到晚唐时期，巾子造型变直变尖。至于包裹巾子的幞头，唐以前用缯绢，唐代改用黑色薄质罗、纱，并且有专门生产做幞头用的薄质幞头罗、幞头纱。

幞头系在脑后的两根带子，称为幞头脚，开始称为"垂脚"或"软脚"。后来两根垂在脑后的带子加长，打结后可作装饰，称为"长脚罗幞头"，章怀太子李贤墓石椁线雕人物中有这种形象。唐神龙年间（705～706）幞头所垂两脚形状变成或圆或阔，并在周边用丝弦或铜丝、铁丝作骨，衬以纸绢，这种幞头脚就是能够翘起的硬脚，称为翘脚幞头。到五代时，翘脚幞头广泛流行，《云麓漫钞》说："五代帝王多裹朝天幞头，二脚上翘，四方僭位之主，各创新样，或翘上而反折于下，或如团扇、蕉叶之状，合把于前。伪孟蜀（934～960，后蜀）始以采漆纱为之，湖南马希范二角左右长尺余，谓之龙角。至刘汉祖（917～974，南汉）始仕晋为并州衙役，裹幞头左右长尺余，横直之，不复上翘，迄今不改。"文中开始把幞头脚改称幞头角，这种两只长角横直平展的幞头，叫作展角幞头，展角并不固定在幞头上，可以随时装卸。

幞头起初由一块民间的包头布逐步演变成衬有固定的帽身骨架和展角的完美造型，前后经历了上千年的历史。最后形成帽身端庄丰满，展角于动势中扩大视觉空间，使虚实动静结合，于平衡中求变化，脱戴方便，华贵而又活泼的华夏民族冠帽，因此，它能历久不变，一直流行到17世纪的明末清初，以后才被满式冠帽所取代。明丘浚《大学衍义补》胡寅注指出："古者宾、祭、丧、燕、戎事，冠各有宜。纱幞既行，诸冠尽废。稽之法象，果何所则？求之意义，果何所据？"幞头从民间实用的包头布起步，它的流行，没有法象作什么根据，也没有什么

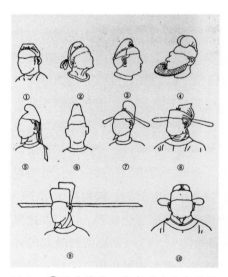

图1　①平头幞头，唐贞观十六年独孤开远墓出土俑。②硬脚幞头，唐开元二年李贤墓石椁线雕。③前踏式幞头，唐开元二年戴令言墓出土俑。④圆头幞头，唐天宝三年豆卢建墓出土俑。⑤长脚幞头，莫高窟130窟盛唐壁画。⑥衬尖巾子的幞头，唐建中三年曹景林墓出土。⑦翘脚幞头，敦煌石室所出唐咸通五年绢本佛画上的供养人。⑧翘脚幞头，莫高窟144窟五代壁画上的供养人。⑨宋式展脚幞头，宋哲宗像。⑩明式乌纱帽，于谦像。

牵强的寓意，而它在中华服饰史中存在的时间竟那么悠长，这对于发掘民族服饰文化演进的规律，是能够从中获得启发的（图1）。

二、进贤冠

进贤冠也是中华服饰艺术史上极为重要的冠式，在汉代已颇流行，上自公侯、下至小吏都戴进贤冠，魏晋南北朝继之，在唐宋法服中仍保有重要地位，但其形式也在变化之中，到明朝演变为梁冠。古代礼制讲进贤冠，前高七寸，后高三寸，长八寸。这里的长是指帽梁的长，与前高七寸，后高三寸的帽缘相接，成前高后低的斜势，形成前方突出一个锐角的斜俎形，称为"展筒"。展筒的两侧和中间是透空的。在西汉，这种冠帽只罩套在头顶的发髻上，用帽颊系于额下以固定之，戴上之后并不牢固。东汉时期在冠帽下面加平上帻，等于在冠下加了帽座。帻，在古时本是劳动人民用来扎裹头发不使散乱所用，两端有带子可以从头上系于额下。秦时武士用赤帕裹头，从前额向后脑包裹时叠出一条装饰边，称为"颜题"。西汉时戴帻并不把头顶全包住，因为帻也常是空顶的。据《续汉书·舆服志》记载，公元前48年刘奭当皇帝（即汉元帝），因他的额上有壮发，常戴帻以为掩护，群臣仿之。这时的帻质料和做工当然就讲究起来。到公元9年王莽篡汉，他头顶秃发，故把软帻衬裱使之硬挺，将顶部升高制成介字形的帽"屋"，这样可以把秃顶掩住，这种有介字形帽屋的帻就是"介帻"。《续汉书·五行志》说延熹年间（158～166），"京师帻颜短耳长"，就是前低后高的式样。《续汉书·舆服志》又说汉孝文帝时，又把颜题增高，颜题延长到后脑部位时再升高立起，使两边缝接处竖立成三角形尖耳状，称之为"耳"。在耳的下方即帽圈的后面缝上披幅，名为"收"。东汉的进贤冠

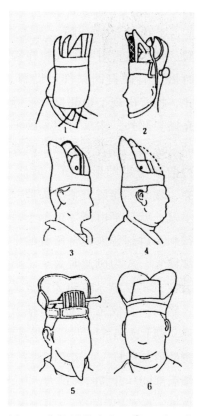

图2　进贤冠的演变。①晋利里社碑线刻，据《居贞草堂汉晋石影》。②长沙晋永宁二年墓出土陶俑，据《考古学报》1959年3期。③洛阳出土唐代陶俑，据秦廷械《中国古代陶塑艺术》。④咸阳唐天宝三年豆卢建墓出土陶俑，据《陕西省出土唐俑选集》。⑤传唐梁令瓒笔《五星二十八宿真形图》中之"亢宿"，据《爽籁馆欣赏》。⑥西安唐天宝七年吴守忠墓出土陶俑，文献根据同上。

可说是展筒与介帻结合的冠式。从出土人物雕塑和绘画资料来看，晋代的进贤冠，冠耳已急剧升高，其高度与展筒的最高点相齐，展筒外廓由原来的"冂"形变化成"卜"形。及至唐代，冠耳逐渐扩大，并由尖角形变成圆弧形，而展筒则逐渐降低缩小，把介帻的屋与进贤冠的展筒融成一体，形成一种由颜题、帽屋及帽耳组合的新冠帽（图2）。

三、平巾帻和武弁

平巾帻是和介帻、平上帻一个系统的首服。帻本是古时一般人裹在额头上的布。王莽时做成有硬挺的顶部可以覆罩整个头部的样式，接着出现了顶部呈介字形屋顶的帻，是为介帻。此外，东汉时用一种平顶的帻作戴冠时的衬垫物，称为平上帻。西晋末年，出现了一种前面呈半圆形平顶，后面升起呈斜坡形尖突，戴时不能覆盖整个头顶，只能罩住发髻的小冠，就是平巾帻（也称小冠）。《宋书·五行志》讲到晋末舆台所戴的平巾帻很小，而衣裳博大，成为风流时尚。《隋书·炀帝纪》说大业二年规定，隋朝武官戴平巾帻、穿裤褶。《隋书·礼仪志》说平巾帻就是把武弁施以笄

图3　戴平巾帻、穿右衽大袖袍的男俑。故宫博物院藏。

导。湖北武昌周家大湾隋张盛墓出土瓷俑手按仪刀，着柄裆甲，头戴平巾帻，是宝贵的形象资料，可知这时武弁和平巾帻是同一种冠式。唐代的平巾帻，帻身加大，帻后部的耳升高向外扩大，从正面角度看外廓像一个元宝的剖面，它与大袖襦、大口裤、柄裆铠甲配套，脚踏高头履，仪态威严。陕西礼泉唐李贞墓、陕西咸阳唐豆卢建墓出土陶俑，均有这种冠式和服饰打扮。其后更进一步增加纹饰，同时帻身中间的方形屋消失，变为弧状，如西安唐苏思勖墓门线雕武士所戴，形式渐与进德冠相近（图3）。

四、笼冠与貂、蝉

汉代的武弁大冠，是形如覆杯、前高后锐、用白鹿皮所做的弁和帻的复合体。但唐代武弁大冠不用鹿皮制作，而用很细的繐（细纱）制作，制好后再涂以漆，内

衬赤帻。湖南长沙马王堆3号西汉墓与甘肃武威磨嘴子62号新莽墓均曾出土漆纚纱弁，这种冠式在沂南东汉画像石墓门横额上也可见到。咸阳杨家湾西汉墓从葬坑出土的戴弁陶俑，弁下有帻，也就是武弁大冠。西汉时武官一般不戴金属的胄，而戴武弁大冠。东汉时，武士多穿甲胄而不戴武弁大冠，但出现了笼冠，就是以一个笼状的硬壳套在帻上，从造型看，是汉代武弁大冠的发展。南北朝戴笼冠的人物，在《女史箴图》、《洛神赋图》，北朝各石窟礼佛图、供养人像、陶俑中都可见到。隋代的笼冠，外廓上下平齐，左右为略带外展的弧线，接近一个长方形，唐贞观（627～649）到景云（710～711）间的笼冠，外罩呈梯形，唐笼冠造型吸收进贤冠的特点而趋华丽，渐与通天冠、梁冠中的某些装饰靠拢，最后演变为笼巾。

汉代中常侍所戴武弁大冠有黄金珰附蝉及貂尾的装饰，晋与十六国时期的金珰附蝉，据南京大学北园东晋墓及甘肃敦煌前凉汜心容墓，辽宁北票北燕冯素弗墓等处出土实物，都是在金片上镂出蝉形，再焊上金粟珠。北燕冯素弗墓出土的金蝉，蝉形与几何纹组合镂雕成一个装饰牌，蝉目用灰石珠镶嵌，背面再焊上一片大小形

图4　唐李勣墓出土三梁进德冠。唐仪凤三年。见《昭陵唐人服饰》。

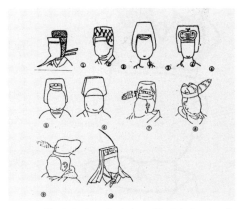

图5　笼冠的渊源和演变。①沂南东汉画像石之武弁大冠。②长沙晋永宁二年墓出土陶笼冠俑。③中国历史博物馆藏北魏笼冠俑。④武汉周家大湾241号隋墓土笼冠陶俑。⑤咸阳贞观十六年独孤开远墓出土笼冠陶俑。⑥咸阳唐景云元年薛氏墓出土陶乐俑。⑦北魏孝昌三年宁氏石室线刻簪貂尾者。⑧敦煌莫高窟唐垂拱二年壁画中簪貂尾之侍臣。⑨湖北郧县唐李欣墓壁画之簪貂尾者。⑩北宋绘画《丞相周益公像》在笼冠上簪雉尾者（引孙机先生插图）。

状相等的金片，这金片就是所谓"金珰"吧。《隋书·礼仪志》引董巴《舆服志》说："内常侍右貂、金珰、银附蝉。"可见隋代蝉纹应该是用银制作的。簪貂尾的图像，在敦煌莫高窟235窟唐垂拱二年壁画、湖北郧县李欣墓壁画中均有发现，但都是将貂尾直接插在平巾帻上的，平巾帻外未罩笼冠。在笼冠上插貂尾的形象在北魏孝昌三年宁氏石室线雕人物中也有发现。到了宋代，不再簪貂尾而用雉尾代替，元明时期改插鹏羽（图4、5）。

五、鹖冠

鹖冠在战国秦汉时期已经作为武官的冠帽，在洛阳金村出土战国金银错铜镜上已有骑马执剑身披甲衣，头上戴弁，弁上插双鹖尾的人物形象，西汉砖刻骑射人物也有于武弁上插双鹖尾的。山东嘉祥武氏祠东汉画像石《孔子弟子图》中的子路，于平上帻上戴一种雄鸡冠，为勇士冠。与《史记·仲尼弟子列传》"子路性鄙，好勇力，志伉直，冠雄鸡，佩豭豚"的记载相符。敦煌莫高窟257窟北魏的武士头戴鹖冠，鹖鸟栖于冠顶，而唐代的鹖冠陶俑，把冠耳变作两只鸟翅形，且鹖鸟自冠前顶部作展翅俯冲的姿势，极为生动，鹖的造型似雀。冠顶饰鹰的金冠，1972年在内蒙古杭锦旗战国时期匈奴墓已有出土（图6、7）。

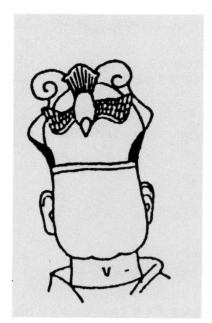

图 6 唐代陶鹖冠俑。据 C. Hentze Chinese tomb figures, p170。

图 7 敦煌莫高窟 338 窟初唐壁画中北方天王所带的鹖冠。

六、通天冠

通天冠是级位最高的冠帽，在山东嘉祥东汉武氏祠画像石刻有身份榜题的王庆忌、吴王、韩王、夏桀等人物，头上所戴都应是通天冠，其形状与汉画中的进贤冠结构相同，不同的只是展筒的前壁。进贤冠是前壁与帽梁接合，构成尖角，通天冠的前壁比帽梁顶端更高出一截，显得巍峨突出。学术界认为通天冠正前方高出的这块前壁就是金博山，《隋书·礼仪志》称它为"前有高山"，故通天冠又叫作高山冠。金博山向前倾斜，上面饰有蝉纹。唐代的通天冠，据新疆伯孜克里克石窟盛唐壁画和敦煌石室发现的唐咸通九年刊本《金刚般若波罗蜜多经》卷首画所画，其特点之一是颜题成为很规范的帽圈形。其二是整个帽身向后旋

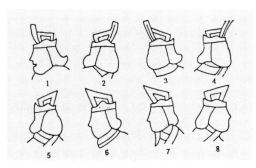

图8 武氏祠画像石中的通天冠（上列）与进贤冠（下列）。①王庆忌 ②吴王 ③韩王 ④夏桀 ⑤县功曹 ⑥孔子 ⑦公孙杵臼 ⑧魏汤（转引孙机先生插图）。

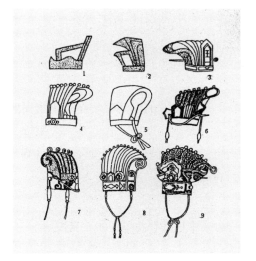

图9 通天冠的演变。①武氏祠画像石。②龙门石窟宾阳洞北魏《皇帝礼佛图》（为破坏前），据 E. Chavannes, Mission Archeologique dans La Chine Septentrionale, pl171。③新疆柏孜克里克石窟盛唐壁画，据 LeCoq; Die buddhisische spatantike in Mittelasian. V.4, Tafell 7。④敦煌石室发现之唐咸通九年刊本《金刚般若波罗密多经》卷首画。⑤北宋聂崇义《三礼图集注》中之通天冠。⑥北宋武宗《朝元仙仗图》中东华天帝君之通天冠。⑦元永乐宫三清殿西壁壁画。⑧《三才图会·衣服图会》中之通天冠。⑨北京法海寺大殿后壁画中天帝之通天冠（转引孙机先生插图）。

转倾斜而不是向前倾斜。其三是冠前的金博山缩小成圭形，上饰王字或附蝉。其四是在冠上饰有珠玉装饰。其五是帽身饰有等距离的直线纹，就是通天冠的梁数。《旧唐书·舆服志》说通天冠有十二首，唐王泾《大唐郊祀录》卷三说十二首是天的大数，大概是应12个月份的数字，也就是通天冠有12根梁。《新唐书·车服志》说通天冠有24梁，这大概是晚唐时的制度。拿唐代的通天冠与汉代的通天冠相比，则汉时古朴简陋，而唐代则变成十分华丽了。唐代通天冠的基本造型，与宋明一脉相承（图8、9）。

原载黄能馥、陈娟娟：《中国服饰史》，上海人民出版社，2004年版，第232-250页。

唐代女装的演变

唐代妇女的生活服装在传承本民族服饰传统的基础上，吸取西域异质文化的优良成分而创新发展，它们是唐代服饰文化的主流。唐代女装有一定的流行变化，被当时诗人称之为"时世妆"。它格调华美，生气勃勃，品类丰富，其中最有代表性的有如下几种：

一、襦（或袄、衫）、裙装

这是由女上衣和女裙配套的服装样式。唐代的襦是一种衣身狭窄短小的夹衣或棉衣。袄长于襦而短于袍，衣身较宽松，也有夹衣或棉衣。襦、袄有窄袖与宽袖两类。衫是无袖单衣，功用吸汗，有对襟及右衽大襟两种。衫在春秋天也可穿在外面，但和穿在外面有短袖的衫不同，后者称为褙子或半臂。隋唐时襦和袄的领型受外来服装的影响，除交领、方领、圆领之外，还有各种形状的翻领。翻领以对称翻折的庄重造型，把人的视线导向穿衣人的首脑部位，收到传神的效果。当时还把领、袖口等衣服结构部位当作纹饰的重点，加施镶拼绫锦或金彩纹绘及刺绣工艺，加强装饰美的风采，使着装效果更加华美富丽。

裙子的造型向来都是一种长方形的方片直裙，方片裙的结构和人体的立体结构不是一种有机的适应，所以方片裙穿起来下摆不齐整，不是最完美的裙形结构。唐代初期流行紧身窄小的服装款式，裙子的形式流行高腰或束胸、贴臀、宽摆齐地的样式，既能显露人体结构的曲线美，又能表现一种富丽潇洒的优美风度，这种裙子

图1 （左、中）唐·坐熏笼妇女三彩陶俑高髻，着U字领锦半臂，小袖，柿蒂绫长裙。（右）穿十二破长锦裙妇女三彩陶坐俑，唐，高髻，着U字领半臂，小袖衣，戴项链，帔帛。

图2 1972年新疆吐鲁番阿斯塔纳出土，唐宝相花印花绢褶裙模型，长26厘米，褶裙油绿地，白色宝相花，宽摆窄腰，为唐代斜褶裙的基本样式，新疆维吾尔自治区博物馆藏。

的结构必须和人体的主体结构有机适应，所以是一种下摆呈圆弧形的多褶斜裙（图1、2）。

唐代衣裙的款式，从初唐到盛唐在美学风貌上有一个从窄小到宽松肥大的演变过程。《文献通考》卷一二九引祖莹语，说唐初衣裙"尚危侧"，"笑宽缓"。当时大概和北周、北齐及隋代相近。《安禄山事迹》下卷也说到天宝初年，"妇女则簪步摇，衣服之制，襟袖狭小。"元和时，白居易在《新乐府·上阳人》中写着"平头鞋履窄衣裳，青黛点眉眉细长。世人不见见应笑，天宝末年时世妆"。这类打扮，和敦煌莫高窟初唐壁画人物及唐永泰公主墓壁画人物服饰形象相合。元和以后这种风尚变化较大，到盛唐以绘画风格演变为起点，"风姿以健美丰硕为尚"。这种新趋势反映到服装样式方面，也流行大髻宽衣。中唐以后，华夷意识加强，服装中加强了华夏的传统审美观念，服式越来越肥，敦煌莫高窟103窟壁画乐廷瑰夫人行香图中盛装贵妇和此时三彩俑（后人称胖姑娘）常服妇女服式都是如此，乐廷瑰夫人所穿即为"钿钗礼衣"，为朝参、辞见、昏会之礼服。元稹《寄乐天书》说："近世妇人，衣服修广之度及匹配色泽，尤剧怪艳。"白居易《和梦游春诗一百韵》描写元和服装流行时，就写成"风流薄梳洗，时世宽妆束"。《旧唐书·文宗纪》还记载这样一个故事，太和二年（828年），唐文宗传旨诸公主"不得广插钗梳，不须着短衣服"。当时他似乎在鼓励穿较宽松的衣服。以后不过十年工夫，服装样式就很快向丰腴型发展，至开成四年（839年）正月，唐文宗在咸泰殿观灯，因延安公主穿了十分肥大的衣裙走来，唐文宗见了大怒，立时将她斥退，并下诏对驸马窦澣罚俸两月。当时的宽体长裙，普通用五幅丝帛缝制。也有用六幅、七幅、八幅，甚至十二幅的，按唐代布帛幅宽制度是一尺八寸，唐大尺的长度约合0.29米，十二幅裙的宽度就达3.48米。穿起那么肥大的宽松裙走路很不方便，所以又穿高头丝履，丝履前面装有一个很高的履头，让履头钩住长裙的下摆才能迈步走路。与之相配称，头上还要戴假发，梳高大的发髻，插很多金钗、银篦、金步摇之类的头饰，才能协调，反映出一股豪华奢靡的社会风尚。服装对于社会风气可以起到推波助澜的作用，因此就引起了一些有远见的政治家的担忧。同年二月，淮南节度使李德裕向朝廷提出了裙长和袖宽尺度标准的建议，规定原袖阔四尺（合1.18米），改为一尺五寸（0.4425米）；裙曳地四尺，令改曳地五寸（0.1415米）。唐代裙裾的纹饰加工也非常讲究，唐代小说《许老翁传》讲天宝年间益州（四川成都）士曹柳姓者之妻李氏，穿"黄罗银泥裙，五晕罗银泥衫子，单丝罗红地银泥帔子，盖益都之盛服也"。白乐天《戏代内子作诗贺兄嫂》诗："金花银碗饶兄用，罨画罗裙任嫂裁。""银泥"是用银粉绘画的纹饰。"罨画"是五彩的手绘花纹。此外裙子用金缕刺绣、印花、织花、彩色相间等工艺加工的，更为多见。

图3 唐代的高髻，帔帛，小袖上襦，长裙，熨帛宫女（传宋徽宗摹张萱《捣练图》）。

图4 唐代周昉《簪花仕女图》中广袖衣裙，帔帛，执佛尘女子。

唐代的裙装，有的还作半露胸的款式，周濆《逢邻女》诗："慢束裙腰半露胸。"李群玉《赠歌姬诗》："胸前瑞雪灯斜照。"方干《赠美人》诗："粉胸半掩凝晴雪。"欧阳询《南乡子》："二八花钿，胸前如雪，脸如花。"都是半露胸式衫裙装的写照（图3、4）。

二、帔帛

在唐代的绘画或陶俑中，都可以见到妇女穿着窄袖的衣服，袒着胸口，露出半只臂膊，系着束到乳房以上的长裙。在她们的肩背上还披着一条长长的围巾。这围巾两端垂在臂旁，有时一头垂得长些，一头垂得短些。有时用手把围巾两头用手捧在胸前，下面垂至膝下。有时把右边一头固定束在裙子系带上，左边一头由前胸绕过肩背，搭着左臂下垂。有时把披在两肩旁的垂端凑在胸前，好像穿着一件马甲，形式很多，都很合乎审美的要求。这种长围巾就是"帔帛"。帔帛的来历，据后唐马缟《中华古今注》"女人帔帛"条："古无其制。开元中诏令二十七世妇及宝林御女良人寻常宴参待令披画帔帛，至今然矣。至端午日，宫人相传谓之奉圣巾，亦曰续寿巾。续寿巾盖非常参从见之服。"宋高承《事物纪原》说："秦有帔帛，以彩帛为之……开元中令三妃以下通服之。"实际上帔帛在东晋时尚未出现，敦煌莫高窟288窟北魏壁画女供养人及285窟西魏女供养人已有帔帛。但南朝陶俑身上仍未见。中古时鲜卑、契丹、回纥、吐蕃服装均无帔帛。《大唐西域记》卷二说印度有"横腰络腋，横巾右袒"的服式，莫高窟隋唐时期的菩萨塑像中常能见到，似现代"纱丽"一端搭于肩上，任其下垂部分散拂于腰际者，与帔帛形式也不相同。《旧唐书·波斯传》："其丈夫……衣不开襟，并有巾帔。多用苏方青白色为之，两边缘以织成锦。妇人亦巾披裙衫，辫发垂后。"从波斯萨珊王朝银瓶人物画人物上所见女装也有帔巾与唐代帔帛形式略同。又新疆丹丹乌里克出土的早期木板佛画也有帔帛，可知帔帛是通过丝绸之路传入中国的西亚文化与中国当时服装发展的内因相结合而流行开来的一种"时世妆"的形式。所以唐姚汝能《安禄山事迹》中说："天宝初贵游士女好衣胡服、胡帽，妇人则簪步摇，衩衣之制度，袖窄小，识者窃怪之，知其戎矣。"敦煌莫高窟390窟许多隋代女供养人都有帔帛。

唐代除莫高窟壁画之外，从陕西乾县唐中宗神龙二年（706年）入葬的永泰公主墓壁画及石椁线刻画宫女图、周昉《簪花仕女图》、张萱《虢国夫人游春图》、唐人《宫乐图》，到莫高窟98窟五代于阗王后曹氏像等，都有帔帛，画出了帔帛的各种花色和披戴的方式。唐代诗文中关于帔帛的描写也很多。中国衣料向来以丝绸见长，从战国秦汉到东晋，妇女服装常常做成长袖或飞动的带饰来美化妇女柔美轻盈的身姿，帔帛正是发展了传统服饰艺术以虚代实、以动育静的艺术法则，吸纳西域服饰的特点为我所用，使我民族服饰更加丰富。

《步辇图》表现贞观十四年吐蕃赞普派丞相禄东赞到长安向唐太宗求娶文成公主的故事。图中，唐太宗坐步辇又称腰舆或异床，行时用攀索挂杠头，高只齐腰，不像晋代平肩舆那样抬在肩上。宫女头上平起作云皱，衣小袖长，朱绿繝裙，与西安底张湾唐初壁画相同，裙腰上至乳房以上，加帔帛，穿小口条纹裤，透空软锦靴，带金条脱，吐蕃使者穿小袖花锦袍，即《唐六典》说的川蜀造蕃客锦袍，扬州广陵也罗织250件，大历以前有的还织有羌样文字。

三、裲裆、半臂和褙子（背子）

裲裆是一种套穿于大袖衣的外面而不遮掩大袖的短袖外套，《旧唐书·舆服志》记载武舞的服装就是绯色丝布大袖衣套白练裲裆的形式，唐陆龟蒙《陌上桑》有"邻娃尽著绣裆襦，独自提筐采蚕桑"之句，则知民间女子也穿长襦和绣花裲裆。半臂和背（褙）子也是短袖式的罩衣，《事物纪原·衣裘带服部·背子》引《实录》记载，说隋大业年间内官多服半臂，唐高祖减其袖，称为"半臂"，后称"背子"。其式样为袖短于衫，身与衫齐而大袖。《中华古今注》说隋大业末，炀帝宫人、百官母妻等，穿绯罗蹙金飞凤背子为朝服。唐天宝年中，西川向朝廷进贡五色织成的背子。李德裕《李文饶集·别集》卷五《奏缭绫状》说唐玄宗命皇甫询在益州织造半臂子。《新唐书·地理志》记载扬州贡物中有半臂锦。

在新疆阿斯塔那地区206号唐墓曾出土身穿团窠对禽纹锦半臂的女木俑，衣身

图5　唐麟德元年郑仁泰墓出土戴帷帽、穿
袒胸窄袖衫、半臂、条纹高腰长裙骑马女
陶俑。

图6　唐显庆二年张士贵墓出土骑马女陶
俑，戴青黑笠帽，帽上有纱帷，穿紧身衫，
对襟U字领半臂，红、白、金三色条纹高
腰长裙，尖头履。

紧小，下配直条纹长裙，颇具今人背心之审美风度。另据新疆拜城克孜尔石窟龟兹壁画供养人所穿半臂有两种形式，一种半臂的袖口平齐，还有一种半臂在袖口加饰褶裥边，在西安出土的唐舞女俑也可见到此种加褶裥袖边的半臂。半臂的造型特点是抓住衣袖的长短和宽窄处理作审美形式变化的关键，在功能上又能减少多层衣袖厚度带给穿衣人动作上的累赘，它既合乎美学的要求，又合乎功能科学的要求。直到今天，半袖式衣衫仍然是现代服装造型的主要形式。唐代也有将半臂穿在外衣里面的穿法，唐永泰公主墓石椁线雕人物及韦洞石椁线雕人物衣服肩部都有一种隐约呈现半臂轮廓的装束，就是这种穿法的写照。另外唐代常有在肥大的礼服袖子中部加缀一道褶裥边的装饰袖，使服装上臂得到强调，这种手法，也仍在现代女装设计中得到广泛的运用。盛唐以后，因社会习尚以丰腴为美，穿半臂的人逐渐减少（图5、6）。

四、羃䍠与帷帽

羃䍠和帷帽都是妇女出行时，为了遮蔽脸容，不让路人窥视而设计的帽子。这种帽子多用藤席或毡笠做成帽形的骨架，糊裱缯帛，有的为了防雨，再刷以桐油，然后用皂纱全幅缀于帽檐上，使之下垂以障蔽面部或全身。缀于帽檐上的皂纱称为帽裙，羃䍠的帽裙长可障身，到永徽（650～655）以后，帽裙缩短至颈部，称为帷帽。帷帽四缘改为垂挂一圈网子，可以不妨碍视线，考究一些的还在网帘上加饰珠翠，显得十分高贵华丽了。羃䍠本是胡羌民族的服式，因西北多风沙，故用羃䍠来遮蔽风沙侵袭，原是实用性的，但传到内地，与儒家经典《礼记·内则》"女子出门必拥蔽其面"的封建意识相结合，冪䍦的功用就变成防范路人窥视妇人的面容为主了。遮蔽风沙的实用功能转化为体现封建意志的障身功能，冪䍦的形式也就渐渐演变成帷帽。到唐中宗神龙年间（705～707），冪䍦就彻底被帷帽所取代。宋代著名的绘画《清明上河图》和元代永乐宫壁画及明代《三才图会·衣服图会》中，都能看到帷帽的形象，说明帷帽和封建社会封闭女性的意识相符合，就能一直保留下来。

五、女着男装

女装男性化是唐代社会开放的又一种反映。《旧唐书·舆服志》曾说："开元初，从驾宫人骑马者，皆着胡帽，靓妆露面，无复障蔽，士庶之家又相仿效，帷帽之制绝不行用。俄又露髻驰骋，或有著丈夫衣服靴衫，而尊卑内外斯一贯矣。"《新唐书·车服志》也说："中宗后……宫人从驾皆胡冒（帽）乘马，海内效之，至露髻驰骋，而帷帽亦废，有衣男子衣而靴如契丹之服。"这种女装男性化的风尚是受外来影响所致。《洛阳伽蓝记》五讲于阗国"其俗妇人袴衫束带乘马驰走，与丈夫无异"。《文献通考·四裔考》九讲占城风俗"妇人亦脑后撮髻，无笄梳，其服与拜揖与男子同"。这种异族服饰风情，首先在唐宫廷中仿效，《新唐书·五行志》说唐高宗有一次在宫中宴饮，太平公主穿着紫衫、玉带、皂罗折上巾，腰带上挂着纷、砺七事（即算袋、刀子、砺石、契苾真、哕厥、针筒、火石袋等七件物品，俗称鞢韘七事），歌舞于帝前，帝与武后笑道，女子不能做武官，为何这般装束？《永乐大典》卷二九七二引《唐语林》记载说，唐武宗的王才人身材高大，与武宗身材相近，一次在苑中射猎，两人穿着同样的衣装南北走马，左右有奏事的，往往误奏于王才人前，帝以之为乐。又《新唐书·李石传》说到禁中有两件金乌锦袍，是唐玄宗和杨贵妃两人游幸温泉时穿的。这种女穿男装的装束，在唐永泰公主石椁线画、唐韦泂墓石椁线画、唐李贤墓壁画、唐张萱《虢国夫人游春图》、敦煌莫高窟晚唐17号窟[即清光绪二十六年（1900年）发现藏经洞的洞窟]高僧洪䛒身后左壁所绘持杖供养女子身上，都有具体的形象（图7）。

图7　唐开元天宝时期男装鞍马贵族妇女和婢仆（传宋徽宗摹张萱绘《虢国夫人游春图》）。

六、回鹘装

图 8　莫高窟第 61 窟（北宋）身穿回鹘装、青果领型大翻领的女供养人。

　　回鹘是唐代西北地区的少数民族，原称回纥，唐贞元四年（788年）回纥可汗请唐改称回鹘，唐代回鹘族人民与汉族人民经济文化交流频繁，回鹘妇女服装及回鹘舞蹈对唐代宫廷及贵族妇女产生较大的影响。回鹘装的特点是翻折领连衣窄袖长裙，衣身宽大，下长曳地，腰际束带。翻领及袖口均加纹绣，纹样多凤衔折枝花纹。头梳椎状的回鹘髻，戴珠玉镶嵌的桃形金凤冠，簪钗双插，耳旁及颈部佩戴金玉首饰，脚穿笏头履。甘肃安西榆林窟第10窟甬道壁画供养人五代曹议金夫人李氏像，甘肃敦煌莫高窟第205窟入口处壁画曹议金夫人供养像，莫高窟第61窟北宋女供养人像都有这种回鹘装的具体形象。回鹘装的造型，与现代西方某些大翻领宽松式连衣裙款式相似，是古代综合希腊、波斯文化与中国文化的产物（图8）。

七、唐代的舞蹈服装

　　舞蹈服装是生活服装的升华，同时又是生活服装的审美先导。汉代舞女打扮一般为高髻大袖，《后汉书·马廖传》记载着一段当时长安的谚语："城中好高髻，四方高一尺。城中好广眉，四方且半额。城中好大袖，四方全匹帛。"可见城市舞蹈服装对社会的巨大影响。

　　中国舞蹈有两种不同的功能，一种是从属于政治礼仪性质的舞蹈，它是中国原始舞蹈的延续，一开始就与原始巫术相结合而带有神话的色彩。后来与阶级社会的政治伦理观念相结合，成为统治阶级礼仪不可缺少的组成部分。另一种较多的属于娱乐性质，其低级形式就是民间的各种舞蹈；高级形式则属于上层社会精神文化的享受。随着社会对外经济文化交往的增多，舞蹈艺术的交流也日益频繁，后汉辛延年《羽林郎》诗："胡姬年十五，春日独当垆。长裙连理带，广袖合欢襦。"说明西域舞蹈已伴随丝绸之路的畅通而流人中原，为中国上层社会所赞扬。南朝梁简文帝《小垂手》诗："舞女出西秦，蹰影舞阳春。且复小垂手，广袖拂红尘。折腰应两袖，顿足转双巾……”说明南北朝时南方舞蹈也以接近西陲的河西舞女为尚。唐代舞乐空前繁盛，据《唐六典》和《文献通考》等书记载，唐代舞蹈就达数十种之多。唐太宗时宏文馆直学士谢复所写的《观舞赋》，描述舞女“曳绡裙兮拖瑶珮，簪羽钗兮珥明珰，弦无差袖，声必应足，香散飞巾，光流转玉”。可见，在当时十分注重歌舞声容音乐与服装的综合效果。唐代各种舞蹈，多有定式的舞衣，如《七德舞》披甲执戟；《九功舞》戴进德冠（进德冠是形式介于进贤冠与通天冠之间的一种非常华贵的冠式）、紫裤襦；《上元舞》衣画云五色衣；《大定舞》披五彩纹甲、持槊；《圣寿舞》金铜冠、五色画衣；《光圣舞》乌冠，五彩画衣；《宴乐舞》绯绫为袍，丝布为衣；《长寿舞》衣冠皆画；《万岁舞》绯大袖，并画鸜鹆，冠作鸟像；《龙池舞》服五色纱云衣、芙蓉冠、无忧履；《狮子舞》二人持绳秉拂，服饰作昆仑状；《景云舞》花锦为袍、五绫（五枚斜纹地组织的绫）为袴，绿云冠、黑衣皮靴；《倾杯舞》乐工淡黄衫、文玉带；《文舞》服委貌冠，玄丝布大袖、白练领、褾白纱中单，绛领青丝布大口袴，革带乌皮履，白布袜；《武舞》服弁平巾帽，金支绯丝布大袖，绯丝布裲裆甲，金饰白练褴裆，锦腾蛇（腾蛇以锦为表，长八尺，中实以锦，像蛇形）起梁带，豹纹大口布袴，乌布靴；《坐舞》舞童五人衣绣衣，各执金莲花；《八佾舞》着画缋，文衣长大，武衣短小；《霓裳舞》虹裳霞帔步摇冠，钿璎累累珮珊珊。上面这些舞蹈大体属于传统礼仪场面的中国式舞蹈。另外一类属于西域传入的流行舞蹈，所穿舞蹈服装也带有强烈的西域民族风貌，如广为唐代诗人吟咏讴歌的《柘枝舞》、《胡旋舞》和《胡腾舞》均是。白居易《柘枝妓》：“紫罗衫动柘枝来，带垂钿胯花腰重。”又《柘枝词》：“绣帽珠稠缀，香衫袖窄裁。”张祜《周员外席上视柘枝》：“金丝蹙雾红衫薄，银蔓垂花紫带长。”又《观杨瑗柘枝》：“卷檐虚帽带文垂，紫罗衫宛蹲地处，红锦靴柔踏节时。”又《观杭州柘枝》：“红罨画衫缠腕出，碧排方胯背腰来；旁收拍拍

图9　头戴假髻，穿臂间缀有打折裥装饰假袖的大袖衫，下穿高雄裙和两侧带有斜尖角形装饰的蔽膝，脚穿高头履，肩上戴有起翘的硬帔肩，颈有项链，日本学者定名为“霓裳羽衣”，沈从文先生据白居易“霓裳霞帔步摇冠，钿璎累累珮珊珊”诗句，及郑嵎《津阳门诗序》中所说“衣孔雀翠衣，佩七宝璎珞，为霓裳羽衣之类，曲终，珠翠可扫。”认为此种舞衣与霓裳羽衣无关。

金铃摆，却踏声声锦靿催。"又《李家柘枝》："红铅拂脸细腰人，金绣罗衫软著身。"又《感王将军柘枝妓殁》："鸳鸯钿带抛何处，孔雀罗衫付阿谁？"红色、紫色刺绣或手绘的窄袖罗衫，珠玉刺绣卷檐虚帽，红锦靴，装饰飘带，是柘枝舞的基本服装。

《胡旋舞》和《胡腾舞》以配合弦鼓节拍作旋转舞蹈为特色，有时站在一个小圆毯上转腾腾踏，两足终不离于毯上。舞蹈服装也是尖顶番帽、小袖胡衫、宝带、锦靴。

唐代舞蹈服装的设计追求新奇，思考是很细致的，《教坊记》记载《圣寿乐》的服装，衣襟上都绣着一个大团花，再在这件绣衣的外面罩上一件与绣衣颜色相同的短短的缦衫。舞者出现时，观众看见她们穿的只是一种单色的衣服。舞到第二叠时，"舞者相聚到场中，当即从领上抽去笼衫，各入怀中。观众忽见众女文绣炳焕，莫不惊异。"服装设计者把服装与舞蹈进程结合起来考虑时空效果，使观众获得幻觉一般的新鲜感受，这种设计构思是非常出色的。

唐代舞蹈服装形式众多，在唐代洞窟壁画、雕塑、陶俑和绘画中保存着丰富的形象资料（图9）。

图10　新疆吐鲁番唐墓出土的鞋。

图11　唐代妇女所着履头部前视图 ①莫高窟375窟壁画 ②莫高窟171窟壁画③《簪花仕女图》④莫高窟202窟壁画 ⑤莫高窟156窟壁画⑥莫高窟205窟壁画 ⑦《历代帝王图》 ⑧阿斯塔纳230号唐墓出土绢画 ⑨莫高窟石室所出绢画，据《敦煌画の研究》附图125 ⑩莫高窟130壁画（转引孙机先生插图）。

八、唐代女鞋

唐宫廷女鞋，官服一般穿"高墙履"，前头高出一长方形鞋头，系南北朝笏头履演化而来，如高出方片有分段花纹的，称重台履。其次穿软底透空锦靿靴，与翻领小袖齐膝袄及条纹小口袴配套，可称女装男性化的胡服式样，唐永泰公主墓、章怀太子墓、懿德太子墓、韦顼墓、韦洞墓石刻女侍常有此种打扮。第三种为尖头而略上弯的鞋，似从汉之勾履演变而来。武德间妇女穿履及线靴，开元初有线鞋，大历时有五朵草履子，建中元年进百合草履子，文宗时吴越织高头草履，内加绫縠，此外还有金薄重台履、平头小花履等,《新唐书·车服志》说民间妇女,衣青碧缬,平头小花履、彩帛缦成履及吴越高头履。线鞋在辽宁博物馆有实物,系用麻线编成。北疆也有实物出土(图10、11)。

原载黄能馥、陈娟娟:《中国服饰史》,上海人民出版社,2004年版,第251—274页。

隋唐五代妇女的发型和面妆

隋唐时期（尤其在唐代）妇女十分重视头部的化妆，发式和发髻式样的变化多式多样，头上插戴簪钗金叶银篦珠玉宝石及鲜花，既承袭前代遗风，又有刻意创新，可谓丰富多彩。

唐代妇女面部化妆，一般是敷铅粉、抹胭脂、涂鹅黄、画黛眉、点口脂、描面靥、贴花钿。铅粉古称"粉锡"或"铅华"，夏商时已经出现，为我国古老的化妆品。汉以前胭脂主要产于河西走廊焉支山，主要原料为红蓝花，汉武帝击败匈奴，红蓝花大量在内地种植。唐代妇女用青黑色颜料将眉毛画浓，叫做黛眉，描成细而长的叫蛾眉，粗而宽的叫广眉。面靥原是用来掩饰面颊上的斑痕的，后和贴花钿都作为妇女面部的装饰。

中国妇女自古以来就讲究发髻的变化，考古学家曾把商代头饰归纳为椎髻饰、额箍饰、髻箍饰、双髻饰、多笄饰、玉冠饰、编玉饰、雀屏饰、编珠鹰鱼饰、织贝鱼尾饰等10类。周文王时有凤髻和云髻，并运用假发，以衡笄加以固定。秦始皇好神仙之术，宫中头饰有神仙髻、望仙髻、参鸾髻、凌云髻等发式。汉承秦制，并发展出迎春髻、垂云髻、飞仙髻、九鬟髻、百合分髾髻、同心髻、大手髻、四起大髻、堕马髻、盘髻、双鬟分髾髻等发式，大体可归纳为低垂型和高耸型两类，据汉代形象资料分析，仍以低式发髻为多，将发中缝分开，垂发挽髻于背后，或于脑后挽髻。高髻大袖只是舞女所穿的时装，但对社会影响很大，故有"城中好高髻，四方高一尺"的谚语。南北朝时各民族间频繁接触交往，魏之涵烟髻、反绾髻、百花髻、灵蛇髻；晋之芙蓉髻、缬子髻、流苏髻；南朝梁之罗光髻、回心髻、郁葱髻、归真髻；陈之凌云髻、随云髻等，这些发髻的具体形状虽不能一一查考，但从河南邓县画像砖、北魏司马金龙墓出土屏风漆画人物、西安草厂坡出土女俑发式来看，贵族妇女多作十字大髻，一般侍女作丫髻或双鬟髻，总的趋势已向高髻发展。

隋代有九贞髻、翻荷髻、坐愁髻、近唐八环髻等名称，据敦煌莫高窟390窟壁画伎乐人及西安隋大业四年（608年）李静训墓女俑均为三叠平云式髻形。

唐代发髻名称众多，有倭堕髻、螺髻、反绾髻、半翻髻、惊鹄髻、双鬟望仙髻、抛家髻、乌蛮髻、盘桓髻、同心髻、交心髻、拔丛髻、回鹘髻、归顺髻、闹扫妆髻、反绾乐游髻、丛梳百叶髻、高髻、低髻、凤髻、小髻、侧髻、囚髻、偏髻、花髻、云髻、双髻、宝髻、飞髻等。西安开元六年（718年）韦顼墓和永泰公主墓石椁线刻画，西安武氏圣历元年（698年）独孤思贞墓女俑、咸阳唐景龙四年（709

年）薛氏墓壁画、西安唐开元二十八年（740
年）杨思勖墓女俑、敦煌130窟唐开元五年至
十四年（717～726）壁画都督夫人太原王氏供养
像、西安唐开元十一年（723年）鲜于庭诲墓女
俑及唐代绘画如《簪花仕女图》、《捣练图》、
《虢国夫人游春图》、《宫乐图》等，都保留了
大量唐代妇女发型的形象资料。唐代妇女的发
型，直接影响到五代和北宋末年，其特点是竞尚
高大，即利用自己收集或别人剪下的头发加添
在头发中（即髢髻），或以之做成各式假髻来装
戴。这类高髻，在五代时更与银钗牙梳相配，据
《入蜀记》记载，蜀中未嫁少女，都梳同心髻，
高二尺，插银钗至6支，后插大象牙梳如手大。
《宋史·五行志》记载后蜀孟昶广政末年"妇女
竞治发为高髻，号朝天髻"。山西晋祠北宋彩塑
还可见到这种梳髻于当顶的朝天髻发型。至于广
插金玉珠翠花枝、鸾凤步摇、簪钗篦梳的情况，
亦可在敦煌晚唐第9和10窟、五代第98窟、北宋
第61窟壁画供养人像中见到（图1）。

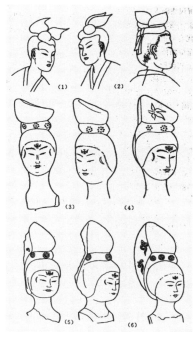

图1 回鹘髻。（1）麦积山北魏壁
画伎乐天头部；（2）唐永泰公主墓
线刻妇女头部；（3）、（4）、（5）、
（6）喀喇和卓高昌出土泥俑头部。

以上所述大多为隋唐五代贵族的服饰，劳动者百姓长年胼手胝足从事生产，不
可能满头珠翠、衣裾拖地。只有在婚嫁大典时允许穿最低等的命妇服装，平时以青
碧色调适合劳动的服装为主。此外，当时少数民族服装也各具特色，限于资料和篇
幅，不能详述。

原载黄能馥、陈娟娟：《中国服饰史》，上海人民出版社，2004年版，第
280-282页。

宋代的官服制度

宋代冠服分祭服、朝服、公服、时服、戎服、丧服等。

一、祭服

有大裘冕、衮冕、鹫冕、毳冕、絺冕、玄冕，其形制大体承袭唐代并参酌汉以后的沿革而定。

二、通天冠、远游冠服

通天冠服仅次于冕服，冠用北珠卷结于冠上，有二十四梁，冠前有金博山加蝉为饰，与织成云龙纹绛色纱袍、白纱中单、方心曲领（宋代的方心曲领是一个上圆下方、形似锁片的装饰，套在项间起压贴作用，防止衣领雍起，寓天圆地方之意）、绛纱裙（裳）相配，腰束金玉带，前系蔽膝，旁系佩绶，白袜黑舄。通天冠的形式，《三礼图》所画极简陋，与实际相差甚远，北宋武宗元所作《朝元仙仗图》中的东华天帝君戴的通天冠，比较接近实际，和敦煌石室唐咸通九年刊本《金刚般若波罗蜜多经》卷首画王者所戴通天冠形制相似，但宋代加了簪导和靴扩充耳。远游冠形状与通天冠相同，只是在前面的金博山装饰牌上没有蝉纹罢了。

远游冠十八梁、金博山不附蝉纹，余同通天冠，为皇太子所用（图1）。

三、朝服

由绯色罗袍裙衬以白花罗中单，束以大带，再以革带系绯罗蔽膝，方心曲领，白绫袜黑皮履。六品以上官员挂玉剑、玉佩。另在腰旁挂锦绶，用不同的花纹作官品的区别。着朝服时戴进贤冠、貂蝉冠（即笼巾，宋代笼巾已演变成方顶形，后垂帔幅至肩，冠顶一侧插有鹏羽）或獬豸冠，并在冠后簪白笔，手执笏

图1　宋武宗元《朝元仙仗图卷》中戴通天冠的"东华天帝君"。

板。北朝至唐的方心曲领是在中单上衬起一半圆形的硬衬，使领部凸起，宋代是以白罗做成上圆下方（即做成一个圆形领圈下面连属一个方形）的饰件压在领部（图2）。

四、公服（即常服）

基本承袭唐代的款式，曲领（圆领）大袖，下裾加横襕，腰间束以革带，头上戴幞头，脚登靴或革履。公服三品以上用紫、五品以上用朱、七品以上用绿色、九品以上用青色。北宋神宗元丰年间（1078～1085）改为四品以上紫色，六品以上绯色，九品以上绿色。凡绯紫服色者都加佩鱼袋（图3）。

图2　南京博物院藏宋代范仲淹像的貂蝉冠（笼巾）和方心曲领。

五、时服

在每年年节或皇帝万圣节，按前代制度赏赐文武群臣及将校的袍、袄、衫、袍肚（抱肚）、勒帛、裤等，用天下乐晕锦（灯笼纹锦）、簇四盘雕（将圆形作十字中分，填充对称式盘旋飞翔的雕纹的团花）细锦、黄狮子大锦、翠毛细锦（用孔雀羽线织出花纹）、云雁细锦、狮子、练雀、宝照大锦（以团花为基础填充其他几何纹的大中型几何填花纹）、宝照

图3　《南薰殿旧藏》宋太祖常朝服像。

中锦、御仙花（荔枝）锦等作面料，其中以天下乐晕锦最高贵。

六、幞头形制的变化

幞头是宋代常服的首服，戴用非常广泛，宋代的幞头内衬木骨，或以藤草编成巾子为里，外罩漆纱，做成可以随意脱戴的幞头帽子，不像唐初那种以巾帕系裹的软脚幞头，后来索性废叶藤草，专衬木骨，平整美观。《梦溪笔谈》卷一说："本朝幞头有直脚、局脚、交脚、朝天、顺风凡五等，唯直脚贵贱通服之。"直脚又名

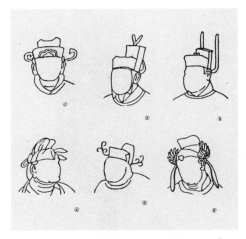

图4 ①白沙宋墓壁画上的局脚幞头。②宣化辽墓壁画上的交脚幞头。③开化寺宋代壁画上的朝天幞头。④唐韦洞墓壁画上的顺风幞头。⑤焦作金邹丽墓画像石上的幞头脚呈卷云状。⑥焦作老万庄元墓壁画上的凤翅幞头。

平脚或展脚，即两脚平直向外伸展的幞头。局脚是两脚弯曲的，《东京梦华录》卷九称为"卷脚幞头"，幞头角向上卷起，白沙宋墓壁画上有这种幞头的样式。交脚是两脚翘起于帽后相交成为交叉形的幞头，河北宣化辽墓壁画有此样式。朝天是两脚自帽后两旁直接翘起而不相交，在山西高平开化寺宋代壁画有此样式。顺风幞头的两脚顺向一侧倾斜，呈平衡动势，西安唐韦洞墓有此种式样。此外，在萧照《中兴祯应图》中差役头上戴一种近似介帻与宋式巾子的幞头，名为曲翅幞头。另有幞头脚呈卷云状和凤翅状及不带翅的幞头。南宋时，太上两宫寿礼赐宴及新进士喜宴，则在幞头上赐插红、黄、银红三色或二色的插戴，以示恩宠。江苏金坛南宋周瑀墓出土一件圆顶硬脚幞头，脚用竹条为骨，表面两层纱，表纱涂黑漆，后缘开口施带。山东曲阜孔府有宋式漆纱帽传世，两脚平施，以铁为骨，固定于帽上不能脱卸，藏于仿照纱帽式样藤织的帽盒内，帽的尺寸较小，为幼年所戴（图4）。

七、宋代文人的巾帽

宋代文人平时喜爱戴造型高而方正的巾帽，身穿宽博的衣衫，以为高雅。宋人称为"高装巾子"，并且常以著名的文人名字命名，如"东坡巾"、"程子巾"、"山谷巾"等。也有以含意命名的，如"逍遥巾"、"高士巾"等。米芾《画史》曾说到文士先用紫罗作无顶的头巾，叫作"额子"，后来中了举人的，用紫纱罗作长顶头巾，以区别于庶人。庶人则由花顶头巾、幅巾发展到逍遥巾。其中与东坡巾相似的高装巾子在五代《韩熙载

图5 故宫博物院藏南宋刘松年作《会昌九老图》（局部），描绘唐会昌五年三月二十四日白居易（74岁，是9人中最年轻的）与李元爽（136岁）、僧如满、胡杲、吉顼、刘爽、郑璩、张诨、卢真等9人聚会，实为宋人野老闲居时的服式。

夜宴图》中已经出现，故宫博物院所藏宋人《会昌九老图》，描绘唐会昌年间李元爽、僧如满、胡杲、吉顼、刘爽、郑璩、卢真、张浑、白居易等9位老人在东都履道场相聚的情形，9位老人中，李元爽已136岁，白居易最小，也已74岁。衣服装束为宋人野老闲居服式，与故宫博物院藏元赵孟頫所画苏轼像册中的巾子衣着相同，巾子为高耸的长方形，戴时棱角对着前额正中，外加一层前面开叉的帽墙，天冷时可以翻下来保暖。苏东坡所穿的就是直裰，领、襟、襈、裾均有宽边，极为宽博，腰束丝绦，系宋人拟仿古代深衣及相传"逢腋之衣"而成的服装（图5）。

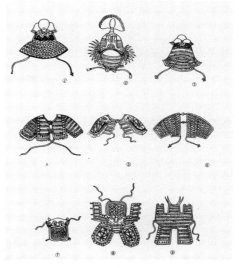

图6　宋代曾公亮著《武经总要》中之甲胄分件图。①、②、③、头鍪顿项。④、⑤、⑥披膊。⑦胸甲。⑧、⑨甲身。

八、宋代的甲胄

我国甲胄在五代时形式已规范化，北宋曾公亮著《武经总要》，甲胄形成定制，以甲身掩护胸背，用带子从肩上系连。腰部用带子从后向前束，腰下垂有左右两片膝裙，甲上身缀披膊（掩膊）。兜鍪呈圆形复钵形，后缀防护颈部的顿项。顶部突起，缀一丛长缨以壮威严。《梦溪笔谈》卷十九"器用"记宋代铁甲，用冷锻法制甲片连缀而成，在50步外用强弩射之不能射穿（图6）。

九、宋代命妇的服装

宋代命妇随男子宫服而厘分等级，各内外命妇有袆衣、褕翟、鞠衣、朱衣、钿钗礼衣和常服。皇后受册，朝谒景灵宫，朝会及诸大事服袆衣；妃及皇太子妃受册，朝会服褕翟；皇后亲蚕服鞠衣；命妇朝谒皇帝及垂辇服朱衣，宴见宾客服钗钿礼衣。命妇服除皇后袆衣戴九龙四凤冠，冠有大小花枝各十二枝，并加左右各两博鬓（即冠旁左右如两叶状的饰物，后世谓之掩鬓）、青罗绣翟（文雉）十二等（即十二重行）。宋徽宗政和年间（1111～1117）规定命妇首饰以花钗冠，冠有两博鬓加宝钿饰，服翟衣，青罗绣为翟，编次之于衣裳。一品花钗九株，宝钿数同花数，绣翟九等；二品花钗八株，绣翟八等；三品花钗七株，绣翟七等；四品花钗六株，绣翟六等；五品花钗五株，绣翟五等。翟衣内衬素纱中单、黼领，朱褾（袖端）、襈（衣缘），通用罗縠，蔽膝同裳色，以緅（深红光青色）为缘加绣纹重翟。大带、革带、青袜舄、加佩绶。受册、从蚕典礼时服之。

　　内外命妇的常服均为真红大袖衣，以红生色花（即写生形的花）罗为领。红罗长裙，红霞帔以药玉（即玻璃料器）为坠子。红罗褙子，黄、红纱衫，白纱裆裤，服黄色裙，粉红色纱短衫。

　　原载黄能馥、陈娟娟：《中国服饰史》，上海人民出版社，2004年版，第304-313页。

元代服饰

　　元代蒙古族太祖成吉思汗于中统元年（即宋开禧二年、金泰和六年，1206年）称帝。当时上自成吉思汗，下至国人均剃"婆焦"，如汉族小孩留三搭头的样子，将头顶正中及后脑头发全部剃去，而在前额正中及两侧留下三搭头发，正中的一搭剪短散垂，两旁的两搭绾成两髻悬于两旁下垂至肩，这就阻挡住向两旁斜视的视线，使人不能狼视，称为"不狼儿"。但也有一部分人保持女真族的发式，在脑后梳辫垂于衣背的。

　　蒙古族的衣冠以头戴帽笠为主，亲王、功臣贵族侍宴者赐穿质孙服，或称只孙、济逊。汉译作一色衣，形制是上衣下裳相连，衣式紧窄，下裳较短，腰间打许多褶裥，称为襞积，肩背间贯有大珠，这本来是便于骑马的戎服，明代皇帝外出乘马时所穿的"曳撒"，就是把质孙服衣身放松加长改制的服装。

　　元代冠服制度开始于英宗时厘定，但因元代官制三公不常设，丞相人数不定，官员因事而设，事完官职就告结束，所以衣制并不确定。一品服是右衽，戴舒脚幞头，紫罗服，上有大独科花（即大团花），直径五寸，束玉带；二品紫罗服，小独科花，径三寸，束花犀带；三品紫罗服，散答花（即写生散排花纹），径二寸，束荔枝金带；四、五品紫罗服，小杂花，径一寸半，束乌犀带；六、七品绯色服，径一寸半，小杂花，束乌犀带；八、九品明绿色无纹罗服，束乌犀带。

　　元代皇室的帽子镶宝石，《南村辍耕录》卷七"回回石"条说，大德年间，有商人卖给官府一块重一两三钱的红刺（宝石叫作刺子，又叫回回石头），价值中统钞十四万锭。红刺即红宝石，红宝石有四种，即刺、避者达、昔刺泥、古木兰。绿宝石有三种，即助把避、助木刺、撒卜泥。猫睛石有猫睛、走水石两种，绿松石称作甸子，回回甸子称你舍卜的，河西甸子称乞里马泥，襄阳变色的称荆州石。还有一种名叫鸦鹘的宝石，有红亚姑、马思艮底、青亚姑、你兰、屋扑你兰，黄亚姑、白亚姑等七种。元代蒙古族征服欧亚广大地区，宝石来源除购买之外，还来自掠夺和贡献。绿宝石中的祖母绿和猫儿眼、红蓝宝石，一直到明清时期都很贵重，明朝时祖母绿折价四百换，即一两重的祖母绿可以折换400两黄金，南明一位皇后做一顶珠宝凤冠，需费两万两银子。

　　元天子的质孙服中，冬服十一等，有金锦暖帽、七宝重顶冠、红金答子暖帽、白金答子暖帽、银鼠暖帽等。夏服十五等，有宝顶金凤钹笠、珠子卷云冠、珠缘边钹笠、白藤宝贝帽、金凤顶笠、金凤顶漆纱冠、黄雅库特宝贝带后檐帽、七宝漆

图1　元成宗像，戴七宝重顶冠，即钹笠冠。陶宗仪《辍耕录》载："元宗大德间，本土巨商中卖一红刺石于官，重一两三钱，估真中统钞十四万锭，用嵌帽顶上，自后累朝皇帝相承，凡正旦及天寿节大朝贺时则服之，耳戴耳环。"

图2　元人《射雁图》中人物所穿的辫线袄，腰部做辫线细褶，便于把腰部束紧，在骑马时有防身功能。明朝皇帝出行骑马所穿的腰部加细褶的袍裙"曳撒"，就是承袭辫线袄的式样而来。

纱带后檐帽等，都是镶珠嵌宝的贵重冠帽（图1）。冬服所用紫貂、银鼠、白狐、玄狐、猞猁皮毛和金锦等，材料也极珍贵。金锦，据虞集《道园学古录》所记，系镂皮傅金为织文者。文意指羊皮金，即将金子锤成金箔，胶贴于羊皮上，然后切缕织成金锦。但据实物分析，实际上多数系将金箔贴于纸上镂成细条，用以织锦，这种用法，宋代称为"销金"。金世宗时，因忌讳销字，改称"明金"。也有将金缕捻卷于丝线外层，捻成捻金线织锦的，称为捻金锦。元代统称这类金锦为"纳石矢"。纳石矢也作衣服或篷帐等用。南薰殿旧藏元世祖忽必烈像，穿白衣，戴银鼠暖帽。照例，这种帽应与银鼠袍、银鼠比肩配套来穿，是帝皇大朝会质孙冬服中最重要的服装。据《马可·波罗游记》记述，元朝每年要举行大朝会13次，有爵位的亲信大官贵族约1.2万人，参加集会时分节令同穿一色金锦质孙服，按时集中大殿前，按爵位或亲疏辈分饮宴。皇帝身上珠玉装饰，特别华美。元代统治者穿的袍子，为交领窄袖，腰间打成细褶，用红紫线横向缝纳固定，使穿时腰间紧束，便于骑射。这种袍元代称作"辫线袄"（图2）。此种款式到明代称为"曳撒"，仍作为出外骑乘之服。元代官员，常在袍外套一种半袖的裘皮衣服，比马褂略长，称作"比肩"，男女均穿，可能是清代端罩的前身。元代还有一种比甲，是没有领袖、前短后长、前后两片用襻系结的衣服，民间在日常生活中也常穿用。

元代皇帝和皇帝亲属穿缠身大龙纹的龙袍，当时民间街市也有这种龙袍出卖，元世祖发现后，立即下令禁止民间私自织绣这种龙袍。《元史》的刑法志和舆服志中说龙是指五爪两角，这就使龙和蟒有了区分的标准——蟒是四爪或三爪。据《元典章》记载，凡皇帝戴过的帽子样式，别人就不许再做再戴，否则，制作工人就要处死。大德元年，皇帝做了一个黑羔细花儿斜皮帽，责令监司官承直传话，如果有人再做就是死罪。大德十一年，皇帝做了一个金翅雕样皮帽顶儿，传令不许再做。至大元年，工匠给驸马做的皮帽样子和皇帝的皮帽相同，也下令不许戴，缝帽子的也要治罪。民间还禁止穿赭黄、柳芳绿、红白闪色、迎霜合（褐色）、鸡头紫、栀子红、胭脂红等颜色。帽笠不许饰金玉，靴不得制花样。因此民间服饰只好向灰褐色系发展，《南村辍耕录》卷十一"写像秘诀"中记述服饰颜色，罗列褐色名目，就有砖褐、荆褐、艾褐、鹰背褐、银褐、珠子褐、藕丝褐、露褐、茶褐、麝香褐、檀褐、山谷褐、枯竹褐、湖水褐、葱白褐、棠梨褐、秋茶褐、鼠白褐、丁香褐等等名称，说明褐色在当时是很重要的服装色彩。

元代蒙古贵族妇女袍式宽大，袖身肥大，但袖口收窄，其长曳地，走路时要两个女奴扶拽。常用织金锦、丝绒或毛织品制作，喜欢用红、黄、绿、茶、胭脂红、鸡冠紫、泥金等色。这种宽大的袍式，汉人亦称它为"大衣"或"团衫"。

金代披戴的云肩，到元代制作得更加华美了。舞人宫女的云肩尤为讲究。半臂在元代也很流行，男女都穿。元朝末年，后妃贵族常以高丽妇女为侍女，高丽式的衣服、鞋帽成为一时流行的款式。有爵命的蒙古族妇女，头戴一种很有特色的罟罟冠，这种冠是用桦木皮或竹子、铁丝之类的材料作为骨架，从头顶伸出一个高约二三尺的柱子，柱子顶端扩大成平顶帽形，然后再用红绢、金锦或青毡包裹，上面再加饰翠花、珍珠。地位高的人更在冠顶插野鸡毛，使之飞动。戴这样高的罟罟冠坐车时须将野鸡毛拔下，交给侍女拿着。后妃们骑大象时也戴插有野鸡毛的罟罟冠，穿宽长曳地的大袖衣，形如汉族的鹤氅。穷人的罟罟冠则用黑色粗毛布包裹。罟罟冠也有故故、顾姑、固姑、鹧鸪、罟罛等名称。丘处机《长春真人西游记》说此种帽子"其末如鹅鸭，故名故故"，忌讳别人触摸，出入庐帐时必须侧身低头。除罟罟冠外，也戴皮帽。并以黄粉涂额作化妆（图3）。

图3　南薰殿旧藏皇后祖后徽伯尔像，戴珍珠饰罟罟冠，纳石矢金锦衣。

元明之际通俗读物《碎金》记载元代服饰名目繁多，男服有深衣、袄子、褡护、貂鼠皮裘、毲（音模，毛段也）衫、罗衫、布衫、汗衫、锦袄、披袄、团袄、夹袄、毡衫、油衣、遭褶、胯褶、板褶、腰线、辫线、开衩、出袖、曳撒、衲夹、合钵。围腰的有玉带、犀带、金带、角带、系腰、銮带、绒绦。头上戴的有帽子、笠儿、凉巾、暖巾、暖帽。佩服的有昭文袋、钞袋、镜袋、手帕、汗巾、手巾……脚穿的有朝靴、花靴、旱靴、钉靴、蜡靴、毡头直尖靴、鞴靴、勒靴、暴（音菊）柱根拓嘴毡袜、皮袜、布袜、水袜……丝鞋、棕鞋、靸鞋、扎鞴、麻鞋、搭膊、缠带、护膝、腿绷、缴脚等等。

妇女衣服，南有霞帔、坠子、大衣、长裙、褙子、袄子、衫子、背心、裰（音院，佩带）子、膊儿、裙子、裹肚、衬衣。北有项牌、香串、团衫、大系腰、长袄儿、鹤袖袄儿、胸带、襕裙、带系、直抹、吊裤、里衣。首饰南有凤冠、花髻、特髻、鲵冠、包冠、瑞云贴额、牙梳、披梳、帘梳、玳瑁梳、龟筒梳、鹤顶梳、顶钗、边钗、顶针、挑针、花筒、掉钿（音琵，箭名）、桥梁鬓钗、叠胜落索、橙梅天箅、七星梭环、镯头、锂子（戒指）；北有包髻、掩根凤钗、面花、螭虎钗、竹节钗、倒插鬓、凤裹金台钑、犀玉坫、头梳、云月、荔枝、如意、芯头、钿牌环、秋蝉菊花琵琶圈珠葫芦、三装五装镮锂（戒指）儿、连珠镯等等。

元代早期，恐惧知识分子反抗，对读书人采取贬压政策，迫使许多知识分子遁入道教教门，故道教有较大发展，《碎金》记载道服中，有星冠、交泰冠、三山帽、华阳帽、漉酒巾、接䍠巾种种名目。

原载黄能馥、陈娟娟：《中国服饰史》，上海人民出版社，2004年版，第384—401页。

明代的官服制度

明代官服是当时材料工技水平最高的服装，就制度而论，它承袭唐宋官服制度的传统，指导思想极为保守。但制作更趋精美，整体配套也更趋和谐统一。明太祖洪武元年，朱元璋鉴于局势尚未安定，学士陶安请制定冕服，朱元璋指示礼服不可过繁，祭天地、宗庙只需戴通天冠，穿纱袍。一品至五品官服紫，六、七品服绯。洪武三年（1370年），礼部官员提出，古代服色按五德的学说，夏尚黑、殷尚白、周赤、秦黑、汉赤、唐黄。明取法周汉唐宋，以火德王天下，色应尚赤，朱元璋认可，并规定正旦、冬至、圣节（皇帝生日）、祭社稷和先农、册拜等大典要穿衮服。

一、皇帝冠服

（一）衮冕

明朝在洪武十六年（1383年）始定衮冕制度，至洪武二十六年（1393年）、永乐三年（1405年）时又分别作过补充修改。

衮冕的形制基本承袭古制，在圆柱形帽卷上端覆盖广一尺二寸、长二尺四寸、用桐板做成的綖，綖板前圆后方，用皂纱裱裹。綖板前后各有十二旒，旒就是用五彩的缫（丝绳）12根，每根穿五彩玉珠12颗，每颗间距一寸。帽卷夏用玉草、冬用皮革做骨架，表裱玄色纱，里裱朱色纱制成。帽卷两侧有纽孔（戴时用玉簪穿过纽孔把冕固定在头顶的发髻上），下端有武（即帽圈），纽孔和武都用金片镶成。綖板左右悬红丝绳为缨，缨上挂黄玉，垂于两耳之旁，叫作黈纩充耳。此外，綖板上还悬有一根朱紘（图1）。

与此配套的衮服，据《明史·舆服志》记载，由玄衣、黄裳、白罗大带、黄蔽膝、素纱中单、赤舄等配成。据永乐三年的定制，玄衣肩部织日、月、龙纹，背部织星辰、山纹，袖部织火、华虫、宗彝纹，领、褾（袖口）、襈（衣襟侧边）、裾（衣襟底边）都是本色的。

图1　明《中东宫官府》所绘的十二旒冕。

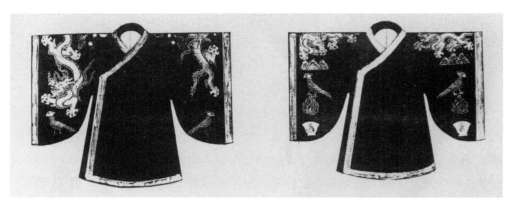

图2 明《中东宫官府》所绘，左玄衣六章，右皇太子东宫衮服玄衣五章。

纁裳织藻、粉米、黼、黻纹各二，前三幅、后四幅，腰部有辟积（褶裥），绅（裳
的侧边）、裼（裳的底边）都是本色，腰以下前后不缝合。中单以素纱制作，青
色领、褾、裾，领上织黻纹十三。蔽膝与裳同色，织藻、粉米、黼、黻各二，本色
边。另有黄、白、赤、玄、缥、绿六彩大绶和小绶，玉钩、玉佩、金钩、玉环及赤
色袜、舄，但《三才图会》的附图与此略有不同（图2）。

（二）通天冠

据洪武元年定制（1368年），加金博山附蝉，首施珠翠，黑介帻，组缨，玉簪
导。与绛纱袍，皂色领、褾、裾的白纱中单，绛纱蔽膝，白色假带，方心曲领，白
袜，赤舄配套，皇帝郊庙、省牲、皇太子冠婚、醮戒时所穿（图3）。

（三）皮弁服

据嘉靖八年定制，弁上锐，黑色纱冒之，前后十二缝，每缝间饰五彩玉十二，
与绛纱衣、蔽膝、革带、大带、白袜黑舄配套。朔望视朝、降诏、降香、进表、四

图3 明《中东宫冠
服》所绘的通天冠。

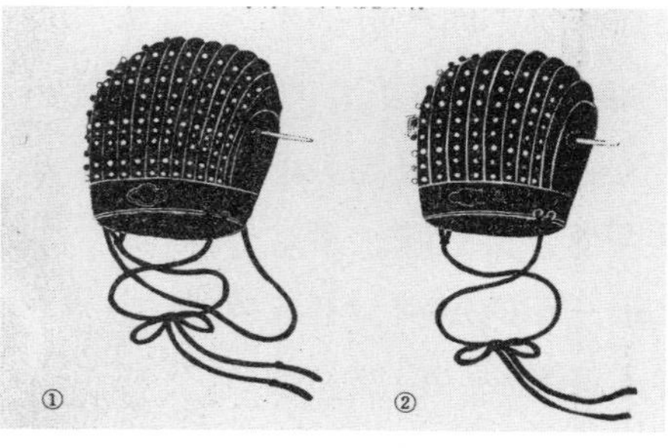

图4 明《中东宫冠服》所绘。①皮弁（十二
缝）②皮弁（九缝）。

图5 明《思荣赐第图册》
中戴武弁的官吏。

夷朝贡、外官朝觐、策士、传胪、祭太岁山川时服用（图4）。

（四）武弁服

据嘉靖八年定制，弁上锐赤色，上十二缝，中缀五彩玉，落落如星状，赤色衣、裳、韨，赤舄。执刻有"讨罪安民"篆文的玉圭，亲征遣将时用服（图5）。

（五）常服

据洪武三年定制为乌纱折角向上巾，盘领窄袖袍，腰带以金、琥珀、透犀（即带有透线纹的上等犀角）相间为饰，永乐三年改为盘领窄袖黄袍、玉带、皮靴。黄袍前后及两肩各织金盘龙一，即一般所称的四团龙袍。乌纱折角向上巾造型像善字，故称翼善冠。（图6）

（六）燕弁服

皇帝平日在宫中燕居时所穿，嘉靖七年定制，冠框如皮弁用黑纱装裱，分成12瓣，各以金线压之，前饰五彩玉云各一，后列四山，朱绦为组缨，双玉簪。衣如古代玄端之制，玄色，镶青色缘，两肩绣日月，前胸绣团龙一，后背绣方龙二。边加小龙纹八十一，领与两祛（袖口）共小龙纹五十九，衽小龙纹四十九。内衬黄色，袂（袖）圆祛（袖口）方，下裳用十二幅的深衣，朱里青表绿边的素带和九龙玉带，白袜玄履。在定陵出土皇帝龙袍中，有一种过肩通袖龙襕袍，领与袖口用小龙花边为饰，但胸、背龙纹与《明史·舆服志》所记不同。（图7）

图6 《历代帝王像》明仁宗像，穿四团龙盘领窄袖袍，腰围玉带，为明代皇帝常服。

图7 《历代帝王像》中的明宣宗像，戴翼善冠，穿十二团龙十二章衮服，腰围玉带，脚穿粉底靴，与北京定陵出土的万历皇帝缂丝衮服形制相同，出土时有黄签记明为衮服。与《明史·舆服志》关于衮服的记载不同，这是明英宗改制后的衮服式样。

二、皇后冠服

（一）礼服

洪武三年定制，皇后在受册、谒庙、朝会时穿礼服，其冠，圆框冒以翡翠，上饰九龙四凤，大小花树各十二，两博鬓、十二钿（短头大花的花簪）；穿袆衣，深青地，画红加五色翟（雉鸟）十二等（对行）；配素纱中单，黼领，朱罗，縠（绉纱）褾、襈、裾，深青色地镶酱红色边绣三对翟鸟纹蔽膝，深青色上镶朱锦边、下镶绿锦边的大带，青丝带作纽约，玉革带，青色加金饰的袜、舄。永乐三年改冠式为饰翠龙九、金凤四，中一龙衔大珠，上有翠盖，下垂珠结；余皆口衔珠滴，珠翠云四十片，大小珠花各十二，翠钿十二，三博鬓，饰以金龙翠云，皆垂珠滴。翠口圈一副，上饰珠宝钿花十二，翠钿十二；托里金口圈一副；珠翠面花五样；珠排环一对；描有金龙纹、缀有二十一颗珠的黑罗额子一件。衣改用翟衣，深青色地，上织十二对行翟鸟纹间以小轮花，红色领、褾、襈、裾，织金色小云龙纹，配玉色（极浅的青绿色）的纱中单，红色领、褾、襈、裾，织黼纹十三；深青蔽膝，织翟鸟三行分间以小轮花四对，酱深红色领缘织金小云龙纹。玉革带用青绮包裱，描金云龙，上饰玉饰十件，金饰四件。青红相半的大带下垂部分织金云龙纹。青绮副带一，五彩大绶一，小绶三，玉佩两副；青色描金云龙袜、舄，每舄首饰珠五颗（图8）。

图8 《历代帝王像》中的明孝恪皇后像，戴翠龙金凤冠，永乐三年定制，皇后礼服饰翠龙九，金凤四，中一龙衔大珠一，上有翠盖，下垂珠滴，余皆口衔珠滴，珠翠云四十片，大珠花，小珠花各十二，三博鬓。翟衣深青，织翟文十有二等（凡148对），间以小轮花。

图9 《历代帝王像》中的明太宗孝文皇后像，戴双凤翊龙冠，上饰金龙一，翊以金凤二，皆口衔珠滴，前后珠花宝钿，三博鬓，穿大衫霞帔。

（二）常服

洪武三年定制，用双凤翊龙冠，首饰

钏镯用金玉、珠宝、翡翠。金绣龙纹诸色真红大袖衣、霞帔、红罗长裙、红褙子。冠形如特髻，上加龙凤饰。衣用织金龙凤纹加绣饰。

永乐三年改为皂縠冠附翠博山（即额前帽花），上饰金龙翊珠一，翠凤衔珠二，前后牡丹二，花八蕊，翠叶三十六。珠翠穰（ráng）花鬓二，珠翠云二十一，翠口圈一。饰珠金宝钿花九，口衔珠结金凤二。饰鸾凤博鬓三。金宝钿二十四，边垂珠滴。金簪二。珊瑚凤冠觜（zī，冠角）一副。黄大衫，深青霞帔，织金云霞龙纹，或绣或铺翠圈金（先用孔雀羽线铺绣花纹，再用捻金线圈绣花纹轮廓），饰以璥（zhuàn）龙纹，即雕有凸起龙纹的玉坠子。深青金绣团龙四襈袄子（即褙子）。鞠衣红色，前后织金云龙纹，或绣或铺翠圈金，饰以珠。红线罗大带。黄色织金彩色云龙纹带，玉花彩结绶，以红绿线罗为结，玉绶花一，红线罗系带一。白玉云样玎珰二，金如意云盖一，金方心云板一，青袜舄（图9-图11）。

图10　明《中东宫冠服》中所绘的袆衣。

图11　明《中东宫冠服》中所绘的太子妃蔽膝。

三、文武官冠服

（一）文武官朝服

洪武二十六年定制，凡大祀、庆成、正旦、冬至、圣节、颁诏、开读、进表、传制都用梁冠，赤罗衣，青领缘白纱中单，青缘赤罗裳，赤罗蔽膝，赤白二色绢大带，革带，佩绶，白袜黑履。以梁冠上的梁数区别品位高低。公冠八梁，侯、伯七梁，都加笼巾貂蝉（貂原来挂貂尾，后以雉尾代替，蝉是金饰）。驸马七梁不用雉尾。一品七梁，玉带玉佩具。黄、绿、赤、紫织成云凤四色花锦绶，下结青丝网，玉绶环二。二品六梁，革带，绶环犀，余同一品。三品五梁，金带，佩玉，黄、绿、赤、紫织成云鹤花锦绶，下结青丝网，金绶环二。四品金带，佩药玉（即玻璃），余同三

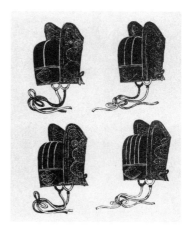

图12　明《中东宫冠服》中所绘的梁冠（一梁至四梁）。

图13 《明太祖功臣图》中的颖国公傅友德像，戴暖耳，笼巾，穿衮甲，甲裳下垂金鱼，暖帽用黑色纻丝作高二寸许的圆箍，上装长方形貂皮垂于两耳，于寒冷时所戴。

品。五品三梁，银带鈒（sà）花（即银质饰有凸纹金花），佩药玉，黄、绿、赤、紫织成盘雕花锦绶，下结青丝网，银镀金绶环二。一至五品都用象牙笏。六、七品二梁，银带，佩药玉，黄、绿、赤织成练雀三色花锦绶，下结青丝网，银绶环二。御史服獬豸（神羊）。八、九品一梁、乌角（牛角）带，佩药玉，黄、绿织成㶉鶒二色花锦绶，下结青丝网，铜绶环二。六品至九品用槐木笏。

嘉靖八年（1529年），将朝服上衣改成赤罗青缘，长过腰止七寸，不掩没下裳。中单改成白纱青缘，下裳赤罗青缘，前三幅，后四幅，每幅三襞积（褶裥），革带前缀蔽膝，后佩绶，系而掩之。大带表里用素色。万历五年，令百官正旦朝贺不准穿朱履。冬十一月，百官可戴暖耳（图12至图14）。

图14 ①明《范仲淹写真像》，戴笼巾貂蝉，颈上佩方心曲领，双手执笏。②明《越中三不朽图赞》中的定西伯，晋侯，戴笼巾貂蝉，颈上佩方心曲领。③明《越中三不朽图赞》中的新建伯王阳明，戴笼巾貂蝉。

（二）文武官祭服

凡皇帝亲祀郊庙、社稷，文武官分献陪祭穿祭服。洪武二十六年定，一至九品，皂领缘青罗衣，皂领缘白纱中单，皂缘赤罗裳，赤罗蔽膝，三品以上方心曲领。冠带佩绶同朝服，四品以下去佩绶。嘉靖八年，定锦衣卫堂上官在视牲、朝日夕月、耕猎、祭历代帝王时，可穿大红蟒四爪龙衣、飞鱼（龙头鱼尾有翼）服、戴乌纱帽。祭太庙社稷时，穿大红便服。

（三）文武官公服

洪武三年，以乌纱帽、团领衫、束带为公服，其带一品玉、二品花犀、三品金银花、四品素金、五品银鈒花、六七品素银、八九品乌角。洪武二十六年定，每日早晚朝奏事及侍班、谢恩、见辞及在外武官每日公座服公服。其制为盘领右衽袍，衣料用纻丝（缎织物）或纱、罗、绢。袖宽三尺。一至四品绯袍，五至七品青袍，八九品绿袍。未入流杂职官，袍、笏、带与八品以下同。公服花样，一品大独科花（团花），径五寸。二品小独科花（小团花），径三寸。三品散答花无枝叶（散排的写生形摘枝花），径二寸。四五品小杂花纹，径一寸五分。六七品小杂花，径一寸。八品以下无纹。幞头有漆、纱两种，展角长一尺二寸，先规定杂职官幞头不用展角，只垂二带，后准用展角。腰带：一品玉带，二品犀角，三四品金荔枝，五品以下为乌角（牛角）。带鞓青色，垂铊尾于下，黑靴。公、侯、驸马、伯服色花样同一品。百官入朝碰到雨雪，许服雨衣。

（四）文武官常服

凡常朝视事穿常服。明初常服与公服都是乌纱帽、团领衫、束带。洪武六年规定一二品用杂色文绮、绫罗、彩绣，帽珠用玉；三至五品用杂色文绮、绫罗，帽顶用金，帽珠除玉外随所用。六至九品用杂色文绮、绫罗，帽顶用银，帽珠玛瑙、水晶、香木。一至六品穿四爪龙（蟒），许用金绣。洪武二十三年定制，文官衣自领至裔，去地一寸，袖长过手，回覆至肘。公、侯、驸马与文官同。武官去地五寸，袖长过手七寸。洪武二十四年定公、侯、驸马、伯，服绣麒麟、白泽。文官一品仙鹤，二品锦鸡，三品孔雀，四品云雁，五品白鹇，六品鹭鸶，七品𪆁鶒，八品黄鹂，九品鹌鹑。杂职练鹊。风宪官獬豸。武官一二品狮子，三四品虎豹，五品熊罴，六七品彪，八品犀牛，九品海马。以上所述的常服，就是著名的品服，也是传统戏曲所采用的官服形式。这些不同的鸟纹兽纹都设计在方形框架之内，布置于团领衫的前胸和后背，下围装金饰玉的腰带，极其壮观。

明《大学衍义补遗》卷九十八说："我朝定制，品官各有花样。公侯、驸马、伯，绣麒麟白泽，不在文武之数；文武一品至九品，皆有应服花样，文官用飞鸟，象其文采也，武官用走兽，象其猛鸷也。"接着讲明朝的常服，可由各级官员按其等级根据规定款式自制，不像宋代是由朝廷统一制作定时分赐的。常服上可兼下，下不得僭上。一般文官都能遵循制度服用，武官往往违反制度穿公侯伯及一品之服，自熊罴至海马（即五品至九品）的服装，不但穿的人极少，而制作的人也几乎断绝了。

（五）文武官燕服

嘉靖七年（1528年），规定品官燕服为忠静冠。忠静冠是斟酌古时玄端服的制度而定的，鉴于当时人们对服制谨于明显而怠于幽独，服制出现混乱现象，故用忠静之名，勉励百官进思尽忠，退思补过。通过服装来强化意识形态的效果。忠静冠冠框用乌纱包裱，两山具列于后，冠顶仍方中微起，三梁各压以金线，冠边用金片包镶，四品以下用浅色丝线压边，不用金边。衣服款式仿古玄端服，古制玄端取端正之意，士之衣袂（衣袖）二尺二寸，衣长亦二尺二寸，正裁，色用玄，上衣与下裳分开。明代用深青色纻丝或纱、罗制作。三品以上织云纹，四品以下素，缘以蓝青，前后饰本等花样补子。深衣用玉色，素带、素履、白靴。凡在京七品以上官及八品以上翰林院、国子监、行人司、在外方面官及各府堂官、州县正堂、儒学教官及都督以上武官许穿之。

（六）蟒服、飞鱼服、斗牛服

这三种服装的纹饰，都与皇帝所穿的龙衮服相似，本不在品官服制度之内，而是明朝内使监宦官、宰辅蒙恩特赏的赐服。获得这类赐服被认为是极大的荣宠。

明沈德符《万历野获编·补遗》卷二说："蟒衣如象龙之服，与至尊所御袍相肖，但减一爪耳。"《元典章》卷五十八记大德元年（1297年），"不花帖木耳奏：街市卖的缎子似皇上御穿的一般，用大龙，只少一箇（个）爪子。四个爪子的卖著（者）有奏（着）呵"，说明四爪大龙缎袍（即蟒袍）在元初就已经在街市出卖。《明史·舆服志》记内使官服，说永乐以后（1403年以后）"宦官在帝左右必蟒服……绣蟒于左右，系以鸾带……次则飞鱼……单蟒面皆斜向，坐蟒则正向，尤贵。又有膝襕者，亦如曳撒（据《碎金》称作曳撒），上有蟒补，当膝处横织细云蟒，盖南郊及山陵扈从，便于乘马也。或召对燕见，君臣皆不用袍而用此。第（但）蟒有五爪四爪之分，襕有红、黄之别耳。"从这段记载可知，蟒衣有单蟒，即绣两条行蟒纹于衣襟左右的；有坐蟒，即除左右襟两行蟒外，在前胸后背

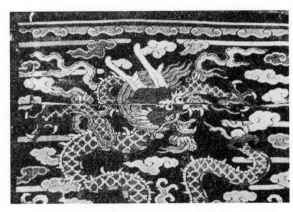

图15　明妆花缎四爪蟒补（残）北京故宫博物院藏。

加正面坐蟒纹的，这是尊贵的式样。至于曳撒则是一种袍裙式服装，于前胸后背饰蟒纹外，另在袍裙当膝处饰横条式云蟒纹装饰，称为膝襕（图15、16）。

飞鱼据《山海经》载："其状如豚而赤文，服之不雷，可以御兵。"具有神话色彩。《林邑国记》说："飞鱼身圆，长丈余，羽重沓，翼如胡蝉。"是一种龙头、有翼、鱼尾形的神话动物。

斗牛原是天上星宿，《晋书·张华传》说晋惠帝时，广武侯张华见斗牛之间常有紫气，请通晓天文的雷焕去询问，雷焕说是丰城宝剑之精，上彻于天。于是就让雷焕为丰城令。焕到任，掘狱屋基得一石函，中有双剑，刻题一曰龙泉，一曰太阿。乃一以送华，一以自佩。后张华被杀，剑忽不见。雷焕死后，其子持剑过延平津，船至江中，剑忽跃出，堕水。但见二龙蟠萦有文章，水浪警沸，于是失剑。明代斗牛服为牛角龙形（图17）。

明朝只有皇帝和其亲属可穿五爪龙纹衣服，明后期有的重臣权贵也穿五爪龙衣，则称为"蟒龙"。嘉靖权相严嵩被参劾倒台后，在江西分宜县严嵩的老家抄没成千上万件丝绸衣料和各种华贵服装，《天水冰山录》记载着从严嵩家抄没的财产名目，其中有五爪云龙过肩妆花段（缎），各种颜色质料的蟒龙纹衣料，蟒龙补、过肩蟒龙、蟒补、过肩蟒、过肩云蟒、百花蟒、斗牛、斗牛补、斗牛过肩、斗牛过肩补，飞鱼、飞鱼补、飞鱼过肩、飞鱼通袖等各式衣、圆领袍、袄、女衣、女袍、女袄、女披风等成衣和织成的衣料，即按照成衣款式的结构裁片排料而织制的服装匹料。明代蟒服、斗牛服在北京南苑苇子坑明墓、南京太平门外板仓村明墓、广州郊区明墓均有实物发现。

图16 《岐阳世家文物图册》中的十二世太师柱国临淮侯李弘济像，戴乌纱帽，穿过肩通袖，膝襕蟒袍，腰围玉带，挂牙牌、牌绣，脚穿粉底靴。

图17 北京南苑苇子坑明墓出土的斗牛补纹样复原图。

四、命妇冠服

洪武元年定，命妇一品，冠花钗九树，两博鬓，九钿。穿绣有九对翟鸟的翟衣，素纱中单，黼纹领，用朱色縠镶袖口及衣襟边。蔽膝绣翟鸟两对，玉带，佩绶，青色袜舄。二品冠花钗八树，两博鬓，八钿，穿绣八对翟鸟的翟衣，犀带，余同一品。三品，冠花钗七树，两博鬓，七钿，衣绣翟鸟七对，金革带，余如二品。四品冠花钗六树，两博鬓，六钿，衣绣翟鸟六对，金革带，余如三品。以下五至七品每低一品，减花钗一树，减一钿，衣减绣翟鸟纹一对。带用乌角带。自一品至五品衣随夫色用紫，六、七品衣随夫色用绯，大带如衣色。

洪武四年，因文武官改用梁冠绛衣为朝服，不用冕，故命妇亦不用翟衣，改以松山特髻、假鬓花钿、真红大袖衣、珠翠蹙金、霞帔为朝服。以珠翠角冠，金珠花钗，阔袖杂色绿缘衣为燕居之服。一品，衣金绣文霞帔，金珠翠妆饰，玉坠；二品，衣金绣云肩大杂花霞帔，金珠翠妆饰，金坠子；三品，衣金绣大杂花霞帔，珠翠妆饰，金坠子；四品，衣绣小杂花霞帔，翠妆饰，金坠子；五品，衣销金（用金粉调胶画花）大杂花霞帔，生色画绢起花妆饰，金坠子；六品、七品，衣销金小杂花霞帔，生色画绢起花妆饰，镀金银坠子；八品、九品，衣大红素罗霞帔，生色画绢妆饰，银坠子。首饰：一品二品，金玉珠翠；三品四品，金珠翠；五品金翠；六品以下，金镀银间用珠。

洪武五年改定品官命妇冠服，一品礼服，头饰为松山特髻，翠松五株，金翟八，口衔珠结。正面珠翠翟一，珠翠花四朵，珠翠云喜花三朵。后鬓珠梭球一，珠翠飞翟一，珠翠梳四，金云头连三钗一，珠帘梳一，金簪二，珠梭环一双。衣服为真红大袖衫、深青色霞帔、褙子，质料用纻丝、绫、罗、纱。霞帔上施蹙金绣云霞翟纹，钑花金坠子。褙子上施金绣云翟纹。

一品常服：头饰用珠翠庆云冠，珠翠翟三，金翟一，口衔珠结，鬓边珠翠花二，小珠翠梳一双，金云头连三钗一，金压鬓双头钗二，金脑梳一，金簪二，金脚珠翠佛面环一双，镯钏都用金。衣服为长袄、长裙，质料各色纻丝、绫、罗、纱随用。长袄镶紫或绿边，上施蹙金绣云霞翟鸟纹，看带（丝质腰带，形式与大带、假带大体相同）用红、绿、紫，上施蹙金绣云霞翟鸟纹。长裙横竖金绣缠花纹。

二品礼服：除特髻上少一只金翟鸟口衔珠结外，与一品相同。二品常服亦与一品同。

三品礼服：特髻上金孔雀六，口衔珠结。正面珠翠孔雀一，后鬓翠孔雀二。霞帔上施蹙金云霞孔雀纹。钑花金坠子。褙子上施金绣云霞孔雀纹。余同二品。三品常服，冠上珠翠孔雀三，金孔雀二，口衔珠结。长袄，看带或紫或绿，并绣云霞孔雀纹，长裙横竖襕并绣缠枝花纹，余同二品。

四品礼服特髻上比三品少一只金孔雀，此外与三品同，四品常服与三品同。

五品礼服：特髻上银镀金鸳鸯四，四衔珠结。正面珠翠鸳鸯一，小珠铺翠云喜花三朵，后鬓翠鸳鸯二，银镀金云头连三钗一，小珠帘梳一，镀金银簪二，小珠梳环一双。霞帔上施绣云霞鸳鸯纹，镀金银钑花坠子。褙子上施云霞鸳鸯纹。余同四品。五品常服冠上小珠翠鸳鸯三，镀金银鸳鸯二，挑珠牌。鬓边小珠翠花二朵，云头连三钗一，梳一，压鬓双头钗二，镀金簪二，银脚珠翠佛面环一双。镯钏皆银镀金。衣服为镶边绣云霞鸳鸯纹长袄，横竖襕绣缠枝花纹长裙。余同五品。

六品、七品礼服：首饰特髻上翠松三株，银镀金练雀四，口衔珠结。正面银镀金练雀一，小朱翠花四朵，后鬓翠梭球一，翠练雀二，翠梳四，银云头连三钗一，珠缘翠帘梳一，银簪二。衣服绫或罗、细绢大袖衫，绣云霞练雀纹霞帔，银花银坠子，褙子上施云霞练鹊纹，余同五品。六、七品常服冠上镀金银练鹊三，又镀金银练鹊二，挑小珠牌；镯钏皆用银。衣服为有边长袄，紫或绿绣云霞练鹊文看带，横竖襕绣缠枝花纹长裙。余同五品。

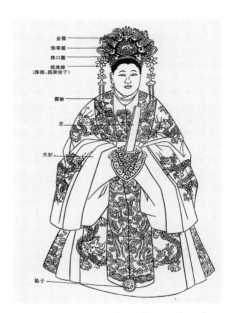

图18 二世岐阳王李文忠元配曹国夫人毕氏礼服名称说明图（引自周锡保先生《中国古代服饰史》插图）。

八品、九品礼服：首饰为小珠庆云冠，银间镀金银练鹊三，又银间镀金银练鹊二，挑小珠牌，银间镀金云头连三钗一，银间镀金压鬓双头钗二，银间镀金脑梳一，银间镀金簪二。衣服为大袖衫、霞帔、褙子，霞帔上绣缠枝花，钑花银坠子，褙子绣摘枝团花，及襟侧镶边绣缠枝花长袄，余同七品。

洪武五年又定命妇团衫之制，用红罗制作，绣雉鸟纹分等第，一品九等（对行），二品八等，三品七等，四品六等，七品三等。其余不用绣雉。

洪武二十四年规定，大袖衫领阔三寸，两领直下一尺，间缀纽子三，末缀纽子二，

图19 明《中东宫冠服》所绘中宫燕居服缘襈褙子。

纽在掩纽之下。霞帔二条，各随品级绣七个禽鸟纹，前四后三。坠子中银花禽一，四面云霞纹，禽如霞帔，随品级用。

洪武二十六年对命妇官服作了一些更改，主要是简化了冠饰，如一品命妇冠为珠翟五，珠牡丹开头二，珠半开三，翠云二十四片，翠牡丹叶十八片，翠口圈一副，上带金宝钿花八，金翟二，口衔珠结二。二品至四品，用珠翟四，珠牡丹开头二，珠半开四，翠云二十四片，翠牡丹叶十八片，翠口圈一副，上带金宝钿花八，金翟二，口衔珠结二。一、二品霞帔、褙子均云霞孔雀纹，钑花金坠子。五、六品冠用珠翟三，珠牡丹开头二，珠半开五，翠云二十四片，翠牡丹叶十八片，翠口圈一副，上带抹金（金粉抹涂）银宝钿花八，抹金银翟二，口衔珠结于二。五品的霞帔、褙子俱云霞鸳鸯纹，镀金钑花银坠子。六品霞帔、褙子俱云霞练鹊纹、钑花银坠子。七品至九品，冠用珠翟二，珠月桂开头二，珠半开六，翠云二十四片，翠月桂叶十八片，翠口圈一副，上带抹金银宝钿花八，抹金银翟二，口衔珠结子二。七品霞帔与六品同。八品九品，霞帔用绣缠枝花，坠子与七品同。褙子绣摘枝团花，摘枝花是带一两片叶子的花头，团花是外圈轮廓为圆形的纹样。摘枝花与折枝花不同之处是折枝花是长枝，而摘枝花只是带几片叶子的花头（图18、19）。

原载黄能馥、陈娟娟：《中国服饰史》，上海人民出版社，2004年版，第415—448页。

清代一般服饰

一、清代男子一般服饰

（一）马褂

长袍或长衫配马褂、马甲，腰束湖色、白色或浅色长腰带，后系手巾，是清代男子一般通穿的服装。马褂长仅及脐，左右及后开衩，袖口平直（无马蹄袖端），形式有袖长过手，或袖短至腕，对襟、大襟、琵琶襟诸式。

对襟马褂，初尚天青色，至乾隆中期流行玫瑰紫，乾隆晚期流行福文襄公福康安所穿的深绛色，称为福色。《扬州画舫录》则说："扬郡著衣尚为新样，十数年前（乾隆初），缎用八团，后变为大洋莲，拱璧兰，颜色在前尚三蓝、朱墨、库灰、泥金黄，近尚高粱红、樱桃红，谓之福色。"（《啸亭杂录》说福色出自福康安）嘉庆时，流行香色、浅灰色，夏天则流行棕色纱制的马褂。深青色大袖对襟马褂则可作为一般场合的礼节性服装。康熙时有一种长袖衣身较长的马褂，保暖性好，有"阿娘袋"、"卧龙袋"之称，民间年老者多穿之。琵琶襟马褂的右襟短缺一块，与缺襟袍相配。右衽大襟马褂及两袖用异色拼制的背心式马褂，均为便服。嘉庆间，马褂有如意头镶边的，至咸丰同治间，流行蓝、驼、酱、油绿、米色等，用大沿镶边，至清末光绪宣统时，用宝蓝、天青、库灰色铁线纱、呢、缎等做短到脐部以上的马褂，在南方尤为风行，甚至做大红色的。面料一般用二、四、六则团花，折枝大花，整枝大花，大团寿，喜字等纹样的暗花缎、暗花宁绸、漳绒、漳缎等。冬天则流行翻毛裘皮马褂（图1）。

图1　清代穿马褂人物写真像。①对襟马褂。②大襟马褂。③琵琶襟马褂。

图2 清代巴图鲁坎肩

（二）马甲

即背心、坎肩，也叫"紧身"。马甲为无袖的紧身式短上衣。有一字襟、琵琶襟、对襟、大襟和多纽式等几种款式。除多纽式无领外，其余均有立领。多纽式的马甲除在对襟的门襟有直排的纽扣外，并在前身腰部有一排横列的纽扣，这种马甲穿在袍套之内，如果乘马行走觉得热时，只要探手于内解掉横、直两排纽扣，便可在衣内将其曳脱，避免解脱外衣之劳。满语叫作"巴图鲁坎肩"（图2）。原来这种多纽马甲只许王及公主穿，后来普通的人也都能穿，并把它直接穿在衣服外面，"巴图鲁"是好汉、勇士之意，俗谓十三太保。此种坎肩单、夹、棉、纱都有，马甲四周和襟领处都镶异色边缘，用料和颜色与马褂差不多。苏州地区先前流行黑色，后来也用其他诸色。奴仆所穿马甲以红白鹿皮、麂皮制作，以其牢固。

（三）袍

清初款式尚长，顺治末减短至膝，不久又加长至脚踝。袍衫在清中后期流行宽松式，有袖大尺余的。甲午、庚子战争之后，受适身式西方服式的影响，中式袍、衫的款式也变得越来越紧瘦，长盖脚面，袖仅容臂，形不掩臀，穿了这种袍衫连蹲一蹲身子都会把衣服撑破。《京华竹枝词》说："新式衣裳夸有根，极长极窄太难论；洋人着服图灵便，几见缠躬不可蹲。"反映了清末服装款式变化的趋向。这时袍衫面料的使用也打破常规，出现了逆反现象，例如陕西产的姑绒被用来作单衫，而细薄的轻纱反被用来作棉袍、夹袍。谚语有"有里者无里，无里者有里"之说，正反映当时服装变异之风尚，已经突破常规，预示着中华服饰文化即将进入一个变迁的新阶段。

（四）衬衫

衬衫穿于袍衫之内，衬衫的形状与长衫相似，也有上面不用二袖，上半截用棉布，下半截用丝绸，在腰部相缝接而成的，称为"两截衫"。颜色初尚白，后一度流行玉色、蛋青色、油绿色，或白色镶倭缎、漳绒边。

（五）短衫短袄

有立领右衽大襟与立领对襟两式，与裤子相配，外束一条腰裙，是一般劳动人民的服装式样。南方农民夏穿牛头短裤，即传统的犊鼻裈发展而来。长裤于裤脚镶一段黑边。北方人穿长裤，用带子将裤脚在踝骨处扎紧，冬夏都如此。冬天的套裤，上口尖而下口平，不能遮住腿后上部及臀部，北方男女都穿。

（六）瓜皮帽

即沿袭明代的六合一统帽而来，又名小帽，便帽，秋帽。帽作瓜棱形圆顶，下承帽檐，红绒结顶。帽胎有软硬两种，硬胎用马尾、藤竹丝编成。帽檐用锦沿或红、青锦线缘以卧云纹，顶后有的垂有红缦尺余。清中期还在帽上用捻金线施绣，加缀珠玉。到咸丰时，帽顶变尖，叫做"盔衬"。有的用毛皮做帽沿，叫做"团秋"。中浅而缺者叫做"兔窝"。胎软而折叠收于怀中的名"军机六折"。到清末，帽顶结子收小如豆大，结色用蓝，戴时将帽向前额倾斜。帽檐作多层重叠，有的重叠至七八层之多。一般内衬红布，服丧者帽用黑或蓝，帽顶结子用白。为皇帝及士大夫燕居时所戴。

（七）毡帽

为农民、商贩、劳动者所戴，有多种形式：（1）半圆形，顶部较平。（2）大半圆形。（3）四角有檐反折向上。（4）帽檐反折向上作两耳式，折下时可掩耳朵。（5）帽后檐向上，前檐作遮阳式。（6）帽顶有锥状带。

士大夫所戴者，用捻金线绣蟠龙，四合如意加金线缘边，有的加衬毛里，为北方及内蒙古一带所戴。

（八）风帽

又名风兜，观音兜。多老年人所用，或夹或棉或皮，以黑紫、深青、深蓝色居多，清末上海等地用红色绸缎或呢料作风帽，有的再加锦缎为缘。风帽戴于小帽之上，老太太、老和尚、尼姑亦戴黑色风帽。

（九）拉虎帽

即皮帽，脑后分开而以两带系之。另一种脑后不分开的，名安髦帽。又帽身用毡，左右两旁用毛，下翻可以掩耳，前用鼠皮，也叫耳朵帽，原为皇帝、王公所戴。

（十）孩童帽

帽顶左右两旁开孔装两只毛皮的狗耳朵或兔耳朵，以鲜艳的丝绸制作，镶嵌金钿、假玉、八仙人、佛爷等，帽筒用花边缘围，称狗头帽、兔耳帽。有的前额绣上一个虎头形，两旁与帽筒相连，帽顶留空，称虎头帽。

二、清代女子一般服饰

清代初统治者严禁满族及蒙古族妇女仿效汉族妇女服饰，已见前述，至嘉庆十一年又下谕："倘各旗满洲、蒙古秀女内有衣袖宽大，一经查出，即将其父兄指名参奏治罪。"又嘉庆二十二年谕："至大臣官员之女，则衣袖宽广踰度，竟与汉人妇女衣袖相似，此风渐不可长。"故满族妇女的一般服装，亦与汉族妇女保持一定距离。

图3　清一字头旗髻写真像。

图4　清大拉翅旗髻写真像。

（一）旗髻

指两把头、大拉翅等满族头髻而言。据《阅世编》记载："顺治初，见满装妇女辫发于额前，中分向后，缠头如汉装包头之制，而加饰其上，京师效之，外省则未也。"《旧京琐记》："旗下妇装，梳发为平髻，曰一字头，又曰两把头。"平髻，就是将头发自头顶中分为两绺，于头顶左右梳二平髻，二平髻之间横插一大扁方，余发与头绳合成一绺，在扁方下面绕住发根以固定之。外观头顶像一字，也像一柄如意横置于头顶上，因此，有两把头、一字头、如意头种种称呼。在道光以前，在两平髻中还插有支发的架子，得硕亭《草珠一串诗》中有："头名架子太荒唐，脑后双垂一尺长。"诗下自注："近时妇女以双架插发际，挽发如双角形，曰架子头。"台湾《历史女袍服考实》记载说：两把头梳法，先将长发向后梳，分为两股，下垂到脖子的后部，再将两股头发分别向上折，折叠时一边加粘液，一边覆压使之扁平，微向上翻，余发上折合为一股，反覆至前顶，随用头绳（红丝线或棉线绳）绕发根一圈扎结固定，其上插扁方，余发绕扁方上，使扁方与发根之柱状合成"T"字形。前戴大花卉及珠结，侧面垂流苏。梳髻所用粘液是用一种"蚊子树"的木刨花所泡的水，民间妇女也都使用这种木刨花泡水作梳发之用。清咸丰以后，旗髻逐渐增高，两边角也不断扩大，上面套戴一顶形似"扇形"的冠，一般用青素缎、青绒、青直径纱做成，是为"旗头"或"宫装"，俗谓"大拉翅"，就是指这种戴扇形冠的头饰。在旗头上面，还要再加插一些绢制的花朵，一旁垂丝繐（图3-图5）。

图5　清如意头旗髻写真像。

（二）马褂

　　款式有挽袖（袖比手臂长的）、舒袖（袖不及手臂长的）两类。衣身长短肥瘦的流行变化与男式马褂差不多。但女式马褂全身施纹彩，并用花边镶饰。后妃所用者也是由宫廷画师先按主子的意向画样，由内务府发交各地制作。有的画样是按原大尺寸画的，有的是按比例缩小画成小样，再附原大的纸样（即裁剪图）的。北京故宫博物院还保存着一批清官的马褂设计图样，内有一份光绪年间的"整枝金银海棠石青缂丝马褂"（黄篯墨书原名）的图样，实大尺寸为身长70.5厘米，半袖通长91.3厘米，袖口宽35.5厘米，下摆42.5厘米，中云头高32厘米，侧云头高25厘米，外边侧6厘米，外边下5.3厘米，内边1.8厘米，腋下宽37厘米，腋上宽36厘米，领托边6厘米，领托云头高27.5厘米。花纹实际是满地散排的折枝海棠花。只画出马褂前身右半侧原大的结构款式，将领托及领托右侧的一部分加染色彩，其余部分为单线勾描。此外还有"桂花兰花马褂"，"金银墩蓝马褂（宝蓝地）"、"瓜瓞绵绵马褂（石青地）"、"金万字地藕荷色喜字百蝶马褂"、"灵仙祝寿马褂"、"桃红碎朵兰花马褂"、"玉色整枝海棠马褂"等画样（图6）。

　　各地织造官员照画样织制完工之后，一面将衣服呈解进京，一面将所花费的工料银两开支情况造具黄册呈报皇帝。例如同治九年正月初九，皇帝大婚礼处传管理苏州织造兼理浒墅关税务臣德寿派办御用缂丝、纱、江绸朝袍、龙袍、龙褂等30件。皇后妆奁应用缂丝、江绸朝袍、朝褂、朝裙、龙袍、八团袍褂等66件。内廷主位应用红江绸蟒袍15件。备赏应用各色缂丝、江绸蟒袍、龙袍、褂144件。皇后妆奁应用各色缂丝、绣、绸、纱、缎氅衣、衬衣24件，舒袖衬衣12件，半宽袖衬衣

图6 晚清礼部马褂花纹设计小样。①墨书题瓜瓞绵绵。②墨书题灵仙祝寿。

12件，褂襕8件，马褂8件，紧身8件，逐项办齐呈解后，造具黄册呈报核支银两，其中一件藕荷透缂钩金三兰百蝶马褂，"身长二尺三寸，共合缂丝二十三方。用缂丝匠四百一十四工，每工银二钱五分，该银一百三十两五钱。元青透缂钩金边三兰百蝶马褂边一分，白透缂钩金三兰百蝶马褂袖一副，共合缂丝十一方五寸，用缂丝匠二百七十工，该银五十一两七钱五分。以上缂丝马褂面随边、袖一件共工料银一百九十三两七钱三分五厘"。"又石青江绸细绣钩金五彩大蝴蝶马褂一

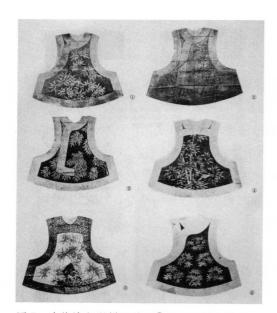

图7 清慈禧衣服样六件。①品月地雪灰竹子。②雪青地湖色竹子。③酱色地绿竹子。④茶色地月白竹子。⑤白地寿山竹子。⑥普蓝地整枝金竹子。

件，身长二尺三寸，地子合用二尺八寸宽加重石青江绸一丈，净绣十九方二寸，绣匠四百二十二工，四分工，每工银二钱六分，该银一百零九两八钱二分四厘。边里地子用元青江绸四尺五寸，雪白江绸三尺，共织七尺五寸，净绣九方六寸。绣匠二百一十工，该银五十四两九钱一分二厘。以上绣江绸马褂面随边绣一件，共工料钱二百二十七两三钱一分四厘"。

（三）坎肩

又名紧身、搭护、背心、马甲，为无袖的上衣，式样有一字襟、琵琶襟、对襟、大捻襟、人字襟等数种，多穿在氅衣、衬衣、袍服的外面。

《清稗类钞·服饰》："半臂，汉时名绣裼（音掘），即今日之坎肩也，又名背心。"吴语称为"马甲"。工艺有织花、缂丝、刺绣等。花纹有满身洒花、折枝花、整枝花、独棵花、皮球花、百蝶、仙鹤、凤凰、寿字、喜字等等，内容都寓有吉祥含意。清中后期，在坎肩上施加如意头、多层滚边，除刺绣花边之外，加多层绦子花边，捻金绸缎镶边。有的更在下摆加流苏串珠等为饰。北京故宫博物院藏有光绪年间设计的慈禧紧身画样六件，附有白鹿皮条，上墨书"慈禧衣服样六件"。黄笺墨书"光绪三十年二月三十日喜寿交老佛爷锦身衣裳样六件，系如意馆画、着浮收听要随湖内，特记。"六件花样为：品月地雪灰竹子、雪青地湖色竹子、酱色地绿竹子、茶色地月白竹子、白地寿山竹子、普蓝地整枝金竹子。图案布局匀当，形象写实生动，色调雅致（图7）。样子尺寸为：身长73厘米，肩宽40.5厘米，袖笼深36厘米，边宽7至7.5厘米。

（四）褂襕

褂襕为妇女们在春秋天凉时穿于袍衫之外的长坎肩，圆领，对襟，直身，无袖，左右及后身开衩，两侧开衩至腋下，前胸及开衩的上端各饰一个如意头；周身加边饰；两腋下各缀有两根长带，身长至膝下。北京故宫博物院藏清代皇后褂襕黄册记载有石青缎细绣金银墩兰花五彩百蝶褂襕一件，身长四尺四寸，地子合用二尺二寸宽加重石青缎一丈八尺四寸，净绣十九方五寸，绣匠三百五十一工，每工银二钱六分，该银九十一两二钱六分。边地子用元青缎六尺八寸，净绣七方八寸，用绣匠一百四十工，四分工，每工银二钱六分，该银三十六两五钱四厘，以上绣缎褂襕面随边一件，共工料银二百一十两九分六厘（图8）。

①

②

图8　清光绪青缎云鹤纹褂襕。①前。②背。

（五）衬衣

清代女式衬衣为圆领，右衽，捻襟，直身，平袖，无开衩，有五个纽扣的长衣，袖子形式有长袖、舒袖（袖长至腕）、半宽袖（短宽袖口加接二层袖头）三类，袖口内另加饰袖头，是妇女的一般日常便服。以绒绣、纳纱、平金、织花的为多。周身加边饰，晚清时边饰越来越多，常在衬衣外加穿坎肩。秋冬加皮、

图 9　清嘉庆五彩绣折枝百花衬衣。　图 10　清光绪绿纱地彩绣折枝梅金寿字半宽袖
　　　　　　　　　　　　　　　　　　　　　　衬衣。

棉（图9、10）。

（六）氅衣

　　氅衣与衬衣款式大同小异，小异是指衬衣无开衩，氅衣则左右开衩高至腋下，开衩的顶端必饰云头；且氅衣的纹饰也更加华丽，边饰的镶滚更为讲究，在领托、袖口、衣领至腋下相交处及侧摆、下摆都镶滚不同色彩、不同工艺、不同质料的花边、花绦、狗牙儿等等，尤以江南地区，俗以多镶为美。据江苏巡抚对苏州地区的风俗衣饰之《训俗条约》中有："至于妇女衣裙，则有琵琶、对襟、大襟、百裥、满花、洋印花、一块玉等式样。而镶滚之费更甚，有所谓白旗边、金白鬼子栏杆、牡丹带、盘金间绣等名色，一衫一裙，本身绸价有定，镶滚之外，不啻加倍，且衣身居十之六，镶条居十之四，一衣仅有六分绫绸。新时固觉离奇，变色则难拆改。"大约咸丰、同治期间，京城贵族妇女衣饰镶滚花边的道数越来越多，有"十八镶"之称。这种以镶滚花边为服装主要装饰的风尚，一直到民国期间仍继续流行。在氅衣的袖口内，也都缀接纹饰华丽的袖头，加接的袖头上面也以花边、花绦子、狗牙儿加以镶滚，袖口内加接了袖头之后，袖子就显得长了，而且看上去像是穿了好几件讲究的衣服。加接的袖头破旧了又可以更换新的。北京故宫博物院藏有大量清代的氅衣成件面料、氅衣实物、氅衣画样，花式繁多，纹样内容设计均含有吉祥的含意，如折枝桂花、兰花，题为"贵子兰孙"。葫芦蔓藤题为"子孙万代"。双喜字百蝶题为"双喜相逢"。喜字蝙蝠、磬、梅花，题为"喜庆福来"。水仙、团寿字，题为"群仙祝寿"。双喜字、莲花，题为"连连双喜"。福字、桃子、天竹，题为"福寿天齐"。团寿字、灵芝、飞鹤、竹子，题为"群仙祝寿"。团寿字、海棠、蝙蝠，题为"寿山福海"。卐字地上整枝杏花，题

为"红杏万年"。寿字、香橼、扇子配四季花，题为"福禄善庆"。凤纹、竹、兰、菊、梅，题为"凤鸣春晓"。松、竹、梅，题为"岁寒三友"。瓜和蝴蝶，题为"瓜瓞绵绵"。五只蝙蝠围着圆寿字加水仙，题为"五福寿仙"等等。慈禧太后在一般场合，都喜欢梳大拉翅，穿宽裾大袖的氅衣。她常常亲自指点如意馆画师修改服装小样，

图11　清同治缂丝月白喜相逢百蝶长袖夹氅衣。

她最喜欢的氅衣花纹是竹子、藤萝、墩兰、牡丹、芍药、栀子花、海棠蝴蝶、百蝶散花、圆寿字等。同治九年正月初九，慈禧太后为筹办光绪帝大婚礼，着大婚礼仪处传旨苏州织造府派办的一批皇后妆奁应用服饰中，就有明黄透缂整枝藤萝花氅衣，身长四尺四寸，共缂丝三十八方四寸，用缂工六百九十一工，每工银二钱五分，该银一百七十二两八钱。元青透缂整枝藤萝花氅衣边一份，白透缂整枝藤萝花氅衣袖一副，共合缂丝十三方四寸。以上共用工料银二百九十两一分七厘。又明黄缎细绣钩洋金兰花桂花氅衣一件，身长四尺四寸，地子合用二尺八寸宽加重明黄缎二丈三尺。随边袖一件，共工料银三百七十六两四分七厘。又实地纱细绣金梗整枝桃花氅衣一件，身长四尺四寸，地子合用料二丈三尺，边袖地子合用料六尺五寸，共工料银三百九十七两五钱五分九厘（图11）。

（七）围巾

在穿衬衣和氅衣时，在脖颈上系一条宽约2寸、长约3尺的丝带（围巾），丝带从脖子后面向前围绕，右面的一端搭在前胸，左面的一端掩入衣服捻襟之内，围巾一般都绣有花纹，花纹与衣服上的花纹配套。讲究的还镶有金线及珍珠。

（八）裙子

主要是汉族妇女所穿，满族命妇除朝裙外，一般不穿裙子。至晚清时期则汉满服装互相交流，汉满妇女都穿。清代裙子有百褶裙、马面裙、襕干裙、鱼鳞裙、凤尾裙、红喜裙、玉裙、月华裙、墨花裙、粗蓝葛布裙等等。

1. 百褶裙

前后有20厘米左右宽的平幅裙门，裙门的下半部为主要的装饰区，上绣各种华丽的纹饰，以花鸟虫蝶最为流行，边加缘饰。两侧各打细褶，有的各打50褶，

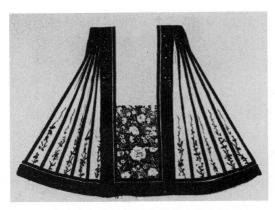

图12 晚清水红暗花绸绣蝴蝶牡丹纹襕干裙。

合为百褶。也有各打80褶，合为160褶的。每个细褶上也绣有精细的花纹，上加褶腰和系带。底摆加镶边。

2. 马面裙

前面有平幅裙门，后腰有平幅裙背，两侧有褶。裙门、裙背加纹饰。上有裙腰和系带。

3. 襕干裙

形式与百褶裙相同，两侧打大褶，每褶间镶襕干边。裙门及裙下摆镶大边，色与襕干边相同（图12）。

4. 鱼鳞裙

形式与百褶裙相同，因百褶裙的细褶日久容易散乱，后来以细丝线将百褶交叉串连，若将其轻轻掰开，则褶幅展开如鱼鳞状，故名。

5. 凤尾裙

李斗《扬州画舫录》卷九，说扬州乾隆初年民间时装，"裙式以缎裁剪作条，每条绣花，两畔镶以金线，碎逗成裙，谓之凤尾。"凤尾裙有三种类型，第一种是在裙腰间下缀绣花条凤尾；第二种是在裙子外面加饰绣花条凤尾，每条凤尾下端垂小铃铛；第三种是上衣与下裙相连，肩附云肩，下身为裙子，裙子外面加饰绣花条凤尾，每条凤尾下端垂小铃铛。这第三种凤尾裙，在戏曲服装中称为"舞衣"，在生活服装中也作为新娘的婚礼服用。

6. 红喜裙

为新娘的婚礼服，式样有单片长裙及襕干式长裙，以大红色地绣花，与大红色或石青色地绣花女褂配套。红喜裙在民国时期仍为民间普遍使用的女婚礼服。

7. 玉裙

为乾隆时民间流行的一种裙式，《扬州画舫录》卷九："近则以整缎褶以细裥道，谓之百褶。其二十四褶者为玉裙，恒服也。"

8. 月华裙、墨花裙

每一裥中五色俱备，似姣月晕耀光华。可能为喷染而成。后来苏州生产一种用同类色的经丝牵排成由深到浅的晕色经丝织成花缎，名"月华缎"，是20世纪30年代的流行面料。清代用喷染法"弹墨"制作的"墨花裙"，别致淡雅。

9. 粗蓝葛布裙

为满族下层劳动者所穿的裙子，据《故宫周刊·汉译满文老档拾零》，努尔哈

赤于天命八年（1623年）6月发布的一次命令中，曾提到
"无职之护卫随侍及良民，于夏则冠菊花顶之新式帽，衣
粗蓝葛布裙，春秋则衣粗布蓝裙"。此种穿蓝粗布裙的习
俗，在我国汉族劳动人民中及众多少数民族中也有，汉族
民间不仅用粗蓝布做裙子，而且用蓝印花布做裙子，裙式
有蔽膝裙、中短裙、长裙等。

我国西北、西藏、蒙古、西南、海南、浙闽的广大地
区，聚居着众多的少数民族，他们的裙装工艺、质料、样
式更为丰富，是我中华服饰艺术宝库中的重要财富，对于
发展民族服饰艺术文化具有极其重要的意义。

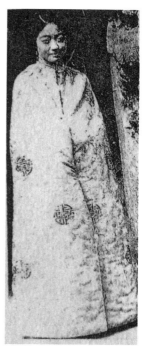

图13 清代穿"一口钟"
的女子

（九）云肩

为妇女披在肩上的装饰物，五代时已有之，元代仪
卫及舞女也穿，《元史·舆服志》一："云肩，制如四垂
云。"即四合如意形，明代妇女作为礼服上的装饰。清代
妇女在婚礼服上也用，清末江南妇女梳低垂的发髻，恐衣
服肩部被发髻油腻沾污，故多在肩部戴云肩。贵族妇女所
用云肩制作精美，有剪彩作莲花形，或结线为缨络，周垂排须。慈禧所用的云肩，
有的是用又大又圆的珍珠穿织的，一件云肩用3500颗珍珠穿织而成。

（十）一口钟

又名斗篷。为无袖、不开衩的长外衣，满语叫"呼呼巴"，也叫大衣。有长短
两式，领有抽口领、高领和低领三种，男女都穿，官员可穿于补服之外，但蟒服则
不许用。行礼时须脱去一口钟，否则视为非礼。妇女所穿一口钟，用鲜艳的绸缎作
面料，上绣纹彩。里子讲究的以裘皮为衬。民国时期，女用称一口钟，男用一般称
斗篷（图13）。

原载黄能馥、陈娟娟：《中国服饰史》，上海人民出版社，2004年版，第
586-604页。

民国时期的服饰

辛亥革命成功之后，清代冠服一律随之捐弃，被送进了历史的博物馆，满族的剃发梳辫习俗和汉族妇女的缠足陋习，也被逐渐革除。民国元年7月，参议院曾公布男女礼服样式。男礼服一种为西式，一种为中式，分大礼服与常礼服，大礼服分昼晚两种，昼礼服长与膝齐，袖与手腕齐，前对襟，后下端开衩，黑色，穿黑色过踝的靴；晚礼服类于西式燕尾服，穿短靴，前缀黑领结，穿大礼服戴高而平顶的有檐帽子。

常礼服西式者与大礼服大同小异，唯戴较低的有檐圆顶帽。

中式礼服为长袍马褂。此外，又先后公布过地方行政官公服，外交官、警察、律师、推事、检察官、陆军、海军、矿业警察、航空等项服制及学生操衣等样式。

女子礼服按公布的服制为上用长与膝齐，有领、对襟式、左右及后下端开衩，周身得加锦绣；下着裙子，前后中幅（即裙门，也称马面）平，左右打裥，上缘两端用带，基本上为清代汉族女装的发展。

总之，自辛亥革命之后，中华服饰从整体上摆脱古典服制的束缚。在20世纪20年代，男装长袍马褂或长袍坎肩、西服、中山装、学生装都是城市及乡间上层人士流行的服装。而中式衫袄和中式抿裆裤则是劳动人民的主要服饰。这种情形，是由不同的经济条件和生活方式决定的。

女装在这一时期以上衣下裙最流行，上衣有衫、袄、背心，式样有对襟、琵琶襟、一字襟、大襟、直襟、斜襟等变化，领、袖、襟、摆多镶滚花边，或加刺绣纹饰，衣摆有方有圆，宽瘦长短的变化也较多。姜水居士《上海风俗大观》记20年代初期的上海的妇女服饰"至于衣服，则来自舶来，一箱甫启，经人知道，遂争相购制，未及三日，俨然衣之出矣……衣则短不遮臂，袖大盈尺，腰细如竿，且无领，致头长如鹤，裤亦短不及膝，裤管之大，如下田农夫，胫上御长管丝袜，肤色隐隐……今则衣服之制又为一变，裤管较前更巨，长已没足，衣短及腰"。上海是我国的通都大邑，自海运开放，西方服式对上海影响很大，而当时清代的服装旧俗，遗风未尽。上海的青楼小妓，文化素质又低，服装追新求异，正是她们的特点。姜水居士所讲"衣短不遮臂，袖大盈尺，裤短不及膝，裤管之大，如下田农夫，胫上御长管丝袜"等奇装异服的现象，大致指青楼女辈的服饰。而大家闺秀所穿，则保持端庄大方的风貌，当时高领窄袖式长袄，配长裙，是她们一般的服饰。女学生的上衣下裙，大都以朴素雅淡的上衣和绕膝裙为主。上衣下裙的女式服装后来一直流行，但裙式不断简化，至30年代，前后有中幅的马面裙（特别是绣花的马面裙）逐

图1　民国初
年的上海时装。
图2　民国初年的
女袄。
图3　民国初年
的上海时装。
图4　民国初年北
京戒台寺的方丈。
图5　民国初年的道士。

渐在生活中自然淘汰。斜裙、绕膝裙、喇叭裙、百褶裙、节裙等逐渐流行（图1—图5）。

　　20年代中晚期，旗袍逐渐在城市妇女中流行，至30年代，旗袍的裁剪工艺吸收了西式服装的裁剪方法，如袖子由平袖改为挖袖窿上袖，前后身加胸省、背省、腰省等，使旗袍由平面造型转化成立体造型，于是旗袍广为普及。20年代中期旗袍腰身较宽松，袖口宽大，长度至脚面，并加滚边镶边。30年代初腰身、袖口相应缩小，而长度缩短近膝，至30年代中期，长度加长，为了便于行走，两边开高衩，而腰身紧绷贴体，充分显示女性体型的曲线美，并能增添人体修长的美感，把人衬托得亭亭玉立。当然这种款式只能适应青年女性及体型较瘦的中年女性，对肥胖体型的中老年妇女并不合适，故旗袍的造型并非单一化。40年代由于日军发动侵略，人们从便于活动的实用功能考虑，旗袍长度缩短，炎夏季节，袖长短至肩下3至6厘米，甚至把袖子取消。

　　旗袍源自清代的衬衣和氅衣，经二三十年代改革之后，造型更与人体紧密结合，穿着舒适方便，适合我国女性的体态特征，它不用口袋、带袢等附件，造型简洁，用料节省，做工简便，而且能与背心、中式女褂、女袄、女西服上衣、女西式外套、女西式大衣、毛线背心、毛线衣、翻毛绒外套、翻毛绒大衣、翻毛裘皮大衣等各式服装配套。而且旗袍

图6　在服装平民化、现代化潮流冲击下，末代皇后婉容穿起了旗袍。

图7 穿斗篷的杨虎城先生在西安事变之前。

本身也可以用纱、绉、绸、缎、毛呢、棉布等面料制作成单、夹、棉、裘。形式可变化成高领、低领、西式翻领、一字形平口领、方口领、圆领、U字领、V字领。袖子宽可盈尺，窄可束臂，长可过手，短可无袖，甚至做成背心式，背带式。下摆可方，可圆，还可加褶裥边饰。纹饰可加彩绣，上缀串珠亮片，镶滚锦绣花边。加戴胸花、围巾，也可朴素无纹，能够雅俗共赏。因此，旗袍从20年代中期至50年代初，是我国城市及乡村知识层女性最普遍的服装，无论是日常服装或社交礼服，几乎都穿旗袍。但旗袍不能适应快步及大幅度的运动，故不宜农村劳动穿着（图6）。

与旗袍同时流行的，还有西装及西式连衣裙。连衣裙从20年代就有一部分留学生及文艺界、知识界人士穿着，至30年代穿者渐多，当时年轻姑娘只在夏天服用，至天凉就不穿了。其特点是上衣和下裙相连，在腰间缩紧，或于腰间加带袢，可束腰带，能够显示腰身的纤细，但至天凉，因需加夹衣棉衣，就失去这种显示细腰的特点。连衣裙多为直开襟，有开在前面的，也有开在背后的。袖子长袖和中长袖者有袖头，短袖者为平袖，也有作泡泡袖、喇叭袖的。领有长方领、方领、尖领、圆角领、水兵领、飘带领、蝴蝶结领、铜盆领、无领座的圆领、一字领、U字领、方口领、V字领等，下裙有作宽波式如斜裙、喇叭裙的，有作褶裥的，有作节裙的，其中以社会上层女士及电影明星最为入时，一般市民则较朴素。女学生穿一种上衣无领无袖、颈下前后作方形大缺口、形如搭背的连衣绕膝裙，开始是教会学校规定的制服，以后在社会流行，而劳动人民却仍然穿着粗布衫、抿裆裤。

在30年代流行的斗篷，为社会上层老年人冬季所披，但有些影星也以之作风衣（图7）。

新娘婚嫁，多穿大红绣裙，上配石青绣花袄或大红绣花袄，头戴凤冠，并披以兜纱。西式"文明结婚"者，穿白色灯笼袖连衣拖地长裙，限于大城市上层流行之。

抗日战争时期，城市知识青年大多穿士林蓝、安安蓝、蓝灰等色制服及列宁装、棉大衣等，女青年也穿之。春秋天也有穿工人服、两用衫、夹克衫的。

原载黄能馥、陈娟娟：《中国服饰史》，上海人民出版社，2004年版，第612—618页。

衣冠古国之服饰神韵

　　中国服装发源于旧石器时代晚期。新石器时代已有衣冠鞋履和丰盛的首饰佩饰，原始的龙图腾崇拜已在服装上得到反映。夏朝服饰已出现象征王权的十二章纹。周代已有完善的官服制度。战国赵武灵王为强化军队而实行"胡服骑射"。东汉明帝制订官服制度，儒家服饰理论从此在全国全面贯彻执行。南北朝汉服与胡服交流，对隋唐服饰文化的发展起重大促进作用。宋明理学使中国服饰文化趋向保守。明清"江南三织造"使宫廷服装技艺达历史的顶峰。

　　服装界喜欢用"中国是衣冠王国"或"中国是衣冠古国"的词句，来形容中国服装历史的悠久和辉煌，但在古代中国的衣冠中，王的衣冠不是最高贵的衣冠，《尚书·益稷篇》记载帝尧授意帝舜穿"十二章"的冕服为祭告天地祖宗的礼服。"十二章"就是上衣画日、月、星辰、山、龙、华虫（雉鸡），下裳绣宗彝（杯纹）、藻（水草）、火、粉米、黼（斧形）、黻等十二种装饰纹样，以象征普及天地的帝德和至高无上的帝威。按章服制度只有国家的最高统治者——帝才能穿十二章的冕服，而王只能穿九章的冕服。因此，有人说把中国称为"衣冠王国"是降了一等。把中国称为"衣冠古国"，是表示中国服装史始于发明文字以前，因为当时没有文字，只好口口相传，后来的人造字以十口为古，这倒符合历史事实。

　　中国服装最早古到什么时间？根据考古科学的发现，在辽宁海城小孤山曾出土距今4万年前的数枚骨针，在北京房山周口店山顶洞曾出土距今18000年至25000年前的一枚骨针和经过穿孔的兽牙、贝壳、骨管、驼鸟蛋壳、石珠等连串的串饰，这些饰品的穿孔还曾用赤铁矿的粉末涂染过，由此可见，当隆冬季节，骨针也可用来缝制兽皮的衣服。到新石器时代的早期，我们的祖先开始农耕畜牧，营造房屋，男子出外狩猎、打制石器、琢玉。女子从事采集、制陶、发明纺麻、养蚕制丝，纺织毛、麻、丝布，缝制衣服。在西安半坡遗址出土距今7000年前的陶器中，发现有100余件留有麻布或编织物的印痕，包括平纹、斜纹、绞织法、绕环编织法等痕迹。江苏吴县草鞋山出土地距今5400年前织有回纹和条纹暗花的葛布，河南荥阳青台村仰韶文化遗址发现距今5600年以前的蚕丝绢和浅绛色罗，新疆和青海新石器遗址则出土过彩条纹罽（毛布）。有了这些纺织品之后，人们就可以缝制适合人体活动的衣服了。由于纺织品是由动植物纤维构成的，年长日久，它们就会自然消灭，因此新石器时代的服装不能保存到现在，然而从新石器时期的彩陶绘画、雕塑及那时的崖画人物形象中，却使我们直观地看到了新石器时期中华祖先的衣冠鞋履等形象。而新石器时期丰盛华美的首饰佩饰，如距今5500余年的红山文化大型玉龙和形象鲜活的玉鳖、玉龟。距今4500至4000年的龙山文化透雕蟠螭玉簪饰、透雕高岭玉凤和玉龙纹饰距今5300至4200年良渚文化的礼器玉琮、玉璧，首饰佩饰器玉镯、玉串饰、玉项链等等，其思想内涵的深厚、艺术形式的丰富、工艺制作的精巧，着实使人惊叹！

　　服饰是人类源于护体御寒等生理需求的物质产品，又是反映人们审美要求和生活理念的精神载体，在新石器时代早期，中国服饰文化的内涵主要反映为原始社会的巫术崇拜。龙图腾的崇拜是中国原始社会的普遍现象。在距今8000年以前人们就用红褐色石块摆塑长约19.7米的巨龙作为居址的保护神，该巨龙发现于辽宁省阜新市查海村。新石器时代龙纹在彩陶纹样、玉器雕琢中经常出现，还有人用纹身的方法打扮成龙子的样子。当人们创造了衣服之后，纹身的花纹被衣服遮盖了，就渐渐转移到衣服上面来，甘肃临洮曾出土一件头顶上爬着一条长蛇、衣服上画有蛇形纹的彩陶器皿，应该是龙文化在服饰上的反映。

　　公元前约22至21世纪初，夏朝政权由禅让制过渡到王权世袭制，中国传统服饰文化就由原始巫术崇拜过渡到以政治伦理为基础的王权象征，出现了以帝德和帝威为核心的章服。由夏商至周代，维系阶级统治的章服制度更趋完备，儒家创始人孔子对此十分赞赏，他说"周监乎二代，郁郁乎文哉，吾从周。"儒家宣扬"道协人天"的思想，把服饰看作礼制的重要内容，即"分贵贱、别等威"的工具。

　　公元前771年周平王受犬戎威胁，由镐京迁都洛邑，历史进入春秋时期。当时由于铁工具的使用，诸侯各国纷纷开荒拓地发展生产，脱离对周天子的依赖，以周天子为中心的礼治走向崩溃。在服饰文化方面的反映，首先是改变了高级丝绸服装用料的分配，原先高级丝绸服装用料如缣、绮、锦、绣之类，为"人君侯妃之服"，商人是不能穿用的，春秋战国时齐鲁等地农业和纺织原料、染料及纺织手工业迅速发展，产品流通领域不断扩大，这些地区有些富商巨贾，财富可比"千户侯"。孔子的弟子子贡，束帛之币以聘享诸侯，所至国君无不与之分庭抗礼。他们食必粱肉，衣必纹绣。其次，按周代传统观念，色彩有正色和间色之分，青赤黄黑白为正色，象征高贵，可作礼服；绀、红（浅赤）、缥（浅青）、紫、骝黄为间色，象征卑贱，只能作便服、内衣、衣服衬里及妇女和平民的衣服。春秋时齐桓公（前685～前643）却喜欢穿紫袍，影响所及，紫色在齐国大为流行。《史记·功代遗燕主书》："齐紫，败素也，而价十倍。"其三，服装配套结构的变化，周代传统服装为上衣下裳配套，裤为不加连裆的"袴"，这种服装不能适应战争骑射的需要。公元前302年，赵武灵王决定建立骑兵征讨东胡和楼烦的侵扰，就吸收胡服的配套结构，让骑兵改穿两裆缝合的满裆裤"裈"，从而提高了军队的战斗力，史称"赵武灵王胡服骑射"。

春秋战国五霸独立、七国争雄，服饰文化方面律令异法，衣冠异制。公元前221年，秦始皇统一中国，他相信阴阳五行学说，认为黄帝时以土气胜，崇尚黄；夏朝是木德，崇尚青；殷朝是金德，崇尚白；周文以火胜金，色尚赤；秦以水德统一天下，色尚黑。以六数为各种制度的基数，如冠高六寸等。但秦始皇于公元前210年便在出巡途中病死，没有制定官服制度。公元前202年，刘邦称帝建立汉朝，对服装礼仪没有重视，到汉文帝时，经济发展，京都贵戚服饰奢靡，儒家贾谊建议在儒学思想基础上建立衣冠制度，但未实行。公元前104年，汉武帝决定改正朔，易服色，表示受命于天，改当时的元封七年为太初元年，服色尚黄。到公元59年东汉明帝永平二年，下诏采用《周官》、《礼记》、《尚书·皋陶篇》，乘舆服采欧阳氏说，公卿以下服采大小夏侯氏说，制定了以儒家服饰理论为依据的官服制度，自皇帝到公卿百官的祭服、朝服，如冠冕、衣裳、鞋履、佩绶等，各有等序。从此儒家衣冠学说就在中国历代官服制度中贯彻实行了两千年，对中国服饰文化产生了不可动摇的影响。儒家服饰思想的理念，把服饰的物质实用功利观念与人的精神道德观念相联系，达到教化的目的。具体的方法是用比德教化、象法天地，把服装的形制、款式、色彩、纹饰、佩饰赋予与天地运行、气象变化相和谐的精神内涵，如帝皇冕冠以十二旒，每旒贯十二块彩玉，按朱、白、苍、黄、玄的顺序排列，象征五行生克及岁月运转，一般的深衣上衣与下裳是连在一起的，裁制时却分开来裁，下裳6幅，每幅交解为2，裁成12幅以应每年有12个月等等。

汉代官服以冠和组绶区分等级地位，朝服为深衣制即袍，袍袖由大袖身（袂）和窄袖口（祛）组成，袖下身呈现琵琶状，称为"胡状"。衣裾有直裾和曲裾两种，曲裾袍襟右侧长出一块60度的衽角，穿时折往右侧腋后，这是战国时流行的传统形式，缝制费工费神，到东汉后就不流行了。一般都穿右衽直裾袍。

公元4至6世纪，中国处于战乱的南北朝时期，战争和民族迁徙促使胡汉杂居，南北交流，北方游牧民族和西域的服饰文化与汉服服饰相互碰撞，结构宽博、端庄华美的汉装对游牧民族统治者有极大的吸引力，如北魏孝文帝在太和十年（486年）穿衮冕，太和十八年（404年）改鲜卑族衣冠制度，史称"魏孝文帝衣冠改制"。而源于骑射生活便于劳动的胡服如裤褶、裲裆、半袖衫等就在中原民间流传，不久就对汉族官服产生了影响，例如唐代官府中的缺胯袍、裲裆、半臂、袔衣、大口裤等，就是吸收了西北外来胡服的某些成分而创制的新式服装，缺胯袍和幞头、革带、长靿靴配套，成为中国官服常服的典型式样，一直影响到明代。唐初胡服对女装的影响更加明显，这从敦煌莫高窟唐代壁画和陕西乾县唐永泰公主李仙蕙、懿德太子李重润、章怀太子李贤等墓室壁画所画的侍女及乐舞伎服装，如露胸式半臂、翻领袍衫、条纹裤、鞢䩞带、浑脱帽等等衣装，使唐代服饰文化大放异彩。

宋明时期中国封建社会已进入衰败期，宋明理学以封建伦理纲常强化对人民的思想统治，在服饰领域提倡"恢尧舜之典，总夏商之礼"、"仿虞周汉唐之旧"的保守主义思想，统治者的冠冕衣裳极致豪奢。压迫妇女缠足的陋习，在汉族民间普遍推广。

元代蒙古统治者用织金锦"纳石矢"制作衣服和帐篷，禁止民间穿用大龙纹样的衣服。民间则多穿棉布衣裳。

明代官服在衣袍胸背部位饰补子，文官用鸟纹，武官用兽纹，以标识官员职位高低，袍服与乌纱帽、腰带、粉底靴配套，器宇不凡，即著名的品服。清代废止了汉族传统的冕服制度，采用女真族传统带有马蹄袖和披领形式的袍服为朝服，但仍采用明朝的补子区别官位高低。

明清两代在江南设"三织造"，专为朝廷制作"上用"和"官用"丝绸及服装，服装式样和花式由内务府设计经审准后，发往南京、苏州制作，一件龙袍动辄用四五百工，花银数百两，豪华绝伦，精美无比，他们出自能工巧匠之手，是中华劳动人民智慧的结晶。

漫漫的历史长河造就了中国这样一个"衣冠古国"，给我们留下了一笔极其丰厚、极其宝贵的文化遗产。尽管人们也许已经把中国古代的一些服装传统遗忘了，但是我们从考古发掘或古代壁画、造像中，仍可发现许多年代久远却依然富丽堂皇、飘逸潇洒的古代服饰。无论是它们的款式、色彩，还是气度和风韵，无不体现出中国文化的博大精深和源远流长。

原载《中国博物馆》，2006年第4期，第13-22页。

从半神化到"功成作乐，治定制礼"

在历史舞台上，夏是一个半神话的社会，无论是它的历史抑或艺术创造都蒙着一层神秘遥远的面纱。夏也是一个由原始公社向阶级社会过渡，开创"家天下"统治模式的时代。夏代在《山海经》及屈原的《天问》等文献中都笼罩着一层浓重的神话色彩，夏王及敌对氏族领袖们大都是半人半神、亦人亦兽的形象。

到商代，尊神重鬼的观念依然为主导。《礼记·表记》中讲："殷人尊神，率民以事神，先鬼而后礼，先罚而后赏，尊而不亲，其民之敝，荡而不静，胜而无耻。"此时尚不重礼，但随着奴隶主专制统治的强化，尊崇上帝、至高无上的神的观念更加加强。因此，人间统治者便通过频繁的占卜来寻求预知和护佑，礼仪名目进一步繁多。

周代统治者有很强的忧患意识，常说"殷鉴不远"，十分重视从商王朝的覆亡中汲取历史教训，从社会结构和思想统治两个方面重新建构了西周社会的统治秩序，形成了盘根错节的严密的统治关系网，与之相配合的便是严明繁杂的礼乐制度。《礼记·乐记》曰："王者功成作乐，治定制礼。其功大者其乐备，其治辩者其礼具。""礼义立，则贵贱等矣；乐文同，则上下和矣。"还将其理论用诸各方面，完备了"礼"的森严制度。其物化形式是"器"："簠簋（青铜器名）俎豆、制度文章，礼之器也；升降上下，周还裼袭，礼之文也。"服装文化作为社会的物质和精神文化，当然属于"礼"的重要内容，从而被赋予了强烈的阶级内涵。

在社会的发展过程中，"礼"的意识逐渐强化，渐渐地，奴隶社会把服饰也作为"礼"的内容。除蔽体之外，服饰还被当作"分贵贱，别等威"的工具，所以服饰资料的生产、管理、分配、使用都受到重视。从夏朝起，王宫里就设有从事蚕事劳动的女奴。商代王室设有典管蚕事的女官——女蚕。到西周，政府设有庞大的官工作坊，从事服饰生活资料的生产，主管纺织的"典妇房"与王公、士大夫、百工、商旅、农夫合称国之六职。周朝政府在各部门设有专门管理王室服饰生活资料的官吏，如天官冢宰下属设有：

玉府：管理王室燕居之服（常服）和玉器。

司裘：管理国王的各种祭礼、射礼所穿的皮裘服装。

掌皮：管理裘皮、毛毡的加工。

典丝：管理丝绸的生产。

典枲：管理麻类纺织生产。

内司服：管理王后的六种礼服。

追师：管理王后的首服（头饰）等。

缝人：管理王宫缝纫加工。

屦人：管理国王、王后所穿的鞋靴。

染人：管理染练丝帛。

宫人、幂人和幕人：管理宫寝帷幕及陈设用布和装饰用布。

地官司徒下属设有：

阎师：管理征收布帛。

羽人：管理征收羽毛。当时盔帽、车、旗等均用染色的羽毛为饰。

掌葛：管理征收麻布、葛布。

掌染草：管理征收染草染料。

春官宗伯下属设有：

典瑞：管理王宫服饰玉器。

司服：管理国王各种吉、凶礼服。

巾车：管理国王、王后各种公车的装饰。

司常：管理国王、诸侯、公卿的旗帜。

家宗人：管理家祭礼节及衣服、宫室、车旗的禁令。

夏官司马下属设有：

弁师：管理国王在不同场合所戴的冕冠、弁帽。

秋官司寇下属设有：

大行人：管理公、侯、伯、子、男在各种场合的服饰制度。

小行人：管理接待国家宾客的礼节。

凡是比较高级的染织品、刺绣品及装饰用品，从原料、成品的征收、加工制作到分配使用，都受到奴隶主政权的严格控制。

原载黄能馥、乔巧玲：《衣冠天下——中国服装图史》，北京，中华书局，2009年版，第19-21页。

骨骼中的自由：纹样造型与题材的改变

　　纹样是最具时代特征的。春秋战国时期的服饰纹样是在商周奴隶社会的装饰纹样传统基础上演化而来的。

　　商周时期的装饰纹样强调夸张和变形，结构上以几何框架为依据作中轴对称，将图案严紧地放置在几何框架内，特别夸张动物的头、角、眼、鼻、口、爪等部位，以直线为主、弧线为辅的轮廓线表现出一种整体划一、严峻狞厉的美学风貌，象征着奴隶主阶级政权的威严和神秘，这是奴隶社会特定的历史条件下形成的时代风格。随着奴隶制的崩溃和社会思想的活跃，春秋战国时期装饰艺术风格也由传统的封闭转向开放，造型由变形走向写实，轮廓结构由直线主调走向自由曲线主调，艺术格调由静止凝重走向活泼生动。商周时期的矩形、三角形几何骨骼和对称手法在春秋战国时期仍继续运用，不过并不受几何骨骼的拘束，往往把这些几何骨骼作为统一布局的依据，而不是作为"作用性骨骼"。这样，图案纹样可以根据创作意图超越几何框架的边界，灵活处理。

　　以湖北江陵马山砖厂和长沙烈士公园战国时期楚墓出土的刺绣纹样为例，除龙凤、动物、几何纹等传统题材外，写实与变体相结合的穿枝花草、藤蔓纹是具有时代特征的新题材。穿枝花草、藤蔓和活泼而富于浪漫色彩的鸟兽动物纹穿插结合，穿枝花草、藤蔓就顺着图案骨骼——矩形骨骼、对角线骨骼铺开生长，起着"非作用性骨骼"（即不是死板显露的几何骨骼）的作用。它们穿插自由，有的顺着骨骼线反复连续，有的将图案中转隔断，有的作左右对称连续，有的按上下、左右错开二分之一的位置作移位对称连续。穿枝花草、藤蔓既起装饰作用，又起骨骼作用。在枝蔓交错的大小空位，则以鸟兽动物纹填补装饰。动物纹样往往头部写实，而身部经过简化，有的直接与藤蔓结为一体，有的彼此蟠叠，有的写实形体与变体共存，有的数种或数个动物合成一体，有的动物与植物共生，以丰富优美和多样的形式，把动植物变体和几何骨骼结合

图1　湖北北江陵马山砖厂1号战国楚墓出土鹤鹿花草纹刺绣纹样，为左右对称式。

起来，反映了春秋战国时期服饰纹样设计思想的高度活跃和成熟。由于按几何骨骼对位布局，灵活运用同位对称与移位对称结合等方法，又打破几何骨骼的框架界限，因而纹样既有严整的数序条理，又有灵巧的穿插变化，虽然结构十分繁复，层层穿插重叠，仍然繁而不乱。此外，几何纹也很流行。

　　战国时期服饰纹样的题材，具有一定的象征和含意，当时最为流行的龙凤，既寓意宫廷昌隆，又象征婚姻美满。鹤与鹿都与长寿神话有关，象征长寿，翟鸟是后妃身份的标志，鸱鸮（猫头鹰）象征胜利之神，以上题材多用于刺绣中。丝织纹样因受提花工艺的限制，战国时多限于菱形纹、方棋纹、复合菱形纹，及在这类几何纹内填充人物、车马、动物等的变体纹样。（图1）

　　原载黄能馥、乔巧玲：《衣冠天下——中国服装图史》，北京，中华书局，2009年版，第47-48页。

紫气东来：色彩观念的改变

　　俗话说，"远看色，近看花"，色彩对服装美观起着重要的作用。不同的色彩给人的心理感觉不同，如白色纯洁优雅，粉色活泼童真。现代人将紫色看作是富贵之气的高雅神秘的色彩，但在春秋战国前却不是的。现代人可以随自己的喜好自由选择颜色，但奴隶社会、封建社会，颜色都是有尊卑区别的。按周代奴隶主贵族的传统：青、赤、黄、白、黑是正色，象征高贵，是礼服的颜色。绀（红青色）、红（赤之浅者）、缥（淡青色）、紫、骝黄是间色，象征卑贱，只能作为便服、内衣、衣服衬里及妇女和平民的服色。统治阶级要按照礼制规定，根据级位高低和政事活动的内容，选配相称的服装色彩。公元前7世纪，春秋时期的第一位霸主齐桓公（姜小白，前685至前643）却喜欢穿紫袍。《韩非子·外储说左上》："齐桓公好衣紫，国人皆好服之，致五素不得一紫。"韩非当时说的是一则寓言，却反映战国时期紫色在社会上的流行。《史书·苏代遗燕王书》："齐紫，败素也，而价十倍。"齐桓公这样一位声名显赫的政治领袖竟然穿间色的紫袍，这在当时是对传统色彩观念的逆反行为，对社会的影响很大，自然是对传统礼教的沉重打击。大约100年后，维护旧礼教的孔子（前551~前479）还重申他对紫色抱有恶感，是因为紫色夺走了朱色的地位。《论语》中"恶紫之夺朱也"即是此意。但色彩作用于人的生理和心理美感是基于色彩所具有的美的自然属性为前提，由于紫色具有稳重、华贵的性格特征，在色彩心理学上紫色被视为权威的象征，后来一直上升为富贵的色彩。唐代韩愈（768~824）《送区弘南归》"佩服上色紫与绯"的诗句，也说明了这一点。

　　原载黄能馥、乔巧玲：《衣冠天下——中国服装图史》，北京，中华书局，2009年版，第46页。

胡服骑射：款式的变革

商周以来的传统服装，一般为襦、裤、深衣、下裳配套，或与上衣下裳配套。裳穿于襦、裤、深衣之外。裤为不加联裆的套裤，只有两条裤管，穿时套在胫上，也称胫衣。《说文·系部》："绔，胫衣也。"段玉裁注："今所谓套绔也，左右各一，分衣两胫。"这种服装配套极为繁复，在表现穿衣人身份地位的装饰功能方面，具有特定的审美意义。但穿着费时，对人体运动也极为不方便，尤其不能适应战争骑射的强度运动。

春秋时期，位于西北的赵国，经常与东胡（今内蒙南部、热河北部及辽宁一带）、楼烦（今山西北部）两个相邻的民族发生军事冲突。这两个民族都善于骑马矢射，能在崎岖的山谷地带出没，而汉族习于车战，即便像齐桓公、晋文公那样善于用兵，也只能在平地采用防御阻挡，而无法驾车进入山谷地带对敌进行清剿。公元前302年，赵武灵王决定进行军事改革，训练骑兵制敌取胜。要发展骑兵，就需进行服装改革。具体的做法是吸收东胡族及楼烦人的军人服式，废弃传统的上衣下裳，将传统的套裤改成有前后裆将裤管连为一体的裤子。古时称为"穷绔"、"绲裆绔"的裤子，便于私溺，裆不缝缀，用带系缚。将两裆缝合的满裆裤，古代称为裈。用三尺布（约合现在70厘米）裁成不需缝合的短裤，称为犊鼻裈。合裆裤能够保护大腿和臀部肌肉皮肤在骑马时少受摩擦，而且不用再在裤外加裳，即可外出，在功能上是极大的改进。赵武灵王进行服装改革，在中华服装史上是一件巨大的功绩，但在当时却遭到一些保守派的反对，理由是"不合先王礼法"。赵武灵王以"先王不同俗，何古之法？帝王不相袭，何礼之循"对保守派进行了批驳，并得到赵国族人中的长者肥义的支持，坚持"法度制令各顺其宜，衣服器械各便其用"的观点，毅然决定服装改革，从而建立骑兵，强化了赵国军队的战斗力，陆续攻灭中山国，攻破东胡、楼烦，国势大盛。这便是中国历史上有名的"赵武灵王胡服骑射"的故事。

春秋战国直至汉代，社会上层人物囿于传统审美观念，仍然保持宽襦大裳的服饰，只有军人及劳动人民下身单着裤而不加裳。西汉司马相如与四川临邛卓王孙的女儿卓文君相恋，遭到卓王孙反对，并断绝对文君的供养，司马相如和文君逃到成都，不久又回到临邛，在卓王孙家对门卖酒，让文君当垆，相如脱去外衣，在大庭广众面前只穿了一条犊鼻裈洗涤酒具，弄得卓王孙尴尬不已。

原载黄能馥、乔巧玲：《衣冠天下——中国服装图史》，北京，中华书局，2009年版，第49—50页。

从"钟繇斩鬼"看少数民族服装的流行

晋干宝的《搜神记》中记叙了魏大臣钟繇斩鬼的故事。说在颍川（今河南长葛一带），经常有人遇鬼。一天夜晚，魏朝大臣钟繇外出，见一女鬼，"形体如生人，着白练衫，丹绣裲裆"，乃挥刀斫之，只见妇女一面奔跑，一面以丝绵拭血。第二天钟繇派人沿着血迹找到女尸，只见她服饰如旧，只是裲裆中的丝绵因抽出来拭血而少了许多。故事虽荒诞，但对服饰的描绘是较切实的。文中说的"裲裆"原是北方少数民族的服装，起初是由军戎服中的裲裆甲演变而来，这种衣服不用衣袖，只有两片衣襟，其一当胸，其一当背，后世称为"背心"或"坎肩"。裲裆可保身躯温度，而不使衣袖增加厚度，以便手臂行动方便，是男女都用的服式。妇女穿的裲裆，往往加彩绣装饰，有的也会加丝绵，开始时妇女都在里面穿裲裆，《晋书·舆服志》曰："元康末，妇人衣裲裆，加于交领之上。"就是把裲裆穿在交领衣衫之外。

南北朝时还有一种流行款式叫"裤褶"。

裤褶原是北方游牧民族的传统服装，其基本款式为上身穿齐膝大袖衣，下身穿肥管裤。这种服装的面料常为较粗厚的毛布。西汉每年赐匈奴酋长大量丝织品缯帛，但在游骑中缯帛易被草棘刮破，不如毛布结实实用。骑马奔驰穿较短的上衣，自然也更方便。秦汉时期，汉族人也穿裤和短上襦，合称襦裤，但封建贵族必于襦裤之外加穿袍裳，只有骑者、厮徒等从事劳动的人为了行动方便，才直接把裤露在外面，上身甚至不穿上衣。到了晋代，这种习俗起了变化，据《晋书·舆服志》记载，把裤褶定为"车架亲戎中外戒严之服，无定色。冠黑帽，缀紫标，以缯为之，长四寸，广一寸"。腰用络带（即以丝线编织的较厚的织成带），于带头装有带扣以代鞶带（大带子）。《急就篇》颜师古注"褶"字说："褶，重衣之最在上者也，其形若袍，短身而广袖。一曰左衽之袍也。"左衽是北方少数民族和西域胡人的衣服款式，与汉族传统以右衽为尚不同。南北朝的裤有小口裤和大口裤，以大口裤为时髦，穿大口裤行动不方便，故用三尺长的锦带将裤管缚住，称为缚裤。《魏志·崔琰传》记载，魏文帝为皇太子时，穿了裤褶出去打猎，有人谏劝他不要穿这种异族的贱服。而到晋朝，裤褶就被定为戒严之服，天子和百官都可以穿。《宋书·帝纪》说，南朝宋后废帝（刘昱，公元473至476年在位）就常穿裤褶而不穿衣冠。《南史·帝纪》则说，齐东昏侯把戎服裤褶当常服穿。在后魏则连朝服都穿裤褶，《梁书·陈伯之传》记载，褚缃写了一首诗以讽刺后魏人，诗曰："帽上着笼

图1 北魏乐人俑，高27.3厘米至29厘米，戴小冠或合欢帽，穿褶衣缚裤（曾发表于《六朝の美术》）。

冠，裤上着朱衣，不知是今是，不知非昔非。"反映了当时的衣着情况。此时，汉族上层社会男女也都穿裤褶，用锦绣织成料、毛罽等来制作，脚踏长勒靴或短勒靴。南朝的裤褶，衣袖和裤管都更宽大，即广袖褶衣、大口裤，这种形式，又反过来影响了北方的服装款式。

此外，还有一种服装叫半袖衫，也颇为流行。半袖衫是一种短袖式的衣衫。《晋书·五行志》记载，魏明帝曾着绣帽，披缥纨（浅青色的细丝织品）半绣衫与臣属相见。由于半袖衫多用缥（浅青色），与汉族传统章服制度中的礼服相违，曾被斥之为"服妖"。但后来到隋朝时，内官多穿半臂装。

裤褶、裲裆、半臂衫都是从北方游牧民族传入中原地区的异族服饰，经过群众生活实践的优选，由于它们具有实用功能的优越性而为汉族人民所吸收，从而使汉族传统服饰文化更加丰富。（图1）

原载黄能馥、乔巧玲：《衣冠天下——中国服装图史》，北京，中华书局，2009年版，第105—107页。

羽扇纶巾与男子冠帽

"羽扇纶巾，谈笑间，樯橹灰飞烟灭"。其中着"纶巾"之人，一说是诸葛亮，一说是周瑜，但总归是三国时儒将的装束，苏轼是借此来遥想其从容与闲雅。

"纶巾"，是幅巾的一种，一般以丝带织成。因传说为诸葛亮服用，又叫做"诸葛巾"。用幅巾束首而不戴冠，始于东汉后期。东汉末的"黄巾起义"就是因为起义者以黄巾束首而得名。据《晋书》记载，汉末的王公名士"以幅巾为雅"，《后汉书·郑玄传》称："玄不受朝服，而以幅巾见。"又《孔融传》称："融为九列，不遵朝仪，秃巾微行，唐突宫掖。"这种厌弃冠冕公服，以幅巾束首的风气，一直延续到魏晋，仍十分流行，且对唐宋时期的男子冠帽也有一定的影响。

魏晋南北朝时期统治阶级的冠冕制度虽然承袭汉代遗制，但形制却有一些演变。

首先是巾帻的后部逐渐加高，中呈平型，体积缩小至顶，称为平巾帻或小冠，非常流行。在小冠上加笼巾，称为笼冠，用黑漆细纱制成，故也称为漆纱笼冠（图1）。

当时还有叫做高顶帽的。《隋书·礼仪志》曾记梁代"帽自天子，下及士人通冠之，以白纱着名高顶帽，皇太子在上者则乌纱，在永福省则白纱，又有缯皂杂纱为之，高屋下裙，而无定准"。《晋书·舆服制》说："江左时野人已着帽，人士往往而然，但其顶圆耳，后乃高其屋云。"实际有好几种形式，有的带有卷荷边，有的带有下裙，有的带纱高屋，有的带有乌纱长耳。公元7世纪后周流行一种突骑帽，垂裙复带，可能就是胡人所戴的风帽。

图1 敦煌莫高窟288东壁北魏供养人，前为室主，戴漆纱笼冠，曲领大袖袍，蔽膝裙，侍从均穿裤褶。

原载黄能馥、乔巧玲：《衣冠天下——中国服装图史》，北京，中华书局，2009年版，第111-112页。

高雅与宽衣博带

图1 《睢阳五老图》中87岁的冯平，戴高装方巾，穿褐衣。美国弗利尔美术馆藏。

宋代儒、释、道相融，文人中出现许多大家。文人们好高雅，崇尚"达则兼济天下，穷则独善其身"，儒与佛道均能吸收。这种心态反映在服装上则是喜着道士、僧人的直裰等，以表达其潇洒风度，从而形成一种时尚。

宋代文人平时喜爱戴造型高而方正的巾帽，身穿宽博的衣衫，以为高雅。宋人称巾帽为"高装巾子"，并且常以著名的文人名字命名，如"东坡巾"、"程子巾"、"山谷巾"等。也有以含义命名的，如"逍遥巾"、"高士巾"等。米芾《画史》曾说到文士先用紫罗作无顶的头巾，叫做"额子"，后来中了举人的用紫纱罗作为长顶头巾，以区别于庶人。庶人则由花顶头巾、幅巾发展到逍遥巾。与东坡巾相似的高装巾子在五代《韩熙载夜宴图》中已经出现。

宋代文人常着褐衣、直裰、鹤氅等服装。褐衣用麻布或毛布制作，比短褐长而宽大，为文人隐士及道家所服（图1）。直裰是背部中缝线直通到底的无襕长衣，宋代文人、隐士、僧道行者所穿。道衣斜领交裾，衣身宽大，四周用黑布为缘。有的以茶褐色布做成袍则称道袍，为文人或道士所穿。鹤氅，传为用鹤羽捻线织成面料，制成衣身宽长曳地的衣着，披于身上，称为鹤氅或羽衣，宋代文人、诗客、隐士用布制作，披于身上。

原载黄能馥、乔巧玲：《衣冠天下——中国服装图史》，北京，中华书局，2009年版，第189页。

《金瓶梅》与女子服饰搭配

著名通俗小说《金瓶梅》成书于明万历年间，里面有大量描述当时妇女装束的文字，都较为细腻、写实，有较为可信的研究价值。下面略举《金瓶梅》中所描写的几个例子：

上穿香色潞绸（山西潞安州，今长治出产）雁衔芦花样对衿袄儿、白绫竖领，妆花眉子，溜金蜂赶菊纽扣儿（明代女衫领部用金属揿扣一二个，余用带结），下着一尺宽海马潮云（纹）羊皮金沿边（用以薄羊皮为衬的金箔切成金皮条钉绣成边饰）挑线裙子（用丝线将裙褶挑连使裙褶定型的褶裙），大红缎子（面）白绫高底鞋（在鞋底后跟部加垫一长圆形高底，北京定陵曾出土尖翘凤头高底鞋，鞋长12厘米，高底长7厘米，宽5厘米，高4.5厘米），妆花膝裤，青宝石坠子，珠子箍。

家常挽着一窝丝杭州攒，金累丝钗，翠梅花钿儿，珠子箍儿，金笼坠子。上穿白绫对衿袄儿，妆花眉子，绿遍地金掏袖，下着红裙子。

上穿沉香色水纬罗对衿衫儿，玉色绉纱眉子，下着白碾光绢挑线裙子……头上银丝鬏髻，金镶玉蟾宫折桂分心翠梅钿儿。

上穿柳绿杭绢对衿袄儿，浅蓝色水绸裙子，金红凤头高底鞋儿。

上穿鸦青缎子袄儿，鹅黄绸裙子，桃红素罗羊皮金滚口高底鞋儿。

上穿着银红纱白绢里对衿衫子，豆绿沿边金红心比甲，白杭绢画拖裙子，粉红花罗高底鞋儿。

这六例中，第一例是暖含灰调上衣与金彩下装，大红白底鞋子相配，色彩华贵而不入俗；第二例是白色上衣配红裙，用金绿色掏袖形成局部对比，形成活泼明快的调子；第三例上衣为暖含灰色与光亮的白裙形成温柔雅洁的色彩；第四例柳绿上衣与浅蓝裙子是素雅的同类色，以金红凤头高底鞋作小面积对比，使色彩素

图1 明代唐寅《孟蜀宫妓图》。画中官妓头戴珠翠钿花，穿对襟窄袖衫袄，曳地长裙，左一人肩披帔肩。故宫博物院藏。

而不寒；第五例鸦青缎袄与鹅黄绸裙，桃红滚金边高底鞋形成相互对比，是极其大胆的配色，由于鸦青色性格稳重，故整体协调，华美大方；第六例对襟的银红，比甲的金红心与鞋的粉红是同类色，而比甲的豆绿沿边起对比作用，对襟的白绢里和白绢画拖裙则提高整体的色彩明度，这是一种以红色为基调的对比配色，爽朗而有青春感。这些色彩配套中金色搭配极为慎重，起着画龙点睛的作用。

据此可知明代上流妇女较流行的装束有：上穿对襟衫、袄，下着挑线裙子，各式高底鞋儿，冷天再在衫外穿比甲，或裙内套膝裤，额裹眉勒，头梳假髻，插戴钗钿簪梳和珠子箍儿（用金玉珠石作花鸟长列鬓旁叫钗、小的叫掠子），手戴钏镯、戒指，耳戴耳环、耳坠，胸前挂金玉佩饰"坠领"，裙腰佩七事（用玉做的名"禁步"）。上流时髦装束与宋代女式时装一脉相承，对襟衫、袄是挑线裙、高底鞋配套的时装，用料、色彩、工艺都十分讲究。（图1）

原载黄能馥、乔巧玲：《衣冠天下——中国服装图史》，北京，中华书局，2009年版，第260-262页。

冠服禁令

　　服装是人类文明生活的支柱，随着思想统治的日益严厉，服装的章身功能也被置于更加重要的位置。

　　自宋朝以来，封建统治阶级通过种种途径，强化上层建筑思想形态的统治。明宋应星在《天工开物·乃服》中指出："贵者垂衣裳，煌煌山龙，以治天下；贱者裋褐枲裳，冬以御寒，夏以蔽体，以自别于禽兽……人物相丽，贵贱有别。"可见服饰贵贱之别的严格。中国历代把章服定为制度，以法令的形式加以推行。宋元以后，对服饰的禁例越来越多。明代冠服，上自皇帝皇后，中至文武百官命妇，下至庶人、乐伎、僧道、农夫、商贾，都有系统的规定。

　　明朝中期以后，因民间丝绸生产和贸易迅猛发展，富商大贾人数日多，丝绸为他们带来获取暴利和发财致富的机会，他们都过上豪侈的生活，穿衣服越发讲究。这在吴越地区尤为明显。明陆楫在《蒹葭堂杂著摘钞》中说："今天下之财赋在吴越，吴俗之奢，莫盛于苏杭之民，有不耕寸土而口食膏粱，不操一杼而身衣文绣者，不知其几何也，盖俗奢而逐末者（经商者）众也。"明张瀚《松窗梦语》卷四《百工记》说："四方重吴服，而吴益工于服，是吴服之侈者愈侈。""终岁纂组，币不盈寸，而锱铢之缣，胜于寻丈。"就是说苏杭地区不耕不织的商人穿衣极为讲究。苏州服装艺术加工精细，绣工长年刺绣，一小块丝绸，花费比别人八尺丝绸还要大的工夫。四方重爱吴服，吴服就更加奢华。明朝虽则实行抑商政策，禁止商贾穿纹绣衣服，却挡不住富商大贾服饰生活方式的挑战，吴服不但在国内走俏，而且还通过海路销往日本，给东方邻邦的服饰文化留下了深远的影响。

　　原载黄能馥、乔巧玲：《衣冠天下——中国服装图史》，北京，中华书局，2009年版，第263页。

长袍马褂——已逝的风景

老人们在回忆起往事时会提起"长袍马褂"，这的确是清朝男子，更确切地说是较有身份地位的清代男子常服的装束，也是我们对最后一个王朝渐行渐远的背影一个具体的印象之一。

长袍或者长衫配马褂、马甲，腰束湖色、白色或浅色长腰带，后系手巾，是清代男子一般通常穿的服装。马褂长仅及脐，左右及后开叉，袖口平直（无马蹄袖端），形式有袖长过手，或袖短至腕，有对襟、大襟、琵琶襟等诸式。

对襟马褂初尚天青色，至乾隆中期流行玫瑰紫，乾隆晚期流行福文襄公福康安所穿的深绛色，称为福色（此说见于《啸亭杂录》）。《扬州画舫录》则说："扬郡着衣尚为新样，十数年前（乾隆初），缎用八团，后变成大洋莲，拱璧兰，颜色在前尚三蓝、朱墨、库灰、泥金黄，近尚高粱红、樱桃红，谓之福色。"嘉庆时，流行香色、浅灰色，夏天则流行棕色纱制马褂。深青色大袖对襟马褂可作为一般场合的礼节性服装。康熙时有一种长袖、衣身较长的马褂，均为便服。嘉庆年间，马褂有如意头镶边的，至咸丰同治间，流行蓝、驼、酱、油绿、米色等，用大沿镶边，至清末光绪宣统时，用宝蓝、天青、库灰色铁线纱、呢、缎等做短到脐部以上的马褂，在南方尤为风行，甚至做大红色的。面料一般用二、四、六则团花（则：团花的花纹单位，一则团花直径为40至60.6厘米，二则为22.6至24.6厘米，四则为12.6至14厘米，六则为7.8至9.3厘米。则数越少，团纹越大；则数越多，团纹越小），折枝大花，整枝大花，大团寿，喜字等纹样的暗花缎，暗花宁绸，漳绒，漳缎等。冬天流行翻毛裘皮马褂。马甲即背心、坎肩，也叫"紧身"。马甲为无袖的

图 1　晚清一字襟坎肩

图 2　民国刺绣对襟女上衣

紧身式短上衣。有一字襟、琵琶襟、对襟、大襟和多纽式等几种款式。除多钮式无领外，其余均有立领。多钮式的马甲除在对襟有直排的纽扣外，还在前身腰部有一横排的纽扣，这种马甲穿在袍套之内，如果乘马行走觉得热时，只要探手于内解掉横、直两排纽扣，便可在衣内将其拽脱，避免解脱外衣之劳。满语叫作"巴图鲁坎肩"。"巴图鲁"是好汉、勇士之意，俗谓十三太保。原先这种多纽马甲只许王及公主穿，后来普通的人也可以穿，并且直接穿在衣服外面。单、夹、棉、纱都有。马甲四周和襟领处都镶异色边缘，用料和颜色与马褂差不多，苏州地区先前流行黑色，后来也用其他诸色。奴仆的马甲用红白鹿皮、麂皮制作，十分牢固。

图3　晚清如意头大镶边对襟坎肩。

清代男子常穿的袍，在清初款式尚长，顺治末减短至膝，不久又加长至脚踝。袍衫在清中后期流行宽松式，有袖大尺余的，甲午、庚子战争之后，受适身式西方服饰的影响，中式袍、衫的款式也变得越来越紧瘦，长盖脚面，袖仅容臂，形不遮臀，穿了这种袍衫连蹲一蹲身子都会把衣服撑破。《京华竹枝词》说："新式衣裳夸有根，极长极窄

图4　晚清湖蓝地折枝花暗花缎镶凤蝶花卉纹绦子边坎肩（曾发表于《中华袍服织绣选粹》）。

极难论。洋人着服图灵便，几见缠躬不可蹲。"非常诙谐地反映了清末服装款式变化的趋向。这时袍衫面料的使用也打破常规，出现了逆反现象，例如陕西产的姑绒被用来做单衫，而细薄的轻纱反被用来作棉袍、夹袍。谚语有"有里者无里，无里者有里"，正反映当时服装变异之风尚，已突破常规，预示着中华服饰文化即将进入一个变迁的新阶段。

穿于袍衫之内的为衬衫。衬衫的形状与长衫相似，也有上面不用二袖，上半截用棉布，下半截用丝绸，在腰部相缝接而成的，称为"两截衫"。颜色初尚白，后一度流行玉色、蛋青色、油绿色或白色镶倭缎、漳绒边。

　　清代一般劳动人民的服装式样为短衫短袄，有立领右衽大襟与立领对襟两式，一般与裤子相配，外束一条腰裙。南方农民夏穿牛头短裤，由传统的犊鼻裈发展而来。长裤于裤脚镶一段黑边。北方人穿长裤，用带子将裤脚在踝骨处扎紧，冬夏都如此。冬天的套裤，上口尖而下口平，不能遮住腿后上部及臀部，北方男女都穿。（图1–图4）

　　原载黄能馥、乔巧玲：《衣冠天下——中国服装图史》，北京，中华书局，2009年版，第331–334页。

织绣印染技术研究

云锦图案的装饰

南京云锦是我国传统的丝织工艺品之一，包括库缎、库锦和妆花三类。库锦、妆花是传统的重锦中的一种，质地厚重，其中库锦多供衣服镶边、装裱锦盒及制作毯、垫、桌布之用，花纹不大，配色以金银加彩为主，彩线套数不多。妆花是云锦的主要品种，地纹组织有平纹、缎纹、斜纹、罗纹（横纹）四类，传统上称平纹、斜纹地为妆花锦，缎纹为妆花缎、罗纹为妆花罗。妆花缎和妆花罗均为明代流传下来的品种。妆花锦的历史渊源则可远溯到汉唐。妆花的纹样一类是几何形，传统称为锦群，一类是花形，大都是大型及中型花，最大的花能排一个单位，传统称为彻幅纹样，现在则称为独花纹样。彻幅的妆花凤莲和云龙图案，花纹的每个单位横宽达七十余厘米，长达一米以上，金彩夺目，构成豪华奔放的独特风格，与苏、杭等地淡雅秀丽的丝绸图案风格，形成强烈的对照。

南京云锦图案继承了明锦艺术的优秀传统，并且又有了进一步的发展。在艺术处理上，布局严谨，纹样处理的概括性很强，设色大胆。如果把云锦图案的装饰加以系统的学习和研究，对于目前染织图案的继承传统和推陈出新是有益处的。

"量题定格，依材取势"，这是云锦布局的要领，意思是说，要根据品种和生产的要求来考虑图案的格式，并根据题材内容来确定布局。云锦纹样的布局依照纹样性质和使用要求，大致分为两类：

一、织成料

包括供陈设用的桌、椅、床、鞍的毯垫及衣着装饰的成件衣料、风帽料、腰袋料等。成件衣料根据剪裁方法摆布花纹，例如八团袍料就是根据前后襟的裁剪部位，把前襟上的团花和后襟上的团花排列成倒顺相对，这样只要把衣料对折缝合，裁制衣服就非常方便。艺人称这种章法为上下幔。其他的织成料均系根据成品的样式设计，花边、角花、中心花俱全。

二、四方连续纹样

普通的匹头料均是四方连续纹样，妆花的纹样单位依照幅面横宽排列的花位计算，分为独花、二花、四花、六花、八花等五类。艺人们称一个花纹单位为一则，

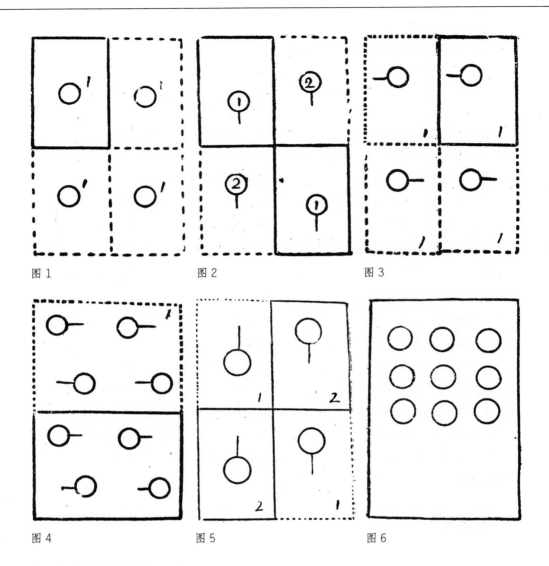

图1   图2   图3

图4   图5   图6

八花的纹样单位就为八则。

　　一个简单的单位纹样用不同的方法拼接连续，可以成为变化丰富的图案。云锦中常用的单位拼接法有以下几种：一、追章法，即平行拼接法（图1）；二、拆剖追章法，即阶梯形拼接法（图2）；三、挡章法，即正反颠倒的平行拼接法（图3）；四、滚章法，多用于小型花样，实际就是挡章法的扩大（图4）；五、反拆追章法，即正反颠倒的阶梯形拼接法（图5）。这五种单位纹样的拼接法都是从云锦提花机楼装置与操作的可能条件下创造出来的，并且早在明锦中就已运用得非常纯熟。这就证明我国丝绸图案的章法具有优秀的艺术传统和一定的系统性、科学性。

　　云锦纹样单位拼接的方法有很多变化之外，在同一个单位或整个幅面的布局上，也有一套严谨的章法。例如最简单的团花的布局即有云锣摆、整剖光、咬光

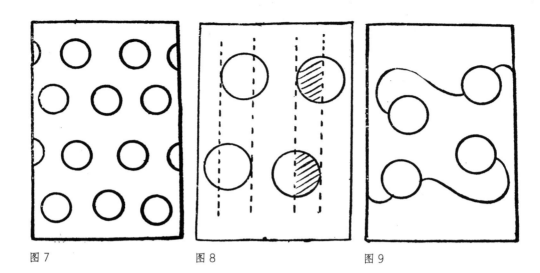

图7　　　　　　　　图8　　　　　　　　图9

三种。一、云锣摆，即团花与团花行列齐整的排列法，像打击乐器云锣的排法一样（图6）；二、整剖光，即团花与团花错开排列（图7）；三、咬光，二则的大团花交错排列之后，团花与团花有的部分错开，有的部分重叠（图8）。为了保持画面匀净而又富于变化，布置主体纹样的位置和方向也有一定的法则，最主要的有车转法（推磨法，图9）和丁字连锁法（图10）两种。车转法就是主花位置按照平纹组织法分布，花头一个向上，一个向下，互相呼应，势如车轮滚转或两人推磨。丁字连锁法就是破斜纹组织法。这两种方法在明清锦缎中运用得很多。

云锦图案有很大一部分是几何图案（即锦群），它的构成往往以菱形、方棋形为基础，有的是把菱形和方棋形重叠组合，形成富有变化的几何纹样的骨架，然后在骨架的主要部位填花，次要部位填各种几何形的地纹。例如著名的八达晕锦和天花锦，就是其中的代表作。

我国云锦艺人掌握着这样系统和科学的构图方法，所以能够使图案宾主分明，主体突出，并且使图案设计和生产制作、使用要求紧密结合起来。

民间艺人创作云锦纹样是从自然中取材，对自然对象细致观察、体会的结果，但又不受自然形态的拘束，十分重视艺术的概括、取舍和提炼，形成了强烈的装饰趣味。云锦艺人的创作口诀"写实如生，简变得体"，可以说明这一点。如画牡丹，艺人们会总

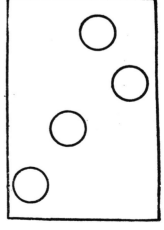

图10

结出一段口诀："小瓣尖端宜三缺，大瓣尖端四五最。老干缠枝如波纹，花头空处托半叶。"所以花瓣尖端三五个小缺就表示了花瓣的转侧变化，九个花瓣就概括了牡丹花的丰满和美丽。云锦图案所用的形象大都完整而又生动，以花头为例，不管是茶花、牡丹、莲花、芙蓉或菊花，艺人们总是采取正面俯视的角度来描绘对象，因此花形都很丰满、完整。有时，为了进一步求其生动，抓住紧靠花蕊的几片小瓣，表现它的转侧透视，并以莲蓬、石榴、寿桃、八宝、如意等形象代替繁杂的花蕊，使花形既端庄完美，又能表达吉祥的含义。此外，艺人们把许多名花的美的特征集中起来，创造一种理想的花（如宝仙花、四季花等），把许多名禽的美的特征集中起来，创造一种理想的鸟（如凤凰），又把自然现象中的云朵加以整理变化，创造出理想的如意祥云等等。这种既有现实的根据，又有艺术的理想的创作方法，是非常值得我们学习的。

云锦图案高度简练的表现手法和粗壮浑厚的风格，还和云锦所用的纤维材料和生产操作过程的限制相适应。云锦的经纬线很粗，金宝地妆花的纬线采用32支棉纱，而金银锦线则比32支棉纱还要粗。由于经纬线粗，这就无法织造出过于细致的花纹。

云锦配色以浓艳大胆著称，大量的运用原色，以"退晕"的方法表现明暗层次，同时以大量的光泽色——金线和银线来达到统一和调和。苏州、杭州的锦缎也用"退晕"，但层次非常接近，而南京云锦的色阶距离就较远。苏杭继承了清代"浑晕"的传统，而南京继承了明代"间晕"的手法。苏州、杭州的锦锻有时也用金银线，但线支较细，而南京云锦的线支较粗，而且有时为了增加光泽闪耀的效果，把圆金（即捻金线）与扁金（即片金线）并用。因此，南京云锦的色彩豪华壮丽，主调鲜明，能够给人壮健雄伟的感觉。

南京云锦艺人继承了明锦的优秀艺术传统，在布局、纹样处理、色彩上都有丰富的创作经验和科学的方法。认真研究这一宝贵的民族遗产，使它为目前的染织工艺服务，这是一项很重要的工作。

原载《装饰》，1960年第三期，第46-48页。

中国印染史话

　　把一幅染织品印上美丽的花纹，染成鲜艳的色彩，既是一项生产劳动，也是一种艺术创造，它不但有着重要的实用价值，同时也给我们带来了美的享受，使我们的生活过得更加丰富多彩。中国的印染工艺有着悠久的历史传统，在世界上享有很高的声誉。勤劳智慧的中国人民，经过数千年的辛勤劳动和艺术实践，在印染工艺方面积累了极其珍贵的经验，留下了丰富的资料，这本小册子只是一个概略的叙述。

一、染色和染料

（一）染色工艺的形成

　　我国染色技术的起源，最早可以上溯到十万年前的山顶洞[1]时期，在这个远古时期，我们的祖先就已经发明了染色技术。他们把穿了孔的青鱼上眼骨、骨管、砾石、介壳、石珠等用线串联起来，并且用赤铁矿染成红色作为装饰品。红色的线条和青鱼上眼骨配合着白色的石珠、介壳和黄绿色的砾石，色彩是多么鲜明！这是原始艺术的萌芽，也是我国染色技术的萌芽。

　　到了距今五六千年前的仰韶文化[2]时期，居住在黄河流域的部落，已经能够制造器型优美、花纹生动、颜色丰富的彩陶，能够编织匀细的竹席，同时也能织造各种麻布，有的麻布还涂染成鲜艳的朱红色。在新石器时代的末期，居住在青海柴达木盆地诺木洪地区的原始部落，不但能把羊毛漂洗干净，把毛纤维弹松纺线，织成毛布，而且能把毛线染成黄色、红色、褐色或蓝色。他们除织造普通的毛布之外，还能织出带有彩色条纹的毛布。不难想象，在千里草原上，牛羊成群，来往的人们穿着彩色条纹的毛布衣裳，该是一幅多么美的景色呀！

（二）古代染色工艺的成就

　　在距今三千多年前的时候，随着纺织手工业生产的发展，纺织品染色的工艺也有了相应的发展。手工业作坊的门类很多，合起来总称为"百工"，其中专门

---

　　[1]　山顶洞在北京西南周口店中国猿人居住的洞穴的最上部，1930年为考古学家所发现。1933年和1934年进行科学发掘，发现了距今约十万年前的人骨化石、石器、骨器等物。我国考古学上把这一时期的人类称为山顶洞人。

　　[2]　1921年在河南渑池仰韶村，曾经发现新石器时代晚期的遗址。遗址中有石器、骨器、陶器多种。考古学上称为仰韶文化。

从事纺织品加工的作坊就有精练、漂白、染色、画绣等五种。漂染、画绣又有专门的分工。专管纺织品精练和漂白的作坊叫做"筐"和"幌"，专管染色的作坊叫做"锺"。专管画绣的作坊叫做"画"和"缋"。除了官府的作坊之外，民间的妇女也都从事纺织。政府还设立了专门管理染色生产的官，叫作"染人"；还有负责掌管染料的官，叫做"掌染草"。又因染织工艺生产主要是妇女的劳动，所以又称这些官为"妇官"。

在那个时候，染色技术已经有很大的提高。例如在染色的原料方面，除了矿物质的颜料如丹砂等等之外，已经广泛地使用含有色素的植物染料染色，而且用一种染草就能染出很多深浅不同的色彩层次，得到很多效果不同的颜色。同时，还能用几种染料套染的办法，染出很多间色（二色相合叫间色，也就是杂色）和复色。例如用茜草染色：浸染一次，得极浅的红黄色。浸染二次，得浅红黄色。浸染三次，得浅朱红色。浸染四次，得朱红色。

当时统治阶级对染色的质量要求很严格，黑、黄、青、赤各色，都要求色泽良好；绣画配色，必须符合规定的标准，不能有所差错，因为这是供给统治阶级制作衣裳旗仗，区别贵贱等级之用的。

我们知道，利用植物染料染色，因为着色很慢，而且在染色过程中，往往会因时间长短、气温高低、温度变化等等的差异而影响到显色的效果，所以要做到符合于一定的色泽标准，必须有高度熟练的操作技巧和丰富的技术经验。我们从各地发现的两千多年前遗留下来的丝帛锦绣来看，这些古代遗物虽然在地下埋藏了那样长久，但是色泽依然相当鲜明。这就可以看出我国古代染色技术质量之高了。

远在二三千年以前，我国染色技术就是那样进步，所以，当时人们对于色彩的应用，自然也有相当高的美感修养。周朝的诗歌总集《诗经》，就有很多反映当时美丽的服装和配色艺术的诗篇。例如《大车》这首诗写道：

> 大车槛槛（jiàn，车行声），毳（cuì，细毛）衣如菼（tǎn，青白色的草）！
> 大车啍啍（tūn），毳毛如璊（mén，红色的玉）！

这首诗是描写那些坐在车上的人们，穿着染有各种色彩的衣裳，那青色好似菼草一样，而那红色却与璊玉相仿。

又如《出其东门》这首诗写道：

> 出其东门，有女如云；

虽则如云，匪（非）我思存（非我所思念）；

缟（gǎo，未经染色的绢）衣綦（qí，暗绿色）巾，聊乐我员[1]。

出其闉阇[2]，有女如荼（tú，白茅花）；

虽则如荼，匪我思且[3]；

缟衣如藘[4]，聊可与娱。

这首诗中所说的缟衣，就是洁白轻薄的绸衣，綦巾是暗绿色的佩巾。诗的大意是：诗人走到东门城外，看见那里活泼可爱的姑娘多得像天上的云，又像盛开的白茅花。但他所爱的，只是那个身穿白绸衣衫、围着暗绿色佩巾的姑娘。诗人运用精练的语言，通过服色的描写，就生动地刻画出那位年轻姑娘雅丽动人的形象。可以想见，服饰的配色艺术在当时人们生活中所占的地位是多么重要！

（三）古代的染料

前面曾经提到，山顶洞人用赤铁矿研成的粉末涂染装饰品，这可以说是使用矿石颜料的开始。后来随着矿冶技术和化学知识的发展，又发现了许多矿物质颜料和助染料。我国古代使用的重要矿物质颜料如丹砂、粉锡、铅丹、大青、空青、赭石等，助染料如白矾、黄矾、绿矾、皂矾、绛矾、冬灰、石灰等，都已经有了几千年的历史。

丹砂有天然和人造的两种，天然的叫朱砂，人造的叫银朱（即灵砂）。它们既是染色的颜料，又是绘画和油漆的颜料，同时也是重要的药品。在司马迁所著的《史记·货殖列传》里记载着一个"巴寡妇清"的故事，内容是说：秦朝巴郡（在四川东南部，包括今重庆、泸州等市）有一个名叫清的寡妇，她的丈夫生前发现了一处丹矿穴，以此发家致富，他在丈夫死后还能继续经营，别人不敢侵犯，所以秦始皇对她很敬重，特地筑了一座女怀清台来表扬她。《史记》还说，四川出产的丹砂，通过千里的栈道运输到各地去售卖。可见丹砂是古代各地使用相当普遍的染色颜料。

粉锡就是铅粉或胡粉。铅粉即黄丹或丹粉。粉锡和铅丹都是白色的粉质颜料（铅丹也有黄色的，称作黄丹），也都是重要的药品。铅粉在古代曾经作为印花的颜料，故宫博物院织绣馆陈列着一件西山出土的南宋时代的粉剂印花罗，就是使用

---

[1] 员 [读 yún]，语助词，无实际意义。

[2] 闉阇 [yīndū]，古代一般城门外面都筑有一个围墙，把城门围住，叫做瓮城。瓮城下有门叫"闉"，上有台叫"阇"，连在一起就叫闉阇。

[3] 思且 [zhù]，即思念之意。

[4] 如藘 [lú]，就是茜草。茜草是多年生的蔓草，根可以充作红色染料。

这类白粉和胶印成的。铅粉又是中国绘画和油漆的重要颜料。

大青、空青是一种化合物。赭石就是赤铁矿。此外还有很多种矿石颜料，如石黄（即雄黄、雌黄）等等，都是重要的药料和颜料，在历代的药书如《神农本草经》、《本草纲目》等书中都有详细的记载。

当我们的祖先由采集野生植物过渡到种植农作物、掌握了丰富的植物学知识的时候，发现有许多植物包含着色素，可以用来浸染布、帛，就发明了植物染料。我国植物染料的发明和使用，是和化学及医学知识的发展相联系着的，很多重要的染草和助染料，同时也是重要的药物。我国南北各地，可以充作染色的染草，种类很多，除了野生的以外，还有不少是人工种植的。人工种植的染草，最早见于文献记载的，是蓝草、茜草、紫草、菉草、黄栀等。

蓝草是染青色的重要原料，同时也是解毒除热的药物。在人造染料没有发明以前，用蓝草来制造蓝靛，是染色手工业中最主要的生产。蓝靛在染色手工业中的用量也最大。《诗经·小雅》有一篇名叫《采绿》的诗，描写一位妇女因为她的情人过了约期没有前来相会，非常想念，所以就不能安心采蓝，采了一早上，还没有装满她的衣襟。东汉时代有一个文学家赵岐，一次经过陈留地方，看见那里的农民都以种蓝染色为业，田野里一望无际，尽是蓝田。他就写了一篇《蓝赋》，可惜这篇文章已经失传，只存下了两句形容蓝草生长茂盛的话："像小山上的麻那样茂盛，又像开花的麦子那样绿油油！"（同丘中之有麻，似麦秀之油油）公元5世纪时，贾思勰在《齐民要术》一书中就具体而详细地记载了蓝草的种植方法和用蓝草制靛的技术，并且说种蓝十亩，能抵得上一顷谷田的收入，如果能自染青的，获利还能再增加一倍。

茜草是古代染红色的重要原料。《史记·货殖列传》记载说，当时有很多做染料买卖的大商人，如果手里掌握上千石的黄栀或茜草（每百二十斤为一石）、上千斤的丹砂、上千匹经过染色的丝绸，他们的收入就比得上千户侯。这些人虽然没有受到皇帝所封的爵禄，但他们的财富却和受封的王侯贵族相等，所以当时人称他们为"素封"。茜草染成的颜色，和红花所染的颜色近似。自从汉朝张骞从西域带回红花（又称红蓝花）的种子以后，红花的生产大量发展，茜草的生产就慢慢被红花压倒了。

紫草是染紫色的重要染料。在商周时期，紫色被当作间色，不能用这种颜色做高贵的礼服。可是到了春秋战国时期，紫色却被当作高贵的颜色。例如齐桓公喜欢穿紫色的衣服，齐国人都跟着穿紫，以致用五匹素绸子换一匹紫绸子都不易换到。普通的绸子，一经染成紫色，就能卖到高出十倍的价钱。

菉草和黄栀都是染黄的染草。《诗经·采绿》一诗中"终朝采绿、不盈一匊（一把）"和《淇奥》一诗中"绿竹猗猗（美盛貌）"的"绿"，都是指菉草而言。

红花，又称红蓝或黄蓝。用红花染成的红色非常鲜艳，人们称它为"真红"。据《齐民要术》记载，南北朝时期种红花的人很多，获利也很高。如在近郊区用好地种上一顷红花，每年光卖花就可以收入绢三百匹，又能收到红花籽二百斛（当时十斗为一斛），和麻子同价。红花籽油可以作车子的滑润油，也可以作蜡烛。所以种红花抵得过头等收成的稻谷收入。红花在入夏开花，每天开一批，要个把月才能开完。开花后，必须在每天清早趁着露水采摘；如果太阳上山，露水干了，花马上就会结成果实，那就不能再采了。一顷地的红花，每天就要百把人去采，才采得完，光靠一家人自己的力量是不够的。因此，一到花开的时节，每天清早，都有十百成群的男女小孩来帮着摘花，他们摘下的花和种红花的人家两下均分。

红花经过碓舂和加工，就成为红色的染料。红花又可以和胡粉合做胭脂。这些技术在《齐民要术》里都有详细的记载。

除此之外，古书中记载的植物染料，种类还有很多，其中栌木叶、黄蘖（niè）、地黄、槐花、荩草、姜黄、鬯（chàng）、黄连根、黄栋树皮、青茅、鼠李、红棠梨木树皮等等，都可以染黄色；棠叶、胭脂草、指甲花、胭脂树、紫榆、伏牛花、女贞叶等等，都可以染红色；大青、菘蓝、木蓝、马蓝、山蓝、甘蓝等等，都可以染青碧色；苏木、紫檀、山矾叶等等，都可以染紫色；乌桕叶、乌梅、五倍子、山樟皮、冬青叶、杨梅树皮、莲子壳、槲树皮等等，都可以染皂褐色。

我国用烟墨染黑的历史很久。古时有一种刑罚叫做墨刑，就是在犯人脸上刺字，再染以墨。墨子曾经有过一句"近朱者赤，近墨者黑"的名言，用染色来比喻人们所处的环境对于人们的思想行为的影响。

在汉朝刘安著的《淮南子》一书中又说："素之质白，染之以涅则黑。"涅，就是水中黑土或矾石。我们知道，水中黑土可以把布染成黑色，矾石就是皂矾、青矾或黄矾，都可以充作植物染料的媒染剂。植物染料中，除蓝靛是还原染料，可以直接染色外，其他大部分都是媒染染料，不能直接染色，而要用媒染剂来媒染。在蒙古人民共和国诺因乌拉地方曾经发现不少属于我国公元前1世纪左右制造的彩色锦缎，经过化验，大部分都是经过黄矾媒染的，也有两块是用明矾（即白矾）媒染的。

我国古代还能用动物染料如猪血、胭脂虫等染色，用猪胰子涷[1]丝，还用面汤和铁锈的液汁染黑。

从上面简略的叙述，可以看出我国古代人们所用的染料种类是如何的繁富了。

---

[1] 涷：音 liàn，涷丝即煮丝。

（四）百色俱全的色谱

我国远在两千多年前，就掌握了染色的技术，而且有了严格的标准色谱，作为区别身份等级的标志。当时的用色有正色和间色之分。正色有五种，是青、黄、赤、白、黑；间色也有五种，是绀（青紫色）、红、缥（淡青色）、紫、流黄。正色是专供统治阶级作为礼服的颜色，不但要有身份等级的区别，而且还要按不同的季节、不同的仪式变换服色。当时人必须是受过君命、做了官的，才许乘画着花饰、用两匹马拉的车，穿彩色花纹的锦衣。违背这种规定的要受惩罚。

在封建社会时期，"章服制度"[1]是很完备的。封建统治阶级按照阴阳五行[2]的迷信说法，把青、赤、白、黑、黄五色当做"五方正色"，即东方青色，南方赤色，西方白色，北方黑色，中央黄色。黄色既代表中央，又代表大地，所以帝王的服装就采用黄色。帝王以下的百官公卿，也要按品级穿着规定颜色的官服。唐朝规定：三品官以上穿紫色的衣服，四品五品穿绯（红色），六品七品穿绿，八品九品穿青，夫人从丈夫的颜色。宋朝基本上承袭了唐朝的制度，三品以上穿紫，四品五品穿红，六品七品穿绿，八品九品穿青。这是指衣服的底色而言，至于衣服上的各种花纹，也有等级的规定。

染色的种类，在春秋战国时期已经不少，光是大红一类就有六七种之多。到了汉朝，种类就更多了，政府还专门设有一种管理染色生产的官职。我们从各地出土的古代锦绣，也能看到战国秦汉时期染色技艺的高度水平。汉朝的织锦，色彩浓重庄丽，常常用大红、朱红、橘黄、中黄、深绿、粉绿、深蓝等色交织成人物、禽鸟、山云、花草等花样，艺术水平很高。汉朝史游写的启蒙读物《急就章》有一段形容彩帛染色的文字，大意是这样的：青绿色有的像春草那样嫩，有的像公鸡尾毛那样深得发翠，有的像水鸭颈上的毛羽那样美丽。黄色有的像郁金香草，有的浅的隐隐约约，依稀可见，有的嫩得像初生的桑叶一样。白色像白雪似的闪闪夺目。浅青、浅绿像苍艾（即艾草，叶面青色，故叫苍艾）。黑色和紫色像用碾石碾过的一般，亮得发光。染成栗壳色的绫子和绉纱都很轻软。白色的绸子像蝉翼那样薄，还有绛紫色的和黄赤色的。

南北朝时期的彩色印染，从在西北地区出土的遗物来看，当时已经用大红、浅红、中黄、土黄、橘黄、青色、浅蓝、深绿、浅绿、茶褐等十套彩色印染成用花草

---

[1] 我国在奴隶制社会和封建制社会时期，帝王和百官公卿所穿的衣服，底色和花纹都有一定的规定，作为区别身份等级的标志，这种规定就叫章服制度。

[2] 阴阳最初的意义，是指日光的向背，正面为阳，背面为阴；五行是指水、火、金、木、土五种物质。到西周末年的时候，思想家就用"阴阳"和"五行"的概念解释宇宙万物发展变化的根源。到汉代以后，有人把阴阳五行和迷信结合起来，使它具有了神秘色彩。

穿插着狗头纹的美丽图案。

隋唐时期，染色作业的分工更加细密了，唐朝官府的练染作坊，就分青坊、绛坊、黄坊、白坊、皂坊、紫坊等部门，用色也更加鲜明富丽。唐朝诗人有许多描写各种艳丽色彩的衣裙的诗句，例如：

> 翡翠黄金缕，绣成歌舞衣。（李白）
>
> 红裙妒杀石榴花[1]。（万楚）
>
> 山石榴花染群舞。（白居易）
>
> 染作江南春水色。（白居易）
>
> 练丝练丝红蓝染，染为红线红于花。（白居易）
>
> 带缬[2]紫葡萄。（白居易）
>
> 画裙双凤郁金香[3]。（杜牧）

诗人们所描写的彩色，红的胜过五月的石榴花，青碧的有如翡翠，浅蓝浅绿的好似江南的春水，紫的好像紫葡萄，黄的胜过黄金，浅黄的好比郁金香。这类生动的词句很多，不能一一引述。从唐朝绫锦刺绣的色彩来看，这些诗句所形容的是恰如其分的。

唐朝绫锦刺绣花纹的彩色，常常用"退晕"的办法，即将每一种色都分成两三个深浅层次，由深到浅，由浅到白，逐层减退。退到白色之后，再和别的颜色相联接，以表现花纹的立体感。

唐朝的基本色，除红、黄、青这三种原色以外，还特别长于运用间色和再间色（两种原色相调和而成间色，间色与间色调和而成再间色）。以红为例，由"退红"（即粉红）到"胭脂红"，中间就包括许多不同的等级。红色染料向来以西北最为有名，南北朝时即有"凉州（今甘肃）绯色为天下最"的说法。到了唐朝则全国都种植红花，尤其是四川的红花产量很多，所以当时"蜀红锦"驰名于天下。

除了用植物染料染色之外，用金银两色在绫罗上描花和刺绣，在唐朝也很风行。从以下这些诗句中可以看得出来：

> 红楼富家女，金缕刺罗襦[4]。（白居易）

---

[1] 这句诗的大意是说，盛开的石榴花也自叹不如那鲜艳的红裙。

[2] 缬，xié，具有彩色花纹的绸子。

[3] 这句诗的大意是说，裙上画的一对凤凰，颜色就像郁金香草的花那样黄。

[4] 襦，丝绸制成的短袄。

新帖绣罗襦，双双金鹧鸪[1]。（温庭筠）

罗衫叶叶绣重重，金凤银鹅各一丛。（王建）

这类刺绣作品雍容华贵，是唐朝上层社会所常用的。

盛唐以后，经过五代，一直到宋，对于染色配色就越来越讲究了。宋朝的很多织锦，织着复杂美丽的花纹。例如集写生花纹和几何花纹于一体的"八达晕"锦，百鸟穿花的"紫鸾鹊谱"，金地加五彩的"百花攒龙"等等，这些实物都可以在故宫博物院看得到。

宋朝的文献还记载着这样几个有关染色的小故事：

《宋史·南唐世家》说：南唐后主李煜的妃子有一次在染色的时候，把没有染好的丝帛放在露天过夜，丝帛因为受了露水，起了变化，竟然染出了很鲜艳的绿色。后来大家都按照这种办法染色，并且把这种绿色称为"天水碧"。

在宋朝人的笔记《燕翼贻谋录》里还记载着这样的一个小故事：宋仁宗时，南方有一个染工用山矾叶烧灰染色，染成一种暗紫，既文雅又富丽，人们都称它为"黝紫"。从此黝紫就风行一时。现在故宫博物院所保存的一些宋代的"缂丝"[2]，其中有"紫鸾鹊谱"、"紫天鹿"、"紫汤荷花"、"紫曲水"等等，都是在暗粉紫的底色上织出花纹，这也许就是那时的"黝紫"吧。

元朝有一本叫做《碎金》的儿童读物，其中有一篇《彩色篇》，专谈宋元以来的彩色名称，其中所举的红色有九种，青绿色有十种，褐色有二十种之多。由此可见，宋元时代染色技艺比以前更加提高了。明朝宋应星著的《天工开物》这部书上系统的记述了种植染草、提取色料、染料配方等技术的资料，是一份研究古代染色技艺的宝贵遗产。

明清时候，由于生产不断发展，纺织、染色、染料生产都成了专业性的中心产区。当时福建、江西的蓝靛，四川、陕西的红花，都是全国闻名的。芜湖、京口（今江苏镇江）等地，从明朝以来就成为染浆业的中心。苏州、松江一带，则是棉纺业的中心，因而棉染手工业也跟着发展起来。苏州有染布的踹（足踏叫踹）坊四百多家，内有漂布、染布、看布、行布等等分工，踹匠共有二万多人。褚华著的《木棉谱》里说，清朝乾隆年间，上海的染工有专染天青、淡青、月下白等色的蓝坊；有专染大红、露桃红等色的红坊；有专漂黄糙为白的漂坊；有专染黄、绿、黑、紫、古铜、水墨、血牙、驼绒、虾青、佛面金等色的杂色坊。销售到西北一带多风沙地区去的棉布，还特地用元宝形的大石头压在布上，用脚踹踏，使它紧细发

---

[1] 这两句诗的大意是说，新制成的丝绸袄上，绣的是一对金色的鹧鸪鸟。

[2] 缂（kè）丝，宋朝著名的丝织品，能仿织名人书画，正反两面花纹一致。

光，这种布叫做"踹布"。至于丝帛的染色，江宁（南京）的天青、元青，苏州的天蓝、宝蓝、二蓝、葱蓝，镇江的朱红、酱紫，杭州的湖色、淡青、玉色、雪青、大绿，四川锦江的浅红、大红、谷黄、古铜、鹅黄等等，是当时质量最高的染色。

当时刺绣用的色线，就有八十八种色泽，每一种又要分各种层次，合计达七百四十五种之多。这真是缤纷灿烂，百色俱全了！

二、印染

（一）印染工艺的前身——画缋

当古代染色技艺发展到一定阶段的时候，人们又在劳动和艺术实践过程中进一步创造了印染技术，把纯素的纺织物，印染成色彩斑斓、花纹美丽的工艺品。

印染工艺的前身是"画缋"，什么叫做"画缋"呢？据汉朝人的解释，"缋"就是绘画的"绘"。"画缋"实际上就是古代人们在纺织品上绘画花纹的技术。这种技术在古代是应用得很广的。奴隶社会和封建社会的最高统治者"天子"，以及百官公卿的礼服、旗仗、帷帐、巾布等等，都要依照一定的制度，画上各种图案花纹，以表示他们的尊严和高贵。"天子"在祭祀、上朝、出外等等场合，不但要穿着各种不同颜色的礼服，而且衣服上还要用十二种不同的花纹图案作装饰。这十二种花纹是：日、月、星辰、山、龙、华虫（即雉鸡）、宗彝[1]、水藻、火、粉米[2]、黼（即斧纹）、黻（即两弓相背而成的亞形纹）。据后来人解释，这十二种图案的含义是：日、月、星辰表示能"普照天下"，山表示"能兴云雨"；龙取其"变化无方"；华虫取其"文采昭著"；宗彝表示"不忘祖先"；藻是有花纹的水草，取其"有文"；粉米取其"养人"；火取其"炎上"；黼用黑白二色画成斧形，象征"权威"；黻用青黑两色绣成两弓相背的形状，象征"见善背恶"。天子的旗仗上也要画日、月、星辰、虎、豹、熊、鹿等等不同形象的花纹。天子和其他贵族首领所用的各种器具上面也都要加上彩画，甚至连他们死后埋葬用的棺椁，也要蒙上彩色的绸幕。我国考古工作者在洛阳东郊商代（约前1562～前1066）统治者的墓葬中，就发现过木椁四围蒙有彩色布幔的痕迹，并且可以看出上面画着黑、白、红、黄四色的几何花纹，也有用红、黄两色，或红、绿、白三色的。

古代纺织品的彩饰既然那样繁多，可以想象，如果单靠徒手来画，不但十分费事，而且用稀薄的染液直接画到细致的绸子上，颜色很容易向外浸开，必然影响

---

[1] 宗彝，原是祭器的通称。祭器的种类很多，礼服上所画的是两个环形的祭器，一个画着虎纹，一个画着蜼纹。

[2] 粉米，就是在礼服上绣粉和米的形状，它也是十二种花纹图案中的一种。

到花纹的质量。随着社会生产的不断发展和劳动技术的不断提高，古代人们充分运用他们的天才和智慧，终于在画缋的基础上进一步创造了印染技术。可以说，"印染"是"画缋"的必然发展，"画缋"是印染技术的前身。

（二）丰富多彩的印染方法

（1）绞缬、蜡缬、夹缬

我国古代称印染为"染缬"，方法很多，其中最重要的有绞缬、蜡缬、夹缬三种。

绞缬，是在布、帛上需要染花的部分，按照一定的规格用线缝扎，结成十字形、蝴蝶形、海棠形、水仙形等各种纹样，或者折成菱形、方格形、条纹等等形状，用线扎结起来，然后拿去染色。染好后晾干，把线结拆去，就显出白色的斑纹。

这种绞缬方法最适用于染制简单的点花或条格纹。如扎结得工细一些，也能染出比较复杂的几何花纹。而且还可以用多次套染的办法，染出好几种彩色。这种方法既不需用印染花板，也不必用排染药剂，非常简便，一般人家都可以做，并且能随心所欲地印染成各人爱好的花样。因此，绞缬很早就成为民间广泛使用的印染方法。到了唐代，这种方法不但十分普遍，而且还能够利用高级的丝质材料，精心加工，制作成极其精美的花纹。

绞缬法染成的花纹，因为边界受染液的浸润，都有自然形成的色晕，所以唐朝人又称它为"撮晕缬"。唐朝名画家周昉画的《簪花仕女图》和敦煌千佛洞唐朝壁画上面的女供养人的衣裙上面，都有这种晕色的团花花纹。

绞缬在宋元时代也相当流行。

蜡缬，现在也称作"蜡染"。这种方法是把白蜡、黄蜡等能够起排染作用的物质加热熔化，画在布、帛上，然后再去染色，染好之后，把蜡煮洗干净，花纹就显现出来了。用现代印染技术的术语来说，这种染花法应该称作"防染染花法"。

在我国西北地区，曾经发现过汉朝、晋朝和唐朝的一些印染遗物，其中有的就是用蜡染法染成的。从这些朝代的遗物上面的花纹，也可以看出蜡染技术的发展和提高过程。汉朝蜡染花布是色彩比较单纯的蓝地白花。而晋朝的蜡染，就有用十种彩色印成的。至于唐朝的蜡染，除单色的散点小花外，还有不少是五彩的花绢。日本正仓院也保存了一批唐朝时候从我国运去的蜡染，其中有染着五彩花鸟的薄纱，也有制作精美的大件屏风。屏风上染的是富于绘画情节和装饰效果的山水、花鸟、动物、树石等等，十分精美，充分反映了唐朝蜡染技艺的高度成就。

蜡染技术在我国中南、西南等少数民族地区，也有悠久的历史，可能在汉朝就已经流行。后来瑶族人民还应用印花板来做蜡染，染成的布叫做"瑶斑布"。这种瑶斑布的制作方法，实际上就是下面所说"夹缬"方法。一直到今天，瑶族妇女仍然喜穿她们自己制作的染花衣裙。其他像苗族、布依族、亿佬族等西南地区的少数民族也是这样。姑娘们在农闲时节，用土产的材料（黄蜡、白布、灰草、蓝靛等）和土制的工具，在她们自己织的布匹上面，用蜡染方法染成各种美丽的花纹，她们还把蜡染和刺绣配合起来，做成美丽的衣裙。

夹缬，是用两片薄木板镂刻成同样的空心花纹，把布、帛对折起来，夹在两片木板中间，用绳捆好，然后把染料注入镂花的缝隙里，等干了以后去掉镂板，布、帛就显出左右对称的花纹来。

这种夹缬方法，在秦朝时就已经有了。

在我国西北地区曾经发现了不少唐朝时候用夹缬方法染成的布、帛。日本正仓院也保存有唐朝五彩的夹缬纱罗、巨幅夹缬的"花树对鹿"、"花树对鸟"屏风，和夹缬绸绢制成的屏风套等。故宫博物院则有明朝七彩的夹缬印染遗物多种，用百花、百果等形象作为图案的素材，取"百花并茂"、"百果丰硕"的吉祥含义，也很精致。

（2）浆水缬和药斑布

如前所述，我国最早的印花板是用两块木板镂成的空心板。因为木板有一定的厚度，镂出的花样不但比较粗，而且很费工，使用起来又相当笨重。所以后来印染工匠就发明了用油纸或者薄铅来代替木板作印花板的方法。这种印染工具的改革可能是从宋代开始的，因为宋朝用油纸制伞和灯笼已很普遍，用油纸刻印花板也是极有可能的。同时，宋朝活字版印刷术的发明，也必然同印染工具的改革有相互的联系和影响。活字版是一种阳文的凸印板，这和印染用的阳文凸花的木板的出现显然是有密切联系的。中国历史博物馆陈列着一块从苏州虎丘塔出土的北宋印花纱袄，在碧色的地子上印浅黄色双鹦鹉小团花。故宫博物院陈列着一件山西出土的南宋时代的印花罗上衣，用白粉在黄色地子上印牡丹小团花。这两件印花的花纹都非常细致，很可能都用得是木质凸纹印花板或者油纸印花板印成。

在染料配制方面，印染技术要求花纹界划清楚，轮廓周正。可是，用稀薄的染液印花，染液会向四周浸润，就不能显出清晰的花纹。宋元时期，印染工匠在染液中加入胶粉，调成浆状，这样，在印染时就可以防止染液渗化。这种印染技术当时叫做"浆水缬"。现代印染工厂常常用经过发酵的淀粉、石花菜等来调制印花色浆，叫做"浆印"，原理也是相同的。

印花法的种类很多，但从操作方法分，不外三大类：直接印花法，拔染印花法和防染印花法。上面说的"浆水缬"，是在白色的布、帛上直接印染成五彩的花纹，就是一种直接印染法。拔染印花法是先染色，然后用拔染剂印花，印有拔染剂的地方，经过蒸化之后，原来染的颜色即被破坏，花纹也就显露出来了。防染印花法是在染色之前，先在布、帛上用排染药剂印上花，然后再染色。印有排染剂的地方不能上染，就显出了本色的花纹。蜡染，就是这种方法的一种。除蜡染之外，还有一种用灰粉作防染剂的方法，最早的名称就叫做"药斑布"。

药斑布相传开始于宋朝嘉定县的安亭镇。据《嘉定县志》记载：这种布的印染方法，是"以灰药涂布染青，俟干拭去，青白成文，有山水、楼台、人物、花果、鸟兽诸象"。由此可见，"药斑布"实际上同现代民间流行的"蓝印花布"是一样的，后者是由前者发展而来的。

（3）民间的蓝印花布和彩色印花布

如上所述，蓝印花布是由宋朝的"药斑布"发展而来的。

蓝印花布一般都用棉布印染，但也有用麻布的。我国种植棉花的历史较丝麻为晚。到了汉朝，棉花才从西北、中南两路传入我国，宋朝开始在华南各地种植，元朝以后，逐渐向长江流域及其他内地推广。从此，棉布就成了我国人民主要的衣料。随着棉花种植和棉布生产的普及，元明时期，蓝印花布就成为风行全国的印染工艺品种了。

蓝印花布因为只用一套色彩，生产工具简单轻便，操作容易，而且成本低，色泽又经久不变，所以能够广泛流行，受到广大人民的欢迎。在过去，农民习惯于把自纺自织的家机布送到城市里的染坊去加工，并按照自己的喜好挑选花纹。也有染工挑着担子，到农村去替农民印花的。

蓝印花布因为有广泛的群众基础，所以艺术性方面也有高度的成就，它的花纹一般都是采用人民群众喜闻乐见的吉祥题材，用中国民间传统的艺术形式，创造出既富有变化又和实用密切结合的图案。这种印花布一般是用油纸刻板。由于纸面的限制，线条不能互相连续，只能用短的断线、点子或大块大面的花形来表现花纹形象。虽然这样，但是人们还能够巧妙地综合运用花板的粗细点线和块面，印出很多种秀美而生动的花样，飞鸟游鱼，花草树木，山水风景，亭台楼阁，仕女人物，以至各种几何图形，几乎应有尽有，无所不包。此外，还有一些反映人们日常生活和生产劳动的题材，例如用鸳鸯荷花来象征夫妻和睦，用佛手、桃、榴来象征多福多寿多男，以凤凰牡丹来象征富贵，以葡萄松鼠来象征丰收等等。这些题材不但反映了人们的实际生活，而且也表达了人们热爱生活的乐观情绪和美好理想。正因为蓝印花布同广大人民的生活有这样深厚的关系，所以到机制印花布大量生产的时候，这种旧式手工艺产品仍然保持着一定的市场。一直到今天，它仍然是一份受到人民珍爱、值得继承和发扬的文化遗产。

除了蓝印花布之外，还有一种彩印花布。彩印花布有刮印花和刷印花两种印制方法。刮印花是先把空心花板压在要染的布上面，然后把调好的糊状色浆，倒在板上，用刮子刮过，晾起来，待干了以后，再用另一套颜色的花板如法套印，最后经过蒸洗，就印成了彩色斑斓的花布了。刷印花的方法基本上和前一种方法相同，所不同的是不用刮子而是用毛刷把几种不同的颜色套刷在布上成花。这一种方法操作比较简便，但彩色不如刮印花耐久。一直到解放以后，用这两种方法印染的彩印花布，还有小部分继续生产的。

彩印花布还有一种用凸纹印花木板来套印的方法。新疆维吾尔族的民间印花艺人，善于用很多不同形状的木印子，根据布匹大小长短，配印出种种不同的彩色花纹，非常精美。内地在明清时期流行的金银粉印花，也是用凸纹印花木板印的。

此外，还有一种丝绒烤花，印法和刷印花的方法一样，即先用排刷把绒毛刷成一顺的方向，压上空心花板，再用排刷把露出的绒毛往相反的方向刷齐。刷时可稍蘸一些白芨[1]胶水，干了以后，绒毛由于先后所刷的方向相反而产生不同的折射光，就显出隐约可见的花纹。

三、印染工艺的回顾和瞻望

我们伟大的祖国，原是世界纺织手工业的发源地之一。勤劳智慧的中国人民，从原始公社时期开始，就为人类衣饰的物质文明作出了杰出的贡献。我国的纺织和印染工艺，几千年来始终在世界物质文化宝库中放射着灿烂的光芒。

但是，自从1840年鸦片战争以后，各资本主义国家为了对我国进行经济侵略，把机制棉织品大量向我国倾销。中日甲午战争以后，帝国主义各国又利用特权，在中国设立纺织印染厂。这些国家设立纺织印染厂，输入了一些比较进步的印染技术，对我国印染工业发生了一定的影响；但它们的生产，完全以营利为目的，它们以廉价的化学染料来印染花布，就使我国具有悠久历史和光辉传统的纺织印染工业受到了严重的打击。到了国民党反动统治时期，在以四大家族为首的官僚资本主义和帝国主义的勾结之下，纺织印染工业也同其他工业一样，所受的压迫更为沉重，直到解放前夕，已经是奄奄一息了。

中华人民共和国成立以来，情况有了根本的变化。由于党对人民生活的关怀，我国的染料工业和印染工业都有了很大的发展。现在，我国已经能够自己制造很多种色泽鲜艳、牢度坚固的人造染料。印花工厂已经运用"光电传真制板"、"照相制版"等等先进技术来刻制印花板，不管多么复杂的图案，都能印制得十分精美。

---

[1] 白芨，多年生草本植物，茎可以做糊料。

印成的花布，色彩鲜艳，而且耐久。丝绸印花也已经用自制的电动绢网印花机来进行生产，质量不断提高。现在我国的印花布和印花丝绸，不仅深受国内人民群众的欢迎，而且在国际市场上也享有很高的声誉。瞻望前途，我们深信，印染工艺的花朵，今后也必将开放得更加鲜艳，更加茂盛！

原载中国历史小丛书，黄能馥编写：《中国印染史话》，北京，中华书局，1962年版。

商周时期的丝绸和织锦

商代的丝织品种，据河北藁城台西村商代遗址出土粘附于青铜器上的丝织物残痕分析，已有平纹的纨、绉纹的縠、经绞织的罗、三枚斜纹与平纹变化的花绮等[1]。河南安阳殷墟出土的商代铜钺和北京故宫博物院保存的商代青玉曲内戈上面，粘附着回纹绮、雷纹条花绮、平纹绢、双根并丝的縑等品种的印痕[2]（图1、图2）。公元前11世纪的西周时期，一种多彩的提花丝织物"锦"诞生了，锦的出现，大大丰富了丝绸文化的内涵。由于丝绸织花工艺复杂，在商周时期，以简单的机具织锦是很困难的，所以"锦"

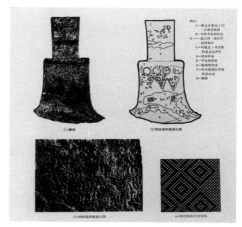

图1 带有回纹绮印痕的商代铜钺，原件于河南安阳殷墟出土，瑞典远东古物博物馆藏。

字从帛从金，说明锦非常昂贵。周孝王时（前909～前895）的曶鼎铭文记载："我既卖女五父用匹马束丝。"即用一匹马、一束丝，可交换五个奴隶。《诗经·小雅·巷伯》："萋兮斐兮，成是贝锦。"（多么鲜艳明亮啊！织成贝锦。）《诗经·唐风·葛生》："角枕粲兮，锦衾烂兮。"（牛角枕头漂亮啰！织锦的锦被华贵啊！）《诗经·郑风·丰》："衣锦褧（jiǒng）衣，裳锦褧裳。"（锦衣外面罩麻衣，锦裳外面罩麻裳。）这些诗歌，既十分赞赏锦的华美，又说明锦的贵重，所以锦衣外面还要罩上麻衣加以保护。锦这种丝织品一经出现就能立刻得到人们的珍爱，是和它光艳动人的色彩分不开的。

成书于东周晚年的《考工记》记载，周代纺织品染色的工种有画、缋、钟、筐、㡛五种。"筐"和"㡛"是在染色前将丝帛脱胶漂白的工种。当时是采用蜃灰、石灰、草木灰等碱剂或利用井水中微生物的蛋白水解酶来精练，脱去丝胶、蜡质和杂质，而后染色。"画"和"缋"是将丝织品进行艺术深加工，使之更加美化

---

[1] 高汉玉等：《台西村商代遗址出土的纺织物》，《文物》，1979年第6期。王若愚：《从台西村出土的商代织物和纺织工具谈当时的纺织》，文物，1979年第6期。

[2] VIVI SYLWAN.SILK FROM THE YIN DYNASTY. 瑞典远东古物博物馆馆刊，1937年第9期，119-126页。陈娟娟：《两件有丝织品花纹印的商代文物》，《文物》，1979第12期，70-71页。

2-1

2-2

2-3

2-4

2-5

图2 带有雷纹条花绮印痕的商代青玉曲内戈。（2-1）青玉曲内戈原件。（2-2）雷纹条花绮印痕放大图。（2-3）雷纹条花绮复原（苏州丝绸博物馆复制）。（2-4）雷纹条花绮组织复原图。（2-5）雷纹条花绮纹样复原图。原件于河南安阳出土，北京故宫博物院藏。玉戈长22.2厘米，宽4.7厘米，把手宽3.8厘米。

的工种。因为当时的丝织提花工艺还处于初级阶段，所以使用手绘工艺和刺绣工艺来达到装饰的目的。手绘和刺绣是由"画"和"缋"两个工种完成的。在洛阳东郊的一些商代大墓中，常常发现手绘花纹的帷幕、旗帜等[1]。1974年在陕西宝鸡茹家庄西周强伯墓，发现有一批刺绣丝织品被粘叠在淤泥中[2]，可惜已无法完整地从淤泥中分离出来，考古学家们只得将刺绣和淤泥一起挖出作为标本，虽然花纹不完整，但刺绣针法和颜色都很清晰（图3）。针法是相当匀细的锁绣辫子股绣法。颜色有红、黄、褐、棕四色；其中红色是用朱砂涂染，黄色是用石黄（即雄黄）、雌黄涂染，故色彩特别鲜艳。周代用矿物颜料加粘着剂染色为石染，用植物染料染色称为草染。宝鸡茹家庄西周墓出土的刺绣，花纹用丝线绣出线条轮廓，而在花纹内绘染颜色，纹、地色彩界划分明。这种工艺，实际是画缋和刺绣工艺的结合。我国

[1] 河南省文物管理委员会、洛阳博物馆：《1952年秋季洛阳东郊发掘报告》，《考古学报》，1955年第9期。

[2] 李也贞等：《有关西周丝织和刺绣的重要发现》，《文物》，1976年第4期。

原始社会曾流行文身装饰，至新石器时期利用纺织物缝制衣服，原先画在身上的花纹被衣服遮挡，所以人们就将这些花纹画在衣服上，于是出现了服饰纹样。又因纺织品上画缋的花纹，经不住运动中的摩擦，为了使服饰纹样更加牢固、精美，人们便用丝线把花纹刺绣在衣服上，刺绣工艺就应运而生。河南安阳曾出土一尊商代穿绣衣的残石像（图4）。商周时期丝绸织花的花纹只能表现简单的几何纹样，如雷纹、菱纹、回纹、双距纹、勾连纹等，而且花纹单位很小；而画缋和刺绣则可自由表现复杂的花纹，而且纹样单位大小不拘，正像《诗经·豳风·九罭》中"衮衣绣裳"和《诗经·唐风·扬之水》中"素衣朱绣"等诗句所反映的，"绣"这种工艺已成为商周时期贵族装饰衣装、炫耀豪华生活的手段。周代的"绣"是指多彩的纹样装饰，即《考工记》所说的"五彩备谓之绣"，所以画、缋、钟、筐、慌五门"设色之工"中，画和缋是共职。1974年陕西宝鸡茹家庄西周弸伯墓出土的刺绣（图5），画与绣相辅。至于"钟"这种工种，是专门染羽毛的，当时羽毛也是服饰文化中重要的装饰品。

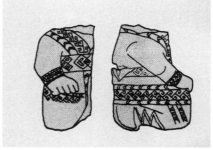

(1)涞泥标本　　　　(2)纹样摹绘图

图3　西周，锁绣辫子股刺绣残痕。1974年陕西宝鸡茹家庄西周弸伯墓妾棺出土。

图4　商代，穿绣衣的残石像，据河南安阳出土物绘制。

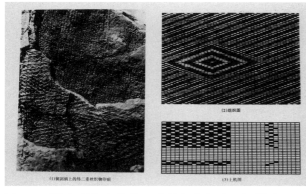

(1)铜剑柄上的纬二重丝织物印痕　　(3)上机图
(2)组织图

图5　西周铜剑柄上的纬二重丝织物印痕。铜剑于1974年陕西宝鸡茹家庄西周弸伯墓出土。

图6　西周，经二重丝织物　辽阳魏营子西周墓出土。

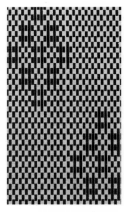

图7 西周，假纱织品组织图。据陕西宝鸡茹家庄西周强伯墓出土物绘制。

综上所述，我国商周时期是丝绸由初级阶段进入发展阶段，丝织品种开始向多样化发展的时代，当时中厚型的品种有绢、帛；厚型的织物有锦、缣；绉织物有縠；绞织物有纱、罗；暗花织物有绮、绫；超薄型织物有纨、纱；多彩纹织物有锦；工艺深加工织物有缋、绣等（图6、图7）。丝绸品种和深加工技艺的发展，奠定了中华服饰文明的物质基础，不仅丰富了人们的物质生活和精神生活，而且以丝绸文化为主体的中华服饰文明，对中国文学、诗歌、绘画、雕塑、舞蹈、民俗的形式及其内涵，也都产生了深远的影响。

原载黄能馥、陈娟娟：《中国丝绸科技艺术七千年》，北京，中国纺织出版社，2002年版，第8-12页。

战国时期的刺绣

刺绣是中国最古老的丝绸深加工传统技艺。中国刺绣源于远古时期的画缋工艺，至商周时，画缋由纯粹的彩绘发展成用彩色丝线绣出花纹轮廓，再以毛笔填绘彩色颜料。到公元前5世纪，完全用各种不同颜色的彩丝绣制刺绣品，用来制作衣服、衾枕、被褥等生活用品和装饰品，已成为当时上层社会的生活崇尚。刺绣织锦和黄金美玉，不仅是春秋战国时期列国诸侯间相互馈赠交往的礼物，而且已通过北方草原民族之手，远销到欧洲。苏联考古学家在今俄罗斯南西伯利亚的巴泽雷克公元前5世纪古墓中，发现了中国翟鸟穿花纹刺绣鞍褥面（图1），底绸宽43厘米，经纬密度为每厘米40/50根，针法是锁绣辫子股绣。纹样结构以两弓相背的"亞"形格架作穿枝花草，即黻纹格架[1]。翟鸟有的立于枝藤上作回顾状或鸣叫状，有的则作飞跃状，纹样风格与湖南长沙烈士公园及湖北江陵马山砖厂出土的战国刺绣风格一致。德国斯图加特西北20公里一座凯尔特时期的古墓（距今2500年），墓主人衣服也镶满了厚实而鲜艳的中国丝绸[2]。战国时期诸侯妃嫔衣着服饰之华美缤纷自然不在话下，他们死后也按礼制规定，连棺材也用刺绣物装裱。《礼记》就有"诸侯之棺，必衣缔绣"的记载。1958年湖南长沙烈士公园发掘了第33号战国时的楚墓，发现墓棺内四壁各裱一幅刺绣，东、南两壁的刺绣尚完整。东壁所绣为变体龙凤与蔓草纹，龙凤头部写实，身子则转变成蔓草，

图1　中国翟鸟花纹刺绣鞍褥面纹样，据俄罗斯巴泽雷克公元前5世纪古墓出土物绘制。

图2　战国变体龙凤纹刺绣棺壁纹样，据湖南长沙烈士公园战国楚墓出土绘制。左图原大54厘米×39厘米，右图原大120厘米×34厘米。

[1]　《西德古墓中都中国丝绸》，《北京晚报》，1981年4月22日。
[2]　荆州地区博物馆：《江陵马山一号楚墓》，北京，文物出版社，1985年版。

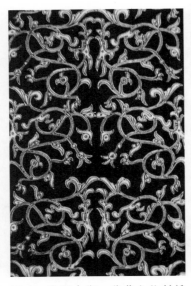

图3　战国中期，浅黄绢衾面对龙凤纹刺绣纹样。据湖北江陵马山砖厂一号战国楚墓出土物绘制。纹样原大28厘米×52厘米。

图4　战国中期，蔓草龙纹刺绣纹样。据湖北江陵马山砖厂一号战国楚墓出土物绘制。此幅蔓草龙纹为半动物半植物的合体，图像艺术格调浓郁，纹样结构以"吕"字形为基础，并作反射对称排列，上下按错位一半连接。

图5　战国中期，凤鸟花卉纹刺绣纹样。据湖北江陵马山砖厂一号战国楚墓出土物绘制。凤的尾羽与翅按对角斜线骨骼生长，花冠按垂直、水平线骨骼生长，并在中间转移隔断。

作弓字形布局（图2）；南壁绣的是变体形的鹤与鹿和蔓草纹。

　　1982年，我国考古工作者在湖北江陵马山砖厂发现了一座战国中期的墓葬，此墓规模不大，墓主人地位仅比士略高一些，但此墓出土的丝绸刺绣物数量之多，文彩之鲜丽如新，却是前所未见的。过去人们研究春秋战国时期的装饰艺术风格，只能依据那时的青铜器、金银器、漆器、铜镜、瓦当等，但都看不到像刺绣这样色彩斑斓和线条自如的装饰艺术作品，因此，马山砖厂战国墓的发现，真是使人大开眼界。

　　江陵马山砖厂战国墓出土的刺绣物，纹样设计新巧雅丽，有对龙对凤纹绣浅黄绢面衾（图3）、蔓草龙纹绣（图4）、凤鸟花卉纹绣（图5）、龙凤虎纹绣禅衣（图6）、蟠龙飞凤纹绣浅黄绢面衾（图7）、龙凤合体相蟠纹绣（图8）等等。这些无比精美的刺绣纹样，题材内容都具有丰富的象征含意。用得最多的龙凤纹样，是中华上古文明的继承发展。在战国时期，龙凤既象征宫廷昌隆，又象征婚姻美满。鹤与鹿则与神仙长寿的神话有关，象征长寿。翟鸟（雉鸡）是后妃身份的标志。鸱鸺（猫头鹰）象征胜利之神（图9、图10）。在造型表现上，贯穿了中华传统艺术的理性精神，纹样造型绝非自然形象的翻版，而是作者根据理念和审美观念的创造。像龙、凤这类自然界原本不存在的人文动物，就是集中了多种自然动物的特征于一身而创作的艺术造型，它的完成是积累了中华民族历朝历代的文化成果而相得益彰。因此，战国时期的刺绣精华，也就是中华传统文化的精华。

战国时期刺绣纹样的布局宏伟、严整而富有变化，它是商周以来以青铜纹样为代表的严格对称对位、以中轴线为主导、以几何格架为框界的传统布局方法的发展。战国刺绣纹样一般按照垂直线、水平线或对角线组成的方形或菱形为纹样布局的依据，但不像商周青铜纹样那样刻板，而是在大的框架中做局部的灵活变化。纹样有时顺着骨骼线反复连续，有时则在某处作中转隔断，或作左右对称，或作上下对称连续，或按上下、左右错开二分之一作移位对称连续。花草藤蔓等副题按图案框架生长，既起骨格作用，又富有装饰的条理美，而在大小空间布置主题动物纹样。这些主题动物，或与

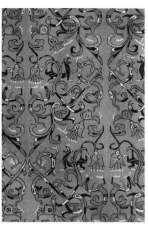

图6 战国中期，龙凤虎纹绣禅衣（局部）。实物于1982年湖北江陵马山砖厂一号战国楚墓出土，湖北省荆州地区博物馆藏。绣地经密每厘米40根，纬密每厘米42根；花回：长29.5厘米，宽21厘米。主题纹样围绕一菱形骨骼穿插安排。其中虎纹写实，威武刚健；龙凤身体与蔓草纹合成一体，宛曲优雅。左为实物，右为纹样。

图7 战国中期，蟠龙飞凤纹刺绣浅黄绢衾被面（局部）。实物于1982年湖北江陵马山砖厂一号战国楚墓出土，湖北省荆州地区博物馆藏。原衾长190厘米，宽190厘米，由25片绣绢缝成。正中23片为蟠龙飞凤纹绣，左右另有2片舞凤逐龙纹镶于两侧，纹样设计充满浪漫色彩。纹样原大95厘米×65厘米。龙凤相间作反射对称排列。龙纹为蛇体形，交互蟠绕。原件曾发表于《中国美术全集·工艺美术编·印染织绣》上，图版二二。左为实物，右为纹样。

花草藤蔓连结成共生体，或由各种动物相互蟠叠成组合体。也有写实形与变体形互相组合的，把图案的变化规律与统一规律运用得天衣无缝。

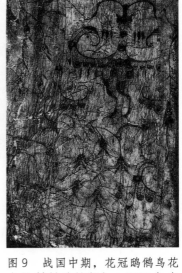

图8　战国中期，龙凤合体相蟠纹绣。实物于1982年湖北江陵马山砖厂一号战国楚墓出土，湖北省荆州地区博物馆藏。绣地经密每厘米104根，纬密每厘米50根；花回：长28厘米，宽28厘米。此件在浅黄绢地上先绘诸色稿，再以锁绣法绣成辫子股状线纹，绣线有红棕土黄、浅黄诸色。菱纹框架内二龙一凤组合。四边饰以交叉几何纹及圆形几何纹。布局稳定大方，造型新颖。原件曾发表于《中国美术全集·工艺美术编·印染织绣》上，图版二三。左为实物，右为纹样。

图9　战国中期，花冠鸱鸺鸟花卉纹刺绣（局部）。1982年湖北江陵马山砖厂一号战国楚墓出土，湖北省荆州地区博物馆藏。绣地经密每厘米20根，纬密每厘米62根；花回：长57厘米，宽49厘米。先绘墨稿，再以锁绣法绣成辫子股状线条，绣线有深红、土黄、深棕、黄绿、深蓝诸色。鸟首作正面形，圆目，有双耳。曾发表于《中国美术全集·工艺美术卷·印染织绣》上，图版二零。

图10　战国中期，花冠鸱鸺鸟花卉纹刺绣浅黄绢面棉袍。1982年湖北江陵马山砖厂一号战国楚墓出土，湖北省荆州地区博物馆藏。袍长165厘米，袖通长158厘米，袖宽45厘米，袖缘宽11厘米，腰宽59厘米，下摆宽69厘米，摆缘宽8厘米。曾发表于《中国美术全集·工艺美术卷·印染织绣》上，图版四。

战国刺绣的色彩，富丽缤纷而又和谐统一。在一幅作品中，使用的颜色色相不是很多，一般不超过五种色彩。地色用朱红、古铜、湘绿、淡橘、浅茶黄、浅草绿等明亮、有温暖感的颜色。花纹常用深褐色勾勒，明黄色填铺，再用白色或与地色对比的颜色在关键处作少量点缀，起到提神醒目的作用。配色方法，开创了对比色中的弱对比和邻近色中的明度等次对比的成功范例。

战国刺绣的针法，以锁绣辫子股绣法为主，针法匀整而富有装饰性。绣制成匹满地花纹的绣品，不仅需要长年累月的时间，纯熟灵活的技巧，而且需要聪明的艺术悟性、兴趣和毅力，这也是中华女性心灵美德的表现。作者有幸亲自分析了湖南长沙左家塘出土的战国丝绸，根据出土实物绘制了组织结构图及纹样复原图，有一些丝织品还用意匠纸点绘成意匠图。通过组织分析和纹样复原，深深被祖辈的丝绸科技和艺术成就所鼓舞，深感研究中国传统丝绸科技文化意义之深远。

原载黄能馥、陈娟娟：《中国丝绸科技艺术七千年》，北京，中国纺织出版社，2002年版，第23-27页。

汉代的织机

根据机织学的一般原理，作为织机，均由一类主要构件和一类辅助构件组合而成。织机的主要构件是适应织造布帛的三种主要运动而产生的。

一、织机主要构件

（1）适应送经运动和卷取运动而配置的送经装置和卷布装置。具体地讲就是送经轴（原始织机用送经棍）和卷取轴（原始织机用卷布竿），一面不断能送出经线，一面能相应地卷取布帛，使送经动作和卷取动作调节平衡，经线在织布时能保持一定的张力，这样才能使织布动作继续下去。

（2）适应开口运动而配置的开口装置。所谓开口，是指织布时，让经线有规律地分组上提或下沉，开出梭口，以便让纬线穿越梭口，有规律地与经线交织。这是织机的主要环节。织造带有花纹的织物，在一个花纹单位内，因每一根纬线与经线的交织次序都是不同的，所以必须加设专门的提花装置。如果没有提花装置，就需要用手工挑织出花纹，这样进度很慢，就不可能大量生产。

（3）适应送纬和打纬运动的送纬和打纬装置，把纬线送过每一个梭口，并且把它打平打紧。

最原始的织机，有的把经线固定在一个框子上，再以小树竿绕上纬线，用手工挑起经线编织成布。有的把经线两端分别固定在两根竿子或棍子上，随身携带，在织布时，把一端拴于树干或木桩上，另一端系于腰际，用手工将纬线缠织或编织于经线上。这就是《淮南子·氾论训》所讲的"伯余之初作衣也，绩麻索缕，手经指挂，其成犹网罗"。根据西安半坡、山东城子崖、浙江余姚河姆渡等地新石器遗址的发掘报告可知，我国在相当于六七千年以前的原始公社时期，就已经采用长骨针、长骨笄（jī）及骨梭等作为送纬打纬的工具。

西周的诗歌《诗经·小雅·大东》："大东小东，杼柚其空。"据朱熹《诗集传》讲，"杼"是缠上纬线的梭子，"柚"是卷上经线的机轴。前面已经讲到，轴有送经和卷取两类，古时称送经轴为𦥑（shēng）或𦥑（téng），还称楴（dī）或栿（pài）；称卷取轴为榎、複或复。王逸《机妇赋》："𦥑复回转。"[1]说明我

---

[1]（东汉）王逸：《机妇赋》。

国古代织机机轴可以旋转，能调整送经速度和经线张力，使布帛长度不受织机身长的限制，可以充分发挥蚕丝纤维特别长的优越性（每个蚕茧丝纤维长达800至1000米，细至直径0.018毫米）。而西方如古代埃及、希腊、罗马使用的竖式织机，经线是固定好的，织机上下两端的横轴不能旋转，其织物长度受机身长度的限制。再以长沙马王堆等地出土的绒圈锦分析，汉代织机实际上已经用了送经速度不同的双送经轴。

《说文》又说"杼，机之持纬者"[1]，则杼又泛指送纬打纬的工具梭子。《释名》："筽（líng）辟，经丝贯杼中，一间并，一间疏；疏者筽筽然，并者历辟而密也。"[2]则说明汉代打纬的工具除梭子外，还有控制纬密和织幅的"筽辟"，即筘（古称画）。原始时的骨筓、骨梭或木梭刀，是打纬和送纬并用的工具，汉代织机有了梭和筘，把送纬动作和打纬动作分开，意味着生产速度和质量的提高。

关于开口运动的装置，在原始时期是用骨针来挑开织口的。以后通过分经竿（古称均）将经线分成单数和双数。再后将经线单数一组或双数一组以综丝吊于综竿上，将综竿上提或下沉，即能形成平纹的梭口。到商周时期，综片的装置有了发展，《周易·系辞上》："叁伍以变，错综其数，通其变，遂成天下之文也。"这是纺织专用的术语。错是交错，综是综聚，以三、五相间的规律控制经线的提沉，可以织出变化斜纹组织的花纹。可见商周时已经创造了多综式的开口装置。这与商代玉戈上的雷纹绮和商代青铜钺上的回纹绮花纹的交织法，是可以印证的。

如上所述，我国织机很早就有了可以回转的送经和卷取装置，有了分工送纬和打纬的装置，有了从简到繁的开口装置，而且最晚在商周时期，就已创造了多综式的开口装置。至此，一般平素织机的装备就算基本齐全了。

织机由素机发展成提花机，关键是开口装置的改造。公元4世纪《西京杂记》叙西汉昭帝时（前86～前74）"霍光妻遗淳于衍……散花绫二十四匹。绫出钜鹿陈宝光家，宝光妻传其法。霍显召入其第，使作之。机用一百二十镊，六十日成一匹，匹直（值）万钱"。[3]这120蹑（古文献中镊、蹑、簾通用）的作用书中没有讲，但从机织学的原理分析，只能是织制一个花回的一种提花装置。又，《三国志·魏志·杜夔传》："时有扶风马钧，巧思绝世，为博士居贫，乃思绫机之变，不言而世人知其巧矣。旧绫机五十综者五十蹑，六十综者六十蹑，先生患其丧功费日，乃皆易以十二蹑。"[4]这是记叙魏文帝黄初年间（220～226）的事。文中所讲

---

[1]　（东汉）许慎：《说文》。

[2]　（东汉）刘熙：《释名·释丝帛》。

[3]　（西汉）刘韵撰，（东晋）葛洪辑抄：《西京杂记》，见《汉魏丛书·载籍·第七》。

[4]　（西晋）陈寿：《三国志·魏志·杜夔传》，斐注引傅玄序，见《太平御览》八二五，引傅子。

的50至60个综和蹑，当然也只能是一种提花装置。但是，这两个文献资料所讲的从120个到50个的蹑，是怎样安放在织机的机身上的？织工又是怎样操作的？两个文献都没有细讲，其他考古资料中也没有发现直接的具体材料（至今发现汉代的18块纺织画像石都是民间的平素织机），这就只能根据汉锦的实物标本，结合中外某些经济文化上还保持原始特点的民族的纺织生产工具，观今考古，来探讨它们的线索。

众所周知，古今中外的民间织机，构造形式的变化，千差万异，不胜枚举。但是，不管各种民间织机外形变化多么复杂，它们作用于织布动作的原理，是可以用逻辑加以归纳的。

二、织机主要类型

中国广大地区的民间织机，从其装造原理和织花方法来分类，不外有四大类型：（1）手工编结织花型织机；（2）手工程控直接提花型织机；（3）手工间接提花型织机；（4）花楼式提花型织机。

图1　铜贮贝器盖上雕塑，用踞织机织布的人物图，据云南普宁西汉滇王墓出土物描绘。

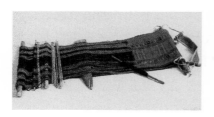

图2　云南德宏地区景颇族少女踞织机织制花裙，此踞织机系手工编结织花型织机。

1．手工编结织花型织机。该类织机是织花机中最早的类型，包括原始公社时期不带机架的踞织机或立织机，以及带有机架的平素织机。织花方法主要靠手工直接编结，或用挑花针或钩子等挑织出花纹。此外，竖式地毯织机及中国的缂丝织机，也包括在内。（图1～图4）

2．手工程控直接提花型织机。该类织机是根据花纹形状，找出一个花纹单位内经线提沉的规律，将提沉序次相同的经线合拴于一根综竿或一片综片上，而成为多综程控式提花装置。此类综竿或综片，是直接控制经线的开交动作的，故可称为直接程序控制型提花装置。此种装置，是原始踞织机手工织花或平素织机手工挑织起花技艺的必然发展。这类提花装置的原理，和现代的多臂式织机是一样的。在我国湘西地区有一种苗族民间织机（图5），其开口装置是把地纹综片（二片）和花纹综片分

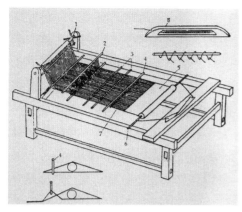

图3　汉代卧式素织机复原图，赵丰先生绘制。

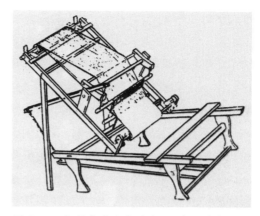

图4　汉代斜式素织机复原图（夏鼐先生绘制）。

图5　湘西民间的多综式织机，周令钊先生写生。此织机用脚竿控制平纹综片，其余的花综均由织工用双手直接提起，并用竹刀分清开口，系手工工程直接提花型织机。

图6　明人绘画中的多综式织机，此机以脚竿踏动老鸦翅提起综片。

开，在地纹综片的后面，加挂了二三十片提花综片。地纹综片用脚竿踏动向下开口（伏综），花纹综片用手提起向上开口（起综）。织花时，织工只需在经线上用手工挑织一个花纹单位，每挑出一梭开交，顺手就在地综后面吊制一片花综；当一个花纹单位挑织完成时，后面的提花综片也就吊制完备了。织第二个花纹单位时，织工只需顺次提曳花纹综片，就能织出花纹。这种方法较之单靠手工挑织花纹，工效提高了许多，而且还能够避免挑织时出现错花。因此，它是由手工编结织花技术发展到多综式提花的一个飞跃。这种提花装置的缺点是，花纹竖向单位长度受花综片数的限制，提花综片不能过多，多了，挂综架的长度超过织工手臂长度时，织工就无法进行操作，从而花纹单位也必须限制在二三十根纹纬之内。如果是上下对称型的花纹，则花位可以增大一倍。与此类似的是一种用"老鸦翅"和脚竿操纵提花综片的织机（图6）。

3．手工间接提花型织机。它是一种从手工程控直接提花型织机发展改进而来的"花本"提花织机。手工程控直接提花型的织机由于花综的片数一般不能超过30片，限制了花纹竖向长度伸展。为了打破这种限制，工匠们就在长期的实践中发明了利用"花本"（即提花综束）来间接提花的方法。这在提花机的发展史上又是一个了不起的飞跃。手工间接提花型的织机，在我国西南少数民族地区是相当流行的。它的装造又可分为筐式竹笼提花机和垂直束综式（帘式）提花机两类：

①筐式竹笼提花机。湖南侗族、土家族，广西壮族，贵州苗族，云南哈尼族等地区的民间织机，就是这种类型的提花机。

筐式竹笼提花机，是在平纹综片的前面，加挂一组编有"花本"的提花综线。提花综线下端与经线相交，上端跨过横挂于机架上的提花竹笼，而分成前后两区。提花综线上的"花本"是用竹针篾编成的。编花本的方法，是先用挑花钩子直接在经线上挑织一个花纹单位（如系上下对称型的花纹，只需挑织半个单位），每挑织一个梭口，就随手理出与提起的经线相应的那部分提花综线（衢线），并编入一枚竹针。当花纹单位挑织完成时，"花本"也就全部编在提花综线的前区了。在织

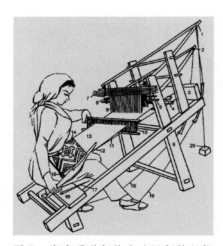 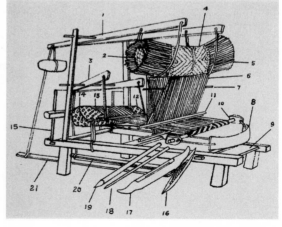

图7　湖南通道侗族自治区侗锦织机图，黄能馥绘制。1-提花综滑动架（大马骝手），2-平纹综滑动架（小马骝手），3-方形卷布轴，4-分经撑架，5-平纹综片，6-机架，7-提花竹针，8-分综竹尺，9-提花综线（花本），10-竹筘，11-梭口，12-木制梭刀（过纬及打纬用），13-经线，14-已织成的花锦，15-卷布竿及腰带，16-座板，17-挑花钩子，18-平纹综片拉索，19-提花综线拉索，20-重锤。

图8　广西壮族自治区壮锦筐式竹笼织机图，黄能馥绘制。1-提花综架，2-提花竹笼，3-平纹综架，4-花本，5-提花竹针，6-提花综，7-正中分清梭道发一枚提花竹针，8-腰带，9-座板，10-卷布轴，11-分经竿，12-卷经竹笼，13-经线，14-平纹综，15-经轴，16-梭子，17-穿梭打纬器，18-挑花竹尺，19-分经竹管，20-平纹踏木，21-花纹踏木。

第二个花纹单位时，只要顺序将竹针拨开相应的提花综线，提曳这部分综线，就能拉开一梭纹纬的梭口，织完这梭纹纬，随手将花本上的这枚竹针转移到竹笼后面的提花综线后区去。等到全部竹针都转移到竹笼后区时，经面上就已织成了一个花纹单位的图案（如系上下对称型的花样，织成半个花位的图案）。这时，可顺序将竹笼后区的竹针逐梭移动到竹笼的前区。如此来回挪移竹针，拉起部分经线，织入纹纬。每织一梭纹纬，踏起地综隔织一梭地纬。竹笼提花机的每一枚竹针控制一梭纹纬的开交运动，故每根竹针都相当于花楼提花机的一根脚子线或纹针提花机上的一块纹板。（图7、图8）

②垂直束综式（帘式）提花机。云南西双版纳地区和德宏地区傣族民间提花织机就是这种类型的提花机。这种提花机也用竹针在提花束综上编出花本。这和筐式提花机原理是相同的。不同之处只是将提花综线垂直穿过经线，一直从上面通到下面，形式就像一片拉得很长的普通综片，以便在拉长了的线距上用竹针编出"花本"。编制花本的方法也和筐式提花机相同，即布上的第一个花纹单位用挑花钩子挑织，每挑起一梭纹纬的开口，就理出一部分相应的提花综线，并顺手编上一枚提花竹针。待整个花纹单位挑织完了时，提花综束上的"花本"也就编完了。"花本"先编于经线上面的束综的位置上，接着每织一梭纹纬，就抽出一枚竹针，把它随手转移到经线下面的束综位置上。待将全部竹针转移完毕，再如前法顺序将竹针移回到经线上面束综的原来位置。这样反复操作，每织一梭纹纬，踏动平纹综片隔织地纬一梭。织出的织物，其花纹和组织与筐式提花机相似。但织工在操作时，理线清楚，比筐式提花机容易操作。而这种编"花本"的综束垂直从上面穿越经线挂到下面去的形式，和花楼提花机的形式也接近了一步。（图9、图10）

4．花楼式提花型织机。简称花楼提花机，是手工提花机发展到高度成熟阶

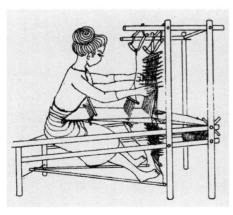

图9　云南西双版纳地区的傣族多综多蹑垂直束综式（帘式）织机，黄能馥绘制。

图10　云南德宏地区的傣族多综多蹑垂直束综式（帘式）织机。

图 11　明《天工开物·乃服》所载的提花楼机。

图 12　明《农政全书》中的提花楼机。

图 13　南宋《耕织图》中的提花楼机，黄能馥据南京博物馆藏品摹绘，织机配有两个送经轴。

段的产物。它是从手工间接提花型织机的技术基础上加以提高改进而创制出来的。花楼提花机的特点，是把"花本"从提花综束上分离出来，移装于"花楼"上，由挽花工蹲坐于花楼上专管拉花，而织工专门管地纹组织的综片踏起和纬线的投梭打纬等工作，从而使功效大大提高。（图11～图13）

花楼提花机在提花装造方面，将提花综线的上端悬挂于能够旋转的"千斤筒"上，中间穿连经线，下端垂于机下。在每根提花综线的下端，各系一个重锤，以保证它们既能垂直定位，又能单独升降活动。这种提花综线，在《天工开物》中称为"衢线"，那重锤则称为"衢脚"。而装于花楼上的花本，是通过"耳子线"与衢线兜连的，每一根衢线兜连一根耳子线。花本则编在耳子线上。这耳子线一方面当作花本的经线用，一方面起着拉动衢线带起经线开交的作用。编花本的纬线称为脚子线，每一根脚子线，就等于手工间接提花型织机上的一枚竹针，或现代的纹针提花机上的一块纹板，也就是提花竹针的软化。

以上简述了四种类型的织机。这四种类型的织机，装造由简到繁，技术功能由低级到高级，可以从中探寻出织机提花技术由初级形态向高级形态发展过渡的踪迹。其中提花楼机的形式，从南宋楼璹（shú）《耕织图》有具体描画以后，元薛景石在《梓人遗制》中曾记录了它的构件制作图。明宋应星在《天工开物·乃服》中更有详细的技术文献记载。但它最早出现的时代，还需要进一步探讨。而筐式提花机，则只有晋朝杨泉《物理论·机赋》中提到织工织布的动作，有"足闲蹋蹂，手习槛筐"之句，是织工利用筐式提花机织布时，用脚熟练地踏动脚竿曳引地纹综片，同时用手操作挂于机架环上槛筐的提花竹针装置的形象描写。为了叙述方便，这里先比较筐式提花机和三国时马钧改进前旧绫机的关系：

马钧改进前的旧绫机，见于文献的有两种：其一是《西京杂记》所讲陈宝光妻所用的绫机，装有提花蹑120个。这种绫机的功能是"六十日成一匹"。汉制一匹为汉尺四丈，合今市尺为27.72尺。以60日除之，则每天能织0.462尺。其二是《三国志·魏志·杜夔传》所讲马钧改进前的旧绫机，装有50到60个提花蹑。它的功能没有具体数据，只讲到马钧"患其丧工费日"，可见生产效能也是很低的。

根据这两个材料可知，汉代的这种旧式绫机和本书介绍的筐式提花机及垂直束综式（帘式）提花机是有许多共同特点的。首先，汉绫机的提花蹑的负荷量为50至120个，而筐式提花机和垂直束综式（帘式）提花机的提花竹针负荷量一般为80至130枚（80枚以下当然不成问题），二者是相近的。其次，从功能速度来讲，汉代旧绫机唯一知道的日产速度是0.462市尺，而筐式提花机和垂直束综式（帘式）提花机的日产速度，花纹细的一天织不到0.4市尺，粗的也不过0.7至0.8市尺，二者也是相近的。第三，汉代旧绫机的提花蹑数有50到120个，只能是竹针一类的东西，而不可能是综片、脚踏竿之类的配件。因为织机的配件是要受织机机身长度制约的，50到120片的综片或脚踏竿不可能挤排在织造幅宽为2.2尺织物的机身宽度和长度之内，除非是成都郊区民间使用的丁桥织机（图14），但丁桥织机是用脚趾头去踏起综片的织带机，带子很窄，所用总经线数仅几十根至百余根，脚趾是踏得动的，而汉代织锦总经数有六七千根，踏起经线开口要花很大的力气，用脚趾是踏不动的。第四，筐式提花机和垂直束综式（帘式）提花机的花纹单位，竖向受竹针针数多少的制约，每枚竹针管一梭纹纬，即花纹单位最大不能超过竹针的负荷量130枚，等于纹纬130梭；而横向长度不受约制。

汉代的织锦，有很多都有横向花纹彻幅不同而竖向花纹单位很短的现象。试以新疆民丰北大沙漠出土的东汉"延年益寿大宜子孙锦"为例，竖向花纹单位由64梭纹纬织成，长约6厘米左右；横向花纹是五种不同姿态的动物与云气及文字相间，布满了整个幅面。第五，据《乾陆通志》、《遵义府志》和《续黔书》等文献记载，侗锦、夜郎苗锦与古代蜀锦的技术影响有关，故有"诸葛侗锦"、"武侯锦"之称。其织造技术源于诸葛亮，则可知筐式侗锦机与汉绫机有传承关系。以上五点，也足以说明汉代的提花机和筐式提花机或垂直束综式（帘式）提花机之间可能有直接的联系。有人认为"马钧将五六十综的绫机改

图14 四川双流县的民间织带机——丁桥织机，成都蜀锦研究所提供。

为十二蹑，那综数未有变化，因而设计了一种用12根脚竿控制66片综片的织机方案"。笔者认为，该方案在实际操作中可能开口不清。

现在再顺便提一提花楼提花机的起源问题。花楼提花机从机织学的角度看，可以说是筐式提花机和垂直束综式（帘式）提花机的提高和发展。公元3世纪，马钧把汉代旧绫机从"五十综者五十蹑，六十综者六十蹑"一律简化为十二蹑，按"蹑"字古时解为曳引之意，在这里当泛指曳引经线开交的工具。《三国志·魏志·杜夔传》说简化后的织机"文素异变，因感而作，犹自然之成形，阴阳之无穷"，意即织造图案花纹更自由了。这从机织学的原理分析，只有把那十二综十二蹑专门用来控制地组织和边维组织，而将"花本"改装到"花楼"上面去，藉以增加花本纬线的长度，才有可能。这种技术上的改造，正意味着"花楼提花机"的诞生。在现实生活中有了花楼提花机，东汉王逸才能在他的《机妇赋》中，通过丰富的联想，以各种艺术形象来描写织女操纵花楼提花机织布时的机件运动动作。王逸写道："方员绮错，极妙穷奇；虫禽品兽，物有其宜。兔耳跧（quán）伏，若安若危；猛犬相守，窜身匿蹄。高楼双峙，以临清池；游鱼衔饵，瀺（chán）濯（zhuó）其陂。"这段文字的前四句，描述的是图案纹样。接着四句，写的是装卷取轴的轴承（兔耳）和叠助木（打纬撞击器）的运动动作。"高楼双峙"以下四句，显然是形容挽花匠蹲坐在花楼上拉花时，俯瞰到下面去，看到垂挂着的提花综线通过经线时，就像钓鱼线通过水面一般，那提花综线下端系着重锤上下提沉的运动，犹如游鱼衔饵。这的确是最生动、最形象的描写。当然，王逸的《机妇赋》是一篇文学作品，而不是技术性的科学著录。他没有也不可能用科学的逻辑，记录当时那种花楼提花机的规格数据。科学著作依靠逻辑思维来概括生活，文艺作品则依靠形象思维来反映生活。二者方式不同，而依据是一致的。因此，尽管王逸的《机妇赋》属于文艺作品之列，仍不失为记载我国花楼提花机历史的重要文献资料。还有一点，即我国的花楼提花机的发明，不是朝夕可就的事情，因为织造一匹绫锦，经纬数以万千，一丝错乱，就会出现病疵。创造一种新的提花装置，非经一段扎扎实实的探索试验，是不可能成功的。一种新工艺试验成功之后，等它在生产中普及的时候，又需经一段推广的过程。因此，我国首先发明花楼提花机的时间，必然大大早于王逸作《机妇赋》的后汉时代。

原载黄能馥、陈娟娟：《中国丝绸科技艺术七千年》，北京，中国纺织出版社，2002年版，第38-45页。

中国蚕桑技术的外传

　　远在公元前6世纪至公元前2世纪的希腊时代，中国丝绸在欧洲虽然与黄金等价，仍然受到欧洲人的欢迎。在罗马共和国末期，恺撒大帝穿了绸袍看戏，人们认为是过分豪华，因当时只有少数贵族妇女才穿中国丝绸。罗马帝国初期，提庇留皇帝曾禁止男人穿绸，但当时贵族之家锦衣绣服成风，礼拜堂也渐以丝绸为帘幕。到东罗马拜占庭帝国时，丝绸就成为日用之必需品了。当时中国丝绸由陆路或海路（陆路经大宛会合西经布哈拉以达安息；海路经印度、锡兰船运至波斯湾上陆到八吉打，或经红海至开罗，再由八吉打或开罗到叙利亚的泰尔及贝鲁特），都经过拜占庭帝国的丝织业中心。当地人将中国运来的绢帛拆成丝线，掺上麻织成绫纱，或将中国素绢染色后用金线绣花，而后运销罗马。此即《后汉书·西域大秦传》所讲的"又常利得中国缣丝，解以为胡绫绀纹"。中国丝绸长途运输，又经中间商人之手，到了罗马就已与黄金等价了，而安息地处必经之道，操纵着中国和罗马间的丝绸贸易，《后汉书·西域传》："其（大秦）王常欲通使于汉，而安息欲以汉缯彩与之交市，故遮阂不得自达。"《三国志·魏志》注引《魏略·西戎传》也说："常欲通使于中国，而安息得其利，不能得过。"到拜占庭帝国时，和波斯的矛盾不断激化，两国经常发生战争。拜占庭帝国又想利用提高商税和控制丝绸定价等办法进行抵制，都没有成功。公元552年，两个景教僧侣从中国带回蚕子，开始学会了中国养蚕缫丝的方法。

　　我国历史上对于养蚕缫丝和织绸技术，从来没有禁止外传的记载，但古代西域却流传着一个中国公主将蚕种偷运出境的有趣故事。唐玄奘《大唐西域记》记载说：于阗瞿萨旦那王向汉朝求婚，获得允许，瞿萨旦那派前去迎娶的侍女暗告汉朝公主，这里素无丝帛桑蚕之种，来时请带些蚕子来。汉公主就暗取蚕子，藏于帽絮之中，到了国境线上，防卫军人不敢搜查公主的帽子，公主就把蚕子带出去了。第二年，汉公主在蚕室中化开蚕子，养起蚕来。有一天，公主不在蚕室，瞿萨旦那进去，猛见满室蚕儿蠕动，以为是出了乱子，连忙放火想把蚕室烧掉。恰幸汉公主赶来，于大火中抢救出一部分蚕儿。以后公主把蚕儿所吐的丝织成美丽的丝绸，献给瞿萨旦那。瞿萨旦那大喜，就叫国人学习蚕桑技术。后于阗国桑树连荫。唐玄奘还参观了汉朝公主养蚕的地方，看到了几棵古老的大桑树，据说这几棵大桑树是汉朝公主亲自栽种的。

　　《史记·大宛列传》说"自大宛以西至安息……其地皆无丝漆"，这是西汉时的情况。到南北朝时期，西域养蚕就相当普遍了。在新疆吐鲁番地区出土的文书中发现过西凉建初十四年（418年）租赁蚕桑的契约，原文写道："建初十四年二月廿八日，严福愿从阇金得赁叁簿蚕桑，贾（价）交与一毯……"。

又北凉承平五年（447年），法安、弟阿奴借高昌所作丘慈（龟兹）锦契，内容是："承平五年岁次丙戌（按甲子有错）正月八日，道人法安、弟阿奴从翟绍远举（借）高昌所作黄地丘慈中锦一张，绵（丝绵）经绵纬，长九（尺）五寸，广四尺五寸。要到前（明）年二月卅日，偿锦一张半。若过期不偿，月生行布三张……"

又北凉承平八年（450年）翟绍远买婢契："承平八年岁次己丑（甲子有错）九月廿二日翟绍远从石阿奴买婢壹人，字绍女，年廿五，交与丘慈锦三张半，贾（价）则毕，人则付，若后有何寒盗仞（认）佲（名），仰本主了。不了部（倍）还本贾（价），二主先和后券，券成之后，各不得返（反）悔，悔者罚丘慈锦七张……"

在吐鲁番发现的北朝文书中，还有关于蚕种、绢机和各种丝织品的名称。从出土文书有关内容证明，高昌地区在公元5世纪中叶早已普及蚕桑技术，蚕桑丝织已是高昌社会经济生活中的重要内容。中国蚕桑丝织技术在新疆普及之后，随着与西方国家频繁的经济文化交往，必然要继续流传到西方去。关于中国养蚕方法传入欧洲的经过，西方史学家普罗科匹乌斯在《哥特战记》中写道："在这时（指公元552年）有几个僧侣自印度到拜占庭，他们听说查士丁尼皇帝不愿再从波斯人的手中购买生丝，便求见皇帝，陈述他们能有方法使拜占庭不再向它的敌人（指波斯）或其他国人购买生丝。据他们说，他们曾在印度诸国之北的赛林达（指中国）居住多年，得悉养蚕之法，并可将此法传入拜占庭。于是查士丁尼对此事详加询问，察看他们所说是否真实。该僧人等称，丝实系蚕所吐，虽不易将活的蚕携带到拜占庭，但将蚕子带到拜占庭并无困难。并称此等蚕虫产子甚多，将若干蚕子置暖室中，即可培育出幼蚕来。查士丁尼听罢，允许他们，若能将蚕子弄来，必给重酬，并催他们赶快行动。于是他们前往赛林达国，将蚕子带到拜占庭。并用蚕子孵出幼蚕，用桑叶来喂养，遂使得在罗马的领土上育蚕产丝成为可能了。"

公元6世纪末，拜占庭历史学家瑟奥法内斯（Theophanes）也记述过中国蚕种传入拜占庭的情形。他的说法是查士丁尼在位时，由波斯人将中国蚕子放在中空的竹竿里偷运到拜占庭的。公元6世纪末，土耳其人开始统治中亚，由齐马尔丘斯（Zemarchus）任驻拜占庭使节，他回国后写的见闻记录也说拜占庭当时已经养蚕。

由于蚕桑纺织技术复杂，拜占庭方面缺少实践经验，故蚕桑生产的发展很慢。

但在公元6世纪后的相当长时间内，拜占庭一直垄断着欧洲的蚕丝纺织技术，到公元12世纪中叶第二次十字军东征，南意大利西西里王罗哲儿二世（1127～1154）从拜占庭掳去二千丝织工人，将他们移住在南意大利，蚕丝技术才传到意大利。至公元13世纪以后，西班牙、法兰西、英吉利、德意志等国才先后从事蚕丝生产。[1]

中国蚕桑丝绸技术在传往西域之前，早已向东方和东南各地流传。日本内田星美认为在西汉哀帝（前6～前1）时，中国罗织物和织罗技术已经传入日本[2]。公元389年，中国阿知使主率七姓17县族众到日本归化，他们将中国织绫法传与日本。公元394年中国前秦亡后，前秦之一部弓月君率27县秦民亡命到朝鲜，后于公元400年以后到日本归化，献绢帛及宝物与日本应神帝，并将中国织帛法传与日本。公元463年，雄略向百济聘请织工定安那，置模范工于河内国桃源地方，使之织锦[3]。与此同时，中国的凸版印花技术也传入日本，并于公元14世纪末（元末明初）传往欧洲。而中国利用红花染色的方法，则于隋唐时才传入日本[4]。

原载黄能馥、陈娟娟：《中国丝绸科技艺术七千年》，北京，中国纺织出版社，2002年版，第72-73页。

[1] 齐思和：《中国和拜占庭帝国关系》，上海，上海人民出版社，1956年版。
[2] （日）内田星美：《日本纺織技術の歷史》，日本地人书馆，1960年版。
[3] （日）关卫：《西方美术东渐史》第六章，北京，商务印书馆，1933年版。
[4] （日）明石染人：《染織史考》，日本磯部甲陽堂藏版，1927年。

唐代的绫、锦、染缬和刺绣

唐开元时，丝织品以河南最发达，河北次之，四川也很重要。《唐六典》"十道贡赋"中，剑南道诸州均产丝绸，益、蜀二州的单丝罗，益州的高杼衫段（缎），彭州的交梭，简州的绵绸，绵州的双绌（xún），梓州、遂州的樗蒲绫，邛、剑、巂（xī）等州的丝布，都很著名。[1]唐初蜀锦，以精美著称，益州大行台窦师纶首创不少花样，被称为"陵阳公样"，百余年后仍在风行。文宗大和三年（829年），南诏攻入成都，从四川掠走几万织工，以后南诏亦以丝织闻名。

安史之乱使北方经济遭受严重破坏。长江流域在开元、天宝年间，如广陵（今扬州）的锦，丹阳（今镇江）的京口绫，吴郡（今苏州）的方纹绫，越州（今绍兴）的越罗、吴绫均已成为上贡的著名产品。贞元（785～805）以后，越州除常规贡品外，又另贡异文吴绫、花鼓歇单丝吴绫、吴朱纱等纤丽之物，凡数十品[2]。长庆年间（821～824），上贡宝相花纹等罗，白编、交梭、十字花纹等绫，轻容、生縠、花纱、吴绢[3]，越州遂成为上贡丝织品种最多的州[4]。这也反映了丝绸产区重心的南移。

唐代是中国封建社会的鼎盛时期，加上丝织技术的提高，为封建统治者的奢靡生活提供了可能。唐代高级丝绸的精美纤丽在文献中也有记载。

唐陆龟蒙在《锦裙记》中说，他在侍御史李家见一条残旧的古蜀锦裙：

> 长四尺，下广上狭，下阔六寸，上减三寸。……其前则左有鹤二十，势若起飞，率曲折一胫，口中衔萆花辈；右有鹦鹉，耸肩舒尾，数与鹤相等。二禽大小不类，而隔以花卉，均布无余地。界道四向，五色间杂。道上累细钿点缀。其中微云琐结，互以相带，有若驳霞残虹，流烟堕雾。春草夹径，远山截空，坏墙古苔，石泓秋水。印丹浸漏，粉蝶涂染，螯（lì）缩环佩，云隐涯岸，浓淡霏拂，霭抑冥密……"

这里所记的花纹，正是盛唐装饰风格的特征。

---

[1]（唐）李隆基撰，李林甫注：《唐六典》卷三，户部十道贡赋。

[2]（唐）李吉甫：《元和郡县图志》卷二六，江南道二。

[3]（北宋）欧阳修等：《新唐书》卷三一，地理志五。

[4] 朱新予主编：《中国丝绸史（通论）》，北京，纺织工业出版社，1992年版。

白居易《缭绫》[1]诗:

缭绫缭绫何所似?不似罗绡与纨绮。应似天台山上明月前,四十五尺瀑布泉。中有文章又奇绝,地铺白烟花簇雪。织者何人衣者谁?越溪寒女汉宫姬。

去年中使宣口敕,天上取样人间织。织为云外秋雁行,染作江南春水色。广裁衫袖长制裙,金斗熨波刀剪纹。异彩奇文相隐映,转侧看花花不定。昭阳舞人恩正深,春衣一对直千金。汗沾粉污不再著,曳土踏泥无惜心。

缭绫织成费功绩,莫比寻常缯与帛。丝细缲多女手疼,扎扎千声不盈尺。昭阳殿里歌舞人,若见织时应也惜。

这首诗突出地描写了缭绫的精美,也揭露了当时封建贵族的豪华奢侈。《会昌一品集》记浙西观察使李德裕因唐穆宗要他织造可幅(独幅大花)缭绫一千匹,他上表说,像玄鹅、天马、掬豹、盘绦这类文彩珍奇的高级缭绫,是只供帝王服用的,数量太多,物力不济,要求减少上贡的数量。[2]可见浙江在唐朝是专门织造高级纹绫的产地。《新唐书》:"代宗大历中敕曰:今师旅未戢,黎元不康,岂使淫巧之工,更亏恒制,在外所织造大张锦、软锦、瑞锦、透背及大䌷锦、竭凿六破以上锦,独窠文长四尺幅,及独窠吴绫、独窠司马绫等,并宜禁止,断其长行。"[3]这里提到的锦纹团花,独窠文(纹)长达四尺幅,花纹单位很大,可见提花织机的花本装造技术已有很大的提高。日本奈良正仓院珍藏的唐蓝地宝相花琵琶锦袋,花纹单位达60厘米以上;狮子舞纹锦花纹单位亦达57厘米以上,艺术效果宏伟富丽,确乎是超越前代的作品(图1、图2)。

图1 宝相花琵琶锦袋局部,日本奈良正仓院藏,原件长68厘米。曾发表于《原色日本美术4 正仓院》。

图2 狮子舞文锦局部,日本奈良正仓院藏,纹样单位长57厘米。

[1] (唐)白居易:《白氏长庆集·新乐府·缭绫》。

[2] (唐)李德裕:《缭绫奏状》。

[3] (北宋)欧阳修等:《新唐书》卷三一,地理志五。

《太平广记》卷二三七"芸辉堂"条记：唐代宗末年大历年间，宰相元载的宠姬薛瑶英"衣龙绡之衣，一袭无二三两，抟之不盈一握"。[1]从细薄程度来看，也是可以和马王堆一号西汉墓出土的素纱禅衣相比的，但"素纱禅衣"是一件素织物，而"龙绡之衣"则是织有龙纹的花织物了。

唐代丝织品除四川蜀锦和吴越纹绫外，宣州红线毯也很有名。白居易《红线毯》诗云：

红线毯，择茧缲丝清水煮，练丝练线红蓝染。染为红线红于蓝，织作披香殿上毯。披香殿广十丈余，红线织成可殿铺。彩丝茸茸香拂拂，线软花虚不胜物。美人踏上歌舞来，罗袜绣鞋随步没。太原毯涩毳（cuì）缕硬，蜀都褥薄锦花冷。不如此毯温且柔，年年十月来宣州。宣城太守加样织，自谓为臣能竭力。百夫同担进宫中，线厚丝多卷不得。宣城太守知不知？一丈毯，千两丝！地不知寒人要暖，少夺人衣作地衣。

我国西北地区，在汉代，一般以毛线制作毡毯，行销内地。唐代发展到以丝线制毯，茸丝细丽，胜于太原精制的毛毯，而安西的绯毯、氆（pǔ）氇（lǔ）也是重要的贡品。当时封建统治阶级铺陈的毡毯，从敦煌壁画及唐代人物画反映出的情况来看，是相当普遍的。日本奈良正仓院珍藏我国唐代留传下来的毡毯，图案设计端庄富丽，风格特点和我国唐代洞窟壁画及人物绘画上的地毯一致。

隋、唐、五代时期，印染工艺已在生活服用纺织品中普遍流行。隋炀帝曾令制作五色夹缬罗裙，赐宫人及百僚母妻。唐代的染缬，除宫廷贵族使用的高级印染纺织品外，民间妇女也流行穿青碧缬。我们从唐代的印染纺织品实物得知，当时的印染工艺，已经使用了防染印花法、直接印花法、经线扎染织花法等多种方法。防染印花法有蜡防染缬（蜡缬）、碱剂防染印花、扎染（绞缬）等数种。蜡缬是以煮化的蜂蜡或石蜡在布帛上绘花，布帛着蜡的地方，染液不能渗入，染色后，煮去蜡，即显出本色花纹。碱剂防染印花用于丝帛。新疆出土的印花丝绸，有一些标本，花纹处的丝纤维松散柔软而光润，地纹处的丝纤维抱合紧密，手感较硬，色泽沉着。经新疆七一棉纺织印染厂化验，发现花纹部位丝纤维的丝胶已被碱性印花剂溶解，由于碱的作用，有的花纹边缘丝纤维已被腐蚀成孔，因此推断系一种碱剂印花。印花后，再用植物性染液浸染或刷染底色。由于碱性印花剂与媒染剂起作用，而使染料不能被丝纤维吸附，就显出本色花纹。[2]

[1]　（北宋）李昉：《太平广记》卷二三七，芸辉堂。
[2]　武敏：《吐鲁番出土丝织物中的唐代印染》，《文物》，1973年第10期。

图3　方纹绞缬绢，新疆吐鲁番阿斯塔那出土。

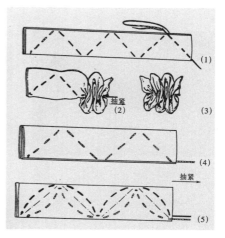

图5　方纹绞缬绢缝绞法示意图。

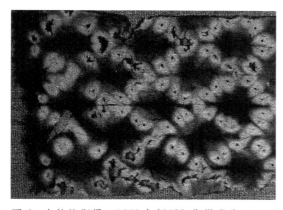

图4　方纹绞缬绢，1968年新疆阿斯塔那北区117号墓出土，新疆维吾尔自治区博物馆藏。原件长16厘米，宽5厘米。同墓出土唐永淳二年（683年）墓志。曾发表于《中国美术全集·工艺美术编·印染织绣》上，图版一二九。

图6　四瓣花纹扎染绸。1964年新疆吐鲁番阿斯塔那出土，新疆维吾尔自治区博物馆藏。原长63厘米，宽15厘米。曾发表于《中国美术全集·工艺美术编·印染织绣》上，图版一二七。

　　绞缬是先用线扎结布帛的起花部分，然后放到清水中浸泡若干时，待纤维吸收水分达饱和状态后，再放入染液中浸染。此时，因扎结部分的水分与外界有抗力，阻止染料分子浸入而起防染作用。

　　蜡缬和绞缬因不需用印花版，制作方便，一直在我国少数民族地区流传，直到今天，仍然是一些少数民族的传统工艺。例如苗族、布依族、瑶族的蜡染；白族、藏族的绞缬，都是著名的少数民族民间工艺。唐代文成公主与西藏松赞干布结婚，把汉族丝织和印染技术带到西藏，对汉、藏民族文化技术交流作出了自己的贡献。（图3～图6）

　　直接印花法是用镂空的印花版在布帛上刮印色浆，或用凸纹印花版在布帛上

图7 柿蒂花印花绢。1968年新疆吐鲁番
阿斯塔那北区108号墓出土，新疆维吾
尔自治区博物馆。原件长140.4厘米，宽
16厘米。曾发表于《中国美术全集·工
艺美术编·印染织绣》上，图版一三一。

图9 对雁纹印花纱。
1968年新疆吐鲁番阿斯塔
那北区108号墓出土，新
疆维吾尔自治区博物馆。
原件长57厘米，宽31厘
米。曾发表于《中国美术
全集·工艺美术编·印染
织绣》上，图版一三零。

图8 宝相花水鸟纹印花绢。1972年新
疆吐鲁番阿斯塔那出土，新疆维吾尔自
治区博物馆藏。原件长32厘米，宽14
厘米。曾发表于《中国美术全集·工艺
美术编·印染织绣》上，图版一四零。

图10 狩猎纹印花纱。
1968年新疆吐鲁番阿斯塔
那北区105号墓出土，新
疆维吾尔自治区博物馆。
原件长56厘米，宽31厘
米。曾发表于《中国美术
全集·工艺美术编·印染
织绣》上，图版一三二，
《中国历代丝绸纹样》图
123。

图11 宝相花印花绢裙。1972年新疆
吐鲁番阿斯塔那出土，新疆维吾尔自治
区博物馆藏。殉葬用裙。原件长26厘米。
曾发表于《中国美术全集·工艺美术编·印
染织绣》上，图版一一九。

压印花纹。从新疆出土的唐代印花丝绸花纹线条的精细程度来推测，唐代很可能已经采用镂空纸版，即已经发明了型纸印花的工艺技术。（图7～图11）

在镂空纸版未出现以前，我国采用的是木版印花。大约在秦始皇时期，宫中将两块花纹相同的凹纹印花木版合在一起，并将布帛叠成对折，夹在两块凹纹印花木版之间，将染液从注入孔注入染成花纹，这就是夹缬。染前须将花版泡透，也可用两块花纹相同的镂空花版于镂花处直接接触染液染花。[1]（图12）

纸版直接印花法到宋代发展为浆水缬，以及后来的药斑布（蓝印花布）。

凸纹印花木版直接印花法在新疆维吾尔族民间流传，能够用许多不同形状的花纹印版，随意配合盖印，创造出构图变化非常丰富的纹样（图13）。

经线扎染织花法是先把经线扎结成花纹，浸入清水浸泡，让纤维吸水饱和之后，再用染液浸染颜色，晾干、拆去扎结的线，将经线均匀散开后上机织成布帛。织布时，因每根经丝张力不能绝对保持均衡而出现一些差异，故布帛上的花纹经向轮廓也参差不齐，具有独特的艺术趣味。我国新疆维吾尔族妇女服装，很喜欢用染经绸制作。维族姑娘都能自己制织这种染经织物（图14），称这种染经织物为"阿德累斯"或"云布"。染经织物在现代发展为印经织物，即经线先放到织机上进行一次"假织"，即很松地先织一下，然后印花，拆去假织纬，再进行正式的织造。这种织物花纹有特殊的韵味，是国际上流行的特种高级织物。薄

[1] 武敏：《唐代的夹版印花——夹缬》，《文物》，1979年第8期。

图12　狩猎纹夹缬绢。1972年新疆吐鲁番阿斯塔那出土，新疆维吾尔自治区博物馆藏。残片长43.5厘米，宽31.3厘米。曾发表于《中国美术全集·工艺美术编·印染织绣》上，图版一三五、《中国历代丝绸纹样》图122。

图13　新疆维吾尔族老人拿着木刻印花版在丝绸上盖印花纹。

图14　新疆哈密维吾尔族姑娘在织制染经绸。

的用于服装，厚的做家具布及装饰用布。

在唐代，中国和日本经济文化关系密切。日本天平时代，蜡缬和夹缬非常盛行，那时宫廷所用的屏风，以蜡缬法和夹缬法染出各种趣味深厚的花纹。在东大寺献物账上，就记有各样屏风，如"臈（蜡）缬屏风十叠，各六扇，高五尺五寸，宽一尺九寸"，"鸟草夹缬屏风十叠，各六扇，高五尺，广一尺八寸"，"山水夹乏缬屏风十二叠，各六扇，高五尺，广一尺八寸"，等等。（图15）这类染缬屏风的产地尚有争议，但其装饰纹样富有唐代风格的典型性，因而很值得我们借鉴。日本奈良正仓院珍藏一件唐代的广东锦，就是一种染经织物，花纹与汉代斑纹锦近似。

图15　象羊蜡缬屏风。日本奈良正仓院藏。此屏风的制作地点说法不一，但装饰纹样风格实属中国盛唐作风。

隋、唐、五代时期刺绣女红，是统治阶级和歌女舞伎重要的服用装饰。隋文帝立冬日赐宫女及百官披袄子，多以五色绣罗为之，唐朝妇女襦衫裙裙，很多用绣，反映在唐人诗歌中，如：

> 红楼富家女，金缕绣罗襦。（白居易《秦中吟》）
> 新帖绣罗襦，双双金鹧鸪。（温庭筠《菩萨蛮》词）
> 罗衫叶叶绣重重，金凤银鹅各一丛。（王建《官词》）
> 绣罗衣裳照暮春，蹙金孔雀银麒麟。（杜甫《丽人行》）
> 罗裙宜著绣鸳鸯。（章孝标《赠美人》）
> 金缕鸳鸯满绛裙。（杨衡《仙女》）

这些词中描写的都是生活服装的刺绣。舞台服装用绣，设计更是新奇。唐崔令钦《教坊记》记叙元十一年（723年）初制的"圣寿乐舞"服装设计："衣襟皆各绣一大窠（大团花），皆随其衣本色。制纯缦彩，下才及带，若短汗衫者以笼之，

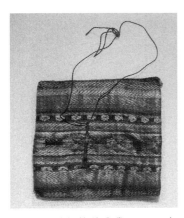

图16　晕𦀖锦针黹袋。1972年新疆吐鲁番阿斯塔那出土，新疆维吾尔自治区博物馆藏。原件长5.2厘米。曾发表于《中国美术全集·工艺美术编·印染织绣》上，图版一二四。

图18　大红罗地蹙金绣半臂（模型）。1987年陕西扶风法门寺真身宝塔地宫出土，法门寺博物馆供稿。祭供用品。原件身长6.5厘米，袖长14.1厘米。

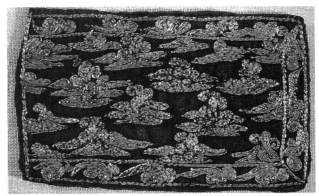

图19　大红罗地蹙金绣襴（模型）。1987年陕西扶风法门寺真身宝塔地宫出土，法门寺博物馆供稿。祭供用品。原件身长10.2厘米，宽6.5厘米。

图17　编织针衣。1972年新疆吐鲁番阿斯塔那出土，新疆维吾尔自治区博物馆藏。原件长4.8厘米。曾发表于《中国美术全集·工艺美术编·印染织绣》上，图版一二五。

所以藏绣窠也。舞人初出，乐次，皆是缦衣舞。至第二叠，相聚场中，即于众中从领上抽去笼衫，各怀内中。观者忽见众女咸文绣炳焕，莫不惊异！”

唐韦应物《杂体五首》三：“春罗双鸳鸯，出自寒夜女。心精烟雾色，指历千万绪。长安贵豪家，妖艳不可数。裁此百日功，惟将一朝舞。舞罢复裁新，岂轴劳者苦。”《唐语林》说杨贵妃一个人就配备织锦刺绣的工人七百人。除了绣制服饰用品外，还绣制宗教佛像。在武则天（623～705）晚年临朝称制，就曾成批绣制四百幅净土变相图。据日本关卫《西方美术东渐史》讲，日本持统帝六年（692年），

图20　红色罗地宝相花织锦绣袜。1983年青海都兰吐蕃墓出土，青海省考古研究所藏。许新国先生供稿。原件长50厘米。

图21　黄地宝相花绣鞒。1983年青海都兰吐蕃墓出土，青海省考古研究所藏。许新国先生供稿。原件长50厘米，宽95厘米。黄绢上用白、棕、蓝、绿各色丝线以锁绣辫子股法施绣。

陈设于药师讲堂中的阿弥陀佛净土变大绣帐，可能是模仿中国武后的净土变相图绣成的，原物虽已遗失，但药师寺缘起说它高二丈，广二丈一尺八寸，上绣阿弥陀佛并胁侍菩萨、仙女像等凡百余尊，规模比法隆寺金堂壁画还要大[1]。《白乐天集》记有绣佛三事：一绣阿弥陀佛，金身螺髻，玉毫绀目；一绣救苦观音菩萨，长五尺二寸，阔一尺八寸；一绣西方阿弥陀佛。杜甫诗有"苏晋长斋绣佛前"的诗句，可见唐代绣佛供斋的普遍。A·斯坦因在敦煌石室盗走的文物中就有一丈多高的锁绣辫子股刺绣佛像[2]。

　　唐代以写生风格的花鸟为题材的绣画已经出现。这种绣画的刺绣针法，已运用平针绣中的戗针（正戗）、散套针、齐针（包括直缠、横缠、斜缠）、盘金，及条纹绣中的接针、滚针等。唐代的刺绣实物，在新疆曾有一些小件的实物绣品发现（图16、图17）；在陕西扶风法门寺真身宝塔地宫发现的大批丝绣品，不少是用极细的捻金线绣制的蹙金绣（图18、图19），目前尚在整理研究中；在1983年青海都兰县热水乡血渭吐蕃墓出土的织锦绣袜和绣鞒（jiān）（图20、图21）。A·斯坦因从敦煌石室盗走的五箱文物中的刺绣品，也可以看见上述各种平针绣法[2]。

　　原载黄能馥、陈娟娟：《中国丝绸科技艺术七千年》，北京，中国纺织出版社，2002年版，第86—95页。

---

[1]　（日）关卫：《西方美术东渐史》，北京，商务印书馆，1933年版。
[2]　A·斯坦因：《西域考古记》，向达译，北京，文物出版社，1980年版。

唐代丝织提花技术的探讨

我国丝织提花技术，在唐代有很大发展。在工艺品种方面，出现了斜纹经锦、斜纹纬锦、平纹双面锦，标志着工艺技术的新水平。

一、斜纹经锦

以平纹变化组织为基础的经线提花，是我国从西周到南北朝所见到的织锦实物中普遍的织造方法。但在1968年新疆阿斯塔那北区第381号唐墓出土的丝织品中，却发现了一件以经线提花的斜纹经锦。这件斜纹经锦就是一双长29.7厘米、高8.3厘米、宽8.8厘米的云头锦履的履面，上面用宝蓝、墨绿、橘黄、深棕四组经线，在白地上织出簇八中心放射状的宝相花，所以我们称它为"云头锦履履面宝相花斜纹经锦"。其实物及工艺规格，见表1和图1。

织造方法：本件为"四色重经斜纹"提花织物。由一组白色经丝作地纹，三组彩色经丝起花。在每一梭道上，四组经丝各依花纹的变化或浮或沉，起落不定。而浮起的经丝，不管是花纹或地纹，都要织成2/1左向75°急斜纹。用25倍立体显微镜观察，这件标本的花纹和地纹的基本组织都是用3根经丝组成一个完全组织单位，就是说，如果用综片来控制它们的开交运动，则每组经丝用3片，四组就要用12片综片，才能让每组经丝都能单独升降。既织成斜纹组织的地纹，又同时织成斜纹组织的花纹。而且这些综片，还不能控制花纹变化的升降动作。花纹的升降提沉，还要由另一种专管提花的装置——花本来控制。也就是说，必须用装有提花花楼的织机才能制织，而不可能用纹竿或单由装有脚踏竿的多蹑装置来制织[1]。

本书前面已讲到，我国丝织提

图1　变体宝相花纹锦履。1968年新疆吐鲁番阿斯塔那北区381号墓出土，新疆维吾尔自治区博物馆藏。原件长29.7厘米，宽8.3厘米。原件曾发表于《"文化大革命"期间出土文物》图109。

---

[1] 陈娟娟：《新疆吐鲁番出土的几种唐锦》，《文物》，1979年第2期。

表1 唐"云头锦履履面宝相花斜纹经锦"工艺规格一览表

组别	经丝				组别	纬丝				实际花纹单位		织物组织	
	色彩及类别	直径(毫米)	经密(根/厘米)	捻向捻度		色彩及类别	直径(毫米)	经密(根/厘米)	捻向捻度	横宽	直长	花纹	地纹
1	白色表经	0.5	40	无	1	棕色表纬	0.3	14	右向微捻	7厘米,由1120根经丝织成。其中浮于表面的经丝280根,沉于里层的经丝840根。	8厘米,因本件花纹是上下左右对称型的,故"花本"上的单位为4厘米,由224根纬丝织成,其中112根是表纬,112根是里纹纬。	2/1左向75°急斜纹(斜纹飞数不包括夹纬在内)。	2/1左向75°急斜纹(斜纹飞数不包括夹纬在内)。
2	橘黄纹经	0.4	40	无	2	棕色纹纬	0.4 0.3	14	右向微捻				
3	深棕纹经	0.4	40	无									
4	宝蓝及墨绿彩色纹经	0.4	40	无									
排经顺序	(1)宝蓝与墨绿的彩条排列顺序为:宝蓝60根,墨绿16根,宝蓝16根,墨绿60根(以下按此顺序及比例排列)。(2)1、2、3、4四组经丝为1:1:1:1。四组经丝每厘米160根,其中40根表经织于织物表层,120根纹经夹经夹织于织物的里层。				说明	表纬在整个幅面起斜纹组织,纹纬轻制纹经的浮沉,使起花的纹经压沉于织于织物底层。纹纬本身除在花纹交界处显露纬浮点之外,其余地方均夹经织于表里两层经丝之间。				说明	按汉、魏时制度,幅度二尺二寸,合今50.82厘米,则全幅横向应有七个花纹单位。	说明	本件为经丝起花的经四重纹织锦。

花机在汉武帝开通西域之后已有重大的改进，而至初唐出现纬锦，织机装造必有改革，但唐代提花机的构造缺乏历史记载。宋代《耕织图》有提花楼机的描绘。一直到元代薛景石的《梓人遗制》，才著录具体的织机构件。至于提花机装置，明宋应星《天工开物·乃服》除有图像外，还作了详细解说。此时，上距唐代又已经七百年。按南宋《耕织图》和明《天工开物》中的提花机，除装有提花综束"花本"及花楼外，并装有起综装置"老鸦翅"（相当于南京云锦织机的"范子"）和伏综装置"涩木"（相当于南京云锦织机的"幛子"）。按云锦妆花缎织机的开口，是由范子（起综）管地组织，幛子和连接花本的牵线（相当于《天工开物》提花机的"衢线"）管花纹部分的组织，提升范子的开口织入地纬。拽提牵线（俗称拽花）使纹部经丝上升，同时踩落幛子，将拽提的部分纹经丝按一定的规律回至经丝原来位置（成为织物纹部的组织点），形成开口，织入纹纬。这种提花装置由人力操纵过渡到电力操纵，即成为现代的电动提花机。现在我们还不能肯定唐代是否已经发明起综和伏综同时运用的装造方法。如果从框式篾针提花机发展到起综伏综结合式的提花机的过程中，还有一种过渡式的提花装置的话，笔者认为那就是一种提花综束和起综或伏综单独配合的提花织机。现在假定使用这种由提花综束（即花本和衢线）和起综（即老鸦翅）结合的织机来织造唐"云头锦履覆面宝相花斜纹经锦"，则应该用12枚老鸦翅悬挂12片综片。织制时，一面拉起花本，让部分衢线带起应起花的纹经和无花部位的地经，把应压在里层的经丝全部沉织在纹纬的下面；同时由脚踏竿踏起起综和纹经的斜纹综片，使花本提上来的经丝都形成斜纹的交织点。现将"宝相花斜纹经锦"的基本组织结构及上机情况，试用图作一分析（图2）。

另有一种设想，是把地部组织和纹部组织的斜纹一同合用一套斜纹综片，而让花本专门去控制花纹轮廓部位的经丝提沉动作，则综片可减少到3片就可织制，但因经锦的经密较大，只用3片综片可能会因相邻的经丝发生摩擦而开口不清，因而将综片增加到6片。中国古代丝绸文物复制中心复制唐代斜纹经锦的织机，就是采用此种装造。

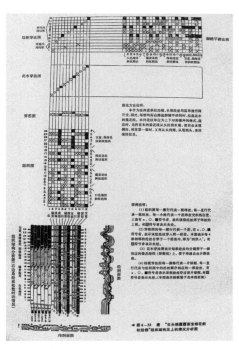

图2　"云头锦履履面宝相花斜纹经锦"组织结构及上机情况分析图。

二、斜纹纬锦

斜纹纬锦发现于唐代。从出土的唐代丝织品有确切年代可据的资料来看，以新疆吐鲁番阿斯塔那331号墓出土唐武德二年（619年）的几何瑞花锦年代较早，花纹一排是圆点组成的圆形朵花，一排是直线组成的十字形四瓣朵花，相错间隔横向排列。色彩为深蓝地，大红、浅蓝花心，乳白色瓣尖。经密为每厘米36根，纬密为每厘米38根。花、地均为右向三枚纬斜纹组织。实物长18.5厘米，宽8厘米，保留有17.3厘米的幅边，可清楚辨认纬丝回梭留下的圈套（图3）。

建国以来，在新疆出土唐代的纬锦数量较多，但以1968年新疆阿斯塔那北区第381号唐墓中与前述云头锦履同时出土的两件花色相同的花鸟斜纹纬锦，花式最为精致。笔者曾亲自分析过两件中的一件。该件长37厘米，宽24.4厘米。在它的右面沿边有一条宽3.6厘米的直条蓝地彩色花边。花边的左面为红地花鸟、云彩、山岳纹主题图案，按完整的纹样单位，主题图案横宽为28.4厘米。它以牡丹团花为中心，四周围着四组对称的写生花簇，并有四只嘴衔花枝的练鹊及四对蜂蝶穿插其间。再往外层，还有从岩中长出的花卉，一对鹦鹉迎花而飞，旁以山岳和如意云填补空间，格律谨严，纹样繁茂生动，是唐代中期的典型装饰风格（图4、

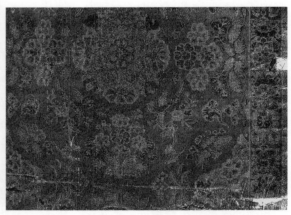

图3　蓝地几何瑞花纹纬锦。新疆吐鲁番阿斯塔那331号墓出土。原大8厘米×16.5厘米，是现今出土较早的纬锦。同墓出土有高昌义和六年（即唐武德二年，619年）文书。

图4　红地花鸟斜纹纬锦。1968年，新疆吐鲁番阿斯塔纳北区381号墓出土，新疆维吾尔自治区博物馆藏。同墓出土有唐大历一三年（778年）文书。曾发表于《中国美术全集·工艺美术卷·印染织绣》上，图版一五七。

图5）。现选择这件唐代纬锦作标本，假定以提花综束和起综结合的提花楼机来制织，试分析其织造方法如下：

唐"花鸟斜纹纬锦"系由一组红色地纬及四组彩色纹纬与一组白色单丝地经、一组白色双丝纹经交织的重纬织物。地纹由红色地纬与单丝地经交织成1/2左向25°缓斜纹。花纹依图案意图用彩色纹纬与单丝地经交织成1/2左向25°缓斜纹。双丝纹纬的作用仅是提花，即在花纹边界处把不起花的纹纬压到织物下面，这样，纹经的浮点才能露在表面。在其他部位，它并不与纬丝交织，只是夹在织物的表、里之间，起着使表层浮纬延伸浮长的作用。表纬延长的结果，斜纹角度就降低成25°，呈缓斜纹。同时也使浮纬更加显露，使织物外观更缜密细致，纹地更加清晰。

这种纬锦和斜纹经锦比较，在织物结构上仅仅交换了一个95°的方向，但从织机装造上，却较斜纹经锦方便一些，可以说它是改进了斜纹经锦织机装造的结果。

唐"花鸟斜纹纬锦"的织机装造，可能是用3片综片（前综）控制斜纹组织，花本和衢线装于斜纹综片后面的花楼上。斜纹综片用脚踏竿带动，可由织工自己踏起，花本则由拉花工在花楼上提拉。穿综的方法，是将全部地经穿入3片综片，纹经全部穿入衢线。织制步骤：

（1）织工先踏起第一片斜纹综片，织过一梭红色地纬，脚踏竿暂保持原状；

（2）花本拉起一个花纬的开交，织过一梭黄色纹纬；

（3）花本接着拉起第二、三、四个花纬的开交，织过第二梭绿色纹纬、第三梭蓝色纹纬、第四梭沉香色纹纬。此时，织工放下第一片综片，踏起第二片综片，织过第二梭地纬。花本仍如前法拉起4个花纬的开交，织工织过4梭纹纬，再换踏第三片综片。也就是说，织工每踏起一片斜纹综片，拉花工人要换拉4个开交。纹部和地部的斜纹组织是相同的，所以纹经和地经

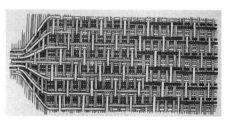

图5　花鸟纹纬锦组织结构分析示意图，黄能馥绘制，画此图时已76岁。图的右面是将纬锦的经丝纬丝拨散后的情形。

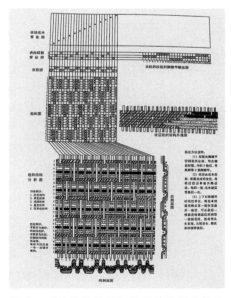

图6　"花鸟纹纬锦"组织结构及上机情况分析图。

可以一同穿入这3片斜纹综片。花纹的变化主要是在花纹的轮廓部位，所以花本实际上只需单编花纹轮廓的变化，而不必编出纹部的斜纹组织。

（4）由于表经交织点多于纹经，表经的曲屈度又大于纹经，故表经与纹经需分别卷绕在两只经轴上（即采用双经轴装置）进行织造。

纬锦的好处，可以用打纬器打纬，使花纹密致美观。织机装造较简便，脚踏竿踏起的方法较易掌握，出现错花亦较易查清。故唐以来的高级锦缎，多用纬丝显花。但织纬锦时需不断调换不同的色纬，配备多把色梭轮换投梭，不像经锦那样只需一把通梭通织到底。所以经起花织物与纬起花织物各有其利，它们都能在纺织史上各放异彩。下面将唐"花鸟斜纹纬锦"的工艺规格、组织结构及上机情况，分列图、表（见表2、图6）。

三、双层锦

唐代的觚层锦，1973年曾在新疆吐鲁番阿斯塔那唐垂拱年间（685～688）墓出

表2 唐"花鸟斜纹纬锦"工艺规格一览表

经丝					纬丝				
组别	色彩及类别	经密（根/厘米）	直径（毫米）	捻向、捻度（捻/米）	组别	色彩及类别	直径（毫米）	纬密（根/厘米）	捻向捻度
1	本色单根表经	18	0.15	右捻，约3600	1	红色地纬	0.25–0.3	共32	无
					2	黄色纹纬	0.25–0.3		无
2	本色双极纹经	18×2=36	0.15	右捻，约3600	3	浅绿纹纬	0.25–0.3		无
					4	宝蓝纹纬	0.25–0.3		无
					5	沉香纹纬	0.25–0.3		无
排经顺序	表1：纹2：表1：纹2（单1：双1：单1：双1）				排纬顺序		红1：黄1：浅绿1：宝蓝1：沉		

土，发表于《新疆历代民族文物》第144图，为土黄地白花菱形方格内填四瓣朵花的纹样（图7）。原件为长17.4厘米、宽9.6厘米的一块残片。新疆巴楚脱库孜萨来故城曾出土一件月兔纹双层锦（图8），残长13.5厘米。1921年日本大谷探险队在新疆发现的绀地新月形填粟特文字锦（图9）亦是这种双层锦，发表于日本《西域文化研究》第6册，从图片观察属双面平纹锦。其特点，正反花纹完全相同，而两

图7 菱格四瓣花纹双层锦。1973年新疆吐鲁番阿斯塔那出土，新疆维吾尔自治区博物馆。曾发表于《中国美术全集·工艺美术编·印染织绣》上，图版一五九。

花纹单位				织物组织		
实际单位		上机单位		花纹	地纹	纹经
横宽	直长	横宽	直长			
花24.8厘米，边3.1厘米边0.5厘米，十28.4厘米。	23.6厘米+黄蓝二色素边0.2厘米，合计23.8厘米。	14.4厘米（用767根经丝织成，其中单丝表经256根，双丝纹经511根。）	11.8厘米（用纬丝378根织成，其中76根为地纬，302根为纹纬。）	由黄色、浅绿、宝蓝、沉香四组纹纬，于显花时分别与单根表经织成1／2左向25°缓斜纹花纹	由红色地纬与本色单根表经交织成1／2左向25°缓斜纹地纹。	双根纹经的作用是提花，由它把需要织露于表层的纬丝隔浮到表层，而把应藏于织物背面的纬丝隔压到底层。因此纹经本身夹织于表里两层之间。
说明	（1）按汉、魏时制度幅度为二尺二寸，合今50.82厘米，本件以一幅2个花纹单位计算为56.8厘米，较汉、魏时制度约宽6厘米。（2）因本件花纹为四面对称形式，故上机花纹单位为实际单位的1／2。			说明	本件为纬五重1/2左向斜纹织锦	

图8 月兔纹双层锦，新疆维吾尔自治区博物馆藏。曾发表于《中国美术全集·工艺美术编·印染织绣》上，图版一五五。

图9 新月形填粟特文字锦，日本京都龙谷大学图书馆藏。原大 24x15 厘米。

面纹地色彩正好相反。例如正面为蓝地白花，反面则为白地蓝花。这种锦因两面纹地均为平纹组织，故耐磨耐用，实用性强。这种织物，在明代流传下来的锦缎中见得很多，在定陵出土的明万历袍服中，也有一些是用双层锦制作的。

双层锦的组织，就是现代织物组织学称的"平纹袋织"，是现代织物中的一种重要组织。

双层锦提花机装置只要在花本前面配置4片综片，2片控制甲组经，2片控制乙组经即可。制织时，关键在于脚踏竿的踏法。在织表层时，只要踏起表层组织的某一片平纹综片即可。在织底层时，除踏起某一片底层组织的平纹综片以外，还要同时把表层组织的综片踏起。即织表层组织时，每梭只需踏起一片综片，而织底层时，每梭需踏起3片综片。表层纬与底层纬轮换顺序制织，每织一梭表层纬，跟着就织一梭底层纬。

四、其他几种特殊品种举例

唐代织花中还有几种品种，在生产技术上值得重视。

（1）晕繝提花锦。新疆吐鲁番阿斯塔那105号墓曾出土一件"晕繝提花锦"。这是一件左向经斜纹地的经向彩条晕色加提局部散点四瓣小朵花的绫织物。其特点是把经线和纬线都用来起花，这在唐代以前的文物标本中是从来没有见过的。

（2）晕繝花鸟纹锦。前述新疆吐鲁番阿斯塔那北区 381号墓出土的唐云头锦履（履面是宝相花斜纹经锦），履里是用极复杂的经向彩条配成的，并在彩条内加织精致的小型花鸟纹，与彩条巧妙结合。花纹是经线起花的二重斜纹经锦组织。从彩条经的排列和与花纹的紧密结合，及其高度的艺术效果中，笔者深感唐代丝织匠人在染丝、配色、牵

表3 唐云头锦履履里"晕繝花鸟纹锦"表层经丝色条排列一览表

以下按此顺序重复排列

排列顺序	色彩	彩条宽度（厘米）
1	茶棕	0.7
2	宝蓝	0.4
3	浅绿	0.4
4	浅黄	0.3
5	浅绿	0.4
6	宝蓝	0.4
7	茶棕	0.7
8	橘红	0.7
9	土黄	0.4
10	朱红	0.5
11	土黄	0.4
12	朱红	0.4
13	茶棕	0.7
14	宝蓝	0.4
15	湘绿	0.4
16	橘红	0.3
17	湘绿	0.4
18	宝蓝	0.4
19	茶棕	0.7
20	宝蓝	0.4
21	月白	0.4
22	牙黄	0.5
23	月白	0.4
24	宝蓝	0.4
25	茶棕	0.7
26	橘红	0.4
27	朱红	0.4
28	浅妃	0.3
29	朱红	0.4
30	橘红	0.4
31	茶棕	0.7
32	宝蓝	0.4
33	湘绿	0.4
34	妃色	0.5
35	湘绿	0.4
36	宝蓝	0.4
37	茶棕	0.7

图10　广东锦（染经锦）。日本奈良正仓院藏。原件长 30.7 厘米，宽19 厘米。曾发表于《原色日本美术4·正仓院》。

图11　联珠纹缂丝残片及垂幔纹缂丝残片。日本奈良正仓院藏。

图12　几何纹缂丝带子。1973 年新疆吐鲁番阿斯塔那出土，新疆维吾尔自治区博物馆藏。原件长 9.3 厘米，宽 1 厘米。曾发表于《中国美术全集·工艺美术编·印染织绣》上，图版一二三。

图13　几何纹缂丝（局部）。日本奈良正仓院藏。原件全长 32.5 厘米，宽 6 厘米。曾发表于《原色日本美术4·正仓院》。

图14　几何朵花纹缂丝（局部）。日本奈良正仓院藏。原件全长 23 厘米，宽 3.7 厘米。曾发表于《原色日本美术4·正仓院》。

经、捉花和意匠艺术等方面的聪明才智。现将其彩条排列情况列表介绍，如表3所示。

（3）印经织物。如日本奈良正仓院所藏唐"广东锦"（图10）。此种技术本章前已介绍，故不再赘述。

（4）缂丝。手工缂织、通经断纬的高级手工艺术品，在新疆和青海都兰均有实物资料发现。A·斯坦因1907年从敦煌石室盗走的织绣品中就有缂丝[1]。日本奈良正仓院也有唐代

[1] A·斯坦因：《西域考古记》，向达译，北京，文物出版社，1980年版。

的遗物，证明唐代已经生产缂丝。（图11～图14）

（5）木纹锦。新疆吐鲁番曾出土一件北凉时期（397～439）的木纹锦，以黄色丝线作经，黄色和蓝色丝合并搦捻成纬，Z捻与S捻均有。织时投几梭捻纬，几梭S捻纬，虽基本组织为平纹，却因黄、蓝交错及捻向变化而出现不同的色光反射效果，获得了木纹般的外观效应。

随着我国考古工作的进展，唐代织绣品种不断有新的发现。如1987年4月在陕西扶风法门寺真身宝塔地宫发现大批织绣文物。据参加发掘的法门寺博物馆馆长陈述，当时一走进地宫，就见那些文物金光闪闪，映入眼帘。又如，1983年以来，青海省考古研究所又在青海都兰县热水乡扎马日村、血渭智朵日村、夏日哈乡河北日角沟等地发掘唐吐蕃统治下的吐谷浑人墓葬60座，出土丝织品350余件。品种纹样花式可分130余种，其中除来自中原地区的锦、绫、罗、绢、纱、绸、绯等品种外，还有18种具有中亚、西亚风格，内以粟特文锦为多。随着实物资料的不断发现和研究工作的进展，对唐代锦绣染缬工艺得到了更加全面的了解。

原载黄能馥、陈娟娟：《中国丝绸科技艺术七千年》，北京，中国纺织出版社，2002年版，第98-108页。

隋、唐、五代时期的织绣纹样

　　这一时期的织绣纹样，资料比较丰富，其中尤以唐代的资料最为全面。除封建朝廷正史记载那时全国各州贡赋名目和舆服制度中涉及花式品种名目，及一些文艺作品反映织绣艺术的情况可作间接资料外，各地出土的实物资料也越来越多，其中有很多是有绝对年代可考的。这是我国文物考古工作的新成就。

　　隋、唐、五代时期，又正是敦煌莫高窟佛教艺术发达兴旺的时期。这个时期莫高窟开凿的洞窟数量最多，规模宏伟，所作洞窟壁画及彩塑人物，受到波斯萨珊王朝艺术及印度笈多王朝艺术的影响，精致洗练地记录了本时期各个阶段的服饰纹样的风格面貌，是研究隋、唐、五代织绣纹样的珍贵补充材料。

　　日本和中国一衣带水，在唐代和中国经济文化的交往非常密切。日本奈良正仓院珍藏的许多唐代宝物，有的花纹色彩还能和敦煌图案及新疆发现的纺织品纹样相对照，对我们研究唐代织绣纹样风格也是非常珍贵的参考资料。

一、隋、唐、五代时期织绣纹样的文献记载

　　文献记载有关隋、唐、五代时期的织绣纹样题材，参见表1。

表1.文献记载有关隋、唐、五代时期织绣纹样题材一览表

文献名称	品种花式名	记叙情况	备注	文献名称	品种花式名	记叙情况	备注
《大历六年禁令》	盘龙	因国库空虚，禁止民间织造。	曾在新疆出土丝绸中见到。	《唐六典》	黄龙负图旗、应龙旗	记唐代六军所用旗帜的纹样	可参见陕西乾县唐章怀太子墓及懿德太子墓壁画出行图仪仗旗帜中的图案纹样。
	对凤	同上	同上		龙马旗	同上	
	麒麟	同上	曾在日本奈良正仓院宝物中见到。		玉马旗	同上	
					凤凰旗	同上	同上

文献 名称	品种 花式名	记叙 情况	备注	文献 名称	品种 花式名	记叙 情况	备注
《大历六年禁令》	狮子	同上	曾在新疆出土及日本奈良正仓院丝绸中见到。	《唐六典》	鸾旗	同上	同上
					骏鸃旗	同上	同上
					太平旗	同上	同上
	天马	同上	同上		麒麟旗	同上	同上
	辟邪	同上	唐式铜镜中有些题材。		豹旗	同上	同上
	孔雀	同上	曾在新疆出土丝绸中见到。		驮骒旗	同上	同上
李德裕《缭绫奏状》	仙鹤	奏请唐穆宗停止织造缭绫一千匹	同上		白泽旗	同上	同上
					五牛旗	同上	同上
	玄鹅	同上	同上		犀牛旗	同上	同上
	掬豹	同上	同上		兕旗	同上	同上
《新唐书·地理志》	鸂鶒	记豫州贡品	在敦煌莫高窟服饰样纹中有之。		角端旗	同上	同上
					三角兽旗	同上	同上
					吉利旗	同上	同上
《新唐书·舆服志》	鹘衔瑞草	记文宗时二品以上服制	日本奈良正仓院藏蜡染屏风有些题材。		骁骢旗	同上	同上
					驹牙旗 黄鹿旗	同上	
	雁衔绶带	同上	唐式铜镜中有此题材。		白狼旗 赤熊旗	同上	
	双孔雀	同上	唐代丝绸中常见。		辟邪旗	同上	同上
张彦远《历代名画记》	斗羊	记窦师纶作蜀锦花样"陵阳公样"。	唐代丝绸有对羊纹。		苣文旗	同上	同上
					刃旗	同上	
	翔凤	同上	唐式铜镜中有此题材。	《唐六典》卷三《户部·十道贡赋》	飞黄旗	同上	同上
					金牛旗	同上	同上（以上为动物题材）

文献名称	品种花式名	记叙情况	备注	文献名称	品种花式名	记叙情况	备注
张彦远《历代名画记》	对雉	同上	日本奈良正仓院藏染缬屏风有此题材。	《唐六典》卷三《户部·十道贡赋》	马眼	湖州贡物	几何纹样
					龟甲	蔡州贡物	同上
	游麟	同上			龟子	漕州贡物	同上
章孝标《贻美人》诗	鸳鸯	喻爱情	唐代丝绸及其他工艺装饰中常见。		双距	仙、滑二州贡物	同上
					水波纹	润州贡物	同上
《新唐书·五行志》	鱼龙鸾凤	记武后时张易之为母臧作七宝帐		唐《大历禁令》	方字方綦纹	同上	同上
王建《宫词》	金凤银鹅	叙刺绣罗衫花纹	唐锦中见到		万字	唐大历禁止民间织造	同上
温庭筠《菩萨蛮》词	金鹧鸪	叙富家妇女刺绣罗襦花纹			双胜	同上	同上
					盘绦	同上	同上
韦端符《卫公故物记》	狩猎纹	记唐初李靖征高昌得紫纹绫袄，促制小袖为袍，其为文，林树干上，其下有驰马射者，又杂为狻猊、豹、橐驼者	唐锦、印染、金银工艺装饰中常见。	《新唐书·地理志》	灵芝	同上	植物纹样
					垂莲十样花纹	阆州贡物越州贡物	同上
					绣叶	润州贡物	同上
陆龟蒙《锦裙记》	鹦鹉	叙在李某家见古锦裙上花纹。	唐代丝绸及工艺装饰中常见。	《新唐书·舆服志》	地黄交枝	唐文宗时四、五品官服饰	同上
	粉蝶	同上	同上	《唐六典》	宝花花纹	越州贡物	即宝相花花纹
	鹤衔花枝	同上	同上		镜花	兖州贡物	即铜镜式花纹

文献 名称	品种 花式名	记叙 情况	备注	文献 名称	品种 花式名	记叙 情况	备注
《唐六典》	青龙旗	记唐代六军所用旗帜的纹样	可参见陕西乾县唐章怀太子墓及懿德太子墓壁画出行图仪仗旗帜中的图案纹样。	《唐六典》	仙纹	青州贡物	即水仙花状朵花
					樗蒲	遂州贡物	仿博县的外形即梭子形的几何格架填花
	白虎旗	同上		张彦远《历代名画记》	瑞锦	记窦师纶作自蜀锦花样"陵阳公样"。	仿雪花的簇六放射状纹样
	朱雀旗	同上	同上	《唐六典》	窠纹	有"俐窠"、"两窠"、"四窠"、"小窠"等名称。	为大小不同的团花
	玄武旗	同上	同上				

二、隋、唐、五代时期织绣纹样的主要格式

1.联珠团窠纹

　　这是以交切圆为基本几何格架，在圆周饰以联珠形的边圈，并在圆圈内和四个圆圈相切留出的菱形内填饰图案花纹，形成紧凑匀称而有时代特征的装饰图案。在圆圈中可以填充装饰性的花朵，也可以填充珍禽瑞兽或人物纹样。圆圈外的菱形空间也是这样。这类纹样，多数采用对称处理的手法，以节约花本的长度，扩大花纹单位。圆圈中的纹样形式，也与秦汉瓦当有承启关系，但以联珠纹作边饰，这是这种纹样的主要特征。它和波斯萨珊王朝（226～640）装饰艺术中的"缀星图"有相互的影响。

　　这里特别介绍两件隋朝末年的联珠团窠纹锦。一件是日本京都法隆寺珍藏的"四天王狩纹锦"，一件是日本奈良正仓院珍藏的我国新疆吐鲁番阿斯塔那高昌遗址出土的"花树对鹿纹锦"。

　　日本京都法隆寺于公元7世纪初由日本圣德太子建造，有七个大殿，内有一个梦殿，人们很难进入。公元1200年后，日本美术家冈仓天心和美国美术家弗诺罗萨被允许进入，看见在白布包着的救世观音像旁边放着一卷丝织品，即"四天王狩纹

图1　隋代四天王狩猎纹锦。
日本奈良正仓院藏。

图2　隋代花树对鹿纹残片。
曾发表于《中国历代丝绸纹样》
图88。

图3　隋代花树对鹿纹样复
原图。

锦"（图1）。该锦长250厘米，宽130厘米。纵横排列着20个联珠狩纹团窠，每个团窠内以菩提树为中心，画着左右对称的四位骑士，头戴饰有日月纹的王冠，骑着有神格的带翅的天马，马腿上有"吉"、"山"两个中文字，在联珠团窠之间饰十字唐草纹。此锦传说由日本遣唐使带回日本，曾是圣德太子的"御旗"。

日本京都织物研究者龙村平藏曾复制一块日本正仓院珍藏的、由日本大谷探险队从中国新疆吐鲁番阿斯塔那高昌遗址的墓室（离地面约10米）中发掘出来的"花树对鹿纹锦"（图2、图3）。其联珠圆中间饰以花树对鹿，圆圈用20个小圆珠连成，圆圈周围有四面放射对称状的十字唐草纹，和法隆寺藏的"四天王狩猎纹锦"结构基本相同。

图4　唐代天王狩猎纹锦。1967年新疆吐鲁番阿斯塔那北区77号出土，新疆维吾尔自治区博物馆藏。残片长13.5厘米，宽8.1厘米。曾发表于《中国美术全集·工艺美术编·印染织绣》上，图版一四九。

联珠纹是波斯萨珊王朝流行的装饰，受希腊文化的影响，因十字唐草纹在希腊流行，称为"阿堪萨斯十字纹"。"四天王狩猎纹锦"中的四骑士，与波斯银器上刻的头戴王冠的萨珊王夏希尔二世骑马射狮之形象十分相似。波斯侯斯罗二世头上戴日月冠，隋炀帝的冕服两肩也饰有日月纹，背上饰星辰，寓意"肩挑日月，背负星辰"。因此，此件织锦是波斯文化与汉文化交流的产物。

波斯侯斯罗二世曾于公元7世纪入侵埃及，占领亚历山大港，俘虏那里的丝织工人到波斯，在公元616年于克特西芬建立绢织工厂。据柏林博物馆收藏的波斯萨珊王朝最后一位国王亚智德哥尔德三世像的织法来看，织技和丝线都很粗糙，可能是克特西芬的绢织厂织造的。而法隆寺的"四天王狩猎纹锦"制作十分精致，马腿上织有"吉"、"山"二字，冠顶织有日月纹，证明为中国的产品。如果这是侯斯罗二世在克特西芬建立绢织厂之前由中国生产的产品，那就是中国隋朝的产品了。隋炀帝征服西域，曾在公元609年接见高昌国王麴（qū）伯雅。同年日本圣德太子派遣小野妹子到长安朝见隋炀帝。麴伯雅把"花树对鹿纹锦"带回高昌；小野妹子把"四天王狩猎纹锦"带回日本。公元1967年，我国考古工作者在新疆吐鲁番阿斯塔那北区77号墓发现了天王狩猎纹锦残片，残片左面留有幅边，属于纬线显花的纬锦（图4）。该墓是唐高宗显庆二年（657年）之墓葬。另在同区高昌重光元年（唐高祖武德三年，620年）墓，也出土了一件天王狩猎纹锦的联珠圆环及十字唐草纹部分残片。

联珠团窠纹在我国内地的工艺装饰中虽然用得不多，但在新疆沿隋唐时期"丝绸之路"经过的地方发现的丝绸图案中，却是见得最多的花样（图5～图10）。

2. 由联珠团窠纹演变的纹样

在新疆阿斯塔那18号墓，曾发现过联珠纹内织着胡人牵骆驼的形象和"胡王"字样的"胡王锦"，此墓是高昌延昌二十九年（589年）的唐绍伯墓，相当

图5　唐代黄地联珠团窠鹿纹锦。1959年新疆吐鲁番阿斯塔那出土，新疆维吾尔自治区博物馆。原件长21.5厘米，宽20厘米。原件曾发表于《中国美术全集·工艺美术编·印染织绣》上，图版一五零。

图6　唐代联珠团窠鹿纹样。据新疆吐鲁番阿斯塔那出土，新疆维吾尔自治区博物馆藏品绘制。原长21.5厘米，宽20厘米。

图7　唐代红地联珠鹿纹锦覆面（纹样复原图）。1966年新疆吐鲁番阿斯塔那北区55号墓出土，新疆维吾尔自治区博物馆藏。原件长17.5厘米，宽17厘米；连绢边长28厘米，宽39厘米。曾发表于《中国美术全集·工艺美术编·印染织绣》上，图版一二零。

图8 唐代联珠熊头纹锦覆面。1969年新疆吐鲁番阿斯塔那北区138号墓出土，新疆维吾尔自治区博物馆藏。原件长16厘米，宽14厘米，连卷边长48厘米，宽40厘米。曾发表于《中国美术全集·工艺美术编·印染织绣》上，图版一四七。

图9 唐代联珠华冠立鸟纹锦。1959年新疆吐鲁番阿斯塔那332号墓出土，新疆维吾尔自治区博物馆藏。原件长23.5厘米，宽18.8厘米。曾发表于《中国美术全集·工艺美术编·印染织绣》上，图版一四三，《中国历代丝绸纹样》图86。

图10 唐代联珠猪头纹锦。1959年新疆吐鲁番阿斯塔那325号墓出土。原件长23.5厘米，宽17.8厘米。同墓出土唐显庆六年（661年）墓志。曾发表于《中国美术全集·工艺美术编·印染织绣》上，图版一四八。

于隋代。残片长19.5厘米，宽15厘米。[1]在新疆吐鲁番曾发现过联珠纹内织着两个高鼻卷发、身穿胡服、围着希腊式陶壶的人物的"对饮纹锦"（属于唐代，长12.8厘米）[2]。以上可以说明，当时中国丝绸图案也有配合外销的需要而设计的。（图11、图12）

　　由于我国工艺装饰艺术有悠久的独特民族传统，决定了我国纺织纹样在与外来文化的交往中，只能是在传统的基础上吸收丰富，而不是代替。因此，我们看到有更多隋唐时期的丝织品，虽在构图形式上和萨珊式"缀星图"雷同或相近，但具体纹样的形式处理，则充满着浓厚的本民族传统特点。例如1972年在新疆吐鲁番阿斯塔那出土的唐联珠对龙纹绮（残片长21.2厘米，宽25.3厘米）[3]，龙和蔓草的形象生气勃勃，纯属汉民族艺术风格（图13）。日本奈良正仓院也藏有与此花样相同的丝织品（图14）。1996年在青海都兰县热水乡出土的黄色及紫色对龙纹绮，纹样也属此种类型。1972年在新疆阿斯塔那出土的联珠菊花纹经锦（图15），把联珠圆环缩小，排列间距拉开，畅露地纹空间，显得花清地白，蔚然盛唐风格。1959年在新疆阿斯塔那302号墓出土唐联珠小团花纹锦——同墓出永徽四年（653年）墓志——

---

[1] 新疆维吾尔自治区博物馆：《新疆历代民族文物》，北京，文物出版社，1985年版。

[2] 新疆维吾尔自治区博物馆：《新疆历代民族文物》，北京，文物出版社，1985年版。

[3] （后晋）刘昫等：《旧唐书·本传》。

图 11 隋代胡王锦。1965 年新疆吐鲁番阿斯塔那唐绍伯墓出土，新疆维吾尔自治区博物馆藏。曾发表于《新疆历代民族文物》图八二。

图 12 唐代对饮纹锦。新疆吐鲁番阿斯塔那出土，新疆维吾尔自治区博物馆藏。联珠圆环中织有两个拂林人对饮的图案。此种图案在唐代扁壶中常见，称为醉拂林对饮纹，都是唐代为运往中亚波斯而特别设计的。曾发表于《中华人民共和国出土文物展览品选集》图135。

图 13 隋唐联珠对龙纹绮纹样。据 1972 年新疆吐鲁番阿斯塔那出土，新疆维吾尔自治区博物馆藏品绘制。原件长 21.2 厘米，宽 25.3 厘米。原件曾发表于《新疆历代民族文物》图一五五。

图 14 唐代联珠对龙纹绮。日本奈良正仓院藏。

图 15 唐代联珠菊花纹经锦。1972 年新疆吐鲁番阿斯塔那出土，新疆维吾尔自治区博物馆藏。残片长 19.7 厘米，宽 19 厘米；花回单位：长 4 厘米。曾发表于《中国美术全集·工艺美术编·印染织绣》上，图版一五三、《中国历代丝绸纹样》图106。

纹样结构与上述联珠菊花纹锦相同，但联珠纹是直接画在地色上的，已经把圆环去掉，这就和蜀江锦的格调融为一体了（图16）。另外还有一种是把联珠圆环由团花外圈往里收缩，在圆环外面饰以退晕的花瓣，联珠圆环就变成了这朵大花花心的边

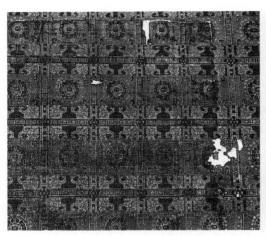

图16 唐代蜀江锦。日本京都法隆寺藏。原件长4厘米，宽71厘米。曾发表于《名寶日本の美術2法隆寺》。

图17 唐代卧佛枕顶鸟衔璎珞纹纹样。据敦煌莫高窟第158窟彩塑纹样绘制。

图18 唐代宝相花纹斜纹纬锦。美国纽约大都会艺术博物馆藏。原件长62.7厘米，宽71.5厘米。曾发表于《When silk is gold》p.18，图6。

图19 唐代红地宝相花纹锦织成料。新疆吐鲁番阿斯塔那出土，新疆维吾尔自治区博物馆藏。曾发表于《中国历代丝绸纹样》图96。

界，再在花心内饰以嘴衔璎珞的瑞鸟（见敦煌莫高窟第158窟中唐彩塑卧佛枕顶装饰纹样），这就成为宝相花中的另一种式样了（图17）。

3.宝相花花纹

宝相花是从自然形象中概括花朵、花苞、叶片的完美变形，经艺术加工组合而成的图案纹样。这种处理变形的手法，是和魏、晋、南北朝以来以金银珠宝镶嵌的细金工艺的启发分不开的。我国在战国的铜器装饰上，就有图案化了的朵花纹样出现，河南汲县山彪镇一号战国墓出土的铜尊莲花柄，及同墓出土的铜鼎盖上的六瓣形朵花，就是明显的例子。魏、晋、隋、唐的金银器，常以丰盛的朵花花头为标本，在花瓣轮廓线上及花心中心和花心轮廓线位置，用珠宝镶嵌成富丽华贵的宝花首饰品。唐代的宝花花纹，就是宝镶金银花饰的装饰形象，在设色方法上更吸收了佛教艺术的退晕方法，以浅套深逐层变化，造型则用多面对称放射状的格式，把盛开、半开、含苞欲放的花和蓓蕾、花叶等组合，形成比自然形象的花更美、更富丽的理想之花——也就是通常所称的"宝相花"。唐代宝相花是非常流行的装饰题材，被广泛地使用于各种工艺品及建筑装饰，形式的变化也很丰富。（图18、图19）

图20　唐代鸳鸯瑞花纹锦纹样。据日本奈良正仓院藏品绘制。

4. 瑞锦

瑞锦取材于"雪花献瑞"。以瑞雪能预兆丰年，象征人们对丰收的期望。图案形象取雪花簇六放射对称的基础，把花、叶等自然美的形象综合在一起，而成为一种理想性的装饰纹样。这种纹样在唐代铜镜中也很流行，而以金银平脱镂空的金银花纹刻画得最为秀美。有的更在中央部分加填双鸳鸯等纹样，象征爱情和生活的美满和理想。（图20、图21）

5. 散点小簇花和朵花

这是唐代流行起来的新花式。在金银错器、铜镜、漆器、纺织品的装饰中都很流行。在出土的唐代纺织品实物中，尤以印染品中见得最多。在敦煌千佛洞彩塑、壁画人物服饰花纹中，散点小簇花也是常见的。特别是那些社会地位高的贵族妇女供养人的衣裙及披肩巾纹样，写生型散点小簇花和小朵花非常流行。例如敦煌莫高窟唐代第130窟都督夫人太原王氏和她的侍女们所穿的服装，多用排列整齐、稀朗的散点小簇花和散点小朵花作装饰。花的方向一般是向上的，色彩在白色地上饰以清淡的浅蓝、浅灰色为主，缀以退晕红色朵花。多数是选取正面的完整的花朵，将枝叶作装饰性的处理。花清地白，节奏匀称，好像春花在野，无限舒畅新鲜，有一种回归自然的感觉。（图22～图24）

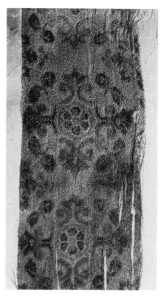

图21　唐代瑞花经锦。1968年新疆吐鲁番阿斯塔那北区381号墓出土，新疆维吾尔自治区博物馆藏。原件长22厘米，宽6.3厘米。此锦纹样取雪花变形，寓意瑞雪兆丰年。同墓出土有唐大历一三年（778年）文书。曾发表于《中国美术全集·工艺美术编·印染织绣》上，图版一五四、《中国历代丝绸纹样》，图99。

除了这类排列规整、方向一律朝上的散点小簇花和朵花外，还有一种方向朝下

图22 唐代裙饰小折枝花纹样。据敦煌莫高窟唐代第130窟壁画都督夫人太原王氏之侍从的裙饰品绘制。

图23 唐代小簇花纹样。据敦煌莫高窟五代第98窟于阗国王后服饰之小簇花摹绘。

图24 唐代花卉圈金彩绣残片。1987年陕西扶风法门寺真身宝塔地宫出土，法门寺博物馆藏。

或自由倒顺或旋转排列的散点小簇花和小朵花。这种形式也常在佛画《说法图》背景中出现，颇有在风中飘舞的运动感。这可能和"佛说法，天花乱坠"及"天女散花"等典故有关。

6. 写生团花

团花是唐代最盛行的装饰形式中的一种，被广泛地运用于唐代一切工艺装饰的各个领域。在纺织品纹样方面，如《唐六典》所记各道各州的贡品名目标中的"独窠"、"两窠"、"四窠"、"小窠"、"镜花"等等，都是大小不等、花纹形式不同的团花。唐代的人物绘画如《捣练图》、《虢国夫人出行图》、《簪花仕女图》、《纨扇仕女图》、《会茗图》等著名作品所画人物的衣着，都有写生花卉团花的衣饰。在染缬中的大团花则应当名为大撮晕花样，在锦中则为大撮晕锦。

就目前可见的唐代团花纹样来看，基本格局都是交切圆的排列方法，在团花周围填四面对称的十字唐草副题花。主题团花放置在交切圆位置之内。团花的结构，有的以圆心为重心，逐层向外层作对称放射或旋转放射；有的在圆心饰以动物纹，在圆周饰以边饰；有的在圆周饰以动物纹，而在圆心部位饰宝相花；有的以中轴线把圆形分割成两个装饰区或四个装饰区，填充两面对称或四面对称的动物纹或植物纹；有的则用S形的回旋线来分割装饰区，形式十分丰富。这些结构，都是唐代铜镜装饰中常见的，因此又有"镜花"之名。（图25）

7. 穿枝花（连理枝）

穿枝花的基本结构是波状线组织，也可以利用切圆和咬圆的圆周为穿枝花枝茎的格架线，其穿插回绕更显得有生气和力量。穿枝花是唐代最流行的装饰形式之一，被广泛地应用在很多工艺装饰的领域，包括建筑装饰、砖石雕刻、金属工艺、髹漆、陶瓷和纺织美术等，它对世界装饰艺术和我国后代的装饰艺术都产生了深厚的影响。因此，穿枝花这种形式就被世界上通称为"唐草"纹样。（图26）

图25　唐代缠枝花写生团花纹花毡纹样。据日本奈良正仓院藏品绘制。

以波状线为格架划分装饰单位，灵活匀称，而且易于连续，是装饰图案中一种优秀的传统形式。我国祖先远在新石器时期的仰韶彩陶图案中，就已能熟练地运用各种弧度的波状线作为纹样的格架。有的气势磅礴，有的舒坦平静。商周铜器以稳定庄严、宁静肃穆为特点，但在局部纹饰中，仍流露出生动的姿态，也有一些装饰性的带饰是以波状线为格架的。至于战国刺绣、漆器，汉代铜镜、砖石雕刻花边，波状线格架的图案更为常见。到了南北朝时期，以波状线为格架的穿枝忍冬纹大量流行，唐代就有了形象丰茂的穿枝花卉。盛唐时期的穿枝花，在波状形主藤上生枝发叶，开花结果。花有正反向背，瓣有前后舒合，叶有阴阳转侧，花藤与枝叶合拍合节，生长自如，连

图26　唐代穿枝花卷草禽兽纹样。据敦煌莫高窟第334唐代初期彩塑观音裙子摹绘。

续可以绵延不断。根据使用要求，或向二方绵延而成花边，或向四面绵延而成四方连续，能适应广泛的用途。穿枝纹样是我国工艺美术传统中一个宝贵的遗产。

唐代穿枝花常与人物、珍禽瑞兽纹组合，如唐镜中的海兽葡萄纹，西安出土的唐大智禅师碑侧花边，以及日本奈良正仓院藏唐狮子舞锦纹样，都是艺术水平很高、纹样内容丰富的代表作。这类纹样到辽代常被用以织制花回达2米多长的织成料。

葡萄原产伊朗，后由波斯传到希腊和地中海诸国。古代亚述人很早就以葡萄作为装饰题材。公元4世纪，葡萄纹传到罗马，在埃及亚历山大里亚古玻璃瓶上曾发现此种纹样，至萨珊王朝及东罗马时葡萄纹最发达。西汉时，葡萄从西域传入中国，《前汉书》记大宛以葡萄制酒，富者"藏万余石"。汉代，我国新疆地区的毛布已织出葡萄人物的纹样；至南北朝，穿枝葡萄纹被运用到建筑装饰及铜镜方面。

图27　唐代穿枝葡萄纹纹样。据日本正仓院唐缠枝葡萄纹摹绘。

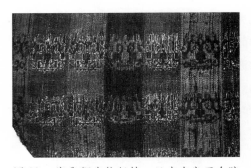

图28　唐代狮齿纹经锦。日本奈良正仓院藏。原长13.7厘米，宽20.4厘米，曾发表于《原色日本美术4·正仓院》。

唐代在纺织、金属工艺装饰中，穿枝葡萄纹用得颇多（图27）。

8. 狮纹

隋朝的狮纹锦（见敦煌千佛洞173窟佛衣装饰），狮纹的造型还比较近似自然形象，至唐代佛教艺术中的狮纹，就完全飞跃到中国式的图案形象，把狮的雄壮威猛与猫天真拙稚的性格融合起来，塑造成为群众喜闻乐见的、威猛而又温驯的东方式狮子纹（图28）。在唐朝，中国民间传统的杂技歌舞中流行着一种场面宏伟的歌舞——狮子舞。狮子舞是从汉代"角抵戏"发展来的。唐代的狮子舞，即为唐代百戏的一种。封建统治者则把民间的艺术形式加以提高，作为他们粉饰太平、寻欢作乐的工具。唐玄宗时，大将哥舒翰就整天沉溺于饮酒歌舞，使大批城镇败于安史之乱。元稹为此写下一首《西凉伎》，诗中写道：

哥舒开府设高宴，八珍九酝当前头。前头百戏竞撩（缭）乱，丸剑跳踯霜雪浮。狮子摇光毛彩竖，胡腾醉舞筋骨柔。

白居易也写过《西凉伎》诗：

西凉伎，西凉伎，假面胡人假狮子。刻木为头丝作尾，金镀眼睛银贴齿。奋迅毛衣摆双耳，如从流沙来万里。

按诗句描述的狮子造型，似乎和现在的狮子舞接近。唐代田园诗人王维青年时做大乐丞，因伶人舞黄狮子事，被贬为济州司库参军[1]。这些史料，说明唐代狮子舞流行的情况。今日本奈良正仓院珍藏的唐狮子舞纹锦，花纹单位57厘米长，狮子

---

[1]（清）吴任臣：《十国春秋》卷七八，吴越。

直立作舞，四周与宝相花纹穿插，在宝相花头，各有姿态不同的人物，手抱琵琶、阮咸、长鼓等乐器，载歌载舞，气魄宏伟，可与西安碑林唐大智禅师碑侧的缠枝花人佛珍禽瑞兽纹媲美。

9. 花树对兽对鸟纹

我国自商周以来，常用对兽纹为装饰，而对鸟纹的装饰史则出现于新石器时期。例如浙江余姚河姆渡新石器遗址出土的骨梭，就刻着对称形的双鸟纹。唐代用对犀、对虎、对鹿、对鸾、对漵鶒、对鹦鹉等作主题装饰是很多的。

在日本奈良正仓院保存的奈良时代遗留下来的一件唐代茶色地牡丹花树对羊纹绫（图29），纹样中两头羊的动势安详，一只前脚微举，回首微叫，相向呼应；牡丹花头丰满，珠露滚洒，花旁蜂蝶双飞，阳光水气，充满了诗情画意。这种对称配对的题材，往往用来寄寓爱情。如卢照邻《长安古意》：

图29　唐代牡丹花树对羊纹绫。日本奈良正仓院藏。原件长50厘米。纹样单位长11.2厘米，宽10.2厘米。

> 龙衔宝盖承朝日，凰吐流苏带晚霞，
> 百丈游丝争绕树，一群娇尾共啼花。游蜂
> 戏蝶千门侧，碧树银台万种色。复道交窗
> 作合欢，双阙连甍垂凰翼。

新疆吐鲁番曾出土花树对鹿纹锦，现藏日本。

10. 花鸟纹

鸟衔瑞草、鸟衔璎珞、鸟衔同心结等题材在唐和五代非常流行，并一直沿延到宋元明清各代。《新唐书·舆服志》规定二品以上服大型的鸟衔花图案"鹊衔瑞草"、"雁衔绶带"及双孔雀。鸟衔花的题材，本来是劳动人民从鸟在春天筑巢繁殖小鸟这样一个素材，深化为象征爱情、

图30　唐代凤衔花枝纹纹样。据敦煌莫高窟第138窟壁画女供养人衣袖大边的纹样绘制。

喜庆的题材，在各种工艺装饰中都很流行，且在妇女化妆用铜镜上更为流行。鸟纹有站立式和飞动式两种，立鸟或翩翩起舞，或栖于莲花及宝相花头之上；飞鸟或与如意云穿插，或飞翔于穿枝花丛之中。李君房《海人献文锦赋》中"舞凤翔鸾，乍徘徊而抚翼；重花叠叶，纷宛转以成文……"是这类纹样的写照。（图30）

11. 几何形纹样

几何纹是纺织纹样中占重要地位、生活实用性极强的图案。隋、唐、五代时期的几何纹样，花型较大的都属于填充图案的类型，即在几何形格架内填充花形或几何形，或以几何形组成条纹、綦（棋）

图31　唐代菱纹罗局部放大图

纹、距纹、盘绦纹等。小型的几何花，如马眼、锁子、龟甲、圈纹、点纹、水纹、方纹、万字、双胜、如意等，在印染品和织品中都有，大抵印花的以散点状构图较多，织花的以满地构图较多，在地毯上也有纯用几何纹样装饰的。（图31）我们在敦煌千佛洞看到隋唐五代的几何纹，结构匀称，明暗有变化，用色简单，但由于搭配得宜，聚散虚实合度，艺术效果新颖大方。敦煌千佛洞唐代小型几何图案，即使从现代服用的角度去衡量，也是很有参考价值的。

12. 狩猎纹

狩猎在古代统治阶级生活中，是练习武艺、演习军事、举行政治交往的重要活动。狩猎纹从春秋战国以来就作为青铜、髹漆、铜镜等工艺品的装饰题材。汉代石刻、唐代壁画中，表现狩猎的题材也很多。唐代金银器、铜镜、织锦、印染等工艺品中，狩猎纹常有发现，因此也是相当流行的。崔颢《赠王威古》诗："春风吹浅草，猎骑何翩翩？……射麋入深谷，饮马投荒泉。马上共倾酒，野中聊割鲜。"描写了西北人在狩猎生活中的乐趣。日本京都法隆寺保存的四天王狩纹锦是杰出的珍品。新疆吐鲁番阿斯塔那出土的狩猎纹夹缬绢和印花纱，都是宝贵的文物。（图32）

图32　唐代联珠纹狩猎纹锦（局部）。日本奈良正仓院藏。原件长52厘米，宽52厘米。曾发表于《原色日本美术4·正仓院》。

图 33　五代孔雀宝相花纹锦。1978 年苏州瑞光塔第三层塔宫发现，苏州博物馆藏。残片长36.5 厘米，宽 76 厘米。花纹单位：14.5 厘米 x13.5 厘米。原件曾发表于《中国美术全集·工艺美术编·印染织绣》上，图版一六一。

除上述典型纹样之外，还有其他各种形式的纹样。

公元10世纪五代十国时期，吴越王偏安两浙，以当地生产的越绫、吴绫、越绢、龙凤衣、丝鞵（xié）、屧子、盘龙凤锦织成红罗縠袍袄衫缎、盘龙带御衣、白龙瑙红地龙凤锦被等向后唐进贡，以保一方平安，使吴越丝绸继续发展[1]。（图33）

原载黄能馥、陈娟娟：《中国丝绸科技艺术七千年》，北京，中国纺织出版社，2002年版，第110-129页。

---

[1]　（清）徐炳：《五代史记补考》卷一二，赋役考；卷一五，贡献。

宋代缂丝

图 1　通经断纬缂织方法

缂丝（又称刻丝、克丝、尅丝）是中国丝织艺术中极为珍贵的传统品种。它是以白色生丝作经线，将经线挣于木机上，手工将各色纬丝按花纹分区，逐区一小块一小块用小梭子编织成平纹组织的花纹和地纹。因为纬丝是分小块织的，并不贯穿整个幅面，当两花相邻的轮廓呈垂直状时，两花之间的边界就留有断痕，这就是通常讲的"通经断纬"织法（图1）。到南宋时，由于皇帝倡导书画艺术，缂丝被用来仿缂名人书画，把缂织技艺发展到了历史的高峰。

一、缂丝的起源

1959年在新疆巴楚西南脱库孜萨来古城的遗址中，发现了一块用"通经断纬"织法制织的红地宝相花缂毛残片[1]。A·斯坦因在新疆发现过两片汉代、南北朝时期的毛织物，一片是希腊风格的毛织人像，一片是北朝风格的横条蔓草动物纹织物[2]，其中那片毛织人像也是用通经断纬的织法制织的。这类织物，织法与"缂丝"相同，不同的就是纤维原料而已。唐代缂丝实物，1973年在新疆吐鲁番阿斯塔那出土一件长9.3厘米、宽1厘米的缂丝织品，是用草绿、墨绿、橘黄、中黄、黄棕、白等色缂织成几何纹样的带子[3]。1907年，A·斯坦因从我国敦煌千佛洞石窟盗走的五箱画绣品中，也有唐代的缂丝，A·斯坦因《西域考古记》第十三章"秘室中的发现"第九十图刊有一件宝相花纹的缂丝。在《西域考古记》图中还刊有几件，其中有联珠团窠等纹样。日本大谷探险队，也在我国新疆盗走唐代的葡萄卷草纹缂丝残片"[4]。在日本奈良正仓院，保存有奈良时代（8世纪）留传下来的唐代缂

[1] 李遇春、贾应逸：《新疆巴楚脱库孜萨来城发现的古代毛织物》，《文物》，1972年第3期。
[2] A·斯坦因：《西域考古记》，向达译，北京，文物出版社，1980年版。
[3] 新疆维吾尔自治区博物馆：《新疆历代民族文物》，北京，文物出版社，1985年版。
[4] A·斯坦因：《西域考古记》，向达译，北京，文物出版社，1980年版。

丝残片，其中有一件忍冬莲花对兽纹缂丝，技艺纯熟。到了北宋，从传世的缂丝《红花树》、《紫汤荷花》、《紫天鹿》、《一等紫鸾鹊谱》（图2）等看来，用于裱首和裱装封面的已经不少，所以南宋《齐东野语》、元代《辍耕录》都记有宋代装裱用缂丝及绫锦的品名。

《齐东野语》记绍兴书画用缂丝及锦绫装裱名目："克丝作楼台、青绿簟文锦、大姜牙云鸾白绫、红霞云锦、碧鸾绫、白鸾绫、紫鸾鹊锦、球路锦、衲锦、柿红龟背锦、紫百花龙锦、皂鸾绫、白鹰绫、曲水紫锦、白画绫、皂大花绫、碧花绫、樗蒲锦等。"[1]

元陶宗仪《辍耕录》记载宋代书画锦褾名色："克丝作楼阁、克丝作龙水、克丝作百花攒龙、紫滴珠龙团、青樱桃、皂方团白花、褐方团白花、方胜盘象、球路、衲、柿红龟背、樗蒲、宜男、宝照、龟莲、天下乐、练鹊、方胜练鹊、绶带、瑞草、八答晕、银钩晕、红细花盘雕、翠毛狮子、盘球、水藻戏鱼、红遍地杂花、红遍地翔鸾、红遍

图2 一等紫鸾鹊谱，北宋缂丝，辽宁省博物馆藏。原件高131.6厘米，宽55.6厘米。缂法用掼、结、勾、搭梭、掺和戗等。南宋《齐东野语》、元《辍耕录》诸书有著录。

地芙蓉、红七宝金龙、倒仙牡丹、白蛇龟纹、黄地碧牡丹方胜、皂木等。"计51种。[2]

我国文献上提到缂丝是晚至南宋初年的事了，主要著录有两处：

1．宋洪皓《松漠纪闻》说："回鹘自唐末浸微，本朝盛时，有人居秦川为熟户者，女真破陕，悉徙之燕山。甘、凉、瓜、沙旧皆有族帐，后悉羁縻于西夏。唯居四郡外地者，颇自为国，有君长。其人卷发深目，眉修而浓，自眼睫而下多虬髯。土多瑟瑟珠玉，帛有兜罗绵、毛罽、绒锦、注丝、熟绫、斜褐。""又善结金线，相瑟瑟为珥及巾环。织熟锦、注丝、熟绫、线罗等物，又以五色丝成袍，名曰尅丝，甚华丽……辛酉岁，金国眚（shěng），皆许西归，多留不反。今亦有目微深而髯不虬者，盖与汉儿通而生者。"洪皓是北宋政和年间进士，南宋建炎三年（1129年）使金，被留15年，一直在北方过流亡生活，因此对北方风土人情及出产都很熟悉，他所著述的当为第一手材料。

---

[1] （南宋）周密：《齐东野话》。

[2] （元）陶宗仪：《辍耕录》。

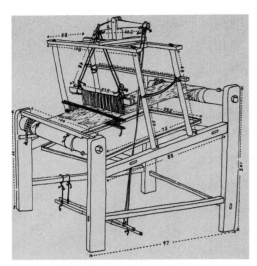

图3 江苏吴县缂丝机图。吴平女士测绘，以厘米为单位。

2．宋庄季裕《鸡肋编》上卷："定州织刻丝，不用大机，以熟色丝经于木棦上，随所欲作花草禽兽状，以小梭织纬时，先留其处，方以杂色线缀于经线之上，合以成文，若不相连，承空视之，如雕镂之象，故名刻丝。如妇人一衣，终岁可就，虽作百花，使不相类亦可，盖非通梭所织也。"这段话具体记载了河北定州地区缂丝（刻丝）的工艺特点和技艺水平，并且记述了当时缂丝已用来做妇女衣装的情况。庄季裕是宋清元（山西）人，与洪皓差不多同时，前面洪皓已经讲到北宋盛时有回鹘"入居秦川为熟户者，女真破陕，悉徙之燕山"。河北定州在唐朝就以贡"两窠绫"著名，后回鹘人迁入与汉人杂居，有的并互相通婚同化，回鹘人的缂丝技术就在素有丝织技术基础的定州生根发展了。

二、缂丝的名称

关于缂丝的名称，前引《松漠纪闻》写作"尅丝"，《鸡肋篇》写作"刻丝"。明张习志为宋朱克柔缂丝《牡丹》题跋写作"尅丝"；明谷应泰《博物要览》记宋锦名目写作"克丝"；明汪伋《事物原会》引《名义考》云："尅、克、刻三字皆读此音。缂丝之缂当作缂是也。"据《玉篇》和《广韵》解析，"缂"是织纬。至于刻丝之"刻"，是指织物"承空视之，如雕镂之象"而讲。尅丝之"尅"，则指以纬尅经之意。尅与克同音，故又有"克丝"之名。

三、缂丝技法

缂丝的机械设备很简单。南宋庄季裕记述定州刻丝，只"以纯色丝经于木棦上，随所欲作花草禽兽状。"今苏州等地的缂丝织机是一种平纹织机，上挂两扇平纹综片，综片下连脚踏竿。机身设有卷取轴和送经轴（图3），另附竹箱及小如竹叶的梭子和竹制披子等。织时在经线下面夹以图样，织工透过经丝可看清图样花色，先用毛笔将花纹轮廓描到经线上，再以各色彩丝小梭子按花纹轮廓一小块一小块地缂织成花纹。这种技术易学难精，因为它不像普通织物那样可一梭到头，而往往要在一梭纬线通过的位置上中断，多次更换不同颜色的纬线，需要有高度熟练的缂织技巧和艺术修养，对花鸟鱼虫的生态，山水风景的阴阳变化，人物故事的情节动作，都需要有一定的理解。梭、披使用得当，纬丝不失分寸，才能恰到好处。我国缂丝的技艺是千百年来织工们劳动生产的经验积累。现将历代缂丝的缂织技法简单介绍如下。

图4　"掼"的戗色方法组织放大图

1. 唐代的缂丝技法，主要用四种缂法：

①"掼"的戗色方法：戗色是缂丝的技法术语。两种或两种以上的色彩的配织，称为戗色。戗色又有长短戗、木梳戗、掺和戗、包心戗、凤尾戗、"掼"戗，"结"戗，金银合花戗之分。所谓"掼"的戗色法，就是把两种或两种以上相邻的不同颜色，按层次排列，有顺序地缂织上去（图4）。

②勾缂：即在纹样边缘以另一种颜色的丝线勾缂出勾边线，使花纹界划清楚（图5）。勾缂有单股丝线勾缂和双股丝线勾缂两种。

图5　勾缂的组织放大图

③搭梭：在两种不同颜色的花纹边缘碰到垂直线时，因两色小梭互不连接而有断缝，"搭梭"就是在断缝每隔一定距离的地方，让两边不同色的小梭互相来回搭接，使它们绕过对方的花纹区内的一根经线，以免竖缝过长，形成破口。（图6）。

④刻鳞：多用于缂织鱼、龙的鳞片及雉鸡、凤凰等鸟的羽片。

2. 北宋的缂丝方法

北宋基本上继承了唐代的缂织方法，但花纹更精细富丽了。色彩则用了"退晕"的缂织方法。北宋缂丝《一等紫鸾雀谱》就是一件以多种祥禽瑞鸟

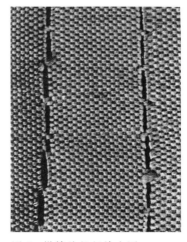

图6　搭梭的组织放大图

组成的鸟穿花图案。每幅以纵横二尺余为一谱（即一个图案单位）。现存辽宁省博物馆的一块，可能是裁余的尺头（原高四尺一寸，宽一尺七寸三分）。禽鸟为成对

的文鸾、仙鹤、锦鸡、孔雀、鸿雁、白鹇、鹭鸶、鸂鶒、黄鹂等。各鸟嘴衔灵芝、如意，在花丛中穿插飞翔。北宋缂丝多以暗紫作地（此件地色亦为暗紫色），以藏青、浅蓝、月白、土黄、浅黄、淡黄、翠绿、深绿、浅草绿等色配成退晕的纹样。大部分花纹用浅黄线勾勒，也有几只鸟是用浅草绿色勾勒的，缂法除用唐代传下来的掼、勾、搭梭以外，还运用"结"的戗色法。所谓"结"，就是用相近的二色或三色，按退晕的色阶层次，逐层减退。这种缂法，使色彩增加明度的变化，更富于立体感和装饰性。

3.南宋的缂丝技法

南宋缂丝生产的中心已从北方移到南方。用缂丝仿制名人的书画，涌现了朱克柔、沈子蕃等缂丝名手。

朱克柔，女，南宋云间人，画家兼工缂丝。高宗时（1127～1262）以女红行于世，所作人物、树石、花鸟，均甚精巧，其运丝如运笔。明文从简称她的缂丝"古淡清雅"，"为一时之绝技"。传世作品有《莲塘乳鸭图》，《牡丹》（图7），《茶花》等，色有蓝色两种，黄色四种，绿色四种，朱色、白色各一种。经用捻丝，纬用松线，为单缂丝。缂法除利用传统缂法外，并采用"长短戗"的调色方法。其法利用织梭伸展的长短变化，使深色纬与浅色纬相互穿插，产生色彩空间混合的晕色效果。此种调色方法，是缂织欣赏性艺术品最常用的，一直沿用至今天。

沈子蕃传世作品有《青碧山水》图轴、《花鸟》图轴、《梅花寒鹊》图轴（图8）等。缂丝《梅花寒鹊》图轴，梅树苍劲，花枝挺秀，双鹊栖于树干上，一鹊缩脖收身，露出"寒"意，而梅花怒放，竹叶随风，又表达了"春"的生机。图轴左下方缂有"子蕃制"三字及"沈氏"方章。这幅缂丝除采用"掼"、"勾"、长短戗技法外，在梅花树干及鸟的背部采用了包心戗的缂织方法。所谓包心戗，是运用

图7　缂丝《牡丹》，南宋，辽宁省博物馆藏。朱克柔缂制。原件高23.1厘米，宽23.8厘米。传世品。蓝地五彩缂织，左下角缂有"朱克柔印"朱文篆章。叶茎、朱章用子母经缂织，牡丹花、叶用合花戗缂织，晕色自然，为《宋刻丝绣线合璧》之首页，原系《五代宋元集册》的引首。后由清宫收藏，钤"乾隆御览之宝"、"石渠宝笈"，"石渠定鉴"，"宝笈重编"四玺。曾发表于《中国美术全集·工艺美术编·印染织绣》上，图版二零二。

图8 缂丝《梅花寒鹊》图轴,南宋,北京故宫博物院藏,原件高89厘米,宽35.5厘米,传世品。经密每厘米20余根,纬密每厘米44到46根,运用十五六种色丝,以木梳戗、长短戗、平戗、单子母经、搭梭等缂法。幅左下方缂有"子蕃制"三字及"沈氏"方章,玉池为清乾隆御题"乐意生香"四字。钤"乾隆宸翰","乾隆御览之宝"、"石渠宝笈","石渠定鉴","宝笈重编"、"乾隆鉴赏"、"嘉庆御览之宝"、"宜子孙"、"子孙世保"、"蕉林梁氏书画之印"、"养心殿鉴藏宝"诸玺印。原题"沈子蕃梅竹寒鹊"。曾发表于《中国美术全集·工艺美术编·印染织绣》上,图版一八六。

长短戗的原理,从两边同时向中间戗色,使颜色由深至浅,或由浅至深,逐渐过渡,以表现纹样的立体感和转侧变化(图9)。此外,这幅缂丝还用了子母经缂织法缂织文字和图章中的垂直线。所谓子母经缂织法,是指在缂织垂直细线时,在相应部位的经丝(母经)上,加拴上一根细丝(子经),然后用小梭将纬丝缂在这两根经丝上(图10)。子母经缂织法,多数是在缂织图章等垂直细线时才使用。

南宋缂丝除那些名家的作品之外,在普通作品中,也有一些技法上的新创造,例如故宫藏南宋《胡瓌番骑图》裱首缂丝《芙蓉秋葵》(长26.8厘米,宽15.5厘米),在叶子、花瓣、花托等处采用了木梳戗或掺和戗的调色方法。所谓木梳戗,是表现纹样中色彩由深到浅过渡的一种方法,即把色彩从左到右或从右到左缂织成

图9 包心戗缂织法发组织放大图。

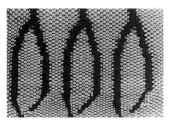

图10 子母经缂织法的组织放大图。

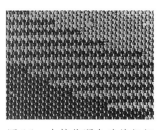

图11 木梳戗调色法的组织放大图。

图13　宋代缂丝《富贵长春》图轴。台北故宫博物院藏。原件高87.5厘米，宽39厘米。传世品。经《石渠宝笈初编》、朱启钤《刻丝书画录》著录，钤乾隆、嘉庆、宣统等五玺。此件原定为五代缂丝。曾发表于《中国美术全集·工艺美术编·印染织绣》上，图版一九七。

图12　南宋缂丝《蟠桃献寿》图轴。台北故宫博物馆藏。原件高109.8厘米，宽54.3厘米。传世品。绫本诗塘墨绣"蟠桃一熟九千年，方朔偷来献寿筵，才入齿牙甜胜蜜，顿教凡骨变成仙"。及绣"御书"一玺，此玺原为宋徽宗所有。钤"乾隆御览之宝"、"乾隆鉴赏"、"三希堂精鉴玺""宜子孙"、"嘉庆御览之宝"、"嘉庆鉴赏"、"宣统鉴赏"、"石渠宝笈"、"养心殿鉴藏宝"、"无逸斋精鉴玺"。经《石渠宝笈初编》、《朱启钤《刻丝书画录》著录。曾发表于《中国美术全集·工艺美术编·印染织绣》上，图版一九八。

图14　宋代《仙山楼阁册》。台北故宫博物院藏。原件高28.1厘米，宽35.7厘米。传世品。此幅系《名画集真册》之最后一页，内容与《镂绘集锦册》第五开及缂丝《海屋添筹轴》相同，意谓一老翁每遇海水变桑田时必放一筹，今已放满十屋，用于贺寿。缂丝用掼、结、搭梭、刻鳞、勾缂等法。图经清代梁清标收藏，有"蕉林鉴定"印记，钤"三希堂精鉴玺"、"嘉庆鉴赏"、"宜子孙"等玺。曾发表于《中国美术全集·工艺美术编·印染织绣》上，图版一九一。

木梳齿形的影光线条，故称木梳戗（图11）。所谓"掺和戗"，也是表现色彩由深到浅过渡的一种方法，但深浅二色的交替不一定绝对平均，而是能较为灵活地掌握变化的层次关系。木梳戗主要表现从左到右或从右到左横向的色彩深浅变化，而掺和戗则可用于色彩从上向下或从下向上的纵向深浅变化。

木梳戗和掺和戗有时也被用来丰富色相的变化，例如在绿色花托或嫩叶的尖端，掺缂少量浅粉或浅驼色的纬丝，以表现其鲜嫩感等。

综看南宋缂丝技法，已使用了掼、勾、搭梭、刻鳞、结、长短戗、包心戗、子母经、木梳戗、掺和戗等主要方法，因而能把绘画、书法笔墨和复杂的色彩，全用小梭子摹缂得如原作一样逼真。

图12、图13、图14为台北故宫博物院收藏的宋代缂丝珍品。

最后应该回过来再谈谈缂丝织机的问题。前面提到宋代庄季裕在《鸡肋编》上卷谈到"定州刻丝，不用大机，以熟色丝经于木棦上"，也就是说缂丝的经丝是挂绕在木棦上织缂的，这木棦可能像踞织机那样不用机架，也可能就是一个简单的木框子。这种简便的工具，只能缂织小件的织品，例如唐代的缂丝带子，或像北宋那种经纬比较粗的粗缂丝。而到南宋缂织名人书画所用的缂丝机，必然已有改进，其型制应该和流传至今的江南地区的民间缂丝机相同或相近。[1][2][3][4]

原载黄能馥、陈娟娟：《中国丝绸科技艺术七千年》，北京，中国纺织出版社，2002年版，第172—182页。

[1] 陈娟娟：《缂丝》，《故宫博物院院刊》，1979年3月。
[2] 故宫博物院：《故宫博物院藏宝录》，上海，上海文艺出版社，1985年版。
[3] 辽宁省博物馆：《宋元明清缂丝》，北京，人民美术出版社，1984年版。
[4] 蒋复璁：《台北故宫博物院：刺绣、缂丝》，日本，东京学习研究社，1982年版。

明代的主要丝绸品种

丝绸是数千年来最华贵的服装用料。在封建社会，丝绸品种和色彩纹样是封建服饰文化的具体表现，所谓"贵者垂衣裳，煌煌山龙，以治天下；贱者裋褐枲裳，冬以御寒，夏以蔽体，以自别于禽兽"，"人物相丽，贵贱有章"。明代冠服继承唐宋遗制，等级森严，丝绸品种花色与明王朝的服饰制度及政治伦理观念有着直接的关系。[1]

明代丝绸实物在北京故宫博物院尚有大批保存。此外，在明正统至万历年间（1436～1620）九次刊印佛教《大藏经》，都用当时内库所藏的丝绸剪开作为佛经封面及经匣裱封，分送全国各大寺院保藏，其中许多仍完好保存至今。1958年夏，在北京定陵发掘明代第十三代皇帝朱翊钧（即明神宗万历皇帝）和孝端、孝靖两位皇后的陵墓，出土了二百几十件珍贵的丝绸衣物。1963年北京南苑苇子坑一座明万历年间的大墓，也出土几十件高级丝绸衣物。以后各地相继都有明代丝绸发现。以各地传世及出土实物与明代有关文献材料相印证，为研究明代丝绸提供了条件。《明史·舆服志》关于明代服饰制度的记载，明崇祯太监刘若愚《酌中志》关于明宫廷四时八节服饰的记述，明嘉靖《天水冰山录》关于权相严嵩籍没家产中有关丝绸服装的记载等，都为了解明代高级丝绸的使用情况提供了线索。《天水冰山录》记载：从严嵩在江西分宜老家抄没的各类高级丝织品14311匹零1段。另有当时抄没变卖的丝织品27288匹，没收高级丝绸服装1304件，当时变卖的服装17343件。[2][3]

明代丝织品主要以经纬原料配置、组织结构变化为品种定名的根据，色彩、纹样、纹理、产地、用途等有时对丝绸品种名称也有作用。本书作者陈娟娟用了几十年的时间，在数以万计的明代丝绸文物标本中认真分析研究，积累了丰富的资料。现将主要品种分类叙述如下。[4]

一、缎类

缎是表面光洁明亮、柔润滑爽的丝织品种。我国缎织物出现于辽、宋之际。宋

---

[1]（明）宋应星：《天工开物·乃服、彰施》。

[2] 郑天挺：《关于徐一夔"织工对"》，《历史研究》，1958年第1期，76页。

[3]（清）陈梦雷：《古今图书集成》，第七八一册五五页，经济汇编·考工典，第十卷，织工部·汇考。

[4] 陈娟娟：《明代提花纱、罗、缎织物研究》，《故宫博物院院刊》，1986年第4期、1987年第2期（续）。

以前没有"缎"字，宋、元时以"段"字作"缎"字用。《吴县志·物产》说："纻丝俗名缎，因作缎字。""纻丝"的名称，据南宋吴自牧《梦粱录》记载："纻丝染丝所织，诸颜色者有织金、闪褐、间道等类。"[1]《元典章》提到"禁民间穿用织金纻丝"。两书所说都是先染丝而后织的熟丝织品。《元典章》也提到"禁民间织造日月龙凤段匹及缠身大龙段子"[2]，说明"纻丝"的名称和"段"的名称是并用的，这一品种当时民间已能生产。朱启钤《丝绣笔记》引《黑鞑事略》说蒙古人"其服右衽而方领，旧以毡毳，革新以纻丝金线，色以红紫绀绿，纹以日月龙凤，无贵贱等差"。[3]《明史·舆服志》记载，郡王长子常服有红纻丝织金狮子开襟圆领，其夫人大红纻丝大衫，深青纻丝褶子等。[4]北京定陵明万历帝棺内曾出土8匹带有腰封墨书"细龙纻丝"字样，织有方形及长方形小金龙的丝绸，系五枚缎织物。

明代缎类品种较多，《天水冰山录》所记的就有素缎、暗花缎、闪色缎、金缎、遍地金缎、妆花缎、织金妆花缎、妆花遍地金缎等。还有按花纹定名的云缎、补缎等。明代文武官常服在前胸、后背加缀表示官位高低的补子。补缎即在前胸后背部位织出补子纹样或留出补子部位的成件服装用料，古时称为"织成"。北京定陵出土的孔雀羽织金妆花纱龙袍及妆花缎龙袍，花纹都按衣服裁片设计，每片边缘都织有暗线边，将这些裁片排成五丈余长的匹料，做衣服时按暗线边裁开缝拼非常方便。而且花纹整体布局严整富丽，气魄不凡。[5]

明代的缎织物，一般以五枚缎为多，明朝末年出现了八枚缎，缎面比五枚缎更光洁。到清初，八枚缎成为最流行的品种。

1. 暗花缎

暗花缎是本色单重提花缎织物（图1）。按花纹由经起花还是纬起花而分亮花与暗花两种。在经面缎地上起纬面缎花的为暗花；在纬面缎地上起经面缎花的为亮花。明代的暗花缎主要为经面缎地上起纬面缎花，质地细致，花色素雅，手感适中，是良好的服装用料。织物分析例：驼色折枝花蝶八宝纹暗花缎（图2）、香色卍字曲水纹亮花缎（图3）。

2. 闪缎

闪缎是二色单重提花缎织物（图4）。经丝与纬丝常采用不同的对比色配置。

[1] （南宋）吴自牧：《梦粱录》，卷一八，物产。
[2] 《元典章》，海王邨古籍丛刊本。
[3] （清）朱启钤：《丝绣笔记》，1873年版。
[4] （清）张廷玉等：《明史·舆服志》。
[5] 定陵博物馆等：《定陵掇英》，北京，文物出版社，1988年版。

图1 明代游鱼水草纹暗花缎（袍料）。中国历史博物馆藏。残片长167厘米，宽192厘米。此袍料原披于山西某寺庙的佛像上，一端缀有黄缎飘带墨书"李自成施"。曾发表于《中国美术全集·工艺美术编·印染织绣》下，图版二九。

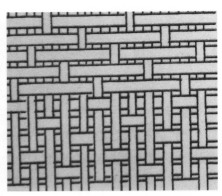

图2 明代驼色折枝花蝶八宝纹暗花缎（组织结构图）。经：驼色，单股右捻，直径0.1毫米，经密每厘米106根。纬：驼色，无捻，直径0.15-0.2毫米，纬密每厘米50根。地组织：五枚二飞经面缎纹。纹组织：五枚二飞纬面缎纹。

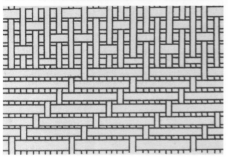

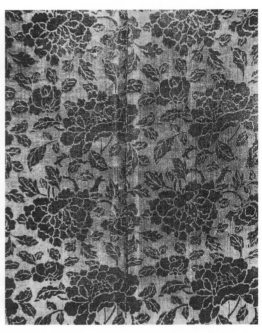

图4 明代缠枝牡丹纹闪缎。北京故宫博物院藏。原件长33厘米，宽26厘米，传世品。

图3 明代香色卍字曲水纹亮花缎。经：香色，单股右捻，直径0.1毫米，经密每厘米104根。纬：香色，无捻，直径0.2毫米，纬密每厘米40根。地组织：1/5右纬斜纹。纹组织：五枚二飞经面缎纹。由上至下：实物、组织放大图、组织结构图。

由于在经面缎组织的地上显出与地色强烈对比的纬面缎花或纬面斜纹花，故从不同角度看时，缎面有闪色变化的效果，于素雅中见富丽。闪缎主要作服装及陈设用料。织物分析例：浅月白地紫红缠枝牡丹纹闪缎（图5）。

3. 花缎（二色缎）

花缎是纬二重提花缎织物。地纬与经同色，用来织经面缎地纹或纬面缎花的地纹，纹纬另一色，并粗于地纬二三倍。起花时与每隔1或4根经丝交织成缎纹或平纹组织的纬花，不起花时沉于织物背面成抛线、经丝加捻，花缎的花纹醒目、爽朗明快，花缎多作夹服、被面、幔帐、垫料等用。织物分析例：茄紫地绿八宝团花云纹花缎（图6）。

4. 装金缎

装金缎在明代所见不多，但到清代极为流行。清代的装金库缎就是这种品种。装金缎是在暗花缎的基础上，将主花的重点部位如花心或装饰性吉祥文字等处以捻金线用挖梭织出，这就使大面积的暗花中显露出少量金花，于素雅中见华贵，美而不俗。多作衣料、被面、幔帐、垫子、包袱等

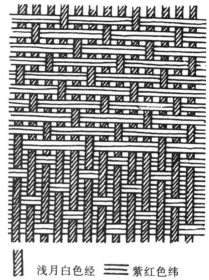

▨ 浅月白色经　☰ 紫红色纬

图5　明代浅月白地紫红缠枝牡丹纹闪缎（组织结构图）。经：浅月白色，单股左捻，直径 0.05-0.07 毫米，经密每厘米 104 根。纬：紫红色，单股左捻，两股并用，直径 0.2 毫米，纬密每厘米 46 根。地组织：无枚三飞经面缎纹。纹组织：五枚三飞纬缎纹。

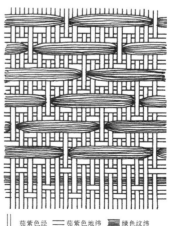

‖ 茄紫色经　━ 茄紫色地纬　▨ 绿色纹纬

图6　明代茄紫地绿八宝团花纹花缎　经：茄紫色，单股左捻，直径 0.05 至 0.1 毫米，经密每厘米 112 根。

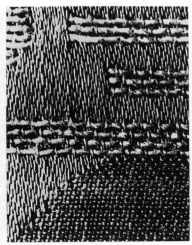

图7 明代绿地凤穿花寿字纹装金缎。经：绿色，单股无捻，直径0.1毫米，经密每厘米120根。
地纬：绿色，单股无捻，直径0.25毫米，纹纬：捻金线（即圆金），右捻，直径0.25毫米，
纹纬密每厘米18根。地组织：五枚三飞经面缎纹。纹组织：五枚三飞纬面缎纹花（暗花）；
每隔2梭地纬挖织捻金线1梭，捻金线与奇数经线交织成表面为五枚三飞纬面缎纹组织的金
花（挖花）。由左至右：实物、组织放大图、组织结构图。

用。织物分析例：绿地凤穿花寿字纹装金缎（图7）。

5. 织金缎

明代织金缎是在五枚经面缎地上用片金线织出富丽豪华的金花。花纹常见两种
类型：一种是在洁净的缎地上或经彩条缎地上起金花；另一种是在满地金上，用地
部的缎组织勾画出花纹的外轮廓线而显现出暗花。两类花型都要求花满地紧，充分
体现显金效果。织物分析例：墨绿地凤穿花纹织金缎（图8）。

6. 绒丝

明代的绒丝组织结构与织金缎基本相同，但较粗糙。有时花纹边界不太齐整，
仔细观看似属丝麻混合纤维所织。以片金显花，花纹多为方形或长方形小龙纹。北
京定陵出土多卷标有"上用大红织金细龙纹绒丝"字样封签的绒丝。织物分析例：
北京定陵出土的红地细龙纹绒丝（图9）。

7. 妆花缎

明代妆花缎是在五枚经面缎地上，用多种颜色的小管梭挖织成五彩缤纷的绒
花。织花的小管梭每隔一二根长梭地纬挖织一次。织时，根据纹样在所需位置内过
管。织完一色，可将小管梭上缠绕的彩绒掐断，等再用此色时再织。若织别色，可

图8 明代墨绿地凤穿花纹织金缎。经丝单股右捻，粗直径0.06-0.1毫米，经密每厘米约120根；地纬无捻单股或弱捻双股合用，直径0.22-0.25毫米，纬密度每厘米16-28根，片金线宽0.25-0.35毫米，密度每厘米14-18根。地组织：五枚二飞（或三飞）经面缎，以轮廓线显暗花者则织出轮廓线；纹组织：每隔2梭地纬，起1梭片金线，与奇数经线交织成表面为五枚二飞的纬面缎纹花。由左至右：实物、组织放大图、组织结构图。

图9 明代红地细龙纹纻丝。经：大红色（色不纯），单股右捻，直径0.1毫米，经密每厘米110根。地纬：大红色，单股右捻，3股合用，直径0.3-0.35毫米，地纬密每厘米22根。纹纬：片金，宽0.2毫米，纹纬密每厘米11根。地组织：五枚二飞经面缎纹。纹组织：每隔2梭地纬织入1梭片金，片金与经交织成五枚三飞纬面缎花。不起花时，片金浮于织物背面。由左至右：实物、组织放大图、组织结构图。

随时另换别色小管。如邻近有同色花纹，亦可跳过他色将彩绒连过去织，跳过的地方背后就留有不交织的彩绒浮纬。这就是"挖花"的挖织方法。明代妆花缎除织造一般的匹料之外，还有大量的服装织成匹料及垫子织成匹料，是按衣服或座垫成品裁片设计花样，排成匹幅，挑制花本上机织造，大多供官府或宫廷所用。织物分析例：红地仕女图妆花缎（图10）。

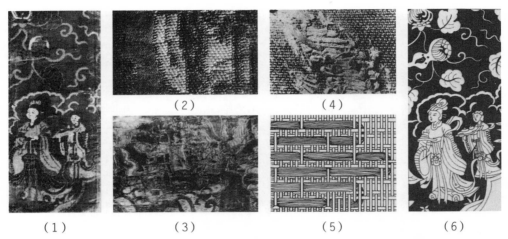

（2）　（4）

（1）　（3）　（5）　（6）

图10　明代红地仕女图妆花缎。经：红色，单股右捻，直径0.1毫米，经密每厘米100根。地纬：红色，无捻，直径0.15至0.2毫米，地纬密度每厘米30根。纹纬：青色、油绿色、黄色，无捻，直径0.4至0.5毫米，纹纬密度每厘米18根。地组织：五枚三飞经面缎纹。纹组织：每隔2梭地纬挖织1梭彩绒纬，彩绒纬与每隔4根经丝后的第五根经交织成表面平纹花。（1）实物。（2）正面组织放大图。（3）背面组织放大图之一。（4）背面组织放大图之二。（5）组织结构图。（6）纹样。

8. 织金妆花缎

　　明代的织金妆花缎是在妆花缎的组织上，加捻金线和片金线织出主花或吉祥文字，及用片金线织花纹的勾边线。捻金线常用挖花织法，片金线用通梭。织物分析例：仕女凤穿花海水纹织金妆花缎袍（局部）（图11）。

9. 遍地金孔雀羽妆花缎

　　组织结构与织金妆花缎相同，但织彩花的部分全用片金线织地纹，主体花纹如

图11　明代仕女凤穿花海水纹织金妆花缎袍（局部）。经丝用加捻丝，密度每厘米125根左右；地纬加捻，密度每厘米35根左右；纹纬各色绒无捻，直径0.4-0.5毫米，密度每厘米17-20根。片金线密度每厘米12-20根；捻金线双根并用，密度每厘米约17x2根。地组织：五枚经面缎；纹组织：每隔2梭地纬，彩绒纬与捻金线挖织，片金线通梭。纹纬与奇数经线交织成表面为五枚二飞（或三飞）纬面缎纹花，不起花时片金线浮于织物背面。从左至右：实物、组织放大图、组织结构图。

龙凤等用孔雀羽线挖花。孔雀羽线是用孔雀尾翎上飞散着的羽绒一根根地接续，并与直径0.1毫米的棕色单股丝并合，再以绿色丝绒线捆扎而成，制作极为精细。遍地金孔雀羽妆花缎的织成品金翠辉煌，豪华珍贵，是帝后王公们织成袍料中的极品。织物分析例：遍地金云龙折枝花纹孔雀羽妆花缎（膝襕）（图12）。

图12 明代万历遍地金云龙折枝花纹孔雀羽妆花缎（膝襕局部）。经：杏黄色，单股右捻，直径0.15毫米，经密度每厘米120根。地纬：杏黄色，单股左捻，双股合用，直径0.25毫米，地纬密度每厘米28根。纹纬：朱红、水粉、宝蓝、浅蓝、月白、明黄、果绿、墨绿、中绿、蓝绿、浅绛红、白色及孔雀羽线、片金线。彩纬无捻，直径0.6毫米，纹纬密度每厘米16根。片金线宽0.3毫米，纹纬密度每厘米15根。地组织：五枚三飞经面缎纹。纹组织：每隔2梭地纬织入1梭片金，与奇数经交织成表面为五枚三飞纬面缎纹的金地。彩纬、孔雀羽线挖织，与奇数经交织成表面为五枚三飞纬面缎纹的花纹。左实物，右组织结构图。

二、提花绸类和绢类

明代提花绸（绸）类的品种很多，其中以宁绸、潞绸、二色绸、织金绸、织金绵绸最著名。明代的绸均以斜纹作地组织，与现代纺织界对绸的概念不同。这是由明代留传下来的有黄条墨书签封的绸类实物证明的。

1. 宁绸

明代宁绸以南京所产者质地最优，有素织和本色提花两种。提花宁绸花纹凸出表面，虽为本色花，但花地层次分明，质地紧密。宁绸多作服装及被褥等用。织物分析例：绿地云龙八宝纹宁绸（图13）。

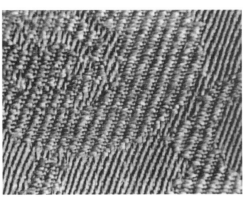

图13 明代绿地云龙八宝纹宁绸。经：单股右捻，直径0.08毫米，经密每厘米112根。纬：单股右捻，捻后3股合用。直径0.06毫米，纬密每厘米44根（合股）。地组织：3/1右向斜纹。纹组织：1/7右向斜纹。从左至右：实物、组织放大图、组织结构图。

图14　明代香黄地桃榴纹暗花潞绸。经：香黄色，单股右捻，直径0.05-0.1毫米，经密度每厘米82根。纬：黄色右弱捻，直径0.2毫米，纬密度每厘米40根。地组织：2/1左向斜纹。纹组织：1/5左向斜纹。从左至右：实物、组织放大图、组织结构图。

图15　明代红地缠枝纹四季花织金绸。故宫博物院藏。原件长49.5厘米，宽66.5厘米，传世品。此幅织金绸以缠枝牡丹、梅花、菊花、宝相花做装饰，花头硕大丰满，红地金彩，光艳富丽，具有典型的明代风格。经线分地经于接结经两组，均为单股右捻的红色捻线，粗0.1毫米。地经经密度每厘米82根，接结经密每厘米28根。纬线一种为地纬，系红色，粗0.2毫米，为无捻丝，纬密每厘米28根；另一种为纹纬，宽0.3毫米，为片金线，纬密每厘米28根。地组织为地纬交织的三枚右向经面斜纹。特经在地纹处与地纬交织成1/2斜纹。纹组织为纹纬与接结经交织的三枚左向纬面斜纹。原件曾发表于《中国美术全集·工艺美术编·印染织绣》下，图版四六。

2. 潞绸

明代潞绸产于山西潞安州（今山西长治），有纹地同色和纹地异色两种。质地均匀密致，细薄挺括，花纹秀丽。纹地异色者有闪色感，多作衣服用料。织物分析例：香黄地桃榴纹暗花潞绸（图14）。

3. 织金绸

明代织金绸的经丝分为地经和特经两组，纬丝分为地纬和纹纬两组。地经与地纬同色，纹纬为片金线。织造时，片金线只与特经交织成花纹，不与地经相交，故显金效果突出，不起花时，片金线沉于织物背面。为了免使沉在织物背面的片金线浮得过长而影响使用，故织金绸的纹样都很紧凑。织金绸常作衣服织成匹料、佛幡、垫子及各种边饰之用。织物分析例：红地缠枝四季花织金绸（图15）

4. 二色绸

明代二色绸为花、地异色的熟丝提花织物。花纹含蓄，有闪色感，质地比宁绸、潞绸细薄柔软，多作衣服用料。织物分析例：黑地月白双桃八宝纹二色绸（图16）。

5. 织金绢

织金绢与织金绸一样用特经织出金花，但基本组织不同，织金绢的基本组织是斜纹，而织金绸的基本组织是平纹。明代织金绢常在几何形地纹上加饰金花，花多中小型，花满地少。织金绢质地较其他织金织物软薄，多作幔帐、垫子、佛幡、服装佩饰、衣帽及陈设品的边饰。织物分析例：木红地龟背填花织金绢（图17）。

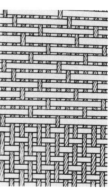

图 16　明代黑地月白双桃八宝纹二色绸。经：黑色，单股右捻，直径 0.1-0.2 毫米，经密每厘米 64 根。纬：月白色，单股右捻，直径 0.2 毫米，纬密每厘米 48 根。地组织：2/1 右向斜纹。纹组织：不规则六枚纬缎纹。从左至右：实物、组织放大图、组织结构图。

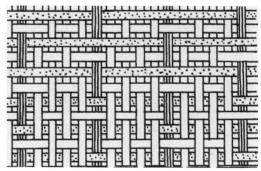

图 17　明代木红地龟背填花织金绢。地经：木红色，单股右捻，直径 0.1-0.15 毫米，地经密度每厘米 80 根。特经：木红色，单股右捻，直径 0.1-0.15 毫米，特经密度每厘米 20 根。每隔 3 根地经嵌入 1 根特经。地纬：木红色，单股左捻，双股并用，直径 0.3 毫米（双股），地纬密度每厘米 24 根。纹纬：片金，宽 0.4 毫米，纹纬密度每厘米 20 根。每隔 1 梭地纬织 1 梭片金线。地组织：地经与地纬交织成平纹。纹组织：特经与地纬及片金线同时交织成纬重平纹。从左至右：实物、组织放大图、组织结构图。

三、罗类

罗是利用绞（纠）经组织织出罗纹的中厚型丝织品，也有说有二经绞的称罗。《明史·舆服志》记载，明代帝后的衮服、常服，郡王长子朝服，辅国中尉公服等用料中都有罗。[1]《酌中志》记载明朝宫中三、四月和九月穿罗衣，内臣自三月初四至四月初三穿罗衣。[2]北京定陵曾出土四合如意洒线绣四团龙补罗袍、绣龙火纹罗蔽膝、织金云龙八宝暗花罗裙、本色莲花牡丹罗裙、缠枝莲暗花罗、穿枝莲罗裤等珍贵文物。[3]北京南苑苇子坑明墓曾出土柿蒂过肩龙水浪八宝妆花罗袍、过肩龙柿蒂妆花罗裙袍、凤穿牡丹暗花罗大过肩云龙柿蒂盘领通袖直身膝襕女朝袍、折枝梅莲菊牡丹八宝四合如意云龙襕罗单裙、大过肩蟒海牙妆花罗裙袍、缠枝莲织金罗夹上衣、菱格万字八吉祥暗花罗朝袍。《天水冰山录》中所记的罗有素罗、云罗、遍地金罗、闪色罗、织金罗、青织金过肩蟒罗、青妆花过肩凤罗、青织金妆花飞鱼过肩罗、青织金獬豸补罗、红妆花凤女裙罗、绿妆花凤女衣罗、绿织金妆花孔雀女衣罗、绿妆花过肩凤女衣罗等。这些都说明罗在明代统治者生活中是一种很受重视的衣料。明《大藏经》封面有不少是用罗装裱的。罗的表面有横条纹，手感挺括，厚度适中。基本组织以甲、乙、丙、丁四种经丝，在每一奇数纬丝处作甲乙、丙丁二经绞组，形成横罗纹地组织，再用纹纬织出花纹。

明代提花罗的品种有暗花罗、花罗、织金罗、织金妆花罗等。

1. 暗花罗与花罗（二色罗）

明代暗花罗与花罗组织相同。暗花罗的地纬与纹纬及经丝色彩相同。花罗的地纬与纹纬颜色不同，经丝颜色与地纬相同。织物分析例：红地缠枝花杂宝纹花罗（图18）。

2. 织金罗

明代织金罗的组织与花罗相同，不同的仅是用片金线作纹纬。织物分析例：明黄色地缠枝菊织金罗（图19）。

3. 妆花罗

明代妆花罗基本组织与花罗相同，只是增加了挖梭彩纬而使纹彩更为艳丽

---

[1]（清）张廷玉等：《明史·舆服志》。

[2]（明）刘若愚：《酌中志》。

[3] 定陵博物馆等：《定陵掇英》，北京，文物出版社，1988年版。

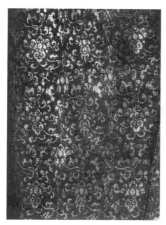

图18　明代红地缠枝花杂宝纹花罗。经丝单股右捻，经密每厘米约112根；地纬单股右弱捻，四股合用，纬密每厘米16-18根；纹纬无捻，纬密每厘米16-18根。地组织：经丝分甲、乙、丙、丁四种，在每一奇数纬丝处作甲乙、丙丁二经绞组，另在每一偶数纬丝处作甲、乙、丙、丁四经绞组，形成横条罗地纹（这种组织，可称为一梭四经纠织地，一梭二经纠织地）；纹组织：纹纬每隔7根经线交织一次，织成表面平纹的纬浮花。从左至右：实物、组织放大图、组织结构图。

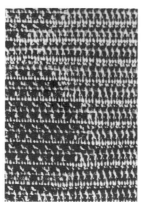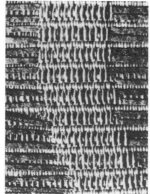

图19　明代明黄色地缠枝菊织金罗。经：明黄色，单股左捻，双股并用，直径0.15毫米，经密每厘米104根。地纬：明黄色，单股右捻，四股合用，直径0.33毫米，地纬密每厘米16根。纬纹：片金。宽0.33毫米，纹纬密每厘米14-16根。地组织：一梭四经绞织，一梭二经绞织。纹组织：隔1梭地纬起1梭片金。纹纬，每隔7根经线交织一次，交织成表面平纹的金花。从左至右：实物、正面组织放大图、背面组织放大图、组织结构图。

（图20）。

4．织金妆花罗

在妆花罗的纹部组织中加入片金线。织物分析例：大红花瓶牡丹（富贵平安）织金妆花罗（图21）。

图20　明代云龙纹妆花罗。北京故宫博物院。原件长40厘米，宽30厘米。传世品。

5. 假织罗

明代除二、四经绞织罗外，还有经丝不相绞，而靠组织变化，使织物表面显出长浮纬横条罗纹的假织罗。有暗花假织罗和织金假织罗两种。暗花假织罗如明黄色四合如意流云暗花假织罗，织金假织罗如红地天鹿飞仙织金假织罗（图22）。

四、纱类

纱在现代织物学中，是指每织入1梭纬纱后，纹经与地经即相绞一次的织物，织物表面具有均匀的绞纱孔，稀薄而有透凉感。织制这种绞纱须用扭绞经纱的半综。半综有上半综、下半综、中口半综三类。装造比一般织机繁复，故属于复杂组织。在原始社会，已经出现用手工编织的绞纱。先秦时期出现了绞纱和方孔纱，方孔纱就是假纱织物。因绞纱和方孔纱组织稀疏，经丝易于滑动，为了保持纱孔匀整，织时每织一段，须用胶浆固定经纬位置。《天工开

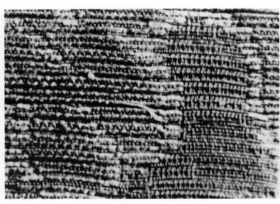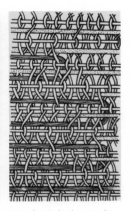

图21　明代大红花瓶牡丹（富贵平安）织金妆花罗。经线单股右手弱捻，经密每厘米约100根；地纬单股右向弱捻，纬密每厘米16根，纹纬为各式彩绒无捻，纬密每厘米14-16根；片金线每厘米14根。地组织：1梭二经绞织，1梭四经绞织；纹组织：片金线通梭，彩绒纬每隔7根经线交织一次，交织成表面平纹金花，不起花时片金线沉于织物背面成抛浮线。彩绒纬采用挖花织造，每隔1梭地纬和1梭片金线，织入1梭彩纬，与四经中的丙经交织成表面平纹彩花。从左至右：实物、组织放大图、组织结构图。

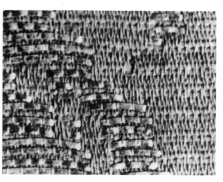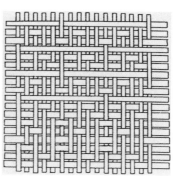

图22　明代红地天鹿飞仙织金假织罗。原大16厘米x36.5厘米。经丝单股右捻，直径0.1-0.12毫米，经密每厘米约76根；地纬有生丝、熟丝两种，红色，单股右捻，双股合用，粗直径0.13-0.15毫米，纬密每厘米32根。生丝、熟丝地纬分别装在两把梭上，每织熟丝2梭，隔织片金线1根，再织生丝2梭织片金1根。纹纬：片金线，宽0.43毫米，纬密每厘米15根。地组织：经丝每5根为一组，织法如下：（1）由第1、2根经丝与地纬的熟丝交织成平纹；（2）由第3、4两根经丝与地纬中的生丝交织成平纹；（3）由第5根经丝按平行压2根生丝地纬、起2梭熟丝地纬的规律交织，让熟丝地纬显现凸起的横条罗纹。纹组织：由第4根经丝与片金线交织成表面为平纹的金花。正面不起金花时，片金线沉于织物背面成抛浮线。从左至右：实物、组织放大图、组织结构图。

物·乃服》"过糊"条云："凡糊，用面筋内小粉为质，纱罗所必用，绫绸或用或不用，其染纱不存素质者，用牛胶水为之。名曰清胶纱糊浆，承于筘上，推移染透，推移就干；天气晴朗，顷刻而燥，阴天必藉风力之吹也。"[1]即每织一段便加刷胶浆，干后再织。

　　明代帝、后、皇太子等礼服都用纱作中单（内衣）。《天水冰山录》记载，从严嵩家抄没的纱类有1417匹，品种有纱、素纱、云纱、绉纱（绉纱是强捻丝所织，表面有皱纹，手感有弹性的平纹织物）、闪色纱、织金纱、遍地金纱、妆花纱、织金妆花纱及按服装款式设计织造的织成匹料，如大红织金过肩蟒纱、大红织金飞鱼补纱、绿妆花璎珞女裙纱、沉香织金凤女衣纱、红织金女袄裙纱等等。其中织成纱衣料占52%。在北京定陵出土的明代丝绸衣物中，织彩、织金及织金孔雀羽的纱料有50余匹，其中有的在暗花纱地上加织妆花、织金及孔雀羽大主体花纹，绚丽异常。[2]北京南苑苇子坑明墓也出土了四合如意连云杂宝暗花纱地绣云龙百褶裙、织成云龙妆花纱裙、六则团凤暗花纱裙、凤穿缠枝牡丹宝相花暗花纱女上衣等珍贵文物。

　　明代提花纱有两种地组织，一种是经丝不相互纠绞的平纹假纱，在二经与二经之间空出一个筘距的间隙，纬与纬之间也留出一定的空距，织时加刷胶浆以固定

[1]　（明）宋应星：《天工开物·乃服、彰施》。
[2]　定陵博物馆等：《定陵掇英》，北京，文物出版社，1988年版。

经纬间的方纱孔的方孔纱地；另一种是让两根相邻的经丝每隔1根地纬就左右相绞1次，使之形成网眼状纱孔，这是绞纱，清代称它为"直径纱"。

明代的提花纱，有单层本色组织变化的暗花纱、单经重纬的花纱、织金纱、捻金纱以及用挖花方法织成多彩显花的妆花纱、加金妆花纱、遍地金妆花纱等。

1. 暗花纱

明代暗花纱经纬各一组，同色，经纬丝均不加捻。有两种组织，一是平纹假纱地以绞纱组织或斜纹组织显花；一是绞纱组织地以假纱组织显花。

平纹地暗花纱，如豆绿色如意卍字纹暗花纱（图23）

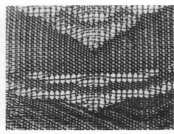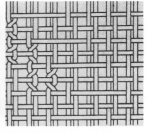

图23 明代豆绿色如意卍字纹暗花纱。经密每厘米约32根，纬密每厘米32-40根。二经与二经之间空距约0.33毫米，纬与纬之间空距约0.3毫米，纱孔约0.3毫米x0.33毫米。地组织：平纹假纱；纹组织：以奇数纬线与奇数经线交织成纬斜纹小几何花地纹，以纹纱组织织出主题花纹。从左至右：实物、组织放大图、组织结构图。

图24 明代绿地红艾虎五毒纹花纱（二色纱）。经线：绿地，无捻，直径0.08-0.1毫米，经密每厘米56-58根。地纬：绿色，四股丝合用，直径0.3-0.35毫米，纬密度每厘米16-18根。纹纬：大红色，无捻，直径0.5毫米，纬密度每厘米16-18根。地组织：平纹假纱组织，纱眼为0.28毫米x0.15毫米。纹组织：纹纬每隔1梭地纬织入1次，与经丝交织成1/3右向斜纹。正面不起花时，纹纬沉于背面成抛线。从左至右：实物、组织放大图、组织结构图。

  绞纱组织地暗花纱：以奇数纬与奇数经交织成纬斜纹小几何花铺地，以绞纱组织显现地纹（纱孔），以平纹假纱组织显现主体花纹。暗花纱质薄透明，轻盈爽朗，多作夏季服装、窗帘、窗纱、隔扇心、帐幔等用。

2. 花纱（二色纱）

  明代花纱，纬用二组，一组地纬与经丝同色，一组纹纬与经丝异色。纬丝无捻或单股加捻后3~4股合用；经丝无捻，地组织由地纬与经丝交织成平纹假纱组织。纹纬每隔一两梭地纬织1次，与经丝交织成纬向斜纹花。正面不起花时，纹纬浮于织物背面成为长抛线。织时为避免背面浮抛线过多，故常按成品款式，只在一些主要装饰部位用纹纬织花；其他部位均留素纱地或暗花纱地。例如织上用（皇帝御用）龙袍织成纱料时，只在披肩、前胸、后背、两肩等处织花纹。织普通花纱匹料时，多用长跑梭织花，花满地少，花纹单位较小。织物分析例：绿地红艾虎五毒纹花纱（二色纱）（图24）。

3. 织金纱

  明代织金纱又称片金纱或金薄纱。其组织与花纱基本相同，只是用片金线代替绒丝纬来织花。织物分析例：白地折枝灵芝团花卍字纹织金纱（图25）。

4. 捻金纱

  常见的明代捻金纱，是在绞纱组织地起本色平纹假纱组织的暗花纱上，用捻金

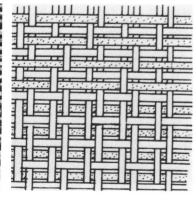

图25 明代白地折枝灵芝团花卍字织金纱。经丝：白色，无捻，直径0.1-0.15毫米，经密每厘米36根。地纬：白色，四股丝合用，直径0.32-0.35毫米，密度每厘米18-20根。纹纬：片金，宽0.3毫米，密度每厘米18-20根。地组织：平纹假纱组织，纱眼为0.3毫米×0.2毫米。纹组织：纹纬片金每隔1梭地纬织入1梭，与经丝交织成1/3右向斜纹花。从左至右：实物、组织放大图、组织结构图。

线（又称圆金线）以"挖花"技术织出文字或纹样的主要部位，使捻金花与暗花交相辉映。经纬丝一般无捻。地组织：绞纱组织；纹组织：以平纹假纱组织起捻金暗花。织物分析例：红地万寿如意金长寿字捻金纱（图26）。

5. 妆花纱

常见的明代妆花纱，是以绞纱组织或假纱平纹组织为地，用挖花方法以彩绒丝

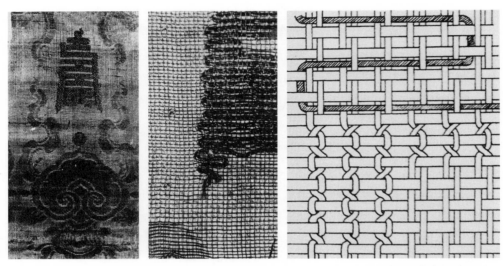

图26 明代红地万寿如意长寿字捻金纱。经丝：红色，无捻，直径0.13毫米，密度每厘米32根。纬分地纬与纹纬。地纬：红色，无捻，直径0.2毫米，密度每厘米20根。纹纬：捻金线，正手捻，直径0.25至0.3毫米。密度，每厘米22根。地组织：绞纱组织，纱眼为0.5毫米×0.4毫米。纹组织：平纹假纱组织起暗花；每隔两梭地纬挖织1梭纹纬，与平纹假罗组织中的偶数经丝相交，织出平纹组织的捻金花。从左至右：实物、组织放大图、组织结构图。

图27 明代白地行龙海水纹妆花纱织成袍料（局部）。经丝：白色，无捻，直径0.07至0.15毫米，密度每厘米32根。纬分地纬与纹纬。地纬：白色，单根左捻，双股合用，直径0.18至0.23毫米，密度每厘米16根。纹纬：大红、墨绿、宝蓝、蓝绿、粉红、柳绿，无捻，直径0.7毫米，密度每厘米14至16根。地组织：纹纱组织，纱眼0.4毫米×0.45毫米。纹组织：纹纬每隔1根地纬与奇数经丝交织，表面为平纹组织花。从左至右：实物、组织放大图、组织结构图。

纹纬织出花纹。织时，每隔1梭地纬，挖织1梭彩绒丝纹纬，与经丝的奇数（或偶数）交织成表面为平纹（或斜纹）组织的花纹。妆花纱质薄透明，彩花突出，明代宫廷夏季服装多用妆花纱织成匹料制作。织物分析例：白地行龙海水纹妆花纱织成袍料（局部）[1]（图27）。

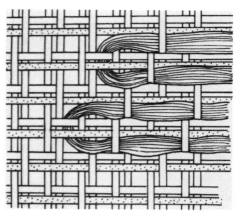

6. 遍地金妆花纱

遍地金妆花纱是在妆花纱基础上加片金线、捻金线或捻银线织出的更加华贵的丝织品种，常作织成衣料之用。织物分析例：织成麒麟牡丹纹遍地金特种妆花纱补服（局部）和鸳鸯莲花牡丹纹遍地金妆花纱织成衣料组织结构图（图28）。

图28 明代鸳鸯莲花牡丹纹遍地金妆花纱织成衣料组织结构图。据实物分析如下：经丝用驼黄色无捻丝，经密每厘米32根；地纬用驼黄色无捻丝，纬密每厘米16根；纹纬用宽0.42毫米的片金线，纬密每厘米16根；用直径0.54毫米的无捻彩线，有朱红、水粉、橘黄、白、艾绿、柳绿、藏蓝、宝蓝、明黄等9色，纬密度每厘米16根；另有直径0.33毫米的捻银线，用途与彩绒纬相同。投纬顺序：1梭地纬、1梭片金线、1梭彩绒纬（或捻银线）。地组织：平纹假纱。纹组织：1/3右斜纹（片金线通梭，才绒纬或捻银线挖花）。

7. 特种妆花纱

这是一种以平纹假纱为地组织，以多组通梭纹纬与特经相交成表面平纹纬浮花；纹纬不起花时全部沉到织物背面，与特经交织成平纹里组织，从而形成表里中空的妆花纱。还有一种是特经不仅与表面起花的纹纬及背面不起花的纹纬相交织，而且还与地组织中的地纬相交织，这就不像前者那样有表里中空的现象；特经与地经之比多为1：2。这种织物质地厚实，不露纱孔，地色不很纯，有锦的外观效果，常作垫料或夹衣之用。织物分析例：藏蓝地缠枝四季花加金妆花纱（图29）。

五、锦类

1. 经锦

明代经锦是在西周至南北朝的经亩组织经锦和唐代斜纹经锦的基础上发展而来的。明代经锦质地薄软，可作衣料等用。织物分析例：驼色地缠枝菊花曲水纹经锦（图30）。

---

[1] 陈娟娟：《明代提花纱、罗、缎织物研究所》，《故宫博物院院刊》，1986年第4期、1987年第2期。

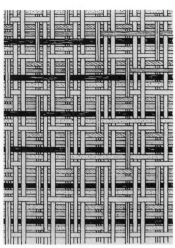

图 29　明代藏蓝地缠枝四季花纱。地经：藏蓝色无捻丝，经密每厘米 40 根。特经：藏蓝色无捻丝，经密每厘米 20 根。按地经 2 根、特经 1 根排列。地纬：浅蓝色无捻丝，纬密每厘米 14 根。纹纬：宽 0.3—0.35 毫米的片金线，纬密每厘米 16 根，用长跑梭织；彩色无捻长跑梭纹纬，纬密度每厘米 16 根，颜色有月白、柳绿。彩色无捻短跑梭纬，纬密度每厘米 16 根，分段换色，颜色有朱红、粉红、金黄。地组织：地经与地纬交织成平纹，特经与地纬交织成平纹。纹组织：特经与纹纬交织成平纹。从左至右：实物、组织放大图、组织结构图。

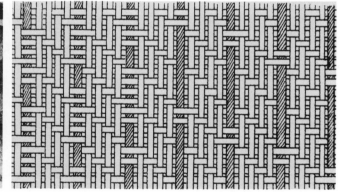

图 30　明代驼色地缠枝菊花曲水纹经锦。地经：直径 0.1 毫米，无捻，驼色，经密每厘米 72 根。纹经：直径 0.3 毫米，二股合捻，经密每厘米 18 根，隔 4 根地经，列入 1 根纹经。纬：直径 0.3 毫米，纬密度每厘米 42 根。地组织：3/1 左斜纹。纹组织：曲水纹部分，纹经与纬丝交织成 2/6 右向斜纹，纹经与纬丝交织成 2/6 右向斜纹，缠枝菊花部分，纹经与纬丝交织成 8/2 左向斜纹。左：实物，右：组织放大图。

2. 蜀锦

明代蜀锦仍以四川成都为中心，代表性的品种有晕繝锦和方方锦。其特点为经丝起彩条，纬丝分段换色，同时分段倒换组织结构，以显现各种条格填花的花纹。质地软薄，实用性强。

（1）晕繝锦（又名栏杆纹锦）。经丝一般牵成彩条，纬丝只用一色。纬丝显花，花纹多小几何花。可作衣料等用，织物分析例：几何杂宝纹晕锦（表1、图31）。

表1 明代几何杂宝纹晕繝锦的经丝色彩排列循环表

顺序	色相	根数	顺序	色相	根数	顺序	色相	根数	顺序	色相	根数
1	明黄	4	23	木红	4	45	明黄	4	67	明黄	4
2	棕色	4	24	明黄	4	46	棕色	4	68	木红	4
3	白色	4	25	白色	24	47	白色	4	69	白色	24
4	棕色	4	26	棕色	8	48	棕色	4	70	棕色	8
5	明黄	4	27	木红	4	49	明黄	4	71	木红	4
6	木红	4	28	明黄	4	50	木红	4	72	明黄	14
7	棕色	4	29	木红	4	51	棕色	4	73	木红	4
8	艾绿	4	30	艾绿	8	52	艾绿	4	74	艾绿	8
9	木红	4	31	木红	4	53	木红	4	75	木红	4
10	白色	4	32	白色	4	54	白色	4	76	白色	4
11	木红	4	33	木红	4	55	木红	4	77	木红	4
12	艾绿	8	34	艾绿	4	56	艾绿	8	78	艾绿	4
13	木红	4	35	棕色	4	57	木红	4	79	棕色	4
14	明黄	4	36	木红	4	58	明黄	4	80	木红	4
15	木红	4	37	明黄	4	59	木红	4	81	明黄	4
16	棕色	8	38	棕色	4	60	棕色	8	82	棕色	4
17	白色	24	39	白色	4	61	白色	24	83	白色	4
18	明黄	4	40	棕色	4	62	木红	4	84	棕色	4
19	木红	4	41	明黄	4	63	明黄	4	85	明黄	4
20	明黄	4	42	木红	4	64	木红	4	86	木红	4
21	木红	60	43	明黄	60	65	艾绿	60	87	明黄	60
22	明黄	4	44	木红	4	66	木红	4			

（2）方方锦。方方锦经丝牵彩条，纬丝分段换色，一般形成30厘米左右的方形彩格，再按格变换纹、地的组织结构，使相邻的彩格花地互相颠倒，从而显现出明格与暗格相互衬托的外观效果。方方锦质地薄软，可作衣服、被面、帐帷等用。

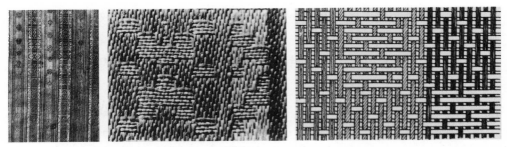

图31　明代几何杂宝纹晕繝锦。经丝用右弱捻丝，以木红、明黄、棕色、艾绿、白色五种颜色排牵成色晕对称的彩条，经密为每厘米92根。经丝排列的循环次序，按表8-1所列的一个色彩循环单位进行重复。纬丝用无捻丝，木红色，纬密为每厘米44根。地组织：五枚二飞经面缎。纹组织：无枚二飞纬面缎。从左至右：实物、组织放大图、组织结构图。

图32　明代八宝吉祥纹方方蜀锦。经丝用单股右捻丝，色有艾绿、米黄、黄色三色，牵成彩条，经密为每厘米100根。纬丝用单股右捻丝，两股合用，色有艾绿、水粉、玉色、木红、月白等五色，纬密为每厘米82根。组织：五枚二飞面缎与经重左斜纹按方格互换，使方格一明一暗，互相衬托。从左至右：实物、组织放大图、组织结构图。

织物分析例：八宝吉祥纹方方蜀锦（图32）。

3. 宋式锦

　　明代宋式锦因花色摹仿宋代丝绸的特点而得名。当时宋式锦以苏州所产最为有名，其织造工艺与宋代锦不同。明锦用经斜纹或平纹地组织，以特经固结织物表面显花的纹纬和不起花沉于背面的纹纬，交织成平纹或纬斜纹，由长跑梭和分段换色的短跑梭配合织造。明代宋式锦可分为重锦、细锦、匣锦三类。

　　（1）重锦。重锦是明代宋式锦中最贵重的品种，用精染的蚕丝和片金线织造，在1／2斜纹地上由特经与长跑梭纹纬交织成1／2斜纹花。短跑梭在花纹主要部

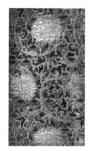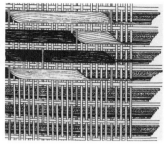

图 33 明代香黄地缠枝莲龟背纹重锦。地经用香黄色单股右捻丝，直径 0.12 毫米，经密为每厘米 116 根。特经用香黄色单股右捻丝，直径 0.1-0.12 毫米，经密为每厘米 20 根，每隔 6 根地经加入 1 根特经。地纬用香黄色单股右捻丝，直径 0.25 毫米，双股合用，纬密为每厘米 18 根。纹纬用直径 0.4-0.6 毫米丝，双股或四股合用。藏蓝、艾绿、湖蓝色及片金线织长跑梭，朱红、粉红、香黄织短跑梭。纬密为每厘米 18 根。丝组织：地经与地纬交织成 2/1 右斜纹。纹组织：特经与纹纬交织成 1/2 右斜纹的表面组织。从左至右：实物、组织放大图、组织结构图。

位作点缀而不连续分段换色。重锦用作织成垫子、陈设品及佛像画等。织物分析例：香黄地缠枝莲龟背纹重锦（图33）。

　　（2）细锦。明代细锦组织与重锦近似，也用特经，但地经与特经的比例为2：1或3：1，有时纹、地都用平织。以短跑梭织主体花，以长跑梭织花枝花茎及包边线或嵌地小几何纹。短跑梭多于长跑梭，并采用不同宽度、分段换色的方法，打破花纹彩色的横条感，用丝比重锦细、疏。细锦厚薄适中，便于服用。也作被面、帷幔、桌围织成料、椅披织成料等。织物分析例：蓝地八达晕细锦（图34）、米黄色地盘绦填花纹细锦（图35）。

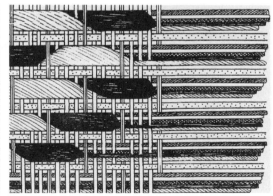

图 34 明代蓝地八达晕细锦。地经直径 0.1 毫米（单股），深蓝色，单股右捻，双股并用，经密为每厘米 68 根。特经直径 0.05-0.12 毫米，深蓝色，弱右捻，经密为每厘米 26 根，与地经之比为 1:3。地纬直径 0.09 毫米（单股），深蓝色，单股右捻，三股合用，纬密为每厘米 22 根（三股）。纹纬：长跑梭为片金线，宽 0.45 毫米；短跑梭纹纬直径 0.4-0.45 毫米，无捻，纬密为每厘米 20 根。按以下序列分段换色：（1）朱红、水粉、宝蓝；（2）艾绿、黄绿、朱红；（3）艾绿、黄绿、土黄；（4）金黄、土黄、宝蓝；（5）墨绿、玉色、水粉；（6）墨绿、玉色、蓝绿。织时每隔 1 梭地纬，至入梭纹纬。地组织：地经与地纬交织成 1/3 右斜纹。纹组织：特经与纹纬交织成平纹。从左至右：实物、组织放大图、组织结构图。

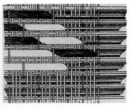

图 35　明代米黄色地盘绦填花纹细锦。清华大学美术学院藏。 原件长 43 厘米，宽 31.5 厘米，传世品。地经直径 0.17 毫米，米黄色，单股右捻，双股并用，经密每厘米 48 根（双股）。特经直径 0.1 毫米，米黄色，单股右捻，密度每厘米 26 根，每隔 3 根地经加入 1 根特经。地纬直径 0.25 毫米，米黄色，无捻，密度每厘米 24 根。纹纬直径 0.32-0.4 毫米，无捻，密度每厘米 28 根。月白、黄色为长跑梭；短跑梭按以下序列分段换色：（1）米黄、蓝绿、墨绿；（2）驼色、米黄、墨绿；（3）蓝绿、米黄、米黄、墨绿；（4）蓝绿、墨绿、米黄。1 梭纹纬 1 梭地纬。地组织：地经与地纬交织成 3/1 左向经斜纹。纹组织：特经与纹纬交织成 1/2 左向纬斜纹。从左至右：实物、正面组织发大图、背面组织放大图、组织结构图。

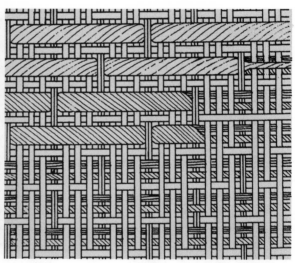

图 36　明代米色地灯笼纹匣锦。地经直径 0.05-0.14 毫米，米色，单股右捻，密度每厘米 76 根。特经直径 0.05-0.12 毫米，米色，无捻，密度每厘米 28 根。地纬直径 0.25 毫米，米色、无捻，密度每厘米 24 根。纬间空 0.3 毫米之间距。纹纬直径 0.3-0.33 毫米，无捻，密度每厘米 22 根。其中长跑梭柳黄色，短跑梭白、红、黄、蓝四色，按白、白红、红黄、黄、蓝的顺序分段换色。地组织：2/1 右斜纹。纹组织：（1）特经与纹纬交织成 1/2 右斜纹花纹；（2）特经与地纬交织成 1/2 右斜纹花纹勾边线（每隔 1 根地纬，加入 1 根特经）。左：实物，右：组织结构图。

　　（3）匣锦（也称小锦）。其织造工艺同细锦，但配置的色彩比细锦少，且较粗糙。匣锦主要以短跑梭显花，多织小型几何填花纹样，质地软薄，配色素雅。织后常在背面加涂浆糊，使之挺括。专供装裱书画囊匣之用。织物分析例：米色地灯笼纹匣锦（图36）。[1]

_____

[1] 陈娟娟：《明清宋锦》，《故宫博物院院刊》，1984 年第 4 期。

4. 双层锦

明代常见的双层锦多为表里互换的双层组织，是由两种以上不同色的经及纬，按经、纬同色或相近色的关系作1：1排列，由同色或相近色的经纬，交织成正反两面花纹相同、花地颜色互换的双面显花织物，其结构多为平纹、斜纹两种。双层锦正反花纹同样清晰，可两面使用，厚薄适中，质地牢固，多作服装、幔帐、隔扇、围屏及装裱书画、匣套等用。明代松江府所产的双层锦，名曰"紫白锦"。织物分析例：紫地白花落花流水纹斜纹双层锦（图37）、月白地落花流水纹双层锦（图38）。

图37 明代紫地白花落花流水斜纹双层锦。经丝直径0.15-0.2毫米，单股右捻，分紫、白两组，按1:1比例排列，经密均为每厘米32根。纬丝直径0.25毫米，紫纬单股左捻，三股合用；白纬单股右捻，三股合用。紫纬、白纬纬密均为每厘米36根。地组织：紫经与紫纬交织成1/2右斜纹地纹。纹组织：白经与白纬交织成1/2右斜纹花纹。

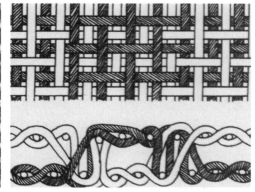

图38 明代月白地落花流水纹双层锦。经丝直径0.1-0.2毫米，单股右捻，颜色为白与月白两组，按1:1比例排列。两组经密均为每厘米48根。纬丝直径0.2毫米，无捻，颜色为白与月白两组，纬密为每厘米48-52根，1梭白色，1梭月白色。地组织：月白经与月白纬交织为平纹地纹。纹组织：白经与白纬交织成平纹。从左至右：实物、组织放大图、组织结构图。

六、绒类

绒类是表面有耸立或平排的紧密绒圈或绒毛的丝织品。汉代的绒圈锦和明代的漳绒为绒圈织物，明代的天鹅绒为绒毛织物。天鹅绒也是用起绒竿在织物表面织出绒圈，再用割绒刀将绒圈割断，使绒毛自然耸立，形成表面色泽含蓄而有变化的丝

图 39　明代串枝牡丹纹织金妆花绒纹样

绒。故2100年前的汉代绒圈锦，就是天鹅绒织物的前身。明代的丝绒品类有剪绒（在满地绒圈上将有花部分的绒圈割断使之显花）、单面天鹅绒、双面天鹅绒（在北京定陵已有出土）、抹绒（在满地绒毛上通过镂空印花版，用白芨胶水抹刷，使花纹部位的绒毛朝向与地部绒毛相反而形成暗花）、织金绒（以片金线织地纹，显单色绒毛花）、金彩绒（在金地上显彩色绒毛花）、妆花绒（在绒毛地上显彩色绒毛花）等七种。《天水冰山录》记载的绒织成料和匹料有585匹，绒衣有113件，其中金彩提花的绒织成衣料占绒匹料总数的23％，绒衣总数中金彩提花的绒衣占65％，说明当时绒织物在封建贵族生活中已很流行。日本上杉神社珍藏着一件中国16世纪生产的串枝牡丹纹织金妆花绒，在红色绒毛地上织出黄色穿枝牡丹，以金色勾边（图39）。北京定陵出土的有蓝色单面天鹅绒女衣和四合如意绣花补子双面天鹅绒女衣。双面天鹅绒正反两面均有6.5至7.0毫米长的绒毛，其完全组织内地经与绒经的比为2：2，经丝直径0.2毫米，纬丝直径1毫米，起绒经丝直径0.3毫米；经密每厘米60根，纬密每厘米6根。

在苏州明代王锡爵墓出土的帽中可见到明代的剪绒，由地经与绒经一隔一相间排列，每织3梭后织入假织纬起绒竿，绒经采用W形固结法固结于地纹上，绒毛长约1.5毫米。

织造金彩提花妆花绒时，绒经是装在提花机身后的绒经架上的，地经装在织机的经轴上。由于绒经数量很多，挽花的负荷很重，故织时挽花匠坐在花楼上挽花，每当拉起一根脚子线，花楼下必须另有一人用双手横举竹竿，将竹竿一头插入经丝开口，用力将上提的经丝抬起，协助分清梭口。织工一边织造，一边加织起绒竿，织过数梭，随即将绕在起绒竿上的绒圈割开，抽出起绒竿，十分费工费力。故明代绒织物价格昂贵，明弘治年间（1488～1505），各色绒丝每匹折钞500贯，各色纱每匹折钞300贯，各色绢每匹折钞100贯，青绒毯子每匹折钞600贯。又据明《酌中志》卷十九《内臣佩服纪略》记载，明代宫廷中冬季用天鹅绒作烟墩帽。

七、花绫

明代花绫在斜纹地上起斜纹花，以无捻的生丝为经纬，织成后下机精练染色。质地细薄有光泽，手感滑爽，多作内衣裤、包袱用料。有的在背后涂刮浆糊，使之挺括，精者作刺绣底料，陋者作装裱书画、囊匣之用。织物分析：蓝地卍字如意笙扇纹花绫。（图40）

  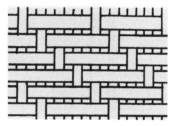

图40　明代蓝地卍字如意笙扇纹花绫。经丝：直径0.15毫米，经密每厘米84根，无捻。纬丝：0.23毫米，纬密每厘米28根，无捻。地组织：3/1左向斜纹。纹组织：1/3左向斜纹。从左至右：实物、组织放大图、组织结构图。

八、绮

明代的绮以平纹组织为地，斜纹变化组织显花，经纬均无捻，织后精练染色。质地较柔软，细致平整，多作被褥之用。织物分析例：折枝花卉纹绮（图41）。

 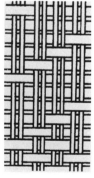

图41　明代折枝花卉纹绮。经丝直径0.1毫米，无捻，经密每厘米44×2根。纬丝直径0.2毫米，无捻，纬密每厘米37根。地组织：经重平组织。纹组织：4/1右向斜纹变化组织。左：实物，右：组织结构图。

九、丝布

1. 织金丝布。明代丝布为丝、棉加片金线的交织物，质地厚实，纹样多大花大朵，地暗花明。手感硬朗，多作幔帐、佛幡及边饰用。织物分析例：木红地灵仙万寿纹织金丝布（图42）。

图42　明代木红地灵仙万寿纹织金丝布。经丝：蚕丝，直径0.25毫米，单股右捻，木红色，经密每厘米45根。地纬：棉纱，直径0.2-0.35毫米，右捻，木红色，纬密每厘米34根。纹纬为片金线，宽0.35-0.5毫米，纬密每厘米16根。地组织：1/3左斜纹。纹组织：片金线与奇数经交织成平纹金花，浮于地纬组织的上面。地组织在有花纹时变成3/1左斜纹；片金线不起花时浮于织物背面。从左至右：实物、组织放大图、组织结构图。

2. 妆花丝布。明代妆花丝布以无捻彩丝及丝与棉合股的经和纬，用三四把梭通梭织成几何地纹，以分段换彩的短跑梭织主体花纹。短跑梭不显花时浮于织物反面。织物厚重而较粗糙稀松。织物分析例：香黄地缠枝芙蓉、月季、曲水纹妆花丝布（图43）。

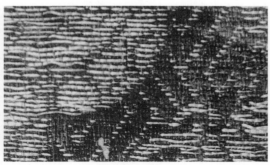

图43　明代香黄地缠枝芙蓉、月季、曲水纹妆花丝布。经丝为蚕丝，直径0.07毫米，无捻，香黄色，经密每厘米100根。地纬为棉纱及蚕丝两种。棉纱直径0.45毫米，右捻，香黄色。蚕丝直径0.15毫米，右捻，香黄色。两种地纬纬密均为每厘米14根。纹纬用直径0.35-0.5毫米的蚕丝，颜色有黄、蓝绿、葡灰、月白、水粉、木红、宝蓝七种，前两种为长跑通梭，后五种为分段换色的短跑梭。每隔2梭地纬，织入1梭纹纬。地组织：五枚二飞经面缎。纹组织：纹纬与奇数经交织成五枚左向纬斜纹花纹。不起花时，纹纬浮于织物反面。从左至右：实物、组织放大图、组织结构图。

十、改机

明万历《福州府志》卷三七《食货志一二·物产》记载："闽缎机故用五层，弘治间有林洪者，工杼轴，谓吴中多重锦，闽织不逮，遂改机为四层，名日改机。"《天水冰山录》记载从严嵩家抄没的纺织品中，有改机247匹，其中改机织成衣料占80％。如大红妆花过肩蟒改机、大红妆花斗牛补改机、大红织金麒麟补改机、青织金过肩蟒改机、青织金穿花凤补改机、闪色织金麒麟云改机、闪色妆花仙鹤改机等。过去有人认为改机是二色双层平纹织物，与《天水冰山录》所记载的改机尚有出入。1965年6月号《考古》曾报道江西南城县株良公社发掘一座明墓，尸体

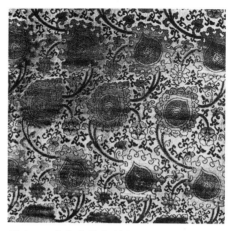

图44 明代缠枝胡桃纹加金双层锦（局部）。 北京故宫博物院藏。原件长713厘米，宽76厘米，传世品。曾发表于《中国美术全集·工艺美术编·印染织绣》下，图版四三。

当时尚未腐烂，出土衣物疏记有"绿六云改机绸衬摆一件"等。衬摆为男式袍服的一种。作者随即亲往江西探访，可惜该墓衣物出土后未予保留。北京故宫博物院藏有一件白地加金缠枝胡桃纹彩色双层锦（图44），叶为黑色，由白经白纬交织成白地，黑经黑纬交织成黑叶，均双层平纹。扁赤金与红纬交织成单层平纹金花。

十一、缂丝

明代初年，缂丝仅用于缂制诰敕等小件制品。至宣德年间设内造司，才重新发展摹缂名人书画等大件作品。如缂丝《瑶池集庆》图轴（画心长260厘米，宽205厘米）、缂丝《赵昌花卉图》长卷（长244.5厘米，宽44厘米）。明代缂丝品种除书画、佛经经面等外，还缂织袍服、袜子、铺垫、帷幔、挂屏、椅披、桌围等。北京定陵出土明代万历帝后袍服中有7件是缂丝的。图45所示为浙江桐乡现代缂丝操作图。

图45 浙江桐乡缂丝操作图

图46　明代圆金地鸾凤牡丹纹缂丝团补。清华大学美术学院藏。团补直径35厘米。传世品。这是一件明代服装中的圆形补子，做工极为精细，经密每厘米14根，纬线随图案需要而疏密不等，最密处为每厘米52根，最疏处为每厘米44根。纹样用五彩丝线缂织。地组织全部用纤细的圆金线缂成。经丝用直径0.15毫米白色单股生丝。经密每厘米20根。纬丝纬圆金（捻金线），直径0.25毫米，右捻，色有白、黑、藏青、深蓝、月白、大红、粉红、水粉、墨绿、豆绿、黄绿、浅黄绿、土黄、淡黄、灰黄、秋香、黄棕等18种。组织：缂丝平纹，通经断纬。曾发表于《中国美术全集·工艺美术编·印染织绣》下，图版四七。

明代缂丝的特点是大量使用光泽华丽的金线和孔雀羽线等，而各色彩丝则常用极细的双股强捻丝。北京定陵出土的明万历皇帝的孔雀羽团龙十二章金寿字万福如意袍，经丝直径0.15毫米，纬丝直径0.2毫米；经密每厘米20根，纬密每厘米18至20根。团龙用孔雀羽缂织，金寿字和十二章纹样及万福如意纹均用金线包边，富丽堂皇。再则，明代缂丝常用"凤尾戗"的配色方法来处理色彩的深浅变化。凤尾戗就是将相碰的两种颜色用横线互相间隔，穿插过渡，二色都缂成一粗一细相间排列的横线，粗的横线粗而短，细的横线细而长，二者相合，状如凤尾，故得名。虽然明代也采用各种传统的戗色方法，但凤尾戗是主要的，故凤尾戗可作为鉴定明缂丝的一项依据。从明代开始，缂丝中的一些小配景，如树叶的晕色及山石旁的小草等，常用毛笔敷彩点染而成。[1][2]

织物分析例：圆金地鸾凤牡丹纹缂丝团补（图46）。

十二、刺绣

明代刺绣可分为以实用性绣品为主的北方绣和以欣赏性画绣为主的南方绣两大系统。北方绣比较著名的有洒线绣、衣线绣、缉线绣三种。洒线绣如图47，是以直径纱或方孔纱作绣底，用双股彩色合捻线，数计纱孔穿绣小几何花纹为地和较大的主花，或在几何地上再绣铺绒主花，主要作衣料用。北京定陵出土明孝靖皇后洒线绣蹙金龙百子戏女夹衣（图48），是一绞一的直径纱地组织，采用了三股彩线、绒线、捻金线、包梗线、孔雀羽线、花夹线等6种绣线，运用穿纱、蹙金、正戗、

[1] 辽宁博物馆：《宋元明清缂丝》，北京，人民美术出版社，1982年版。
[2] 蒋复璁：《台北故宫博物院：刺绣、缂丝》，日本，东京学习研究社，1982年版。

反戗、铺针、缠针、接针、盘金、圈金、钉线、松针、擞和针等12种针法绣制而成，现藏北京定陵博物馆。衣线绣多数用暗花绫作绣底，以双股丝线绣花。山东鲁绣就属于衣线绣。缉线绣多出产于北京和沈阳，其特点是用硬如铁丝的包梗线圈钉出花纹轮廓线，不再绣花纹内部。北京定陵明万历皇帝棺内曾出土缉线绣斗牛纹方补大如意云罗袍等珍贵文物。缉线绣流行于明代中期至清代初期。

北方也有欣赏性的画绣流传至今，如山东鲁绣珍品《芙蓉双鸭》图轴（图49）、《鸳鸯荷花》图轴（图50）由北京故宫博物院保藏，属国宝性文物。

明代南方绣以画绣为最出色，尤以顾绣最负盛名（图51）。明嘉靖年间（1522～1566），进士顾名世在上海建"露香园"，其妻缪氏擅长刺绣，顾名世的次孙顾寿潜师从董其昌学画，寿潜妻韩希孟工花卉，精于刺绣。崇祯七年（1634年）春，韩希孟搜访宋元名迹，摹绣八种，汇作方册，董其昌十分欣赏，逐幅为其题字，因而名声大振，称为"露香园顾绣"或"顾氏露香园绣"，简称"露香园绣"或"顾绣"。韩希孟所作"顾绣宋元名迹方册"，现藏于北京故宫博物院。韩希孟的顾绣珍品在辽宁省博物馆、南京博物院等处也有收藏。

图47　明万历又翼三眼龙（应龙）藏式洒线绣龙褂。长142厘米，宽188厘米。面料立水部分已剪短，两袖用另一块绿地刺绣金龙接上。此龙褂于西藏缝制，应是少数民族首领所穿。龙的造型与现藏于三藩市亚洲艺术美术馆的明神宗于1595年为太后贺寿的朝褂风格相似。曾发表于香港《锦绣罗衣巧天工》。

图48　明代万历皇帝孝靖皇后洒线绣百子戏方领对襟女夹衣，前身纹样及后身纹样。原件为北京定陵出土，定陵博物馆藏。此图为苏州刺绣艺术研究所复制件（后身）。身长71厘米，袖通长163厘米，下摆宽81.5厘米。原件曾发表于《中国美术全集·工艺美术编·印染织绣》下，图版二六。

图 49　明代衣线绣《芙蓉双鸭》图轴。北京故宫博物院藏。原件高 140 厘米，宽 57 厘米。传世品。此幅衣线绣以芙蓉花枝、芦草、红蓼占满画面，双鸭浮游于画面下方的中心部位，将观众的视线引向主题双鸭的身上，含有"爱情"的寓意。由于绣底为浅玉色地折枝花鸟纹暗花缎，故绣线用双股合捻的衣线，配色浓重，能将绣底的暗花掩盖，主花与绣底暗花明暗对照更显丰富。

图 51　明代韩希孟顾绣《花溪渔隐图》。北京故宫博物院藏。原件高 33.4 厘米，宽 24.5 厘米。传世品。选自《仿宋元名迹册》，共 8 幅，此为其中 1 幅。每幅有"韩氏女红"朱红绣章，对页有董其昌题跋，册尾有顾寿潜题记的创作过程。末幅有"韩希孟"款。绣册有明确纪年，即明崇祯七年（1634 年）。作品以白色素绫为地，五彩丝绒线绣花。采用活毛套、施针、滚针、接针、平针、松针、网针、扎针、圈针等多种针法绣成。绣前还根据需要巧妙地加以点染彩绘，故又有"画绣"之称。曾发表于《中国美术全集·工艺美术编·印染织绣》下，图版六四。

图 50　明代鲁绣《荷花鸳鸯》图轴。北京故宫博物院藏。原件高 135.5 厘米，宽 53.7 厘米。传世品。曾发表于《中国美术全集·工艺美术编·印染织绣》下，图版七六。

图52　明代贴绫绣《大白伞盖佛母像》。西藏布达拉宫藏，传世品。原件高70厘米，宽47厘米。此佛母像是根据松赞干布时期（617-650）翻译的《大白伞盖总持陀罗尼经》的记载创作的。佛像一面二臂三目，佛身洁白，紫色光环围绕，如日光明照雪山，深浅二晕红色的莲座下有蓝白水浪，左鹿右鹤，下为宝珠、珊瑚、金锭、银锭、犀角，佛光外为茶花，上有彩云日月，极为鲜丽。曾发表于《中国美术全集·工艺美术编·印染织绣》下，图版七八。

图53　明代《宝手菩萨》织锦唐卡。原件长67.5厘米，宽48.5厘米。传世品。宝手菩萨结跏趺坐于莲台，右手结与愿印，左手结禅定印，饰物及宝冠皆为菩萨像之典型，莲座外有背光，由象、狮、飞马、鱼龙、飞天和位于顶端的金翅鸟组成，上下各有造像多尊，下沿有"大明正德十年九月二十四日施"汉、藏文款。曾发表于香港《锦绣罗衣巧天工》。

　　另外，西藏布达拉宫藏有一幅贴绫绣《大白伞盖佛母像》（图52），造型生动，极为鲜丽，为传世佳品。

十三、唐卡

　　明代书画多用缂丝或刺绣、贴绣等方法制作，传世缂丝、刺绣书画珍品颇多。织锦画则在密宗佛教唐卡中有所见到（图53）。如织锦大日如来唐卡，长79.5厘米，宽58厘米。在深青地上以金黄色调织出五智如来之首的大日如来，宝相庄严，色彩单纯明快。织锦莲花手菩萨唐卡（图54），长69厘米，宽56厘米。以深棕色为

图54 明代《莲花手菩萨》唐卡，私人收藏。原件长69厘米，宽56厘米。莲花手菩萨结跏趺坐于莲台上，左手施与愿印，右手施辩证印，两手持莲花茎，两肩莲花盛开，下有多层承台，背光由狮、象、飞马、鱼龙、飞天、金翅鸟等组成，四周围以藏文为边沿。曾发表于香港《锦绣罗衣巧天工》。

地，配以朱红、明黄、土黄、浅黄、浅米等邻近色，构成温暖明亮的色调，四周以藏文为边饰。此幅唐卡上的手印及藏文边是反体字，与另一幅内容尺寸完全相同的正体字莲花手菩萨系用同一花本织出，若将花本倒反装机提花织造，就可织出相反的另一幅唐卡（大日如来唐卡与莲花手菩萨唐卡都曾于1996年在香港艺术馆"锦绣罗衣巧天工"展览会展出，并发表于香港《锦绣罗衣巧天工》第139页、141页）。

原载黄能馥、陈娟娟：《中国丝绸科技艺术七千年》，北京，中国纺织出版社，2002年版，第226-297页。

明代丝绸的吉祥纹样

　　意象美与造型美并重，是中国传统纹样的特色。原始社会的装饰纹样是与原始社会的宗教意识、审美意识交织在一起的。奴隶社会的装饰纹样更进一步注入了神权色彩。战国秦汉时期除纹样主题与儒家的政治伦理观念及当时社会上流传的世俗观念相结合外，并以铭文来表达长寿多子、王权永固、修身成仙等等思想。北朝至隋唐五代，佛教题材的装饰进一步丰富了纹样的象征手法和形式的多样性。宋明理学的发展，装饰纹样以象征、寓意、比拟、表号、谐音、文字等种种手法表达世俗观念，包括政治伦理观念、道德观念、价值观念、宗教和哲学观念成为风尚。举凡装饰纹样必有吉祥含意，即图必有意，意必吉祥。当然，所谓吉祥，即社会向往美好生活的意向和标准，是随着社会生产力的发展和生产关系的变化而不断变化的。明代的吉祥图案，是古代装饰图案的继承和发展。

一、象征

　　象征是根据某些花果草木的生态、形状、色彩、功用等方面的特点，以表现某

图 1　明代福寿葫芦暗花缎纹样。据北京定陵出土文物绘制，花回单位：宽 10.5 厘米，长 27.8 厘米。

图 2　明代缠枝灵芝纹织金缎纹样。据北京定陵出土物绘制。花回单位：16 厘米 ×30 厘米。

图 3　明代折枝富贵织金缎纹样。据北京定陵出土文物绘制。此纹样为洒线绣龙补女衣的地纹，地色红、黄，叶绿色，花为金色，地色勾边。原件 22 厘米 ×28 厘米，花回单位：11 厘米 ×14.5 厘米。

图4 明代折枝花果连年富贵多子纹绫纹样。据北京定陵出土文物绘制。花回单位：20厘米×9.5厘米。

图5 明代百果丰硕妆花缎纹样。据北京定陵出土文物绘制。花回单位：18厘米×27厘米。

种思想含义的手法。例如：石榴内多子实，借以象征多子。牡丹花形丰满，色彩艳丽，诗人称牡丹为"国色天香"、"花中之王"、"富贵花"，故用来象征富贵。葫芦、瓜瓞（小瓜为瓞）和葡萄，藤蔓不断生长，且不断开花结果，以之象征子孙繁衍，长盛不衰。灵芝形状像如意，配药可以健身，故象征长寿。明代丝绸中这类纹样用得很多。（图1～图5）

二、寓意

借某些题材寄寓某种吉祥含意，是传统吉祥图案常见的手法。寓意必须让人能够理解，否则就失去意义，故吉祥图案中的寓意题材，多与民俗或文学典故有关。如莲花在佛教中被当作纯洁的象征，文学典故中说王茂叔爱莲，因为莲花出污泥而不染。晋朝葛洪在《抱朴子》中说：菊花长期服用能清心明目，可长寿五百岁，故菊花也寓意长寿。陶渊明爱菊，因他是著名的隐士，故菊花有隐逸的寓意。《汉武内传》记载神话传说，王母娘娘种蟠桃，三千年开花，三千年结果，吃了王母娘

图6 明代菊花纹双层锦纹样。据北京故宫博物院藏品绘制。原大26厘米×34厘米。

图7 明代绿地缠枝富贵织金缎纹样。花回单位：14厘米×27.5厘米。

娘的蟠桃可以极寿。汉武帝时东方朔偷吃了这种蟠桃而成仙，故桃子寓意长寿。
（图6～图9）

图8 明代寿桃纹双面锦纹样。据北京定陵出土文物绘制。花回单位：10.5厘米×12.9厘米。

图9 明代柘黄地织金彩妆缠枝莲花托八吉祥纹样。据北京定陵出土物绘制。原大：20厘米×36厘米。

三、比拟

比拟是赋予某种题材以人格化的手法。如梅花在一年中开花最早，故称为花中状元。梅花枝干孤高挺秀，不畏寒冷，故又把梅花比拟文人清高。南宋马远将梅花、松、竹与《论语·季氏》所说的"益者三友"（友直、友谅、友多闻）意思联系起来，

图10 明代喜字并蒂莲纹妆花缎纹样。据北京定陵出土物绘制。原大37厘米×22厘米。

作《松竹梅岁寒三友图》。后将松竹梅称为"三友图"，在装饰纹样中广泛流行。并蒂莲花被比拟为忠贞的爱情。明定陵曾出土万历孝靖皇后的"喜字并蒂莲"纹织金妆花缎。（图10）

四、表号

表号就是把某种题材作为具有某种特定意义记号的装饰方法。如俗称萱草为宜男草和忘忧草，故以萱草作为母亲的表号（图11）。佛教的八种法器——宝（法）轮、宝（法）螺、宝伞、宝盖、宝（莲）花、宝罐、宝（双）鱼、盘长作为佛家的表号，称为"八吉祥"；八种宝物——金锭、银锭、双角、珊瑚、金钱、宝珠、方（叠）胜、象牙，称为"八宝"等（图12）。

图11　明代芙蓉萱草花草
虫纹绫纹样。据北京定陵出
土物绘制。花回单位：12.5
厘米×10厘米。

图12　明代玉堂富贵纹宁
绸纹样。据北京定陵出土
物绘制。花回单位：20厘
米×20厘米。

图13　明代灵芝献寿纹二色缎
纹样。据北京定陵出土物绘制。
花回单位：宽18厘米，长26
厘米。

五、谐音

　　谐音是借用某些事物名组成同音词表达吉祥意义的手法。例如用玉兰、海棠、牡丹谐音"玉堂富贵"（图12）；用灵芝、水仙、菊花的谐音"灵仙祝寿"；灵芝上面加一寿字为"灵芝献寿"（图13）；牡丹花和花瓶谐音"富贵平安"；如意上加一寿字为"万寿如意"；用五个葫芦和四个海螺的谐音"五湖四海"（图14）等等。

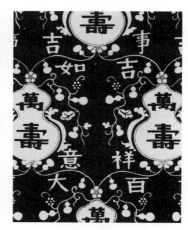

图14　明代五湖四海纹捻金缎纹
样。据北京定陵出土物绘制。原大
17.9厘米×25.2厘米。

图15　明代菊花顶
寿纹二色锦纹样。据
北京故宫博物院藏品
绘制。花回单位：12
厘米×28厘米。

图16　明代万寿葫芦百事大吉
祥如意纹二色缎纹样。据北京定
陵出土物绘制。花回单位：18
厘米×21.5厘米。

六、文字

在装饰纹样中直接用文字或加饰文字表达吉祥含意的方法。例如卍（万）字、寿字、福字、喜字都是宋明以来常用的文字装饰，为中国人所喜闻乐见（图15）。明代丝绸纹样中还有将"百事大吉祥如意"七个字拆开作循环连续，列于花纹中间的图案，可读成"百事大吉"、"吉祥如意"、"百事如意"、"百事如意大吉"等词语（图16）。

原载黄能馥、陈娟娟：《中国丝绸科技艺术七千年》，北京，中国纺织出版社，2002年版，第321-326页。

清代丝绸纹样设计的技艺经验

一、云锦艺人口诀

1. 量题定格，依材取势，行枝趋叶，生动得体。宾主呼应，层次分明，花清地白，锦空均齐。

2. 写实如生，简变得体。

3. 花大不宜独梗，果大皆用双枝，枝长用叶遮盖，叶筋不过三五。

4. 叶从果中出，不露大块；果中有斑纹，不显全身。

5. 画缠枝莲：梗细恰如明月晕，莲藤形似老苍龙；莲梗细如绳曲，莲头粗如云头。

6. 画梅：枝不得对发，花不可并生；叠花如品字，发梢如燕飞。

7. 画牡丹：小瓣尖端宜三缺，大瓣尖端五六最；老干缠枝如波纹，花头空处托半叶。

8. 画叶：一枝三叶分三岔，老干折枝不露根。

9. 画云：行云绵延似流水，卧云平摆像如意；大云通身而连气，小云轻巧而生灵。

10. 画凤：首如锦鸡，冠似如意，头如腾云，翅如仙鹤。

11. 画龙：龙开口，须发齿眉精神有，头大、颈细、身肥、尾随意。神龙见首不见尾，火焰珠光衬威严，掌似虎，爪似鹰，腿伸一字方有劲。

12. 画龙凤：龙有三亭（亦作停，即脖亭、腰亭、尾亭。凤有三长，即眼长、腿长、尾长。［按：宋代郭若虚《图画见闻志》卷一《论画龙体法》："三停九似，亦以人多不识真龙，先匠所遗传授之法。"九似指：角似鹿，头似驼，眼似鬼，项似蛇，腹似蜃，鳞似鱼，爪似鹰，掌似虎，耳似牛。凤据《史记·帝王世纪》所说："为鸡头，燕喙，蛇颈，龙形，麟翼，鱼尾，状如鹤，体备五色。"龙和凤都不是自然动物，而是人们想像的人文动物。］

13. 云锦配色口诀：

二晕色：玉白、蓝；葵黄、绿；古铜、紫；羽灰、蓝；深红、浅红。

三晕色：水红、银红配大红；葵黄、广绿配石青；藕荷、青莲配酱紫；白玉、古月配宝蓝；秋香、古铜配鼻烟；银灰、瓦灰配鸽灰。

以上歌诀系南京市文化局何燕明先生于20世纪50年代初从云锦老艺人张福永先

生处记录下来的。

二、挑结花本通画理法

清《蚕桑萃编》卷十提出"挑花通画理法"："花之类不一，有木本，有草本。挑花者忌直贵曲，如梅、桂为木本，梅干曲，则以桩头为主，花枝为配。桂干直，则单用花，不用干。芍药、牡丹、菊花为草本，皆出叶上，取其正反相生，向背有情，见花叶不见枝干为妙。即如竹、兰，干直叶直花亦直，挑竹者节不取其长，枝叶横顺遮护。挑兰草者，长短相间，花枝阴阳穿插，直者曲用，方为合适。"[1]

三、刺绣通画理法

清道光年间（1821～1850），江苏华亭人丁佩著《绣谱》两卷，分择地、选样、取材、辨色、程工、论品六章。在"选样"中论述纹样布局，说要"度势须于平妥中求抑扬之致，于疏朗中求顾盼之姿，于繁茂中求玲珑，于工整中求活动。务使寸练具千里之观，尺幅有万丈之势"。要求在有限的画幅中展现无限的艺术空间，这就需要有形象的概括。该书提出："如或头绪纠纷，景物稠叠，恐不能绝无涓紊，朗若列眉，必须删而又删，务使厘然若判，即有互相掩映之处，亦必层次井然，方免芜杂耳。"该书还论述了纹样造型与艺术品评等问题，如"审理：一丝细本，花且如盘，盈寸之人，马才如豆，甚或草高于屋，树软如绵，只求布置停匀，初不知适增其丑也。"［按：这是根据中国传统绘画采用散点透视的欣赏习惯所作的判断。］"传神：同绣一花也，或则迎风笑露，鲜艳如生；或则日爆霜摧，憔悴欲绝；或则雍容大雅，顾盼生姿；或则拳曲拘挛，瑟缩可憎……曷勿求其形状之逼肖，以冀神韵之兼全也者。""花果草木：学绣必从花卉入手……似易实难，因难见巧。当于花之向背浅深，叶之正反疏密，悉心体认，曲肖其形。又必尽态极妍，辉光流照……绣树在乎枝干得势，戒软弱，忌臃肿，不可太光，必须夭矫秀劲，凹凸有棱方妙。""禽兽虫鱼：禽则……当于飞鸣食宿之际，求其生动之情，喙吻爪距之中，辨其纯鸷之性而已……虫类中有蝶，如草中有芝……罗浮之种，翅如车轮，五色咸备，既无定色，亦无定形，但须得栩栩之致。""山水人物：作山水如作古文，结构气魄，穿插照应，无法不备……绣事……青绿赭墨无一不宜，特少皴

---

[1]（清）卫杰：《蚕桑萃编》，1892年。

法耳，当于凹凸处用笔画定而分绣之，或下分而中合，或上断而下连，绣成自有一线微痕如披麻、铁线，较画家尤觉远近分明……石贵嶙峋，桥宜宛转，屋须轩朗，树必玲珑，切忌模糊，自然明秀……人物惟须发最难，当将绒线剖成极细之丝，针亦另有一种，肌肤亦然，尤须莹净融洽，绝无针线之迹，耳廓、目眶、鼻端、口角，均宜各留一线微痕，便觉高低了了，衣褶带履，可以类推。"丁佩《绣谱》在"论品"中提出：景物应"穿插有情，接续无迹，或于寸缣之中作叠阁层楼而不见其溢，或于盈丈之间作疏花片石而未觉其宽"，"惨淡经营，匠心独运"，谓之"巧"。"闲中有味，空际传神……举重若轻，化板为活，妙技也"，"丰韵天成，机神流动"，谓之"妙"。[1]

原载黄能馥、陈娟娟：《中国丝绸科技艺术七千年》，北京，中国纺织出版社，2002年版，第437—439页。

---

[1] （清）丁佩：《绣谱》，黄宾虹、邓实编《美术丛书》二集，第七辑。

刺绣针法

（一）绣法的发展

刺绣是古老而普及的传统手工技艺。《尚书·益稷》记载虞舜用五彩缔绣作礼服。关于绣的概念，《周礼·考工记》说"画缋之事杂五色，五采（彩）备谓之绣"，似乎包括五彩纹绘在内，与1974年12月在陕西宝鸡茹家庄西周魚伯墓妾倪墓室出土的刺绣残痕所见实物可相佐证。该墓出土的刺绣残痕系用黄色丝线在染过色的丝绢上以辫子股锁绣法绣出花纹轮廓，再以毛笔蘸色在花纹部位涂绘大块颜色而成。毛笔彩绘的方法，在新石器时期的彩陶中应用十分广泛。以针穿线绣花始于何时，尚待今后考古发现来印证，但中国用针的历史，已被考古发现上溯至距今约45000年的旧石器时代晚期，因为在辽宁海城小孤山遗址，发现了数枚磨制得相当精致的骨针（图1）。另在辽宁喀左红山文化（约公元前3500年）遗址发现了一件仿皮饰件（已残），皮革是对称折叠成三折，用线绳以整齐的针法将它缝固，再用另一根线将线绳钉住（图2），类似后世的钉线绣法。清代的刺绣继承了中国历代的技巧传统，刺绣名家载入朱启钤《女红传征略》的有六十余人，如丁佩、华璂、沈寿、沈立、朱心柏等，他们对刺绣技艺的进一步发展都做出了巨大的贡献。清末江苏吴县人沈寿（1874~1921），曾绣制八幅通景屏风《八仙上寿图》和一幅《无量寿佛》，于慈禧太后70寿诞时向慈禧献礼，获得嘉奖，并被派往日本考察美术学校教学情况，归国后创造了"仿真绣"方法，曾绣制《意大利帝、后肖像》、《耶稣像》、《美国女伶倍克像》等，受到世人称赏。《意大利帝、后肖像》作为国礼送往意大利，先在都灵世界万国博览会

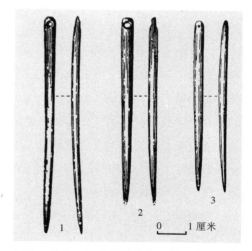

图1　骨针。辽宁海城小孤山新石器遗址出土。距今约45000年。

图2　红山文化仿皮饰残件。辽宁喀左红山文化遗址出土。

图3 晚清沈寿刺绣《罗汉像》，南京博物院藏。《罗汉像》是沈寿33岁以前的作品，共四幅，这是其中的一幅。

中国工艺美术馆陈列，获"世界至大荣誉最高级之荣誉奖凭"；后赠送意国帝后，意帝回赠清廷一枚高级"圣母利宝星"，并亲笔回信致谢，同时指派驻北京公使斯佛尔扎颁赠沈寿一块贴有意国皇家徽号的钻石金表。1915年，《耶稣像》在美国旧金山"巴拿马——太平洋国际博览会"上获一等奖。《美国女伶倍克像》受到倍克本人极高的赞赏。她还绣制四幅《罗汉像》，图3是其中一幅。沈寿全面继承了中国古代传统的刺绣针法，以及运用光影表现物像的西方绘画原理，在"虚针"和"肉入针"的针法基础上创造了"散针"（即用极细的绣针稀稀地施绣，以绣制云烟散开后的微妙变化等）、"旋针"（用接针或滚针的方法，将丝理旋转排列，以表现龙蛇之蜿蜒，波浪之回旋）。沈寿晚年在江苏南通创办女子师范学校女工传习所，传授绣艺，1920年她在重病中由张謇帮助整理笔记，写成《雪宦绣谱》一书，内容分绣备、绣引、针法、绣要、绣品、绣德、绣节、绣通八章。此书对刺绣工具，拼线方法，各种针法的操作运用，绣线配色，光暗处理，刺绣工作者的思想品德、艺术修养、创作方法，都作了系统精辟的论述。尤其是把我国自唐宋画绣、明代顾绣乃至沈寿的美术绣所用的刺绣针法，分析归纳为18种，即齐针、正抢（戗）针、反抢（戗）针、单套针、双套针、扎针、铺针、刻鳞针、肉入针、羼针、接针、绕针、刺针、秘（pī）针、施针、旋针、散整针、打子（籽）针。[1]

中国刺绣在先秦时期，主要用来绣制服装、衾被、帷幔、囊袋等实用品，针法多为锁绣辫子股绣法，变化不多。北魏时出现纹地全部施绣的刺绣供养人像，针法仍以锁绣辫子股绣法为主。至唐宋时期绘画题材的画绣越来越多，刺绣针法由锁绣辫子股绣法为主过渡到以平绣为主，变化日多。这是中国刺绣技艺的划时代发展。明代顾绣是中国古典画绣的高峰。清代的美术绣在传统技艺基础上容纳西画光影表现的特长，创造了许多新的针法，使传统刺绣工艺与现代艺术接轨。这是中国刺绣技艺的又一次划时代的发展。

[1]（清）沈寿：《雪宦绣谱》。

二、主要刺绣针法

现将清代常用的主要刺绣针法简略介绍如下。

1. 齐针

齐针是刺绣针法的基础。凡初学刺绣，可以从练习齐针开始。具体方法是按画稿轮廓，用直线条将花纹绣满。其要点是起落针都要在纹样的外缘，力求整齐，排列均匀，不能重叠，不能露底。按丝理方向不同，齐针可分为直排、横排、斜排三种（图4）。直排者称为"直缠"，多用来绣花朵；横排者称为"横缠"，多用来绣叶子，以叶脉为中心向两边分开八字形施绣；斜排者称"斜缠"，多用来绣枝茎，从根部起绣到顶。齐针除绣小花外，大型的花朵或蝴蝶等，也用齐针绣边，可使花叶相接处清楚整齐。

2. 戗针（即抢针）

戗针是短的直针绣法，按照花纹分层绣制，每一层称为一皮。根据花纹大小，每皮宽度3至5毫米，各皮色彩可以由浅至深或由深至浅逐层过渡。分正戗、反戗两种（图5）。

（1）正戗是由花纹的外边做起，第一皮像齐针那样绣边，称为"起边"。第二皮必须接入第一皮的三分之一处，第三皮接入第二皮的三分之一处，以此类推，每皮之间必须匀齐。

（2）反戗是由里向外绣，花瓣的最底层为第一皮，用齐针绣出。从第二皮开始要加"扣线"。扣线的方法是在前一皮两侧线条的末尾横绣一针，拉出一条横线（图6），这条横线就叫做"扣线"。绣第二皮时，要从扣线的中心点起针，把扣线向下拉，扣成Y形，再接着向两侧施绣，逐渐把扣线拉成弧形，罩在第二皮绣线之下。绣第三皮、第四皮时以此类推。

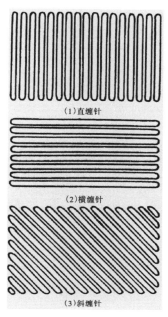

（1）直缠针

（2）横缠针

（3）斜缠针

图4 齐针

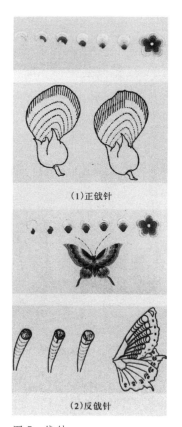

（1）正戗针

（2）反戗针

图5 戗针

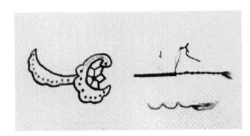

图 6 扣线

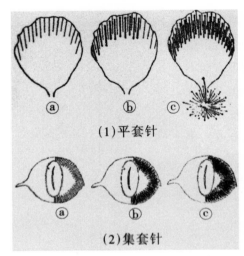

（1）平套针

（2）集套针

图 7 套针

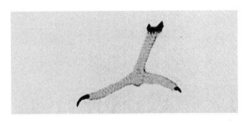

图 8 扎针

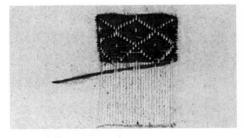

图 9 铺针

每皮都要保持平匀整齐。

3. 套针

套针是将不同深浅的色线，前皮与后皮穿插套接，使色彩深浅自然调和过渡的刺绣针法。这种针法在欣赏性画绣中极为重要。套针有平套（即单套针）、散套（包括双套针）、集套三种（图7）。套针丝理要细，一般将全丝劈成四五根绒来绣。

（1）平套（单套针）。第一皮用齐针起边，绣第二皮时开始用套针。绣时必须绣于第一皮的约四分之三处。两针之间要留出一空针的间距，以便套第三皮的绣线。第三皮须绣于第二皮的四分之三处，两针之间同样留出一空针的间距。以下类推。绣至尽头处，再以齐针出边。

（2）散套。散套针的主要特点是等长线条，参差排列，皮皮相叠，针针相嵌。由于用线更细（将一根全丝分劈成八九根绒），线条排列比较灵活，丝理转折自如，色彩和顺，绣面细致，能生动地表现花草翎毛的自然生姿。散套针第一皮外缘整齐，内长短参差。参差距离是线条本身长度的十分之二左右，排针紧密。第二皮是套针，线条等长参差，每间隔一针排列，线条要罩过出边的十分之八左右。第三皮线条与第二皮相同，但要嵌入第二皮线条之间，与第一皮相压。以后照此类推。最后一皮外边要绣齐，排列要紧密。

（3）集套。集套是绣圆形的针法，第一皮外缘整齐，内长短参差，再以等长线条参差分皮顺序进行。后皮线条嵌入前皮线条中间，衔接着前皮的末尾，每条线都要对准圆心。在近圆心处要做藏针，每隔三针藏一短针，越近圆心藏针越多，最后一皮针迹集中于圆心。

4. 扎针

扎针又称勒针，是专门用来绣鸟脚的针法。绣时先以直平针打底，再以横线将它扎住。（图8）

5. 铺针

铺针是专门用来平铺铺满花纹地部的直针绣法，在铺针上可再用其他针法施绣，使花纹凸起。（图9）

6. 刻鳞针

刻鳞针是专门用来绣鳞片的绣法。一种是用长短直针相套，外长里短，绣出外浅里深的鳞片。第二种是用齐针直接在底绸上绣出鳞片，鳞片间留出"水路"。第三种是在铺针上用缉线界出鳞片的形状。（图10）

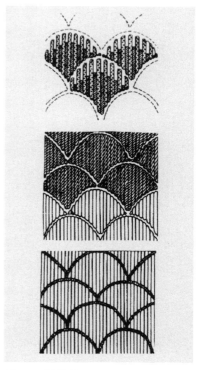

图 10　刻鳞针

7. 擞和针

擞和针即虀针、肉入针，亦称长短针，长短线条相掺，故亦名掺针或参针。由于绣线长短用色变化，可使色彩更加和顺过渡。（图11）

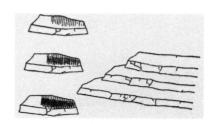

图 11　擞和针

8. 接针

接针用短针前后衔接连续绣制，后针衔接前针的针尾，连成条形，开始从花纹的一端绣一针，线长3至5毫米，以后用等长线条连续进行。后针要刺入前针线条末尾的中间，使针针连成一线。（图12）

9. 绕针

绕针即盘绕针，包括打籽、拉锁子等在内。

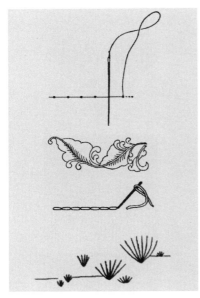

图 12　接针

图 13　打籽针

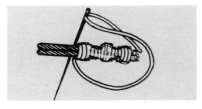

图 14　龙抱柱线

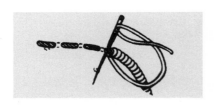

图 15　铁梗线

（1）打籽，它是汉唐以来的古老针法，绣法是用针引全线绸面之后，把线在针尖靠近绸面上绕线一周，在距原起引处两根纱的地方下针，钉住线圈把线拉紧，即打成一个"籽"。绣时抽线用力要匀，打出来的籽才能大小匀称。打籽有满地打籽和露地打籽之分。又因绣线粗细不等，有粗打籽和细打籽之别。粗打籽的形状像一粒粒小珠，突出于绸面；细打籽有绒圈感。常用退晕色来表现花纹质感，并用白色龙抱柱线或捻金线勾边。（图13～图15）

（2）拉锁子，用两根绣线绣制，先将第一根绣线由背面刺出绸面，第二根绣线绣针紧靠第一根线脚刺出，用第一根线沿第二绣针逆时针方向盘绕一圈，拉起第二根线向后钉一针，将所绕的线圈固定。第二根绣线再向前刺出，仍用第一根线逆时针盘绕，用第二根线钉固。连成由线圈组成的线条，称拉锁子或拉结子，常用于勾边，也可单用。（图16）

10. 刺针

刺针是用来绣细长线条如头发、胡须等的针法。采用回刺方法，针针相连，后一针落在前一针的起针眼上，但因不能藏去针脚，只作辅助针法用。（图17）

11. 拗针

拗针即滚针，两线紧拗，连成条纹，能使线条自由转折，可绣直线及曲线。绣法依纹样前起后落，针针相拗，线长一律约3毫米，转折处可略短。绣完第一针后，第二针应在第一针的二分之一处落针，使针迹藏在第一针之下。第三针落在第二针的二分之一处，紧接第一针线条的末尾。以后类推。（图18）

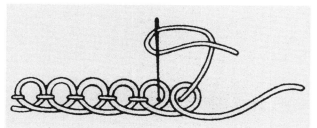

图 16　拉锁子

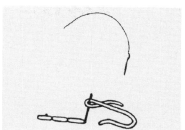

图 17　刺针

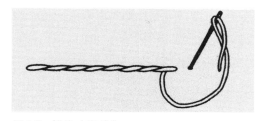

图 18　拟针（滚针）

图 19　施针

12.　施针

　　施针即施毛针，是用稀针分层逐步加密，便于镶色。丝理转折自然，是绣飞
禽、动物、人像的主要针法。绣时，第一层先用稀针打底，线条等长参差，线条间
距两针，如色彩复杂需绣多层者可酌量排稀，排针距离要相等。以后每一层均用稀
针按前一层方法分层施绣，逐步加色至绣成为止。（图19）

13.　虚实针

　　虚实针由虚虚实实的线条组成，
线条等长参差，由粗到细，排列由稀到
密，针脚逐步由长到短，以表现物体的
立体感。此法亦称散整针。绣线由整到
散，表现形象深浅浓淡变化的针法，常
用来绣人物、动物羽毛等。（图20）

图 20　虚实针（散整针）

14.　旋针

　　旋针以细绒丝稀稀施绣，线条等长参差，丝理旋转排列，以表现物像之运动回
旋，常用于绣云、花卉等。

15.　钉线绣

　　将绣线按画稿上的花纹回旋排满成形体，同时以另一枚针用同色丝线把它钉

牢，钉针距离3至5毫米。上下两排的钉线要均匀错开。常用退晕法配色，以白、黑、金色钉包边线。（图21）

16. 缉线绣

缉线绣是清代京绣中的一种绣种。绣法与钉线绣基本相同，但必须用特殊的绣线来绣，常用的有双股强捻合的衣线，以马鬃或细铜丝、多股丝作线芯，外用彩色绒丝紧密绕裹而成的铁梗线，又称包梗线或鬃线。以一根较细的丝线作线芯，外用较粗的双股强捻合线盘缠，均匀地间隔露出芯线，使线表呈串珠状颗粒的龙抱柱线等样式。将这类专用的线按画稿的花纹回旋排满成花纹的轮廓线，同时以同色丝线把它钉牢，钉针距离3至5毫米，形成空心的花纹。（图22）

图 21　针线绣

图 22　缉线绣

17. 平金绣

平金绣又称钉金绣（图23），是古老绣法之一。山西辽驸马墓出土大件平金绣品，是用捻金线和捻银线单根或双根盘围成花纹，用色丝线钉固。还有一种是只用捻金线钉出花纹轮廓，中间空出，称为

图 23　平金绣

"圈金绣"，亦称盘金绣。清代捻金线有赤圆金、紫赤圆金、浅圆金三种。捻银线称为白圆金。用这些不同色彩倾向的金银线以不同色彩的丝线钉固，能显现色彩的微妙变化。在平金绣底下铺垫一层绣线，再在其上用平金绣法绣出花纹，使花纹有浮雕感的绣法，称为蹙金绣。

18. 戳纱绣

戳纱绣是秦汉以来的古老绣种。以方孔纱或一绞一的直径纱作底料，用各色丝线或散绒丝按纱眼有规律地戳纳成花纹，可分为"纳锦"和"纳纱"两类。一般把满地戳纳成几何纹的称为"纳锦"（图24），把留有纱地的称为"纳纱"。戳纱绣的针法有短串、长串两种。短串是每针绣线只压住一个纱眼，也称"打点"。绣线

图 24　戳纱绣（纳锦）

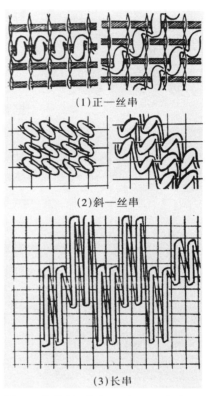

（1）正一丝串

（2）斜一丝串

（3）长串

图 26　晚清几何纹打点纱绣褡裢

图 25　戳纱绣，从上至下：正一丝串、
斜一丝串、长串。

方向与经线平行缠绕的称为"正一丝串"；绣线与纱地经纬成45度绕过交叉点的称为"斜一丝串"。长串是根据纹样和色彩有规律地拉长针脚绣线与经线平行，显出几何纹的"水路"。绣品花纹有缎面铺绒的效果，故也称"铺绒绣"。（图24～图27）

19. 网绣

网绣是用双股合捻的绣线，在底绸上按直线、斜线、平行线相互交叉，拉成各种几何网格。例如拉成龟背形、三角形、菱形、方格形等，再在这种几何形内加绣其他几何形状，将多种几何形聚成一种纹样，花纹都留有网状空眼而不填实，别有一种朴雅的风味。网绣配色要用对比色，以使花纹清楚，几何纹

图 27　晚清长串纱绣褡裢

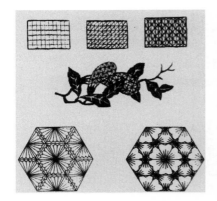

图 28　网绣

图 29　贴绣

对合要准确。（图28）

20. 贴绣

贴绣有平贴法和叠贴法两种。叠贴法可根据物体结构贴出高低层次，有时还用棉花等在花纹下面衬垫出高度，或再用其他针法点缀，使花纹更富立体感（图29）。周代已有"刻绘为雉翟"的记载。唐代则有贴绣实物发现。堆绫绣是贴绣的一种。堆绫绣是用染色的绫子，按花纹形状分堆剪好，然后逐堆拼贴于事先描有画稿的底绸上，再用接针逐堆把绫子钉固，针脚藏在绫片的背面。堆绫绣既可用来绣制小件荷包、香囊等，也可用来绣制大幅唐卡、佛像等。

21. 缉珠绣

缉珠绣是在古代制作珠衣、珠帘、珠履等工艺基础上发展而来的绣种。《明宫史》有宫中于万历三十二年丢失珍珠袍、造成冤狱的记载。缉珠绣是将白色米珠及红色珊瑚珠等，用丝线串连后在底绸上钉成花纹，再用龙抱柱线勾勒花纹轮廓，底贯用天鹅绒、缎子等。珠光闪耀，豪华富丽。缉珠绣多出于京绣和粤绣。（图30）

图 30　缉珠绣

22. 帘绣

帘绣是借色绣的一种，属京绣系统，创于清代。绣法是取白色或淡色的绫、缎，先用淡墨勾勒出纹样，然后根据纹样各部位所需颜色，以各色丝线（双股捻合的色线）罩铺。各色丝线都顺着垂直方向，在花纹上均匀地绣上一层帘子似的铺线，使花纹呈现出细雾朦胧的柔和之感，清雅含蓄。题材多以山水小景和折技花卉为主（图31）。

23. 锁绣

锁绣由绣线连续穿套，环环扣锁连成线面。我国西周至北朝出土的刺绣文物，基本用这种绣法。因扣锁的绣线拉紧后有辫子股的形状效果，因此国外很多研究织绣的学者称它为"辫子股"绣。这种针法到清代已退居次要位置。（图32）

图 32　锁绣（辫子股）

图 31　帘绣白缎地褡裢

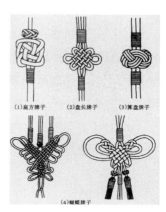

（1）扁方牌子　（2）盘长牌子　（3）算盘牌子

（4）蝴蝶牌子

图 33　牌子

24. 牌子

牌子（今称中国结）是清代小件佩戴绣品的穗子上常用的装饰，一般用丝绦编结而成，种类繁多，如扁方牌子、盘长牌子、算盘牌子、蝴蝶牌子等，都很优美大方。（图33）

刺绣针法变化繁多，各地名称叫法也不尽相同，前面介绍的只是一些清代常见的主要针法。[1][2][3][4][5][6][7][8]

原载黄能馥、陈娟娟：《中国丝绸科技艺术七千年》，北京，中国纺织出版社，2002年版，第439-444页。

[1] 陈娟娟：《清代刺绣小品》，《故宫博物院刊》，1993年第3期。
[2] 陈娟娟：《沈寿及其刺绣柳燕图》，《故宫博物院刊》，1983年第4期。
[3] 台北故宫博物院：《清代服饰展览图录》，1986年版。
[4] （清）丁佩：《绣谱》，黄宾虹、邓实编《美术丛书》二集，第七辑。
[5] （清）沈寿：《雪宦绣谱》。
[6] 苏州刺绣研究所：《苏州刺绣》，上海，上海人民出版社，1976年版。
[7] 孙佩兰：《苏绣》，北京，中国轻工业出版社，1982年版。
[8] 轻工业部工艺美术局：《中国刺绣工艺》，北京，中国轻工业出版社，1958年版。

中国南京云锦（概述）

　　"江南佳丽地，金陵帝王州。"南京是中国著名的历史文化名城，在将近2500年的建城史中，先后有孙吴、东晋、宋、齐、梁、陈、南唐、明初、太平天国、中华民国十个王朝和政权在此建都，定都时间长达450年，留下了无数的物质文化遗产和精神文化遗产，云锦就是其中的一朵绚丽奇葩。

　　本书从历史源流、科技内涵、文化艺术价值三个方面展示中国南京云锦的神奇风采和独特魅力。

一、历史源流

　　中国最早的丝织品，出现在距今约四五千年前南方的良渚文化遗址中。1958年，在浙江吴兴钱山漾新石器时代遗址中出土了精致的丝织品残片，这是我国目前发现的最早的丝织品实物。到商代（约前17世纪～前11世纪），中国丝织物已经达到相当高的水平。战国时期（前476～前221），丝织物品种已多样化，湖南长沙、湖北江陵的楚墓中均曾出土过绢、绮、纱、罗等色彩鲜艳的丝织品。汉代的丝织品，在新疆、蒙古、朝鲜出土很多；在南方的湖南长沙马王堆汉墓、湖北江陵汉墓也出土了纱、罗、绮、锦等花色品种众多的丝织品。从现有考古和文献材料来看，汉代中原地区的丝织业已经相当发达，不仅在生产技术上已经达到很高水平，而且产量也十分惊人，除供应国内需求外，还通过"丝绸之路"远销到希腊、罗马。"赛里斯"（Seres，"丝绸之国"之意）就是由此而得名。两汉时期，南方的丝织业除了巴蜀地区的织锦一枝独秀外，还处于比较落后的状态。

　　南京丝织业的发展与北方技术工匠的南迁密切相关。据史载，孙吴建国之前，孙策与周瑜等人袭击皖城，攻克后，"得（袁）术百工及鼓吹部曲三万余人"[1]。这里的"百工"，指的就是各行各业的手工业者，其中也包括纺织工匠，他们后来成为孙吴都城建业（今江苏南京）官营手工业作坊中的基本工匠。吴景帝孙休永安年间，交阯郡太守孙谞"科郡上手工千余人送建业"[2]，充实了孙吴官营手工业作坊的力量。相传三国吴大帝孙权的夫人赵氏在建业宫廷中能够亲手织出有龙凤花

---

[1] 《三国志·吴书·孙破虏讨逆传》注引《江表传》。
[2] 《三国志·吴书·三嗣主传》。

纹的织锦[1]，为以后南京云锦的生产奠定了基础。南京云锦的正式发端，始于东晋安帝义熙十三年（417年）[2]。这一年，东晋权臣刘裕北伐中原，灭掉后秦，将长安织锦工匠迁徙到建康（今江苏南京），并在南京城南秦淮河畔斗场寺附近设置锦署[3]，专门管理和从事锦缎的生产，供皇室和官僚贵族服用。斗场锦署是南京历史上的第一个官办织锦机构，从此南京织锦业登上了历史舞台。南朝时期，南京的织锦产量已相当可观。梁朝大将侯景占据寿春即将反叛前，曾经向朝廷"启求锦万匹，为军人袍"，朝廷以"御府锦署止充颁赏远近"为由加以拒绝[4]。这一时期的织锦，美不胜言。齐梁时期的文学家张率《绣赋》赞美道："寻造物之妙巧，固饬化于百工。……若夫观其缔缀，与其依放，龟龙为文，神仙成象。总五色而极思，藉罗纨而发想。具万物之有状，尽众化之为形。既绵华而稠彩，亦密照而疏朗。"[5]中外统治者竞相服用织锦。当时远道慕名而来的塞外方国芮芮虏（即柔然）使臣曾向南朝政府求赐锦工，南齐政府以"织成锦工，并女人，不堪涉远"为由，婉言拒绝[6]。这一时期的织锦作为名贵纺织品，还传入高句丽，为贵族阶层所服用，成为财富和权力的象征。1972年，在吉林集安地区发掘的长川2号墓中，出土了一块织锦残片，组织致密，由经线显花，在枯黄色地子上织出绛红和深蓝色纹样。据专家考证，这种织锦是江南地区的产品[7]。此外，在南京地区的南朝墓葬以及同一时期的高句丽墓葬中，墓壁均绘有模拟织锦图案，说明六朝的织锦已经有了相当的规模。值得注意的是，"云锦"一词在六朝时期也应运而生。西晋木华《海赋》就有"若乃云锦散文于沙汭之际，绫罗被光于螺蚌之节"之言，唐朝李善注云："言沙汭之际，文若云锦；螺蚌之节，光若绫罗也。"[8]东晋葛玄《汉武帝内传》亦有"张云锦之帏，然九光之灯"之语。虽然六朝时期南方蚕桑生产已有很大发展，云锦生产产量、质量都有较大提高，但总体上来看，丝织技术仍然略逊北方一筹。曾经先后在南北朝做官、熟谙南北朝各地情况的颜之推在《颜氏家训·治家篇》中指出："河北妇人织纴组纠之事，黼黻锦绣罗绮之工，大优于江东也。"

---

[1] （宋）李昉等编：《太平广记》卷二二五《伎巧一·吴夫人》："吴主赵夫人……能于指间，以彩丝织为云龙虬凤之锦，大则盈尺，小则方寸，宫中谓之机绝。"

[2] 由于历史上南京云锦的织造是口耳相传的工艺，文献资料鲜有记载，所以关于南京云锦的起源，说法不一。王焕镳《首都志》（正中书局1935年版）认为云锦始于元；徐仲杰《南京云锦史》（江苏科技出版社1985年版）也认为始于元；其后，徐仲杰《南京云锦》（南京出版社2002年版）又认为始于梁。

[3] （宋）李昉编：《太平御览》卷八一五引山谦之《丹阳记》。

[4] 《梁书·侯景传》。

[5] （清）严可均校辑：《全上古三代秦汉三国六朝文》，中华书局，1958年版。

[6] 《南齐书·芮芮虏传》。

[7] （梁）萧统编（唐）李善注：《文选》，中华书局，1977年版。

[8] 中国大百科全书总编辑委员会《考古学》编辑委员会、中国大百科全书出版社编辑部编：《中国大百科全书·考古学》，中国大百科全书出版社，1986年版。

隋唐时期，由于定都中原的统治者恐惧"金陵王气"，采取提高扬州地位、抑制南京的政策，使南京的政治经济地位一落千丈，织锦业裹足不前。

南唐定都金陵（今南京）后，金陵的织锦得到缓慢的恢复和发展。

宋朝时期，在建康府（今南京）城南天津桥（今内桥）南大道两侧设有东、西锦绣坊。"锦绣坊"这一地名作为南京云锦发展历史的见证一直流传至今。北宋著名文学家王安石久居南京，云锦一语也出现在他的《送吴显道》一诗中，其诗云："屏风九叠云锦张，千峰如连环。"

元朝灭掉南宋政权后，蒙古贵族对江南的丝织品特别喜爱。至元十七年（1280年），元世祖忽必烈在建康路（后改为集庆路）设立了专为皇室和官府织造锦缎的"东织染局"和"西织染局"。以东织染局为例，"设局使二员，局副一员，管人匠三千六户，机一百五十四张，额造段（缎）匹四千五百二十七段，荒丝一万一千五百二斤八两。"南京的织锦业得到振兴。元朝时期的南京仍然设有东、西锦绣坊。

明朝时期，在1368至1421年间，先后有明太祖朱元璋、建文帝朱允炆、明成祖朱棣定都南京。1421年，明成祖迁都北京后，南京称作留都或南都，地位仅次于北京。此时，中国丝织业以南京、苏州、杭州三地为中心，产品最负盛名。明朝政府在南京设有"内织染局"（又称"南局"）、"神帛堂"、"供应机房"，专门管理云锦的生产。当时在内桥与聚宝门（今中华门）之间是织锦工匠的聚居之地，设有织锦一坊、织锦二坊和织锦三坊。明朝南京的云锦织造工艺日趋成熟和完善，以大提花楼机生产皇室和达官贵族专用的衣袍和室内铺陈用品，把辽、金、西夏、蒙元贵族喜爱的织金技艺与中原传统的织彩技艺融为一体，创造出"妆花"工艺，使云锦既具有北方之"壮美"，又具有南方之"秀美"，其豪华富丽，为锦中之冠。明末文人吴梅村《望江南》词赞美道："江南好，机杼夺天工。孔雀妆花云锦烂，冰蚕吐凤雾绡空，新样小团龙。"但南京云锦仍然是皇室和官僚贵族的奢侈品。1958年，在北京十三陵定陵中出土的明朝万历帝的"织金孔雀羽妆花纱龙袍"，以及写着"南京供应机房织造"等字样的织金和妆花锦缎，堪称是云锦中的极品。它们与1977年在南京太平门外板仓村明朝中山王徐达五世孙、魏国公徐儲夫妇的合葬墓中出土的素缎地麒麟纹补袍服（这件袍服胸前的官补用织金方法织成）均是南京云锦珍贵的实物资料。

清朝在江南地区设有江宁（后为避清朝道光皇帝旻宁讳，改为江南）、苏州、杭州三织造，掌理织锦业的生产。但三者产的云锦用途不同。据《清会典》记载："凡上用缎匹，内织染局及江宁局织造；赏赐缎匹，苏、杭织造。"可见江宁织造署督造的云锦是皇室专用的，其地位高于苏、杭二地。江宁织造署就设在东南政治、经济、文化中心江宁（今南京）。清朝江宁织造署的长官称作江宁织造，位尊权重，是皇帝的红人。《红楼梦》作者曹雪芹（1711～1763）的曾祖曹玺、祖父曹寅、伯父曹颙、父亲曹頫就先后担任过江宁织造这一要职长达59年之久。在《红楼梦》一书中，曹雪芹多次写到云锦，如第三回："（王熙凤）身上穿着缕金百蝶穿花大红云缎窄肩袄。"康熙皇帝六次南巡来到江宁，除了第一次居住在明故宫内的江宁将军署外，其余五次都是住在曹寅的江宁织造署中，他还参观了织造局，有感于织工之辛劳，写下了《织造处阅机房》一诗，诗云："终岁勤劳匹练成，千丝一剪截纵横。此观不为云章巧，欲俭骄奢赌未萌。"乾隆皇帝六次南巡，均居住在由原织造署改建而成的行宫内，今南京大行宫地名就是由此而来。随着清朝顺治二年（1645年）江宁织造署的设立，南京云锦迎来了新一轮的发展机遇，呈现出前所未有的繁荣景象。乾隆、嘉庆年间（1736年～1820年），南京丝织业的发展达到鼎盛时期，仅城内就有织机三万余台，男女织工二十余万人（约占全城人口的三分之一），年产值一千万银元以上，其中相当数量的织机是专门从事云锦生产的，以云锦为龙头的南京丝织业成为南京经济的支柱产业。清朝著名书画家郑板桥《长干里》诗中"缫丝织绣家家事，金凤银龙贡天子"之语，就是清朝南京织锦业发展的真实写照。即便在太平天国农民政权定都天京（今南京）的13年间，也在南京设有织营、绣锦营（又名绣锦衙），从事织锦之类的活动。通观有清一代，南京云锦的生产盛况空前，既有官府督造的贡品，也有民间机坊生产的产品。今天，我们从保存下来的当年云锦匹料的尾部经常可以看到"江南织造臣忠诚"、"江南织造臣庆林"、"江南织造臣七十四"、"金陵涂东元玉记库金"、"金陵张象发本机库金"等等字样。清朝南京生产的织锦产品除供应宫廷、官府服用和赏赐之需外，还远销海外及蒙古、新疆、青海、甘肃、西藏等地，并在对外贸易中具有很高的声誉。

清朝南京云锦在元、明两代的基础上，进一步吸收了辽、金、西夏、蒙古诸北方游牧民族壮美的织金技艺与汉族传统的彩织技艺之成就，品种系列化、花纹优美、格局规整、配色浓重、金彩辉煌、寓意吉祥，居苏、杭、蜀产品之上，代表了中国织锦工艺的最高成就。

1912年，民国建立后，由于封建政权的覆灭，南京云锦失去了主要的服务对象，同时由于质优价廉的西方呢绒、哔叽等纺织品的输入，以及国内政局动荡不安、销路不畅等原因，昔日兴盛发达的南京云锦业呈现出一派萧条景象。1927年，南京云锦尚有织机8000架，男女织工2万余人，而到1949年4月，南京云锦只剩下织机150台左右，能够从事云锦生产的只有中兴源丝织厂的4台织机而已。南京云锦的生产跌入历史上的最低谷，但大提花楼机整套云锦生产的技艺已在南京生根。

中华人民共和国成立后，南京云锦受到政府的重视。1956年10月，周恩来总理指示："一定要南京的同志把云锦工艺继承下来，发扬光大。"1957年12月，南京市云锦研究所成立。经过陈之佛、何燕明、汪印然、张福永、吉干臣、朱枫、徐仲杰等人的共同努力，至20世纪80年代，该所在继承传统工艺的基础上，成功地复制了马王堆汉墓出土的重仅49.5克的"素纱禅衣"、十三陵定陵出土的明万历皇帝"织金孔雀羽妆花纱龙袍"、清朝丁汝昌战袍等。与此同时，该所不断推陈出新，生产出丰富多彩的云锦产品，行销国内外。2002年6月，南京云锦大花楼木质提花机妆花的手工织造工艺被我国列入申报人类口头与非物质文化遗产的五个候选名单之一。

南京云锦在1500年的历史中，吸取了各族人民纺织技艺的精华，形成了自己的独特风格和鲜明特色，由皇室、官府的专用品发展成为大众喜闻乐见的产品。这一发展变化过程在某种程度上见证了中国政治、经济、文化的发展历程。特别是遗留下来的大量云锦实物对于我们研究中国纺织品的发展历史、探索纺织品的织造工艺、了解不同时代的文化取向和审美观念，以及历代职官制度、服饰制度和工匠体制，提供了珍贵的实物资料。

二、科技内涵

南京云锦继承了我国古代丝织工艺的优秀传统，并在设计意匠和织造技艺上有新的创造，具有鲜明、强烈的地方工艺特色。

南京云锦主要的生产工具是长5.6米、高4米、宽1.4米的大花楼木质提花机。这种大提花楼机是生产皇室贡品所专用，因此，在南宋楼璹《耕织图》、元朝薛景石《梓人遗制》、明朝宋应星《天工开物》、明朝王桢《农书》中均未见著录。1949年新中国成立时，苏、杭、成都等地也均已失传，唯独南京一地仍完整地保存着云锦大提花楼机的全部设备和工艺，织时由上下两人配合操作，一天仅能织出云锦5厘米左右，故有"寸锦寸金"之称。一件云锦，从图案设计，到最后织成产品，其生产工序极为复杂（如右图所示）。

在上述生产工序中，"挑花结本"是云锦生产的关键环节。它要求工匠按照画师设计的画稿花纹图案，用经纬线交织挑制出花纹样板"花本"。明代科学家宋应星在《天工开物》中赞曰："凡工匠结花本者，心计最精巧。"这项工艺技术要求很高，他不仅要求工匠把纹样按织物的具体规格进行精确的计算，以便将纹样在每一根线上的细腻变化表现出来，还要求工匠按纹样图案的规律，把繁杂的色彩进行最大限度的同类合并，编结成一本能上织机织造的"花本"。以织造一件重量不到

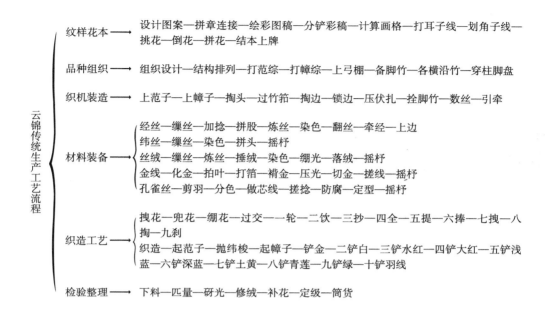

0.9千克的的龙袍为例，"花本"可重达60千克，需用线121370根，"花本"首尾长达166米以上。南京云锦大花楼木质提花机"挑花结本"的传统绝艺蕴含着现代高科技因素，至今仍不能被现代工业机器所取代。从纹针提花机到现代电脑的"二进位制"原理，都是从大花楼木质提花机中得到启示，并由此而发展，这亦是对世界纺织技术的重要贡献。

在悠久的历史发展过程中，南京云锦开发了许许多多的品种，形成了自己的品种系列，这也是蜀锦、宋锦等所不及的。云锦大体包括"库缎"、"织金"、"织锦"、"妆花"几类。[1]

"库缎"，因织成后入内务府"缎匹库"而得名，又名花缎、摹本缎，俗称袍料。它是明清两代暗花缎和两色缎品种的继承和发展。"库缎"可细分为起本色花库缎、地花两色库缎、妆金库缎、金银点库缎和妆彩库缎等。

"织金"，又名库金，因织料上的花纹全部用金线或银线织出而得名。它是元代织金锦"纳石矢"品种的继承和发展。织金主要用于镶滚衣边、帽边、裙边和垫边等。传统的织金织物中，优秀的纹样有"曲水纹锦"、"冰梅锦"、"小缠枝花锦"等。

"织锦"品种起源于西周，织物组织和纹样风格直接传承辽、宋、金而有所发

---

[1] 徐仲杰等著：《南京云锦》，南京出版社，2002年版。

展。它是用不同颜色的彩梭、通梭织彩，有"二色金库锦"、"彩色花锦"、"彩花库锦"、"抹梭金宝地"、"芙蓉妆"之别。

"妆花"是明清时期帝后百官礼服、官服用料的继承和发展。它是选用绕有不同颜色彩绒的纬管，对织料上的花纹作局部的挖花妆彩。配色自由，色彩丰富，一件妆花织物，花纹配色可多达十几种乃至几十种颜色。妆花用色虽多，但均能处理得繁而不乱、统一和谐，使织物上的纹饰获得生动而优美的艺术效果。这种复杂的挖花妆彩工艺技法，作为整件织物的织造方法，是明代早期南京织锦艺人的革新创造。最初，这种挖花妆彩的织造技法主要是在缎地提花织物上运用，后来逐渐发展到纱、罗、绸、绢、绒等不同质地、不同组织的织物上去，达到非常纯熟的地步，大大丰富了妆花织物的品种，把我国彩织锦缎的配色技巧和织造技术提高到了顶级高超的水平。直到今天，这种逐花异色的传统彩织技术，仍不能被现代化的织机所代替。中国著名工艺美术家陈之佛先生誉之为"中国古代织锦工艺史上的最后一座里程碑"。

目前，"库缎"、"织金"、"织锦"三类云锦已可用现代机器织造，唯有"妆花"这种云锦中织造技术最为复杂、成就最为杰出的提花丝织品种仍需用传统的手工织造。可以这么说，纺织品中最高档的是丝绸，丝绸中最高级的是织锦，织锦中最高贵的是南京云锦，而南京云锦中最杰出的代表就是妆花，它达到了中国丝织工艺的最高境界。

三、文化艺术价值

南京云锦，不仅历史悠久，技艺精绝，其文化艺术蕴义尤为博大精深，充分体现了物质文明创新与精神文明风采的双重属性。

南京云锦的文化艺术价值，首先表现在具有鲜明的中国吉祥文化深厚底蕴，集中国传统吉祥图案之大成，且真实地反映了不同时代人们的审美取向。

人们在社会生活中都希望平安顺利、万事如意。这种祈望吉祥如意的心理，早在人类文明的黎明时期已见端倪，我国新石器时代的彩陶纹样，如西安半坡的连体鱼纹、三鱼并体等，都寄寓了氏族子孙繁衍的吉祥含义。自从有了文字以后，装饰纹样与吉祥内容的文字配合，曾经成为流行的风尚。宋元以后，随着理学的兴起，当时社会的政治观念、伦理观念、道德观念、宗教观念、价值观念等，在装饰纹样中也都反映出来。

明清时期，是南京云锦发展的鼎盛时期，皇帝龙袍冕衣、后妃凤衣、华冠霞帔、宫帏帐幔、马褂旗袍、文武官员补服、宫廷坐褥和靠垫等御用贡品，以及高级华贵的衣裳和绚丽璀璨的云锦装饰品中，装饰纹样几乎"图必有意，意必吉祥"，形式与内容并美，汇集了中国吉祥文化的精粹。

南京云锦的纹样图案，反映了人们思想观念上的幸福祈求与热情向往，表达了中国吉祥文化的核心主题，即"权、福、禄、寿、喜、财"六字要素。

从素材上看，南京云锦图案囊括了动物、植物、佛道、乐器、文房四宝、人物、传统吉祥内容等写实的或几何形式的纹样。从文化内容上看，有祈求功名富贵、升官发财的，有祈祝好运的，有期盼平安和气的，有颂扬封建伦理纲常的，有宣扬封建社会人际关系的，还有期望子孙繁衍、聪明富贵的。总之，既有来自民间文化的"牡丹"（富贵）、"蝙蝠"（福）、"鱼"（富余）、"石榴"（多子多孙）、"桃"（长寿）等内容，也有反映皇室文化的龙、凤、麒麟、江崖、海水、万寿等内容。二者有机地糅合在一起，形成了以皇室文化为主的具有独特文化色彩的图案，其表现形式有单独纹样、二方连续、四方连续、边饰纹样、几何纹样等，有时还用"逐花异色"的特技，在连续的图案中表现不同的色彩，既富于变化又追求统一。

从现存文献和考古资料来看，"南京云锦"在明清两代主要是御用贡品，所以图案中总是由龙、凤、麒麟、狮、江崖、海水、牡丹、寿桃等唱主角。其中尤以代表"天子"、"帝王"神化权力象征的龙的表现形式引人注目，有正龙、行龙、团龙、盘龙、升龙、降龙、卧龙、行龙、飞龙、侧面龙、七显龙、出海龙、人海龙、戏珠龙、子孙龙等不同形态，以及与此相配的日、月、星辰、山、龙、华虫、宗彝、藻、火、粉米、黼、黻十二章纹，均有"普天之下，莫非王土"的内涵，是统领万方、至高无上的皇权象征。而用单独纹样"大云龙"、"大凤莲"等整匹云锦面料装饰宫廷，则显出豪华而又威严的气派。另外，云纹也有百种之多，如四合云、如意云、和合云、七巧云、蚕茧云、骨朵云、海潮云、大勾云、小勾云、行云、卧云等等。

云锦使用的吉祥图案，一般用象征、寓意、比拟、表号、谐音、文字等方法，来表达图案内容。

象征就是根据某些动植物的生态、形状、色彩、功用等特点，来表现某种特定的思想，如石榴内多籽实，象征多子多孙；牡丹花型丰满娇艳、富丽华贵，象征富贵。

寓意就是借某种纹样题材原有的特定含义，寄寓吉利的内容思想，如传说汉武帝时，东方朔三次偷食王母的蟠桃，因王母的蟠桃三千年结果一次，吃了可以长生不老，所以在云锦装饰纹样中以桃子寓意长寿。

比拟则是赋予某些题材以拟人化的性格，比如梅花孤高挺秀，耐寒抗雪；松树高大挺劲。

表号就是以某种特定的纹样作为符号，例如装饰纹样以八仙手中所拿器物作为八仙的表号纹样，即李铁拐的葫芦、汉钟离的扇子、张果老的渔鼓、何仙姑的荷花荷叶、蓝采和的花篮、吕洞宾的宝剑、韩湘子的横笛、曹国舅的阴阳板，这八种器物称为"暗八仙"。

谐音就是以装饰纹样题材的名称，组合成同音词来表达吉祥含义。如玉兰、海棠、牡丹谐音为"玉堂富贵"，灵芝、水仙配以寿山石谐音为"灵仙祝寿"。

上述种种包含吉祥如意、富贵多福的图案纹样的综合使用，使云锦的文化内涵极为丰富，诸如传统的君权神授观念、封建等级制度、儒道佛理念、求吉避凶心理等，无不包罗在其中。

其次，南京云锦雍容华贵，意境高雅，体现了真善美的有机统一。

南京云锦在元、明、清三代皇室御用龙袍、冕服，官吏、士大夫阶层的袍服及贵妇衣装，以及民间宗室、喜庆、婚礼服饰等应用的范畴里，是最华贵、最精美的工艺美术品之一。

从品种繁多的云锦所表达的审美艺术观念的实质来看，可以归纳为三种美的意象：即豪迈富丽、雍容华贵的宫廷王室之美，显示抒情雅洁的士大夫、宗主儒生之美，实用与华丽结合的民间喜庆礼仪之美。这就是云锦作品真善美统一的艺术风格。

在南京云锦辉煌、鼎盛的清代，曹雪芹创作的巨著《红楼梦》中人世繁华的描写就是源于"江宁织造"。《红楼梦》里对于南京云锦各类衣料、服装的品种质地、配色和花纹图案，以及表达的审美艺术的情趣与价值，都描写得十分情真意切，楚楚动人。在大观园里，无论是代表贵族的贾宝玉身上的穿着，还是袭人、晴雯等仆婢的衣裳，均具有云锦华贵的特点。《红楼梦》用古典文学特有的笔触，对服饰细腻的描写、渲染，让我们品味了灿若云霞的南京云锦，体现了南京云锦昔日的辉煌，是我国历史和传统文化的见证。

第三，南京云锦的质地、色彩、纹样所表达的真、善、美的形态特征，使她成为雅俗共赏的民族文化象征。

传世的南京云锦实物，主要集中在北京故宫博物院、南京市云锦研究所、清华大学美术学院、南京博物院、北京十三陵定陵博物馆、河北承德避暑山庄博物馆、西藏布达拉宫等地。如南京市云锦研究所收藏的蓝色正龙织金缎匹料、大红团龙寿字织金缎匹料等，南京博物院收藏的彩色花蝶牡丹织锦缎匹料、蓝地缠枝花卉库金匹料、石青缎团龙袍等，都是当年宫廷御用贡品。南京市博物馆收藏的明代魏国公徐达五世孙徐俌墓中出土的"本色暗花缎袍"等，亦是南京云锦的精品。

1983年，南京市云锦研究所复制了定陵出土的一件明代南京神帛堂生产的御用贡品——明万历皇帝朱翊钧（1573～1620）穿着的"织金孔雀羽妆花纱龙袍"。其整件的造型艺术设计的花纹图案构成是：前胸及后背饰柿蒂纹居正中，内饰过肩正龙纹，两肩直袖行龙，下部有龙襕一道，由八至十八条龙组成，其中四条龙与前后片龙襕相接。柿蒂纹及龙襕内，为龙戏火珠样式。下部有海水、江崖纹，上部为如意云纹，匹配辅织灵芝、兰花、水仙等花卉纹饰。正龙龙鳞挖织真金线边，孔雀翠羽（金闪绿）妆花。龙腹用红、蓝、绿三色"彩妆"，以扁金线（直径约为0.5厘米）绞边。海水为绿、白两色，云纹为翠蓝、橘红两色。柿蒂纹内织大正龙戏火珠一、小龙十三条。每条龙襕内饰大龙戏珠一、小龙五条。大龙织金线边"妆金"，小龙用金黄、明黄、绛红、靛蓝、中绿五色。色彩艳丽，随视角的移动而变幻。群龙体态生动活泼，更显金碧辉煌。整件龙袍的图案设计之美、文化艺术蕴义之深，集皇室文化与吉祥文化于一体，令人叹为观止，实为南京云锦艺术的杰作。

国外的南京云锦实物有日本冲绳首里城收藏的黄地和红地的日本琉球王织金妆花直身式缎龙袍、红地金妆花纱柿蒂式龙袍料、元青地织金牡丹锦、蓝黑色芝麻纱纹官纱、大富贵团龙飞凤妆花缎等，连遥远的北欧挪威王室也收藏有清代蓝地真金妆花缎龙袍料。

南京云锦是具有中华民族传统特色的，体现丝绸肌理美、色彩和谐美、纹样意象美的工艺美术珍品，是中国历代织锦艺人匠师独特的艺术成就，创造性的天才杰作。

近年来，南京云锦以其大花楼木质提花机的奇巧绝艺为主体，以及绚丽璀璨的各类云锦产品为特色，代表中国传统科技的最高成就，应邀赴美国、法国、比利时、挪威、日本、韩国、新加坡等国家和台湾、香港等地区进行展出和手工织造操作表演，并进行科技文化交流。参加了"日本筑波国际博览会"、比利时皇家历史博物馆的"中华五千年文明展"、韩国汉城的"中国古代科技展"和"中国文化大展"、上海建城700年的"明代文物复制品展"、台湾自然科学博物馆的"古代科技展"、美国洛杉矶的"中国文化展"、香港的"中国古代纺织服饰研讨会"、日本冲绳的"琉球王龙袍加冕庆典"等一系列展示活动。这些交流活动既促进了南京云锦事业的发展，又有力地增进了中国人民与世界各国人民的传统友谊。

如今多数古代名锦已成为历史的记忆，我们只能从史料和遗留下来的有限实物中品味它们的雍容华贵了。唯独南京云锦的传统文化和传统工艺能够完整地流传至今，非现代机器所能替代，成为中华民族传统遗产中的"活化石"。南京云锦历史的源远流长、工艺的高超绝伦、艺术的华美富丽，世所公认。正因如此，南京云锦被誉为"中华瑰宝"和"中华一绝"，确实是当之无愧的。

原载黄能馥编：《中国南京云锦》，南京出版社，2003年版，第1-6页。

中国南京云锦与《红楼梦》作者曹氏世家

一、云锦史略

史前时期的蚕桑遗迹

南京云锦是中国丝织工艺发展到高峰时期的著名品牌，中国是"丝绸之国"，是蚕桑丝绸的发源地。1978年，浙江省余姚市河姆渡遗址曾出土6900年前刻有4条蚕纹的象牙盅及纺织工具；1921年，瑞典人安特生（Anderson）在辽宁沙锅屯仰韶文化遗址发现大理石蚕；1960年，山西省芮城县西阴村仰韶文化遗址晚期地层发现了陶蚕蛹；1926年，山西省夏县西阴村灰土岑距今4000多年的遗址上发现一个半切割的蚕茧，品种与桑蟥茧近似；1958年，浙江省吴兴县钱山漾新石器遗址发现一批4700年前的丝织品，有未炭化而呈黄褐色的绢片及已炭化仍有韧性的丝带、丝线等；1984年，河南省荥阳市青台村仰韶文化遗址发现藏于儿童瓮棺内包裹童尸的平纹绢和组织十分稀疏的浅绛色罗，距今已5500年。

夏代蚕桑

到公元前21世纪的夏代，据历书《夏小正》有"三月摄桑……姜子始蚕，执养宫事"和《尚书·益稷篇》关于帝王衮服要绘绣日、月、星辰、山、龙、华虫（雉鸟）、宗彝、藻（水藻）、火、粉米、黼（斧）、黻（亞）等代表王权的十二章纹来看，丝绸已成为最高等级礼服的用料。

商代蚕桑

公元前16世纪商汤时七年大旱，汤亲身祷于桑林，当时用三对雌雄羊或三头牛作祭祀蚕神的牺牲，有时还杀殉羌（奴隶）作牺牲。商代卜辞常有关于蚕桑的记载，青铜器常有蚕纹的装饰，玉蚕常用作殉葬品。在商代铜器和玉刀上发现的丝织物印痕中，已辨认出有绢、缣、回纹绮、雷纹条花绮等丝织品种。

周代蚕桑

到公元前9世纪的西周时期，我国已生产出经二重组织的经锦和方孔纱、锁绣等高档丝织物。

齐国冠带衣履天下

公元前770年周平王受犬戎威胁，由镐京迁都洛邑，中国进入春秋时期。由于铁工具的使用，各小国诸侯纷纷开荒拓地，发展农桑，齐、鲁等国纺织原料、染料、纺织手工业迅速发展，成为当时丝绸生产的中心。这一带桑麻遍野，妇女们能织善绣，产品行销各地，一些经营丝帛或染料的大商人，财富可比"千户侯"，人们称之为"素封"，齐国就有"冠带衣履天下"的美称。最近在江西省新干县发现春秋时期贵族墓群，出土一批织品，花纹及组织结构清晰可辨，目前正在清理中。

战国锦绣

20世纪后半叶，先后在河南信阳、湖南长沙、湖北江陵出土公元前5至3世纪战国时期的丝绸文物，品种有绢、绨、方孔纱、素罗、绮、彩条纹绮、锦、绦、绣等。品种以1957年湖南长沙左家塘44号战国楚墓出土者最丰富，纹绣以1982年湖北江陵马山砖厂1号战国楚墓出土为最绚丽。

两汉丝绸

公元前206年至公元220年的两汉时期是中国丝绸业的繁荣期，中国丝绸史上诸多重大事件如提花机的重大改进，丝绸品种的多样化发展，织物上织出吉祥寓意文字、西北丝绸之路的正式开通等等，不仅极大地促进中国丝绸业和丝绸科技的发展，而且对世界性的经济文化科技交流，产生了重大影响。汉代官府在长安设有东、西织室，在陈留郡襄邑（今河南睢县）和齐郡临淄（今山东临淄）设有"三服官"，各有织工数千，生产精美的织锦、"冰纨"、"雾縠"、"方孔纱"等。

长沙马王堆

1972年在湖南长沙马王堆1号西汉墓出土的素纱禅衣，抟之不盈一握，重仅48克。而沿西北丝绸之路出土的东汉至南北朝织锦，题材以祥云瑞兽和吉祥文字为主，构图繁密，形象矫健，充满奔腾动荡的气势。中国丝绸遍受西方世界的赞誉，竟与黄金等价。

蜀锦——中国织锦史上的第一座里程碑

自东汉末黄巾起义至南北朝400年间，中原战乱不止，西北、北方游牧民族乘虚而入，迫使中原人民大流徙。陈留襄邑官府丝织业衰落，四川地区的成都蜀锦兴起，成为蜀国经济的支柱。蜀锦艺术在中华传统的风格基础上，融合西方装饰艺术的基因进行创新，例如借鉴波斯萨珊式缀星图纹样格架而新创的联珠团窠纹，初现于公元6世纪中叶的北齐；在山西晋阳北齐太尉武安王徐显秀墓壁画中已出现联珠佛面纹、联珠对马纹、联珠卷草纹装饰的衣裙及马鞍毯。至隋唐时期，联珠团窠纹作为蜀锦重要的装饰，其形式与内容不断丰富，流行至公元9世纪而长盛不衰。同时蜀锦的组织结构也由原来的经线起花演进为纬线起花，从而扩大了纹样的单位，丰富了色彩的变化。蜀锦是大唐文化中鲜丽的花朵，是中华织锦艺术发展史中的第一座里程碑。

西北、北方游牧民族对丝织工艺的影响

公元755年，安禄山在范阳起兵作乱，使北方社会经济遭受重大破坏，从此丝绸生产重心南移。公元10至14世纪，西北和东北游牧民族契丹、党项、女真、蒙古等族先后建立辽、西夏、金、元等政权。宋王朝在丝绸文化领域通过装饰纹样以吉祥图案的形式灌输封建伦理纲常。而契丹、蒙古等政权统治地区大量被虏役的工匠，则在丝织工技上有所创新，如在田野考古中发现的辽锦，织物组织就出现与汉唐时期以夹经或夹纬将纹纬或纹经夹隔出花纹不同的织法，以后中国织锦就过渡到全部经线都与纬线交织的织法，即由"暗夹型"过渡到"地结型"。同时，还出现了缎纹织物、妆花织物，织金织物也大为流行，使丝织品的纹彩更加光艳夺目。

宋锦——中国织锦史上的第二座里程碑

宋锦文化内涵丰富，织物组织结构较汉唐织物有重大发展，对后世纺织科技有深远影响，故宋锦是中国织锦的第二座里程碑。

南京云锦——中国织锦史上的最后一座里程碑

南京云锦传承了唐宋丝绸的工艺传统和丝绸艺术的文化内涵，同时吸收了辽、金、蒙古等游牧民族的文化特色，把织金技艺与织彩技艺融为一体，开创了丝绸艺术的一代新风。云锦纹样题材内容广泛，题意吉祥，造型壮硕丰满，色彩浓重富丽，大量用金银线与各色彩丝及孔雀羽线相搭配，金碧辉煌。构图不仅纹样单位变化多样，而且整匹根据使用要求设计布局，按成品画成有暗线边的裁片排成疋料，每疋可裁制成一至两件成品，称为"织成"料。元、明、清三代，云锦便是宫廷皇室专用的服料和陈设用料的产品，其技艺成就达到我国传统手工丝织技艺的顶峰，是中国织锦工艺的最后一座里程碑。

十朝故都、王者风范

南京位于长江入海口的南岸，东距大海300公里，北接江淮大平原，东南临太湖水网，清《同治上江两县志》记载："秣陵之民善织，江南盛产蚕丝。"南京战国时置金陵邑，秦称秣陵，三国吴称建业，晋称建康，明为南京，清为江宁府治。三国吴、东晋、宋、齐、梁、陈、五代南唐、明初、太平天国、中华民国均建都于此，故称南京"有帝王之气"，而南京云锦堂皇富丽，具有皇者风范，自然与十朝故都的文化基因有关。

以军政手段引进丝织人才

相传三国时吴王孙夫人就是织绣技艺的能手，她能织云龙虬凤之锦，宫中谓之机绝，能绣制五岳河海城邑行阵之形于方帛之上，时人号为"针绝"。吴国在南京设有专供王室生产丝绸的织室，《三国志·吴志·陆凯传》记陆凯上疏孙皓："先帝时，后宫列女及诸织络，数不满百……先帝崩后……更改奢侈，伏闻织络及诸徒，乃有数千。"我国古代南方虽然盛产蚕桑，但丝织技术落后于北方，孙吴建国之前，孙策与周瑜等人袭皖城，"得（表）术百工及鼓吹部曲三万余人"。吴景帝孙休永安年间（258～263），交趾郡太守孙谞"科郡上手工千余人送建业"，吴国先后通过军事政治手段，引进百工充实丝织技术力量。东晋安帝义熙十三年（417年），刘裕北伐中原，灭掉后秦，将长安织锦工匠徙至建康。在南京城南秦淮河畔斗场寺附近设置锦署，这是南京织锦业上的一件大事。但织锦工艺十分复杂，引进消化需经一段时间，到南朝宋时，山谦之在丹阳记中还说："江东历代尚未有锦，而成都独称妙。"但这种情况不久就有了改变，《齐书·礼制》谈到南朝宋有"织成衣帽锦帐"。《齐书·五行志》："永明（483～493）中，宫内服用射猎锦文，为骑射戈兵之象。"《齐书·志第九兴服》论及衮服："宋末用绣及织成，建武（494～497）中，以织成重，乃采画为之，加饰金银薄（即金线银线），世亦谓为天衣。"史载梁武帝永明年间宫内服用"射猎锦文"，从现今考古出土丝绸文物得知，就是从北朝新创的狩猎纹锦，这种纹样在隋唐时流行最盛。至于"织成"，是按织成品的形式规格定位设计的匹料，这种整体设计的理念，一直为后世传承，现今被称为"一条龙"的设计。

历史遗迹——南京锦绣坊

南朝宋时，在建康（南京）城南天津桥（今内桥）南大道两侧设有东西锦绣坊，"锦绣坊"这个地名一直留传至今。元代至元十七年（1280年），元世祖为南京设立东织染局和西织染局及东、西锦绣坊。织染局"有局使二员、局副一员，管人匠三千六户，机一百五十四张，额造段（缎）匹四千五百二十七段，荒丝一万一千五百二斤八两"。

皇家御用衣袍锦缎的基地

明清两代，江南南京、苏州、杭州是中国丝绸生产的中心，明朝在南京设有内织染局（又称南局）、神帛堂、供应机房，今南京内桥与中华门之间设有织锦一、二、三坊，专门生产宫廷所用缎匹、织帛及司礼监祭祀所用神帛。清初清兵初入关时，因南下受到抗阻而发起扬州十日大屠杀、嘉定三日大屠杀，苏州由盘门至钦马桥大屠杀等重大破坏，满洲骑兵放牧桑田，江南丝绸生产损失惨重。顺治十五年（1658年），皇帝下令让百姓恢复生产，种植桑榆。顺治初，在南京设江宁织造局。康熙三十五年（1696年），向全国颁发耕织图，并亲自写序，每幅题诗。自康熙至乾隆（1662~1795），逐渐完善了清朝冠服制度，由皇家画院如意馆画师设计服装成匹料的彩色小样和原大墨线裁制图，经内务府官员和皇帝审批后发送到江南织造，凡上用衣袍由陆路运送进京，宫用缎匹由运河水运进京。

二、江宁织造府与《石头记》

清朝历代皇帝都很重视云锦的生产，康熙皇帝南巡时，有五次住江宁织造署，他巡视过织造机房，赋诗为记。乾隆帝头两次到江宁，都陪皇太后巡视江宁织造机房，后来第四次到江宁，又到织造机房去巡视。他六次到江宁，均住在由原织造署改建的行宫中（今南京大行宫一带），足见朝廷对云锦的重视。当时主管云锦生产的江宁织造，地位的显赫，可想而知。我国古典小说的最高成就《红楼梦》的作者曹雪芹，就出身于康乾盛世连任江宁织造的曹氏世家，他的曾祖父曹玺是清朝第一任江宁织造，祖父曹寅、伯父曹颙、父亲曹頫，相次继任江宁织造前后约六十年。雍正五年（1727年），曹頫被革职，次年曹家被抄，这时曹寅已死，曹雪芹年约12岁，他家在南京的家产房屋并家人住房13处计483间、地8处计19顷67亩，家人大小男女114口，外有欠曹頫连银本利共32000余两，全部被抄没收。雍正皇帝命隋赫德接任江宁织造，隋赫德将北京曹家老宅17间半及家仆3对拨还曹寅寡妻，以资养赡。雍正六年（1728年）秋，曹家获准雇船遣发回京，曹頫则在京服狱，雍正十三年九月雍正帝死，乾隆帝颁恩诏，方重获自由。曹雪芹工诗善画，嗜酒狂狷，少时"锦衣纨绔"，"饫甘餍肥"，12岁时家破倾产，在人生道路上遇到这么重大的落差，命运之神给他的打击至重至深。他晚年"茅椽蓬牖，瓦灶绳床"，举家食粥。由于他出身豪门，心志未丧，终于在困顿中"披阅十载、增删五次"，用心血和生活记忆，写出长篇小说《石头记》80 余回，书未成而病故。在《石头记》中的荣宁二府，就是南京江宁织造府昔日豪华的缩影，如果没有曹雪芹少年时的生活感受，就写不出金陵十二钗和宝黛之间的悲欢故事，没有江宁织造府、没有南京云锦，就不会写出《石头记》。

三、云锦是中国名声卓著的传统丝绸品牌

蜀锦、宋锦、云锦，是中国古代传统的三大名锦，蜀锦兴盛于三国时期，宋锦兴盛于宋代，云锦代宋锦而兴起，至元、明、清时成为宫廷官府服饰专用的产品。云锦之名，究竟是什么时候传开的呢？

西晋木华《海赋》云："若乃云锦散文于沙汭之际，绫罗被光于螺蚌之节。"唐李善注："言沙汭之际（水的弯曲处），文若云锦、螺蚌之节，光若螺蚌之节、若绫罗也。"东晋葛玄《汉武内传》载："张云锦之帏，燃九光之灯。"以上两例，都是指织锦的花纹而言，与锦的品种无关。明末吴梅村《望江南》："江南好，机杼夺天工，孔雀妆花云锦炽，冰蚕吐凤雾绡空。"这里说的孔雀妆花云锦，应该就是云锦中孔雀羽妆花缎的一类品种了。用孔雀尾屏中的细羽扎在丝线线芯上，做成孔雀羽线，与金线和彩色丝线织出花纹，闪彩豪华壮美，不是其他色彩可比拟，这是南京云锦的特色之一。《红楼梦》中晴雯带病为宝玉夜补的孔雀裘，就是用孔雀羽线织补的。由此得知，云锦作为丝绸品种的名称，至晚是在明代。

云锦是一个多品种的传统丝绸品牌

云锦品类丰富，包括"库缎"、"织金"、"织锦"、"妆花"四大类，每类又分若干品种，如库缎（又名摹本缎）中有本色起花的暗花缎，暗花缎又分暗花与亮花两种，在经面缎地上织出与地色相同的纬面缎花的，称为暗花或摹本，在纬面缎地上或纬向斜纹地上织出与地色相同的经面缎花的，称为亮花。民国时期用有光人造丝来织出缎花，花明地暗，花纹更加清晰，称为"克利缎"。有花地两色的两色缎，有在暗花缎基础上加金、银线或彩线的妆金库缎、金银点库缎、妆彩库缎等。花地两色库缎是两色提花织物，库缎多作衣料之用。

"织金"又名库金，全以金、银线织出花纹，多用于衣帽镶边，纹样花满地少，以小花为主。

"织锦库缎"与"妆花库缎"均为多梭彩纬提花，妆花库缎织时以通幅长纬织地纹，以穿有各色彩丝的小梭用通经断纬的方法专门挖织出各色彩花，色彩繁复的

花纹，小彩梭可以多到十几把或几十把。

"织锦"有二色金库锦、彩花库锦、抹梭织锦、抹梭金宝地、芙蓉妆等品种。

二色金库锦花纹全部用金银线织，以几何纹和小花为多，作衣帽滚边等用。

彩花库锦是用通梭金线和通梭彩丝所织的小花纹锦，作囊袋、锦匣、装裱装饰等用。

抹梭织锦全部用长织通梭织制，彩纬在正面显色，不显花时在背面形成扣背组织，彩纬分段换色，故背面有彩条效应，花纹一般为大花。

抹梭金宝地织法与抹梭织锦相同，但抹梭织锦是缎地显地，抹梭金宝地是满地捻金线，即金地上显彩花，再在彩花轮廓用片金线包边，极为光艳富硕。

芙蓉妆是配色较简单的大花织锦，花纹不用金线包边，花形以空出地部的边线来显视，艺人称作"丢阳缝"。例如枝叶以一至二色长织梭织出，花用短跑梭分段换色，但用色不多，质地较薄，常作佛幡、铺垫、装裱书画之用，过去常用芙蓉花作图案，故称"芙蓉妆"。

云锦品目在明代中后期至清前期更为丰富，就妆花织物而言，除妆花缎类外，尚有妆花纱、妆花罗、妆花绢、妆花绒等诸多品类，代表了手工丝织技艺的最高水平，但做工很慢，一天仅能织一、二寸，故有"寸金寸锦，寸金换妆花"的说法。

四、云锦的生产工艺

南京云锦是全面传承明清两代皇家织造衙门所特有的织造技艺，使用长5.6米、高4米、宽1.4米的木质大提花楼机进行织造，这种大提花楼机，为皇家独有，南宋楼琦《耕织图》、元朝薛景石《梓人遗制》，明朝宋应星《天工开物》、明朝王桢《农书》均未见著录，1949年时成都、苏杭等地均告失传，唯南京完整得到保存。概括云锦织造工艺，分为画样、织物组织设计、挑结花本、织机装造、原料准备、织造、织品整理（匹量、砑光、修绒、补花等），这些工序中最关键的是挑结花本，云锦织造是按程序控制的，即预先将花样编结成"花本"，由花本控制提花程序，编结花本的工序称为"挑花"，挑花匠凭心智手巧，把花样编结成花本，《天工开物·乃服·花本》云："凡工匠结花本者，心计最巧，画师先画何等花色于纸上，结本者以丝线随画度量，算计分寸秒忽而结成之，张悬花楼之上，即织者不知成何花色，穿综带经，随其尺寸度数，提起衔脚，梭过之后，居然花现。"北京定陵在1985年出土300余件明万历皇帝和两位皇后的衣物，很多就是南京供应机房产品，南京云锦研究所传承明清宫廷织造工艺技术，一直为北京定陵博物馆将定陵出土的珍贵丝绸文物予以科学复制，使这批尘封337年受残的古代丝绸文物的复制品，光彩照人，得以在北京长陵大殿陈列展览，一饱中外游览者的眼福。复制品中有一匹过肩龙妆花纱织成袍料，全长五丈三尺一寸，宽二尺一寸，在暗花四合如意云的透明纱地上，按衣领、大小衣襟、左右直袖、左右正身、膝片正身、膝襕等的裁片布局定位，织成了11条行龙、3条界龙、2条升龙、1条正向坐龙，每个裁片均有暗线边界标记，按线口缝成袍时，双肩前后有红绿两条过肩龙盘绕，衣领镶3条小龙，双臂间升龙呼应，膝襕9条行龙和1条坐龙环游，极具皇者气度。织这件龙袍织成匹料，要挑制十块花本，凡色纬、金线、孔雀羽线通匹有29450梭，均需在花本上挑出，花本全长50余丈，重数十公斤，相当于每织一寸衣料，要用一尺长的花本。织时，花本分段装到织机的花楼上，由挽花匠在花楼上拉花，织匠在机头前投梭织纬，织过一段，换上下一段花本再织，两人每天只能织袍料2寸，整匹一件龙袍，需织270天。《天工开物》第二卷《乃服·龙袍》记载："凡上供龙袍，我朝局在苏杭。其花楼高一丈五尺，能手两人，扳提花本，织过数寸，即换龙形，各房斗合，不出一手，赭黄亦先染丝。工器原先殊异，但人工慎重，与资本皆数十倍。以效忠敬之谊，其中节目微细，不可得而详考云。"

清代凡皇太后、帝、后御用冠服，妃嫔及皇子、公主朝冠朝服，均依礼部定式由内务府广储司库员拟定式样、颜色及应用数目，奏准后分配江宁、苏、杭织造，清初由曹雪芹的曾祖父曹玺、祖父曹寅、伯父曹顒、父亲曹頫任江宁织造时，凡大红蟒缎、大红片金折缨等项，都派江宁织造处承办。《清宫述闻》卷二记引《印雪轩随笔》："内府大缎皆金陵织造所贡，色鲜润。"《清会典》亦记载"凡上用缎匹，内织染局及江宁局织造，赏赐缎匹苏杭织造"。可见南京的织品受特别重视。北京故宫藏有清宫帝后上用和宫用织绣文物近20余万件，其中清初及康熙时期的织绣品工技和艺术水平最属上乘，此时，曹雪芹祖辈正在担任江宁织造，可见政绩昭著。雍正元年（1723年），曹家姻亲苏州织造李煦被抄家，后被定为"大逆极恶"的奸党，曹雪芹的父亲曹頫被疑与"奸党"有牵连，雍正六年被革职查办，抄没家产，曹家彻底败落，而曹雪芹于困顿中写出《石头记》这部世界名著，为中华文化做出最卓越的贡献，千秋功业，万世流芳。曹氏家史，与南京云锦紧密相连。

原载《红楼梦学刊》，2009年第3期。

装饰纹样研究

谈龙说凤

在封建社会中，历代中国皇帝都把龙作为象征自己神威的标志，而凤则被神化为皇后的化身。封建皇帝自命为"真龙天子"，紫禁城内的朱门玉宇、画栋雕梁、琉璃壁饰、金漆彩画以至帝后的衣饰穿戴、车驾旗仗、生活用具、陈设珍玩、文房四宝等，几乎处处都有龙或凤的纹饰。这些装饰中的龙、凤形象变化万千，有的夺珠嬉戏，有的行走攀登，有的屈身蟠踞，有的腾云戏水，种种不一。

然而，龙、凤纹饰并不为封建帝后所独有，民间以及受中国文化熏陶的地方也都有之。龙、凤形象不仅见于绘画、工艺美术、雕刻、建筑装饰，而且深入民间习俗，如元宵节有迎龙灯，舞布龙，吃喜酒时称贺"龙凤呈祥"，以"龙跃凤鸣"比喻才华出众等。在龙和凤两种艺术形象中，龙更具有神秘的色彩，许多国际友人称中国为"东方巨龙"。有关龙的文化艺术已影响到东方邻邦日本、朝鲜以及东南亚地区。

说龙凤是中国文化的象征，确有其历史根据。距今约六七千年前的中国原始彩陶文化中，已有龙、凤形象的雏形（图1、2）。而距今3500多年前的商代青铜器上，则出现了公认的龙、凤纹样。以后中国历代的装饰艺术，包括建筑、交通工具、礼器、兵器、骨玉牙角雕、砖石竹木雕刻、木器家具、金工器皿、陶瓷、髹漆、染织刺绣、文房四宝、灯彩盆景、民间玩具、民间剪纸、商品装潢、邮票、钱币等等，到处都能发现龙、凤的纹样。千百年来，许多地区、许多民族的人民，都曾在自己的劳动生活中创造过许多以龙凤为题材的艺术珍品。

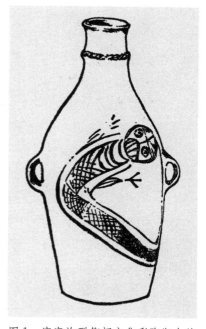

图1 庙底沟型仰韶文化彩陶瓶上的龙纹雏形（甘肃武山西坪出土）。

图2 新石器时期彩陶装饰中的凤纹雏形。左：马家窑类型，右：石岭下类型。

一、龙的神话的起源

古生物学中的龙生活在距今两亿二千五百万年到七千万年以前的爬行动物的全盛期，鱼龙、恐龙、翼龙等遍及海、陆、空，所以人们称中生代为"龙的时代"。到中生代末期，绝大部分的爬行动物都已绝灭了，目前残存的只有龟、鳖、蛇、蜥蜴、鳄鱼等。

中国神话中的"龙"，并不是古生物学中的爬行动物，它是一种神异变化的动物，就像中国最早的百科全书《说文》所描述的："龙，鳞虫之长，能幽能明，能小能大，能短能长，春分而登天，秋分而入渊。"

在先秦时期的文献材料中有关龙的记载，最有代表性的，大体上有如下四种说法：

第一种是把人和龙混为一体的说法。例如，把开天辟地的人类始祖伏羲氏、怒触不周之山的共工、炼石补天的女娲氏、领导人民战胜强敌和创造物质文化的黄帝、教导人民学会农业技术的神农氏以及南方之神的火神祝融等等，都描写成龙身人面或蛇身人面。

第二种是龙乃人的化身的说法。例如，说禹的父亲鲧，死后三年不腐，化为黄龙。

第三种是说龙是神力极大的神物的说法。例如，说禹治洪水时，有神龙以尾画地成河，疏导洪水。

第四种是把龙说成是神人驾御的工具。例如，中国古代地理名著《山海经》说，夏后氏启和西方的蓐收都乘两龙，南方祝融乘两龙，北方禺疆乘两龙，东方句芒乘两龙。中国古代大诗人屈原也在《九歌》中说河伯"驾两龙兮骖螭"。

很明显，中国古代神话关于龙的说法，是和原始人类与大自然的斗争相联系的。那些战胜自然力、为人类造福的英雄领袖们，他们本身既是人又是龙。所以龙也就象征战胜自然力的强大力量。以后龙的形象从具体的人的形象中抽象出来，凝聚成为具有

图 3　西安出土魏尔朱袭墓志盖四神纹之神人骑龙与神人骑凤（朱雀）。

神力的龙，它能负载神人乘云上天（图3），也能帮助人们造福。民俗学家把古代关于龙的神话解释为古代氏族社会的图腾崇拜，是非常恰当的。

二、凤的神话的起源

凤在中国古代神话中，是一种神鸟。距今两千六百年前的中国最早的诗歌总集《诗经》里的《玄鸟》篇中写道："天生玄鸟，降而生商。"说的是上帝命玄鸟下降到人间，生下了商代的祖先。许多历史学家认为诗中说的玄鸟就是凤。在商代，奴隶主把自己的统治权说成是上帝赋予的，传说他们的祖先

图4 殷墟晚期铜卣饰纹多齿冠凤。

简狄有一次在野外吞吃了一个玄鸟的卵，于是就怀孕生下了契。历史学家认为契就是少皞氏挚，他的部族住在今山东地区。据出现于先秦时代的中国古代第一部历史名著《左传》记载，很久以前，少皞氏为部族首领的时候，凤凰等几种鸟类在每年固定的节气出没于当地。于是，少皞氏设专门的官员观察、记载、利用鸟类物候制定农历，确定一年中从立春到冬至的八个节气，以指导农事。因而少皞氏时期管气候的官称作"凤鸟"。到了距今三千多年前的商代，把凤尊称为风神。从此，凤的形象，成为青铜工艺的重要装饰题材（图4）。所以凤在早先是作为从事农事的征候而被人重视，后来被抽象为神鸟，变成图腾崇拜的对象。

那么，在古代中国，自然界是否真的有凤鸟存在呢？过去，人们认为凤鸟只不过是想象的艺术形象。但是，郭沫若先生研究了一件距今近三千年前西周初成王时的铜器铭文，铭文说周成王命令名叫中的人去视察南国，把一只活凤赐给了中。铭

图5 商代甲骨文中的"凤"字

文中的"凤"字，类似甲骨文中的"凤"字。在商代甲骨文中，发现的"凤"字是很多的（图5）。"凤"字的字形，一般像一只戴冠的大鸟，姿态优美生动，尾上有眼球形的彩斑。这些"凤"字，显然是有现实生活中的标本作根据，而不是凭空所能臆造的。

三、龙、凤与皇权

在中国原始社会，龙、凤作为大自然神秘力量象征而受到崇拜。到奴隶社会，龙、凤由某些氏族的图腾转化为最高统治者、一姓祖先的化身。这种观念到封建社会初期进一步得到延伸，龙、凤就变成封建皇帝和后妃政治权势的标记。

神话里说黄帝本身就是黄龙体。后来黄帝采取首山的铜，在荆山下铸造铜鼎。铜鼎铸成时，有龙挂着长长的胡髯从天上下来迎接黄帝，黄帝骑上龙背，大臣们和后宫的侍从们七十多人也跟着爬上龙背，龙就上天去了，一些小臣们来不及爬上龙背，急忙抓住龙髯不放，龙髯拔掉了，小臣们都掉下来，连黄帝的弓也掉了下来。百姓们仰望着黄帝上天而去，只得抱着弓和龙髯哭叫。

还有一则神话，说汉高祖的母亲刘媪梦见赤龙和她交配而怀孕，生下了汉高祖。后汉高祖喝醉了酒的时候，别人见他头上常常有龙显现。

这一类神话，当然是带有政治宣传色彩的。在封建时代，龙的形象便成为皇帝政治权威的象征，例如，把皇帝的容貌称为"龙颜"，皇帝的身体称为"龙体"，皇帝的衣服称为"龙卷"，皇帝的坐位称为"龙座"，皇帝的床铺称为"龙床"，皇帝即位称为"龙飞"，皇帝登基以前称为"龙潜"，等等。

中国的第一个王朝夏代是以龙为图腾的民族。据古代被神化了的传说记载夏朝的第一个君主禹是个治水英雄，当他受禅登基时，蟠龙迅速从它藏身的地方飞出来。夏王朝的大旗上画着两龙相交的纹样，用具上也都有龙纹。皇帝的礼服，从把皇权授给禹的舜帝时代就开始用包括龙在内的十二种花纹作装饰。这十二种花纹称为"十二章"，其中的龙纹是因为它有"变化无方"的含义。从唐代阎立本所画的《历代帝王图》和敦煌莫高窟历代壁画中的帝王图像及明、清各代帝王所穿的礼服来看，帝王礼服用"十二章"纹样的制度，确实一直被保持下来。不过，龙纹所占的位置，越到后来越大，其他十一种纹样最后只放在适当的位置作为标志罢了。因此，一般人都认为皇帝穿的是"龙袍"，而不知道皇帝穿的礼服应该叫"衮服"。到清朝，皇帝在一般庆典活动中穿的衣服，才叫龙袍，重大庆典穿朝袍。

从元朝开始，朝廷三令五申地发布命令，规定只有皇帝和他的某些亲属才能穿五爪龙的袍服。其他的人不许织造和穿着五爪龙袍。有些官位很高的大臣可穿四爪龙或三爪龙的袍子，但那不叫龙袍，而称为"蟒袍"。于是，五爪龙就成了皇帝的徽号。

凤凰与皇权的关系，也同龙与皇权的关系一样密切。据两千多年前西汉时期的《韩诗外传》记载，中国古代神话中五天帝中，中央之神黄帝曾问天老，凤凰是怎样的？天老答道：凤的形象，鸿前麟后，蛇颈鱼尾，龙文龟身，燕颌鸡喙。首戴德、颈戴义、背负仁、心入信、翼采义、足履正、尾系武……你如果有凤身上所具备的这些伦理道德的话，凤凰就会来了。于是，黄帝诚心诚意地穿了礼服，在宫中许下心愿，凤就飞到黄帝跟前，留住在黄帝的东园，在梧桐树上栖息，在竹林子里觅食。《史记》里说舜在位时，百姓拥戴舜的政绩，兴"九韶"的音乐，凤凰就到处飞翔。这样，凤凰就成为与"帝德"并美的"瑞鸟"。秦始皇统一中国、建立第一个中央集权的封建大帝国之后，凤凰也由出类拔萃的鸟类代表晋升为"鸟中之王"。不久，汉朝就定下制度，皇帝乘坐的车称为凤辇，太皇太后、皇太后、皇后都戴凤冠，皇宫的建筑称为凤阙或凤楼，皇帝仪仗所用的华盖称为凤盖。到明朝，皇后的凤冠上用宝石翡翠镶嵌成九龙四凤。北京定陵开发出来明万历皇后的凤冠，就是这种形式的。

龙的形象在封建社会后期是不许民间使用的，但可能因为封建社会重男轻女，对凤就不像龙那样严格禁止民间使用。明、清时期，一般女子结婚所用的彩冠，也用凤纹作装饰，并通称为凤冠。

在整个封建时期的宫廷装饰艺术中，龙、凤始终处于显赫的地位。建于五百多年前的明、清两代皇宫——紫禁城，为了体现"君权神授"的思想，无论是皇帝行使权力之处的太和、中和、保和三殿，还是皇帝处理政务及后妃居住的乾清宫、交泰殿、坤宁宫及东西六宫，到处是龙、凤形象。与紫禁城同期建成的天坛，是明、清两代帝王祭天祈谷的地方，那里的祈年殿、皇穹宇等建筑，各种龙、凤的石雕、彩画，布满台基、围墙、柱子、重檐、殿顶。北海在明、清两代被辟为帝王御苑，那里有五龙亭、九龙壁等建筑。九龙壁上九条不同姿态和颜色的游龙，腾跃在一片惊涛骇浪之中。山东曲阜孔庙，整个建筑多仿皇宫样式，在大成殿这个祭祀孔子的主殿内，有三十二根直径一米的楠木大柱，顶板全是彩绘的金龙图案，檐下又有二十八根雕龙石柱。特别是前檐下的十根深浮雕石柱，上有盘龙戏珠，造型生动，是罕见的石雕珍品。

辛亥革命后，北洋军阀首领袁世凯酝酿恢复帝制，企图登上龙椅，披上"十二章"的衮服，以为就可即位称帝。但在全国人民声讨声中忧惧而死。从此，皇帝的尊号和龙的徽饰都被送进了历史的博物馆。

四、龙、凤与民俗

中国古代，北方的匈奴，南方的楚人、越人、粤人，西南的哀牢人和苗人，都是以龙为图腾的民族。在长期的历史进程中，龙的含义逐渐从民族共同的祖先变成最高统治者一姓的标记、帝王后妃的符瑞和宫室舆服的装饰母题——帝德与天威的标记。

但是，在具有强大生命力的民间文化中，龙这个古老而为群众熟悉的题材仍占有极为重要的地位。在民间，上层社会把有才德地位的人比作龙凤。唐朝大诗人杜甫在《洗兵马》诗中写道"攀龙附凤势莫当，天下尽化为侯王"。后来人们就以"攀龙附凤"泛指攀权附势、猎取富贵。

元明之际，正当朝廷强制规定龙为皇帝专用标志的时候，在民间却有"龙生九子不成龙，各有所好"的传说，老大"囚牛"好音乐，老二"睚眦"好杀，老三"嘲风"好险，老四"蒲牢"好鸣，老五"狻猊"好坐，老六"霸下"好负重，老七"狴犴"好讼，老八"负屃"好文，老九"螭吻"好吞。此后，胡琴头上的刻兽、刀柄上的龙吞口、殿堂角上的走兽、钟上的兽钮、佛座上的狮子、碑座上的兽、狱门上的狮子头、石碑两旁的文龙、殿堂脊梁的兽头，就是他们的遗像。这是很有讽刺意味的。但到后来，"龙生九子不成龙"这句话演变为比喻同胞兄弟性格志趣各异。

龙在民间也迷信为能够行云施雨的神物，因此许多地方遗留下来的"龙王庙"，就是过去用来祈求龙神调和风雨、五谷丰收的。

在民间文学艺术中，龙的形象都是人格化了的，海龙王有为民造福，也有与民为害的。在神话小说《封神榜》、《西游记》，戏曲杂剧《柳毅传书》、《张羽煮海》中，都有善恶不同、性格似人的龙王出现。

在民间还传说，鲤鱼如能跳过龙门，就能变化成龙。龙门山在今山西、陕西交界之处。传说禹在治理黄河时，被龙门山挡住黄河的去路，禹借神力劈开，这就是后来的龙门。每年春季，鲤鱼汇集在这里，逆着黄河的急浪往上冲跃，跃过龙门的就变龙升天，没有跃过去的仍是鲤鱼。

民间体育和舞蹈也有以龙作道具的。如许多地方于阴历五月五日端阳节举行龙舟竞渡。古时周穆王和隋炀帝都乘坐过龙舟，是为远途旅游。民间的龙舟竞渡，则是为纪念战国时期伟大的爱国诗人屈原。宋代竞渡的龙舟，大的长三四十丈，阔三四丈，头尾都是雕刻而成的。汉代已有记载的龙舞，一直流传至今。在汉族地区，每逢喜庆节日，民间有玩龙灯的习俗。龙形用竹、木、纸、布等扎成，节数不等，但为单数。每节内都能点燃蜡烛的称"龙灯"。不点蜡烛的称"布龙"。舞时，由一人持彩珠戏龙作舞。也有用荷花灯、牡丹花灯、蝴蝶灯、八角灯及灯笼灯等组成的"百叶龙"，或用灯板扎接而成的"板凳龙"，形式很多。

从民俗学的角度来看，龙的内容存在于民间和官方两种不同性质的文化中，它们各有自己的个性，前者强调世俗的人格，后者强调虚妄的神格。

凤凰从代表历正之官晋升为风神和鸟王，此外，还用来比喻有品德的人。先秦记载孔子言论的《论语》曾记述楚国狂人见到孔子坐着马车过来，就大声唱着："凤兮！凤兮！何德之衰！"以讥笑孔子不识时务。

中国古时有一种用长短不同的竹管制成的排箫，形似凤翼，名为凤箫。据说它根据凤凰的鸣声来区分音阶。于是，出现了一些凤凰与音乐的神话，如"箫史吹箫引凤"的神话故事。后人所用的词牌名"凤凰台上忆吹箫"，借引的就是箫史与秦穆公之女弄玉这一对夫妇在凤凰台上吹箫的典故。可见，民间把凤凰当作爱情的象征，也是由来已久了。

南北朝的《乐府诗集》有一首传说是布衣寒士司马相如追求出身富豪而新寡的卓文君的诗，诗中有"凤兮凤兮归故乡，遨游四海求其凰"的句子，后人乃名为《凤求凰》。此外，《诗经》中《卷阿》一首中的诗句"凤凰于飞，和鸣锵锵"，也是用来祝贺婚姻美满，比喻夫妻相亲相爱的。

凤不但与音乐有不解之缘，而且也是民间的舞蹈形式。在南阳汉代画像砖刻中，就能看到凤舞的形象，一人举花树在前引导，一人化装成凤形作舞。唐代的工艺装饰上，凤舞纹一律作自歌自舞的姿态。此后，凤舞在民间一直流传下来。例如，过春节时，中国东部一些农村的民间艺人手举五彩凤凰灯，口唱赞歌到各家祝贺。凤凰灯用竹蔑为骨架，外糊红、黄、绿色彩纸，中间点着蜡烛。在元宵灯节时，凤凰灯也是人们十分喜欢的灯景。

在丰富多彩的中国民间文艺创作中，龙、凤题材一直是人们喜闻乐见的。龙的形象威武严肃，象征男性的坚毅刚强，而凤的形象艳丽优美，象征女性的美貌温柔。直到今天，人们还是喜欢以"龙"作为男性的命名，如玉龙、金龙、飞龙、应龙、云龙，等等，而女性则往往名为天凤、云凤、飞凤、彩凤、金凤、玉凤，等等。

五、龙、凤艺术风格的演变

宫廷装饰的龙、凤和民间装饰的龙、凤纹样，不仅各有不同的风格特点，而且它们又都随着时代不断地演变。

（一）商周青铜的龙凤纹样

在中国古代的装饰艺术中，明确地出现龙纹和凤纹，是从商、周时期的青铜工艺开始的。

商周青铜器是当时统治阶级政治权威的象征，其中数量最多的是供祭祀和礼仪用的礼器。礼器要按森严的等级差别使用，这叫做"藏礼于器"。青铜器上的装饰纹样、风格与青铜器型十分协调，统一在器型的结构之中，突出整体的艺术效果。龙、凤纹样也是如此。

商代甲骨商代甲骨文中的"龙"字像一个有角的兽头连接一条蜿蜒的身躯。商周时期青铜器纹样中的龙形，和甲骨文中的"龙"字字形比较接近。龙纹从图像结构来看，大体上有三种类型：

1.爬行龙：一般作横向平置，龙头向前，身躯作爬行状，额顶有角，躯下有足，二足或错足，角有虎耳式、后卷角、前卷角、曲折角、平顶角、且形角、多齿角、尖角等。也有一种戴华冠或长鼻形的龙，龙尾弯曲上卷。龙多作对称排列。龙的轮廓外形与铜器饰面的结构线相适合，一般以直线为主，弧线为辅，以平面表现大轮廓，不作细节的描写。因此，这时的龙纹很像几何图案，形式感十分强烈。

爬行龙的躯体，有时以两条平行线描绘成分体形，有时从中间的一个龙头向两侧将躯体蜿蜒展开，描绘成双体龙式。也有一些是一个躯体的两端各长一个龙头的两头龙，或一边是龙头，一边是凤头形的合体龙凤。这些变体的艺术形象，都象征两体交合、子孙繁衍、统治权威绵延不断的含义。在远古时候出现的仰韶文化彩陶装饰的变体鱼纹中，已经运用这种表现方法。

2.卷龙纹：有两种形式，一种是把龙头放于正中，龙的躯体前半身竖立，后半身作曲尺形卷曲，一种是圆的适合形，有的首尾相接成圆环形，有的龙身作螺旋状蟠转。圆形中的卷龙纹称为蟠龙（图1）。

3.交龙纹：汉代文献记述古代天子的大旗画交龙纹，纹样是两龙相交，一升一降，这种形式比青铜器上所见的交龙纹饰要晚得多。青铜器上的交龙纹，是群龙交缠，形式非常复杂。还有一种是龙的躯干很有规律地

图6 商龙纹铜盘。

向一方弯曲，每一条龙都是单体互相连接的形式，一般填充在方形或长方形的几何骨格网中，成为一种满地连续的装饰图案。

商周时期的凤纹和甲骨文中的"凤"字一样生动而多样化。它作为青铜器的主题装饰，大约出现在殷周之际，而盛行于周初。有如下几种形式：

1.多齿冠凤纹：凤头上饰有多齿似扇形的冠，体壮尾长，极为壮丽（见前图4）。这种冠形在龙纹中也常能见到。

2.长冠凤纹：凤头上有逶曲的长冠，依装饰部位的不同，有的长冠垂于背部，有的向上生长，有的作宽阔的平面处理，有的用柔细的线条处理。西周晚期一般鸟纹不甚流行，而这种长冠凤纹仍饰于钟鼓之上，到春秋战国时以凤鸟做成鼓架，是这个传统的发展。

3.华冠凤纹：冠状较宽似飘带，垂于颈后，凤头向后回顾，凤冠修饰得非常华丽，凤的形体、动作和装饰都非常优美，可算是西周早期到中期凤纹的典型。

4.平顶冠凤纹：冠作"且"字形，和平顶角龙纹的角形相同，"且"是古写祖字，是对祖神崇敬的标志，流行于商代。

商周青铜器上的凤纹造型，也都是严格地与青铜器的器型结构相适应的，一般多选取侧面对称的排列。这样的格局本来是一种呆板、稳定的格局，但这时的工匠们在凤冠和凤尾的装饰上力求变化，凤冠有时上举，有时下垂，有时逶曲长伸，有时盛装丽饰；凤尾有时上卷，有时下垂，有时上下分尾，饰以翎斑，于呆板的格局中取得生动的变化。这在装饰艺术的形象处理中，是一条非常重要的经验。

（二）战国、秦、汉时期的龙、凤纹样

龙、凤纹样的艺术形式，到战国、秦、汉时期发生了非常显著的变化。这时候，作为最高统治者权威象征的青铜礼器已经衰落下去，而代之以器型比较轻巧和多样化的生活用器。与此相适应的装饰纹样，也逐渐从神奇迷离的气氛中趋向现实的境界。龙、凤纹样也随着时代的进展而演变。湖南长沙子弹库战国楚墓出土的男人驭龙升天帛画中龙的形象、长沙陈家大山战国楚墓出土的凤夔少女帛画中凤的形象，是龙、凤形象由几何原形的拘束走向写实化的标志。近年在湖北随县曾侯乙墓和江陵马山砖厂一号战国墓出土的铜器和织绣上的龙凤纹样，活泼秀丽，是战国时期龙凤形象的典型。

西汉统治者伪托赤龙转世而据有王位，巩固了统一的封建政权，龙和凤都被纹染成皇帝仁德的瑞应。这时候不是靠宏伟庄严的青铜器来体现天威，而是通过龙凤纹样的造型和它们的艺术感染力来达到移情作用。汉代的龙和凤，是用写实的手法，概括了许多动物原有形象的特征，把许多动物的局部形象从原有形象中分离出

来，重新组合，塑造成既有写实特点，又有浪漫主义的龙、凤艺术形象。先秦时期记载大哲学家庄子言论的《庄子》中曾记述孔子见了老聃以后，发呆三天说不出话来，弟子们问他和老聃谈了什么，他说：我现在算见到了龙了，龙合而成体，散而成章，乘云气而养（翔）乎阴阳。东汉时期大思想家王充在《论衡》一书中说"世俗画龙之象，马首蛇尾"，都说明龙的艺术形象确实是从各种动物原形中分离出来重新组合而成的。至于凤的艺术形象，则是"麟前、鹿后、蛇颈、鱼尾、龙文、龟背、燕颔、鸡喙、五色备举"的组合体。

在封建王朝统治下，艺术领域中既有从属于封建皇帝的官方艺术，又有活跃于人民群众中的民间艺术。它们在内容上各有倾向，在形式上也各有特点。汉高祖以赤龙之瑞建立政权，以后又有一些皇帝以凤凰为瑞应规定年号。汉统治阶级对龙、凤赋予了特殊的政治内涵。因此，在官方艺术中，龙、凤的形象都具有庄严威武的神采。河北满城汉中山靖王刘胜墓及湖南长沙马王堆汉轪侯利苍夫人墓出土的器物和帛画中的龙、凤形象，属于这种类型。在河南、山东、江苏、四川各省出土的汉代画像石、画像砖及陶器装饰中的龙、凤，则具有朴实无华、充满生活气息的风格。凤的造型，羽冠华丽，挺胸举首，振翅迈步，尾羽自然飘动，生意盎然。此外，见于刺绣、漆器和铜镜上面，还有一种变体龙、凤。例如，长沙马王堆利苍夫人墓出土的乘云绣和长寿绣，把龙、凤的头部和云气纹的身子穿插在一起。又如，铜镜装饰把龙、凤的头连接在蔓藤的身子上，漆器装饰把凤纹变化成几何体等。这种大胆的浪漫主义艺术手法，使装饰艺术从自然形象的局限中提高升华，达到更加理想的境界。

（三）南北朝时期的龙、凤纹样

南北朝经历长期战乱，佛教在中国得到了广泛传播的机会。龙、凤在佛教艺术中往往作为神佛的驾驭工具，出现在装饰性雕刻或绘画中。南北朝佛教艺术擅长以风动的环境来衬托安详、平静的主题，反映了人们厌恶战乱，希望在动乱的环境中人神出化，在内心世界中寻找安定的天国。这时候，龙凤的造型变得修长洒脱，动作宁静；再就是以疾速飘举的长线条表现凤纹，以翻动的莲花和忍冬纹组成凤轮纹来创造运动的气势。

到南北朝后期，气韵生动被列为绘画艺术的最高要求。当时还有个"画龙点睛"的故事，传说南梁画家吴人张僧繇在金陵安乐寺画了四条白龙，画好之后不点眼睛，说是点了眼睛龙就会飞去。别人不信，一定要他把龙睛点上，他只得拿起画笔，刚点了两条龙的眼睛，那两条龙随即破壁而起，在雷电声中，乘云飞升。剩下两条没有点睛的龙依然存在。这说明当时绘画龙、凤十分强调生动传神。

（四）唐代的龙、凤纹样

唐朝，龙、凤的形象具有丰满、温驯、优美、富丽的特色。在敦煌壁画、越窑瓷器、唐代铜镜中所见到的龙的形象，刻画细致而气势雄健威武。唐代凤的形象则是舞姿翩翩，逗人喜爱。一些神话故事，如前述的萧史弄凤等，也作为铜镜装饰题材。另一类是凤衔花枝的形象，象征凤鸟筑巢准备育雏，也有作双凤对飞、数凤追逐或凤穿花的，都是象征喜庆和爱情的题材。拿"诗中有画，画中有诗"来形容它们的立意，是很恰当的。这种艺术格调，一直沿袭到后代（图2）。

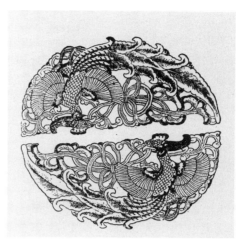

图2　赤峰五代辽驸马墓出土册匣盖面的双凤纹。

（五）宋代的龙、凤纹样

宋代是中国写生花鸟画高度发展的时代，写生花鸟画的技法对中国装饰艺术影响很大。写生技法有工笔和写意两大派。工笔写生的技法，在宫廷工艺中影响较大。例如，北宋定窑印花龙纹大盘的云龙

图3　明永乐年间宫廷建筑装饰上刻鸾凤纹样。

纹、缂丝紫鸾鹊谱的鸾凤纹、南宋缂丝百花攒龙纹样、百花凤刺绣、四季花凤缂丝等，其形象以工整细腻见长。写意派的技法，对民间工艺的影响较深，例如，北宋磁州窑白地黑花刻花凤纹罐，寥寥数笔，表达出凤的飞翔，具有深邃的艺术趣味。

从宋代以后，龙、凤形状可说已基本定型，但局部细节则时有变异。那时，郭若虚在《图画见闻志》中曾把画龙的方法加以总结，说画龙应该"折出三停"（即从头至胸，从胸至腰，从腰至尾，要有转折粗细的变化），"分成九似"（即角似鹿，头似蛇，眼似鬼，颈似蛇，腹似蜃，鳞似鱼，爪似鹰，掌似虎，耳似牛），姿势要摹拟在水中蜿蜒自然、在空中回蟠升降的气势，再在胡须、肘毛等处的用笔上下功夫。

（六）明清时期的龙、凤纹样

宋代人认为画合口龙比画开口龙难，一句俗话，叫做"开口猫儿合口龙"，

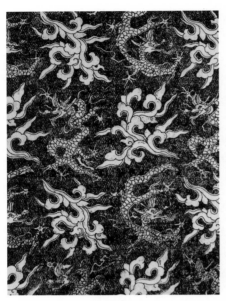

图4 北京定陵出土明万历年间红地蔓草升降龙织金罗纹样。

意思是说画这两者都不易讨巧。明朝初年到嘉靖年间，宫廷工艺装饰上所见到的龙纹，一般都是鬃毛倒竖的合口龙。这种标准的合口龙，可以作为考古工作中鉴定年代的依据。凤的形象，一律画成细长的"丹凤眼"，云纹冠，蔓藤式头颈，尾是四根并列锯齿形不带眼翎的长羽。而鸾的尾羽则画成卷草形（图3）。至于以龙、凤为题材的图案格式，有适合于圆形中的团龙、团凤（团龙分坐龙——正面的龙和升龙、降龙），有适合于柿蒂形中的过肩龙、过肩凤，也有适合于长方形中的行龙，及在水中活动的潮水龙，带火苗的火焰龙，等等。这些都是随着用途和装饰部位的不同而设计的（图4）。北京定陵出土的明万历皇帝的龙袍，用许许多多小龙围在大龙旁边，有的小龙趴在大龙的背上，有的小龙依偎在大龙的胸前，名为"子孙龙"，象征皇帝的子孙都是龙种，这可谓别出心裁，但也反映了封建末期统治阶级隐忧王位不能长久稳定的心理。

清代初期的龙，脸部拉长，龙嘴开启，毛发披散，鳞纹刻画均匀，陪衬的云纹比明朝的瘦细而多弯曲和缺刻。南京云锦老艺人曾总结画龙、凤的技法：画龙"龙开口，须发齿眉精神有，头大，身肥，尾随意。神龙见首不见尾，火焰珠光衬威严。掌似虎，爪似鹰，腿伸一字方有劲。"画龙、凤："龙有三亭：脖亭、腰亭、尾亭；凤有三长：眼长、腿长、尾长。"

明、清时期，民间剪纸、蓝印花布、民间刺绣、民间挑花等工艺中的龙、凤图案也不少。民间龙、凤的造型，简练朴实，凤的形象往往用公鸡的头部、雉鸡的身躯、鹤的颈和腿、鸳鸯的翼羽、孔雀的尾屏等引人注目的不同鸟类的特征综合而成，并用茂盛的牡丹和红太阳相衬，象征美好幸福的生活。变体龙、凤，如卷草拐子龙、卷草拐子凤、夔龙、夔凤等，式样变化众多。

从古书记载、民间传说以及大量饰有龙、凤图案的实物、资料中，可以清楚地看到龙、凤的艺术形象同中国古代社会的生产活动以及民族的传统文化密切相关。龙、凤可以说是中国传统装饰艺术的典型形象，在艺术风格上，不同历史时期的宫廷工艺和民间工艺既有共同点，又有许多不同的特点。从龙、凤艺术的角度，也可以考察到中华民族思想、文化发展变化的轨迹，以及历代的生活方式、风俗习惯及审美观念的变迁。

中国古代龙、凤艺术几乎都是无名的艺术家们创作和遗留下来的。他们的创造具有无限的生命力，尽管时间已经过去数千百年，人们仍然能够通过古代的龙、凤艺术形象，直接感受到中国传统文化的气质和民族的心理特征，这是非常宝贵的。

今天，龙、凤已不再是代表皇权的标记，为适应现代社会生活需要，以龙、凤为题材的文学艺术新作往往以新的形式出现，别开生面。但是，如果不了解龙、凤是中华民族传统文化的象征，不了解其作为传统文化遗产凝结着中华民族共同的心理特征以及与之相适应的审美趣味，就无法理解龙、凤艺术为何具有如此深远、如此动人的艺术魅力。

原载《故宫博物院院刊》，1983年第3期，第3—15页。

《中国历代装饰纹样大典》前言

　　装饰纹样是人类进入文明社会的智慧创造，人类为了完善自我，美化生活，除了物质生活的满足，更需精神生活的交流。装饰纹样通过衣食住行各方面的实用器物的美化，使审美理想在生活实用中得到体现，起到潜移默化的作用，从而进一步促使人类文明的提高和发展。

　　在原始社会人类文化的朦胧时期，文字尚未发明，原始人就已经发挥自己的艺术才能，用装饰纹样来文身文面，美化生活用器，表现乐观的进取精神和积极的生活态度。中国先民在距今七千至五千年前的原始母系氏族繁荣时期，就创造了灿烂光辉的彩陶文化。中国彩陶纹样题材范围涉猎甚广，其形式之丰富，造型变化之大胆生动，结构权衡之合理，运笔表现之纯熟自然，均已达到极高的境界。彩陶纹样的内涵，更是耐人寻味，它是中华史前时期绚丽的史诗。

　　中国大约在公元前30世纪进入奴隶社会，那是一个暴力统治的社会，在血与火的洗礼下，象征奴隶主阶级"天命"神权的青铜礼器应运而生。以狞厉雄奇著称于世的商周青铜工艺，造型庄严稳重，装饰纹样与器物造型绝对统一，严格依据器型的装饰区为纹样框架，作中轴对称装饰纹样。题材以变体的动物纹为主，云雷纹为辅，特别夸张动物的头、角、眼、鼻、口、爪等部位，而将身体省略，著名的铺首纹是其代表。其他如龙纹、凤纹、鸟纹、象纹、鹿纹、蝉纹、蚕纹、蟠螭纹、目雷纹等等，也都严格与装饰部位的几何外框密切适合，对称对位，严整有序，表现出一种严峻狞厉的美学风貌。

　　春秋战国时期，奴隶制政体已趋崩溃，人文思想活跃，出现百家争鸣的局面。象征天命神权的青铜礼器让位于实用和装饰并重的生活器具，器体造型趋向轻型多样化。与之相适应的装饰纹样，一扫凝滞狞厉之风，代之以新巧活泼的新时尚。纹样造型写实与浪漫想象相结合，出现花枝藤蔓与龙凤合体共生、双龙一凤合体、群龙互相盘叠、龙凤头部与几何纹身体组合等充满浪漫气息的形象。纹样结构则以几何骨骼为依据，而又不受几何骨骼的拘束，虽在整体上根据几何骨骼布局，而在某些局部转折处则有意作中断处理，且常以纹样将几何骨架隐去。纹样的轮廓线条也由商周的直线主调过渡为自由线主调，开创了装饰纹样的新纪元。

　　秦汉时期是中国封建社会的上升期，秦皇汉祖以伟大的政治气魄开疆辟土，统一中华，开拓进取是时代的精神风尚。秦汉时期的装饰纹样广泛应用于衣、食、住、行等生活领域，特别是建筑装饰中的瓦当、画像石、画像砖，生活日用的铜镜、金银错器、漆器、织锦、刺绣、玉器等等方面的装饰纹样，题材十分广泛，其中动物造型最有代表性，手法写实，概括简练，着重动态气势的夸张，省略细节的描绘，汉代的动物形象，彪悍奔腾，动感强劲，充满紧张的力量。且构图上采用平视法和散点透视，往往置山岳、云气、飞禽、猛兽、人物于一处，天上、人间、山前、山后、房舍内外，通明剔透，以大观小，融万事万物于一体。

南北朝时期中央政权分崩离析，边疆游牧民族入侵中华，战争迁徙，华夷杂处，中亚艺术及佛教艺术对秦汉传统装饰艺术的冲击，导致中国装饰艺术风格的演变。装饰纹样造型由动趋静，联珠纹、莲花纹、忍冬纹、圣树纹等成为流行的装饰，传统的龙凤纹样，造型清瘦，体形拉长，动态宁静，但以具有方向性的长线条作成陪衬的云气纹，制造主题动物飞动的幻觉，充满着宗教气氛。

隋唐政治统一，封建政治已进入全盛时期，中央政权具有强大的吸引力，文艺上采取开放政策，广泛吸收包容外来文化，发扬民族传统文化。联珠团窠纹、花树对鸟、花树对鹿、卷草纹、宝相花、瑞锦花纹、凤衔花枝、鹊衔瑞草、雁衔绶带、鹦鹉衔同心璎珞、鸳鸯双栖莲台等等充满人情味的纹样，是唐代主要的装饰题材。丰腴的造型、对称的结构、膨圆的形式，宾主分明，色彩鲜明，富丽堂皇，反映出泱泱大国风度，是唐代装饰纹样的特征。

五代十国时期，南北分裂，装饰纹样仍然继承唐代遗风，但趋于繁缛，失去宏大的风度。孟蜀时成都蜀锦纹样有长安竹、天下乐、雕团、宜男、宝界地、方胜、狮团、象眼、八达韵、铁梗衰荷等名目，已具有文人味及市民气息，对于宋代的装饰纹样有直接的影响。

宋代统治者设立画院，提倡工笔花鸟绘画，对于装饰纹样发生直接的影响，同时由于手工业的发达，手工艺商品装饰形成了一支浩大的力量活跃于人民生活之中，出现了宫廷工艺和民间工艺两个支系平行发展的局面。宫廷工艺不计工本，精细加工。民间工艺则需与人民生活水平相适应，作风简朴。北宋时期北方铁锈釉刻划花民间瓷器，装饰纹样简练生动，技艺传神，终至为宫廷收归专用。

元代蒙古族统治中国，中国北方装饰纹样因异质文化的冲击，在风格上出现一些异变现象，但在南方则与宋代传统一脉相承。总体仍以传统风格为主体，而作风比宋代粗犷。

明代装饰纹样全面恢复中国传统风格面目，而造型粗壮浑厚，色彩浓重庄丽，气魄宏大。宋明时期，封建社会已走向下坡路，统治阶级为了挽救衰亡，加强了封建政治伦理的思想说教，程朱理学被渗透到民间，装饰纹样也常常用来表现封建伦理和价值观念，明朝装饰纹样经常采用寓意、拟音、假借等各种手法，以图寓意，宣扬吉祥的内容含义，即所谓"吉祥图案"。

清朝装饰纹样除比明朝的装饰纹样更为规整精细、色彩相对柔和之外，纹样表现的方法没有很大的差别，18世纪中期，也吸收一些西方古典装饰纹样作为纹样设计的借鉴。晚清政治腐败，装饰纹样的艺术质量每况愈下，是民族沉沦的沉痛历史教训。

通过简单的历史回顾，足以说明装饰纹样是时代物质生产和精神文化的结晶，装饰纹样的盛衰，与国运的盛衰直接相关。自19世纪以来，中国饱受帝国主义的欺凌压迫，经过一个半世纪的艰苦奋斗，中华民族才迎来了新的生命。21世纪的中国，将是一个繁荣昌盛的新时代。中国有七千余年的文化艺术传统，炎黄祖先为我们留下了最丰富的艺术遗产，认真地研究它，学习它，从中找出中国装饰艺术的特殊规律，使之为美化生活，美化人类，创造新的时代风格作贡献，是我们编写本书的宗旨。

中国旅游出版社慧眼识珠，支持本书的出版，深表谢忱。

原载黄能馥：《中国历代装饰纹样大典》，北京，中国旅游出版社，1999年版，第1-2页。

中国历代装饰纹样简述

一、彩陶纹样

装饰是人类完善自我、改善生活环境、探求美的理想的重要手段。自从人类开始认识装饰的意义，文明曙光便照耀着人类，加速了人类文明演进的路程。

我们的祖先大约在旧石器时代的晚期开始制造装饰品装扮自己，并用红色粉末涂染身体，随着文身活动的创始，把形式美与原始社会宗教意识的内涵融合在一起。到新石器时代，开始了农耕畜牧和采集生活，变靠大自然觅取食物为靠人力繁殖食物资源，并走出洞穴，营建房舍。男女有了社会分工，男子出外狩猎，女子从事采集，制造陶器，发明了纺麻、养蚕织绢，纺织毛布，缝制合体的衣服。不仅在物质生活质量上有了极大的提高，在精神生活上如舞蹈、歌唱、游戏、创作装饰纹样以美化器物，并抒发情感和精神崇拜。

中国新石器时代的彩陶文化，风格质朴浑厚，形式多样，节奏明朗，几乎运用了装饰纹样的一切法则规律，为世界人民所推崇。中国彩陶文化以黄河中游的仰韶文化为主流，包括：

1. 西安半坡类型：约公元前5000年至公元前4500年，彩陶种类有瓶、圆底盆、壶等，纹样有人面鱼纹、鱼纹、蛙纹、幼鹿纹、折线纹、三角折线纹、网纹等等。人面鱼纹的人面多有纹面装饰，闭目，口旁有双鱼，头戴尖顶高冠，有的于头顶作髻，髻上插有发笄，是人面与鱼的组合型造型。西安半坡的鱼纹，有两条鱼并联或三条鱼并联的联体鱼，有两个鱼头与一条鱼身组成的两头鱼，更有将鱼头省略只画鱼身与鱼尾的简化型等种种手法。

2. 史家类型：约公元前4500年至公元前4000年，发现于陕西临潼姜寨，与半坡隔江相望，题材与半坡型彩陶相近，这里的人面鱼纹，人面眼睛是睁开的。

3. 庙底沟类型：约公元前4000年至公元前3600年，主要发现于河南陕县、陕西华县、甘肃秦安、正宁等地，器物有碗、盆、大口深腹罐等。装饰纹样有横线纹、圆点横线纹、交叉弧线圆点纹、波线圆点纹、波浪线纹、垂直线分割网纹、弧线三角纹、圆点圆形网纹、弧线叶纹、火焰纹、花叶纹、花瓣纹、叶形圆点旋纹、勾叶纹，变化活泼，有流动感。也有独特的人面纹、鲵鱼纹（原始龙纹）、狗纹等。

4. 秦王寨型：发现于河南郑州大河村、山西万荣等地，器物有缸、二联缸等。装饰纹样有网格纹、编织纹、几何纹等。常于纹样中带毛刺形主题。

5．大司空村型：发现于河北磁县、河南安阳等地，器物有钵、盆等，装饰纹样有贝纹、对称圆勾线纹等。

6．马家窑文化石岭下型：时间约公元前3300年至公元前2050年，发现于甘肃天水、通渭、甘谷等地，器物有罐、三联杯、瓮等。装饰纹样有羽状旋纹、同心圆三角弧纹、四叶旋纹、变形叶纹，尤以翻飞的双鸠纹和回顾式的长冠鸟纹更为生动，后者疑为凤纹的雏形。

7．马家窑型：约公元前3300年至公元前2050年，发现于青海民和、永靖、榆中、大通等地，器物有盆、碗、壶、钵、瓮、三联杯等，装饰纹样有羽状旋纹、四叶旋纹、变形叶纹、同心圆三角弧纹、旋涡纹、波浪纹、水虫纹、龟纹等，尤其是旋涡纹、波浪纹，往往以点定位，涡纹浪纹向四方延开，一点带动全面，作法简便而气势宏大生动，是装饰纹样的瑰宝。青海大通上孙家寨出土的舞蹈盆，以五人为一组，舞姿优美，是当时文娱生活的写照。

8．半山型：发现于甘肃和政（宁定）、广河、康乐、兰州及青海乐都等地，器物有瓮、罐、瓶、壶等，半山期彩陶上限距今约4000年，是彩陶文化的鼎盛期，纹饰极丰富，装饰纹样有四圆圈纹、六圆圈纹、葫芦纹、锯齿旋纹、四圆圈旋纹、四圆圈折线纹、菱形十字圆点纹、连弧纹、四格纹、弧线网纹、变体人形纹等等，在和政发现的几件人头形器盖，文化价值和历史价值尤为可贵，本书编入人物卷中。

9．马厂型：发现于青海民和、乐都，甘肃民勤、永昌、永靖、永登、兰州等地，器物有罐、壶、扁口壶、人头形壶、碗、杯、盆等，时间上限距今约4000年，装饰纹样以垂直线与折线组合的变体人纹和变体蛙纹最有特色。四圆圈纹中填有十字、格子、网纹、条纹、万字、稻谷纹等为饰，波折纹常作成三重或多重的，回纹、三角回纹、斜角回纹、T形回纹、复合三角纹、弓形纹、出形纹等几何纹，具有强烈的特色。

10．齐家文化：为黄河上游新石器与青铜时代的文化，上限距今约3000年，发现于甘肃广河、武威、宁夏固原店等地，器物有罐、豆等，纹样有多重折线三角纹、大圆圈网纹、直条网纹、菱形纹等。

11．辛店文化：为西北地区晚于齐家文化的彩陶文化，上限距今约2000年左右，器物有壶、罐、杯等，装饰纹样有太阳纹、羊角形双勾纹、〜形波折纹，发现于青海民和、互助、大通、乐都，甘肃东乡、临洮等地。辛店文化的唐汪式彩陶，以〜线为基础进行各种变化，特征尤为鲜明。

12．大汶口文化：为黄河下游地区文化，时间约公元前4300年至公元前2500

年，以后发展为山东龙山文化。器物有钵、鬶、鼎、壶、盆、罐等，发现于山东莒县、泰安、江苏邳县大墩子等地。装饰纹样有花瓣纹、连弧圈点纹、卷云纹、折线圆圈纹、几何纹等，山东莒县陵阳河出土的尖底灰陶罐上还发现日月、日月山、斧等符号性刻纹，与后世帝王衮服之"十二章"纹样可能有渊源关系。

13. 龙山文化：泛指黄河中、下游地区新石器晚期的文化，分布地域甚广，以黑色陶器为特点，器体造型极为讲究，重于装饰纹样。龙山文化分为四个类型，即①早期龙山文化（庙底沟二期文化），分布于河南西部、晋西、关中一带。②河南龙山文化（后冈第二期文化），分布在河南、山西、河北南部，陕西龙山文化（客省庄二期文化）分布在陕西境内，豫西、晋南也有一些。③典型龙山文化，以山东为中心，北迄辽东，南达苏北。④良渚文化，是浙江北部和太湖周围地区的黑陶文化。良渚文化时间约为公元前3300年至公元前2200年。其他地区黑陶文化延续时间更长。龙山文化装饰纹样如兽面纹等，已具有早期青铜器文化的特点。良渚文化已有数量众多、形制精美的玉器，品种有玉琮、玉璜、玉环、玉镯、玉佩、玉项链、玉冠状器、玉带钩等。有许多首饰品的造型可与现代的首饰造型相媲美。

14. 大溪文化：为长江中游新石器文化，年代约公元前4400年至公元前3300年，主要发现于四川巫山、湖北关庙山等地，器物有罐、壶、豆、碗、直筒形瓶、器座等。纹饰有双波纹、绞绳纹、花瓣形纹、几何纹及抽象化变体动物纹，如在圆形太阳上长出鸟头与鸟尾，与古代神话中所说太阳为三足之鸟的传说可相印证，赋予装饰纹样以更深的内涵。

15. 大溪屈家岭文化：主要发现于湖北京山屈家岭，器物有盘、陶球、纺轮、高圈足杯等，陶盘以盘心为中心作八分法向外放射，形成八角星形或旋轮形，格律严谨，陶球中空可作串饰，以穿孔为中心分割刻花，纺轮由中心点作五分法或三分法弧线回旋，或以四等分直线与点子分割，黑白相间，或里层放射，外层旋转，灵活而富动感。传统太极纹样可能发源于此。

16. 河姆渡文化：为长江下游地区新石器时代文化，遗址在浙江余姚河姆渡，年代为公元前5000年至公元前3300年，已有木结构房屋、纺织、种植水稻，使用生漆，在方钵及盆上刻水稻纹、猪纹、鱼藻纹等，在牙盅上刻有蚕纹，在骨匕上刻有双鸟纹，在牙璜上刻有双鸟朝阳纹，线条简练，造型准确。

17. 红山文化：为北方新石器文化，以精美的玉器而著名，陶器有壶、盆、罍形器等，发现于内蒙赤峰、三道井等地，年代约公元前3500年。纹饰以水平线加弯勾纹为单位，作等距离上下移位连续，具有简洁明快的装饰效果，感觉新颖。陶刻鹿头等与弧线纹穿插结合，活泼生动。红山文化的玉器，如玉龙、玉兽、玉鸟、玉龟、玉鳖、玉璜、玉三环佩饰等，文化价值和艺术价值极高。

18. 夏家店文化：是北方青铜时代早期文化，年代为公元前2000年至公元前1500年，发现于内蒙古敖汉旗大甸子，彩陶是先烧成后彩绘的，器物有鬲、罍、盖罐等，装饰纹样以卷云纹及与卷云纹格调一致的变体动物如盘蛇纹及兔纹等为主，对中原地区战国秦汉时期卷云纹形式可能有某种影响。

以上仅简单扼要地列举我国最有影响的各类型彩陶纹样。本书按纹样的形式打破地域和历史年代界限作分类排比，这是考虑到读者研究彩陶纹样的造型方法和构成规律的需要而编排的。中国彩陶纹样辉煌纷呈之时，文字尚没有发明，因此，它们是一部图画的史诗，然而已经纯熟地运用了图案形式中的一切原理原则，是专业工作者学习借鉴的珍贵遗产。

二、龙 纹

龙在中华传统文化中具有极显赫的地位，在距今8000年的新石器文化中，就出现了神奇怪异的龙的艺术形象。自此以后，龙文化一直贯穿于中华民族漫长而复杂的发展历程，在宗教、政治、文学、艺术、民俗等各个领域充当着十分重要的角色。中国传统文化中的龙纹，并非自然属性的动物，从一开始它就作为一种思想观念的载体，出现于原始民族部落社会的艺术作品中，至商周奴隶社会，形形色色的龙纹，适应着青铜、玉器、服饰等的造型，作成千变万化的装饰纹样。这一时期典型的龙纹与祖神崇拜意识相关联，多在龙头顶上长一对且（祖）字形的角。在中国原始神话中，民族首领多与龙蛇相关，至秦汉时，帝王多以龙神自居，后来皇帝更自命为"真龙天子"，龙纹遂与封建君王结下不解之缘：历代皇帝的宫殿装饰乃至礼乐旗仗，生活器具，无不绘饰龙纹。龙文化在民间百姓中也十分活跃，人们普遍把龙当作吉祥的象征，或播云降雨的神灵；再如以龙凤纹样作为婚庆的贺礼，以"闹龙灯"、"赛龙船"等民俗形式祈祷平安丰收及以文学戏剧等形式，塑造不同性格的龙神形象，歌颂善良，贬斥丑恶，龙文化因而具有深厚的人民性。

原始社会的龙纹，已经有兽体形和蛇体形两类，大多数原始龙纹都不长角。商代青铜文化是中华上古文明在中原主体文化的基础上综合发展的成果，广泛融合了中国原始文化的精华，并赋予了"天命神权"的时代精神而成为华夏文明，商代龙纹主要的特征是在头上长双角，文献谓龙无尺木，不能升天，尺木就是龙角。商代龙的角形有尖形向前卷的，有尖形向后翻的，有分岔形的，有平圆顶似牛奶瓶的，这种平圆形的角与甲骨文中的且字（祖字）相似，是祖神崇拜的反映。龙的体形有蛇体形、兽体形、变体形三类，变体形的龙，就是曲折线或波折线与龙头的结合，具有强烈的节奏感，至春秋战国时期，这类变体龙纹的组合形式更趋繁复和美化。

汉代的龙纹造型，仍然有蛇体形和兽体形两类，造型以写实为主流，气势豪迈，动作凌厉，充分强调形体的整体效果，表现动势和力度，使龙这种纯属想象性的动物，具有活生生的生命，这是中国龙纹造型的一大飞跃。龙纹作为一种装饰纹样，必附属于装饰器体而出现，汉代龙纹无论大小，装饰器体无论方圆，而其神情动势始终充满生气，这是非常值得学习的。汉代变体龙纹形式也非常多，手法大胆怪异，也是出人意料的。

中国龙纹历来以着地行走为主，南北朝时期龙纹造型受佛教艺术的影响，开始出现离开地面的姿势，或者龙纹作静态形，而以具有方向性的长线条制造动势，烘托出龙在飞速前进的幻觉。至唐代将龙的运动姿势与云的流动感有机配合，制造出腾云驾雾、自然飞行的气象，使龙的造型艺术更跨进了一个新境界，这是龙纹造型的又一次飞跃。

汉代画龙，抓整体的大动态制造形象的奔腾之势，不作皮毛的精细刻画，他们禁忌"谨毛而失貌"，貌指的就是整体效果。到唐宋时期画龙，既作精细的刻画，又重内在生命的表现，唐代张彦远《历代名画记》卷七记载南朝梁武帝装修佛寺，常命张僧繇去作画，张僧繇在金陵安乐寺的壁画中画了四条白龙，但不点眼睛，他说，如果点了眼睛，龙将飞去。众人坚请僧繇点上眼睛，他就点了两条龙睛，不一会工夫，雷电破壁，那两条点了眼睛的白龙竟腾空乘云上天而去，两条未点眼睛的白龙，依然在墙壁上。这就是著名的"画龙点睛"成语的来历。故事说明南朝以来画龙对于"传神"的高度重视。唐代装饰艺术广泛包容本国民族及域外文化的精华，创造了灿烂的大唐文化，艺术的富丽华美，是唐代的特征。唐代西安长陵的两幅巨大的行龙图，以及出现在金银器皿、铜镜、陶瓷器、染织品上的龙纹，都具有雍容富丽的风格。唐代的龙纹，头额长一双分岔角，龙颈细长旋曲多姿、身躯丰腴，介于蛇体与兽体之间，四肢强劲如猛兽，龙尾多与一条后腿相缠绕，一般均为三爪。

宋代郭若虚在《图画见闻谱》"叙图画各意"中说："画龙者，折出三停（自首至膊、膊至腰、腰至尾也）。分成九似（角似鹿、头似驼、眼似鬼、项似蛇、腹似蜃、鳞似鲤、爪似鹰、掌似虎、耳似牛也）。穷游泳蜿蜒之妙，得回蟠升降之宜，仍要鬃鬣肘毛，笔画壮快，直自肉中生出为佳也。凡画龙，开口者易，为巧；合口者难，为功。画家称开口猫儿合口龙，言其两难也。"又同书"论画龙体法"说："自昔豢龙氏殁，不复扰，所谓上飞于天，晦隔层云；下归于泉，深入无底，人不可得而见也。今之图写，固难推以形似，但观其挥毫落笔筋力精神，理契吴画鬼神也（前论三停九似，亦以人多不识真龙，先匠所遗传授之法）。"自从宋代在理论上把画龙的方法进行了总结，龙的造型就大体上趋于定型化。但元明清各朝的龙纹，也各有时代特征。

元代蒙古族统治中原，龙的造型揉进了草原文化的特点，龙嘴上唇长于下唇，上唇尖而上翘，龙头很小，头与龙身的比例与蛇身的比例相当，龙颈细长，身躯蟠曲如蛇，因而有蛇的凶猛和野气。

明代的龙，龙头硕大，额部隆起，大目圆睁，龙发往后向上聚飞，双角后扬，龙颈较细，龙身粗壮翻转有劲，前腿前后分展如一字，后腿作行走状，火焰带高高飘扬，爪如老鹰，虽取蛇体型而有颈、胸、腰、腹、尾等明显的结构区分，因而与蛇有明显的分野。明代初期多为闭嘴龙，至明中期改为开口龙，龙口前有火焰珠起传神作用。

清代前期的龙纹，龙头更大，前额更宽大，龙鼻缩小，龙发向左右散开飘扬，龙眼凸起如灯泡。龙身较明代细而拉长，具有灵秀之气。到清代晚期，龙纹形象松弛，失去了飞腾活跃的神气。

明代龙纹有五爪、四爪、三爪之分，五爪者称为龙，四爪三爪者称为蟒，此外龙头牛角者称为斗牛，龙头有翼鱼尾者称为飞鱼，这都是用来区别阶级地位等级的。此外还有一种龙头蔓草身子的夔龙，不受等级的限制。至于民间及少数民族流行的龙纹，则保持着朴素清纯的气质。

龙是中华民族的乡土文明，中国各族人民把龙的形象比作坚毅、强大、奋发、进取的民族精神象征，它覆盖着中华国土的每一寸山河大地，闪耀着炎黄子孙数千年积聚的艺术创作才智，具有重大的继承学习意义。

三、凤 纹

凤纹和龙纹一样，也是中华传统的乡土文明。在传统装饰艺术中，凤纹也同样具有十分重要的地位。凤纹和龙纹在原始社会都属于氏族图腾，龙是黄帝族的图腾，凤则是少皋氏的图腾。少皋氏在山东地区居住，他发现各种鸟类有规律地在这个地区出现，鸟类活动的规律，可以用来预报农时，于是设立了凤鸟氏的官，来掌管物候。到了商代，凤鸟被称为凤神，成为人们崇拜的神鸟。商周时期甲骨文中的凤字，就是一种头上有羽冠、尾部有美丽翎毛的大鸟形象。郭沫若先生研究了一件周成王时的铜器铭文，文意说周成王派大臣中去视察南国，把一只活凤凰赐给了中，似乎在商周时，确有凤鸟的存在。考古发现最早的凤纹，可以追溯到公元前3300年前马家窑文化石岭下型的彩陶纹饰中，有一种戴着长长的羽冠的大鸟，疑是凤纹的雏形。

殷周时期，凤纹已成为青铜器的主题装饰，至周代凤纹更为盛行。当时有如下几种形式：1.多齿冠凤纹，头上有似扇形的多齿冠，体壮尾长，极为壮丽。2.长冠凤纹，头上有透曲的长冠。3.华冠凤纹，冠宽似绶带，修饰极华美，为西周初、中期的典型。4.且（祖）字形冠凤纹。商、周各式凤纹都严格与青铜器装饰面的框架密切适合，是适合造型的典范。

春秋战国时期的凤纹形状趋于写实，也有与几何形自然组合的，格调秀美。

秦汉时期，凤纹写实简练，气质雄健，质朴生动，有强烈的生活气息。

南北朝凤纹造型修长洒脱，动作宁静，常以具有方向性云气纹背景陪衬。至唐代凤纹形象华美丰满，舞姿翩翩，并在嘴中衔花枝、绶带、璎珞等，常作双凤对飞，数凤追逐，或凤穿花等，以象征喜庆欢情，与神话《萧史吹箫引凤》及《乐府诗集》中司马相如追求卓文君的"凤求凰"故事有关。

宋代凤纹趋于定型化，头冠常作朵云状，尾羽常作成四列自然飘起，鸾（雄性）的尾羽作卷草形。

明代凤纹形体丰硕，凤眼细长，云纹冠，蔓藤式头颈，尾作四列锯齿形不带眼翎的长羽，鸾的尾羽为蔓藤式。

清代凤头常揉入公鸡头形的成分，凤尾有眼翎，刻画较细腻。公鸡的头形、雉鸡的身躯、鹤的颈和腿、鸳鸯的翼羽、孔雀的尾屏，是清代凤纹造型的特征。明清以来，凤凰牡丹、凤栖梧桐、凤凰斑竹、双凤朝阳、鸾凤和鸣、丹凤朝阳、龙凤呈祥、凤凰狮子、团凤等，是非常流行的组合形式。

四、动物纹样

动物纹样是实用美术中应用极广的装饰，它以动物的自然形象为依据，可又不是动物自然属性的摹写，它以自己的形象内涵，赋予人们以某种哲理观念，表达时代社会的审美情趣，因此动物图案常常具有自己的象征意义。而在实用美术中，动物造型还应适应实用的功能要求和工艺加工及材质的条件。正像战国《考工记》所说的"天有时、地有气、材有美、工有巧，合此四者，然后可以为良"。

1．中国传统中的动物纹样，强调理性观念，这和古代希腊服饰动物纹样的重视科学性是有区别的。中国新石器时代的动物纹样，一开始就与原始神话相结合，摆脱自然形态的束缚，将理性观念贯注于图案形象之中，例如西安半坡及临潼姜寨新石器时代遗址出土彩陶纹样中的鱼纹，就有双体相联和三体相联、一体两头及鱼腹中藏人、鱼鸟相联等种种形式，还有人首与鱼结合的人面鱼纹，以及由鱼形简变成几何纹等等。

2．商周时期的动物纹样有器型化的立体造型、简化写实型立体造型、侧影式分离组合型适形造型、侧影式写实简化型适形造型、侧影式简化变体型适形造型等主要类型。

（1）器型化立体造型用于青铜酒器尊、彝造型为最多。由于当时的青铜器是奴隶主阶级权位的象征，和天命神权等宗教内涵相关，因此器体造型的社会意义大于实用意义，在形式上都赋予庄严神秘的色彩，主要手法是在鸟兽形器体周身刻画兽面纹及云雷纹，使之神秘化。

（2）简化写实型立体造型可以河南安阳殷墟妇好墓出土的商代各种鸟兽形玉器为代表，这些玉器是根据器材来造型的，极为简朴，动物的形体结构只用几根简单的线条加以刻画。

（3）侧影式分离组合型适形造型是商周青铜器主要的纹样造型方法，主要题材有饕餮纹、龙纹、夔纹等。其主要造型特点：①形体完全与装饰区的框架贴合。②用侧影式的轮廓表现形体。③形体结构并非单一的动物自然形象，而是自然形象的重新组合。④用以方育圆的装饰线刻画形体的大结构，其线型以垂直线和水平线为主调，于转角处用短弧线连接过渡。⑤形体内的装饰线为阴刻线，地纹用阳纹细线的云雷纹或回纹陪衬，形成纹地双关的装饰效果。

饕餮纹的名称是宋代人命名的，基本形是有大眼、大鼻、双角、双耳、大口巨张的正面兽首形，但有不少是由两个夔纹按中轴线对称排列而构成的。眼、鼻、角的形状有尖翘形、折曲形、牛角形、分岔形等区别，因而具有虎头型、羊头型、鹿头型、牛头型等不同特征，因此现在多数学者称它为兽面纹。它是商代青铜礼器的主要纹饰，多饰于器物的主要部位。湖南宁乡出土的商代方鼎，还采用一个表情凄厉的人面形浮雕作主装饰，具有一股神秘狰厉的气氛。

夔的形象古人说是如龙一足的，在青铜装饰中，夔纹适合用在各式装饰带中，有两头夔纹、蕉叶夔纹、三角夔纹、斜角夔纹等种种名称，以适应器型立体结构的变化；蕉叶夔纹、三角夔纹等常常安排在口部或器体其他部位的倾斜面上，以适应面的收缩或开放。

（4）侧影式写实简化型适形造型以现实的某种动物形象为依据进行简化，作侧影式描绘，其外形轮廓严格与装饰骨架贴合，如商周青铜器上的象纹、鹿纹、蝉纹、鸟纹等。

（5）侧影式简化变体型适形造型是根据某种动物的形象进行变化而具有浪漫风采的造型。

3．春秋战国时期随着奴隶社会解体，动物纹样的神秘主义色彩逐渐减退，浪漫主义色彩和现实主义倾向逐渐成为装饰风格的主流，随着社会结构的变化，奴隶社会作为王权象征的青铜器，到春秋战国时期就向轻型化和实用化发展，例如鼎的造型变成宽而浅腹，立耳微向外张，马蹄足，后期加鼎盖，盖上有三环纽可以翻立。敦由两个半圆形合为一球形，两半圆各有三足三纽。豆有高而细的把手，便于拿取，上面有可以翻开当盘使用的盖，器体球形，与上下圆形底足及盖足呼应，造型优美。铜器纹饰则改用模印法模印，或以红铜及金银镶嵌，工艺精美。铜镜、带钩等生活实用器物，彩绘、针刻、银扣、描金等漆器，织锦刺绣、玉佩等服饰相应发展，动物图案的造型从呆板的骨架的严格限制中，由侧影式的平涂向线勾填彩和运动空间过渡，打破了商周青铜器图案中那种封闭式、单个的、静止的、绝对对称的图案格局。春秋战国时期的动物纹样，从型类上看可分为写实型、写实变化型、变体型、群体变化组合型等主要类型。

（1）写实型是反映动物自然形态的造型，由于动物是具有性格和生命的，因此写实型动物造型必须通过动物的形态特征和动势特征，把动物的性格特征表现出来，这是战国时期不同于商周时期动物造型的最主要的地方。

（2）写实变化型，其形体的主要部分保持动物的自然特征，而夸张变化其次要部分，使次要部分转化为形式美的主体，但又不影响形体的自然真实性。

（3）变体型，其整体造型是抽象性的几何纹样，而头部是动物的自然形，但头部与身部衔接自然，能表现出自然形态的动势。

（4）群体变化组合型，纹样整体由复合重叠的动物群像组成，其造型可以是单体互相穿插重合，也可以是数种动物的共合体或动物与植物的共生体，其组合重复有一定的规律性，繁而不乱。造型常以不显露的几何骨架作依据，或巧妙地伸展动物机体的某一部分，使之在与相邻的图案单元连续时，显现出几何骨架。

战国时期的动物纹样突破了商周时期以直线为主题的造型方法，而以流畅的弧线和自由曲线为主调，优美新巧。

4. 秦汉时期中国正处于封建大一统的历史期，秦始皇兼并六国，汉武帝击破匈奴，都表现了气势磅礴的创业精神，大无畏的进取开拓是这一时代民族生存斗争的主旋律。秦汉时期的动物纹样，从一个侧面反映了这种民族进取的精神。

（1）秦汉时期的立体动物造型，秦代的立体动物造型出土实物，目前只有陕西咸阳秦始皇陵兵马俑坑所出土的100余匹战马俑为依据，这批陶战马是现实主义方法创作手法的杰作，体型高大，强壮剽悍。它与甘肃武威出土的西汉青铜雕塑"马踏飞燕（又名马踏龙雀）"及陕西霍去病陵墓前的雕塑"马踏匈奴"都是民族力量的象征。"马踏飞燕"运用力学原理，只有一只马足着地，支撑飞腾向前的马身重量，那着地的一足正踩着飞燕，以此比拟马的飞奔速度。霍去病是汉武帝破击匈奴的主将，年轻的民族英雄，他以一往无前的大无畏精神，率领轻骑深入敌后捣破匈奴主营，在平定匈奴的战争中取得决定性的胜利，不久他病死于军中。霍去病陵墓前的"马踏匈奴"和其他石雕动物形象，都表现动物的豪迈气势，不作细部刻画，给人以更加宏伟的视觉效果和情感传达。其他地区出土的汉代陶马、石狮等，也都具有这种艺术特色。狮子是外来的动物，因此在艺术造型上带有一些主观的夸张，和狮子的自然属形有一些差异。有时在狮子的造型基础上加上翅膀和一双角，称为"辟邪"，但整体结构仍给人以活生生的感觉，具有强劲的力量感。这种力量感、动势感和朴质感，是秦汉封建上升期艺术的时代特色。

秦汉时期的立体动物造型，还有一支直接承袭春秋战国艺术传统的浪漫主义手法的作品，主要是佩璜和系璧等珍贵的玉石工艺品，这类玉石工艺品的动物造型主要采取变体手法，形式的美感很强，制作十分精美，以赏玩为主。

（2）秦汉时期附着于砖石雕刻、瓦当、印玺、金银错器、铜镜、漆器、织锦等工艺装饰上的动物纹，这些都是平面的动物造型，其中绝大多数属于侧视剪影式的写实性造型，而风格上与立体动物造型是一致的，它们都是着眼于表现动物的整体结构特征，通过大的动态变化使人接受到强大的视觉刺激，感受它的实在感、运动感，感受动物在运动空间的力度、动向和速度，当然这是由形象刺激视线造成的幻想。夸张动物的性格特征，抓住大的形态动势，不作细节的描写，是秦汉时期动物图案造型的基本方法。即以大结构、大轮廓、大动态，用精神大势传移艺术情感，是秦汉动物图案的精髓。

汉代后期，封建地主阶级世代高官厚禄，形成了门阀制度，他们在奢侈享受之后，还希求长寿多子，不老成仙。在动物形象中出现的种种神异怪兽，就是这种思想的反映。汉代各地工艺美术的形式，也有明显的地方特点，山东嘉祥画像石造型严谨，江苏睢宁画像石造型细致，四川画像石造型自然，沂南画像石造型格调秀丽，南阳画像石作风粗放，云南滇族动物图案作风朴实，北方游牧民族动物图案作风狞厉。浮华性少、朴实性多，静止性少、运动性多，幻想性少、写实性多，是秦汉艺术和动物图案的特色。

（3）汉代的动物形造型灯具，《西京杂记》记载："汉高祖入咸阳宫，秦有玉五枝灯，高七尺五寸，下作蟠螭，口衔灯，燃则鳞甲皆动，焕炳若列星盈盈。"又记："长安巧工丁缓，作恒满灯，九龙五凤，杂以芙蓉莲藕之奇。"汉代动物造型的灯具，有灯体为鸟形，嘴衔灯盘的朱雀灯；有灯柱作雁足形，上托灯盘的雁足灯；有灯体为羊形，羊背为活动盖，翻升可作灯盘的卧羊灯。长沙出土的牛灯，灯体作牛形，以两角顺背向上作成虹管，由一向下的碗状灯罩吸收灯烟。江苏邗江甘泉二号汉墓出土的牛灯，牛背有灯盏，盏上有镂空的菱格形瓦状灯罩，罩上有穹顶形盖，连接虹管通向牛头，使灯烟收集到牛腹内，牛体镶金银错云气纹。

5. 由三国、两晋到南北朝，中国历史处于长期的战乱和分裂，人们在长期战乱中流徙失所，加上赋税徭役的重压，人民在绝望中追求安定的天国世界，统治者也想求天神保佑长治久安，这时，宣扬修身养性可以轮回转世的佛教思想便得到生根发展的精神土壤。北方著名的大同云冈石窟、洛阳龙门石窟、敦煌莫高窟、麦积山石窟、榆林石窟，南方的"南朝四百八十寺"，于是应运而生。南北朝时的动物纹样也都受到佛教思想的影响，由秦汉时期的现实主义转变为表现主义的阶段，气质豪迈、质朴，运动的传统风格与带有希腊、罗马、波斯、印度影响的佛教艺术相融合，使南北朝的动物纹样造型向体型修长的、宁静的、具有超凡脱俗意念的形式化方向发展。南北朝的动物纹样常以运动的长线条作背景，以飞动感很强的环境空间制造主题运动的幻觉，把人们的情感带入理想的天国世界，获得精神的安慰。

6. 公元583年隋文帝统一中国，结束了中国260多年南北分裂的战乱局面，到了唐代，中国进入封建社会的黄金时代，盛唐时期国力强盛，政令统一，经济上升，民族自信，对外开放，和西北突厥、回鹘，西南吐蕃、南诏，东北渤海等少数民族及波斯、印度、日本等国经济文化交流非常频繁，隋唐时期动物图案的造型的特点是：（1）承袭了秦汉现实主义的艺术传统，例如长安昭陵刻着六匹骏马，通过战马来歌颂开国皇帝的功绩，激励后人恪守祖业。唐代王公百官以及士庶以造型壮健的三彩陶马和陶骆驼等作殉葬的明器，也与唐初重视边防和对外交往的政策有关。此外唐初装饰在铜镜上的"四灵"、"四神"，即青龙、白虎、朱雀、玄武，是汉以来流行的题材，虽然青龙和玄武都是组合性的纹样，但造型极似自然，仿佛是自然界真正存在的生物。（2）唐代经济文化空前繁荣，文学中以诗歌为主流，发展到光辉的高峰，动物图案随着文化背景的发展，充实了寓意内涵，洋溢着诗情画意和生活情调。结体肥壮，形象丰美，性格温驯，动态安详，是盛唐以后动物造型的特征。动物赋予了拟人化的性格，戏耍于对称的花树之间，嘴上衔着花枝瑞草，珠宝璎珞，同心结带，颈上挂着珠宝项链，或相对栖居，或成双飞伴，如大雁、鸳鸯、鸾凤、鹦鹉等鸟，都带有情侣爱偶的象征，而虎、豹、熊、狮等性格暴烈的猛兽，或被描绘成驯良的驾御工具，或被描绘成佛法点化下的灵兽。人与动物之间的矛盾，已被浪漫的诗歌气息所化解，表现为一种合乎规律的和谐，这是唐代动物图案独具的特征。（3）唐代动物纹样造型吸收外来文化的滋养，使形式更为多样化。最明显的例子是吸收波斯联珠纹形式的影响，联珠纹是波斯萨珊王朝的风格，其特征是在设有联珠纹边饰的圆环骨架中画以对称的对禽或对兽，动物头部饰有冠饰，脚上系有彩带。也有在联珠圆环中饰狩猎骑士纹的，这类纹样在丝绸之路出土的织锦中颇为多见，而内地则发现不多，也可能是一种适应对外贸易而设计的装饰纹样。（4）动物与卷草合体的共生型造型，在西安碑林大智禅师碑侧等图案中均有。（5）巧合造型，如唐代敦煌藻井图案中三只奔兔共用三只耳朵等。

7. 宋代开国皇帝赵匡胤在陈桥兵变中做了皇帝，为了保持自己的政权，他用杯酒释去众将的兵权，执行重文抑武、安内虚外的方针，而对北方辽、金、西夏等统治者采取苟安政策。并利用程朱理学加强思想领域的统治，封建政治走向下坡路，已经失去了向上发展的生气。政府后来设立了画院，还以"踏花归去马蹄春"、"野渡无人舟自横"等诗句开科取士，文人画得到发展，而工艺美术匠师被轻视，在艺术技艺上依靠粉本，师徒相传，动物纹样从此失去了创造性。宋以后流行吉祥图案，用动植物和人造物的谐音或借形喻意，表达某种吉祥的含义。明清时期追求"图必有意，意必吉祥"，图案造型渐趋定型化、形式化，动物图案除民间剪纸，少数民族刺绣、蜡染等直接从生活中取得灵感的作品，具有质朴的生活气息，拙稚动人，能以田园风格打动人心而有高度的艺术水平之外，很少具有强烈艺术感染力的作品。至于画院风格的工笔花鸟，造诣很高，然而毕竟属于绘画的范畴。

五、花卉纹样

花卉题材的纹样，是在人类进入农业采集的社会，对植物发生了兴趣之后才开始的。据考古发现，中国在六七千年以前就已种植粮食，并利用麻、葛纤维织布。在距今大约六千年前的浙江余姚河姆渡文化遗址的陶器上，已经刻着禾稻纹作装饰，作风比较写实和细腻。而北方的庙底沟文化和马家窑文化的彩绘陶器，也有作风粗犷的花叶纹。庙底沟类型彩陶上的花叶纹，并非如实描写，而是将花叶的自然形与定位的点子及抽象的自由曲线组合成一种节奏明快的装饰纹样，充满着理性意匠，用现代的说法是接近于分散组合型的造型方法。马家窑型彩陶有一种将羽状深裂叶自由铺放连续的装饰纹样，新颖而生动，说明我们原始社会彩陶纹样的设计思想是非常活跃的。

在商周奴隶社会，统治阶级的精神支柱是"天命"论，他们只关心借助上天的神威去镇压劳动人民，装饰纹样题材都用神秘的动物和云雷等抽象性的东西，不用花卉图案。

春秋战国时期奴隶制社会崩溃，学术思想活跃，诸子百家争鸣，在装饰艺术上浪漫主义取代了神秘主义，出现了动物、植物、几何纹互相穿插组合的共生型变体装饰纹样，出土的莲鹤青铜方壶、湖北江陵马山砖厂战国楚墓出土的一批刺绣、苏联南西伯利亚公元前6世纪墓出土的中国丝绸鞍褥面刺绣，都有这类共生型变体动植物纹的范例。

汉代花草植物纹样为数不多，常与几何纹组合成图案的单元，为组合变化体型纹样。

南北朝时期花卉植物纹题材的图案增多，但题材范围不广，主要是由羽状深裂叶用波状线或桃形框架组合的连续纹样（一般称忍冬纹）和由同心圆作多面放射对称的莲花纹，此外有圣树纹（简化成一张直立的全缘叶形），除波状线骨架的忍冬纹有等量节奏的动感外，莲花纹和圣树纹都表现为静态造型，反映出一种严格的科学精神，这就是外来文化影响所形成的时代个性。

隋唐时期大一统的封建王朝以强大的政治凝聚力融合吸收了外来文化的影响，发展了中华民族的传统文化，外来的花卉题材如莲花、忍冬纹、葡萄等，在隋朝就组合成具有风动感的风轮纹（由莲花和忍冬纹组合）。唐代随着封建经济的空前繁荣，文化艺术空前昌隆，装饰纹样中花卉题材不断增多，通过装饰纹样来反映幸福温情、财富享受、生命常驻、佛国尊严等种种人生理想和价值观念，在图案风格上，讲求圆润、丰满、对称、富丽。唐代花卉纹样的形式有：1．摘枝花，即带有几片小叶的小朵花。2．对称式小簇花（散答花），花和叶都画成正面形，由中轴线作左右对称。3．折枝花，以S线或C形线作主枝，花、叶都是正面形。4．根据同心圆作多层放射的组合型宝相花，将自然形的花芯、花苞、花瓣、花叶等组合成装饰性很强的变体图案。5．穿枝写生花。6．穿枝卷草纹（将花瓣、叶子都画成翻转展侧形）。7．缠枝葡萄，穿枝花的枝茎是波状线，缠枝花则将波状线改成切圆组织或咬圆组织。穿枝与缠枝花是写生变体组合型的纹样，把盛开怒放的花、含苞欲放的花，花的蓓蕾、苞芽、果实、叶子组合在连绵不断的枝茎之上，婉转翻侧，繁盛丰美，充满着无限的生命力。在敦煌莫高窟唐代装饰纹样中，穿枝花与缠枝花的形式变化极为多样，是唐代装饰纹样的典范，故有"唐草"之称。它与宝相花同为唐代的主要装饰纹样。唐草纹是把花卉的时间差即生长的全过程组合在一个图案之中，宝相花则把花卉的生态加以解剖，取最美的形象重新组合，使之成为更集中、更符合美的形式法则的理想性花纹，其基本造型为同心圆多面对称放射，但也可以集中多种不同的花形加以扩散组合，例如组合成梅花型、莲花型、菊花型、葵花型、内层放射外层旋转型、内层旋转外层放射型等等，而在花芯、花瓣、花叶的基部，用退晕色处理成镶珠嵌宝的富丽效果，集自然美与艺术美于一体。

宋代的花卉图案造型受宫廷画院写生花鸟画风格的重大影响，均以自然形为基本根据，但把自然形经过精心剪裁而达到装饰化，花朵、花苞都从正面俯视的角度取其完整，叶子根据自然规律分组剪裁，枝茎则以C形线、S线、波状线、切圆线等线型取代自然形，将自然形的花、苞、果、叶组合成写生型的穿枝花、缠枝花、折枝花。因此宋代的花卉图案充满着自然情调和人情味，清秀活泼。宋代的花卉图案题材有牡丹、茶花、莲花、芙蓉、秋葵、菊花、月季、海棠、栀子、玉兰、丁香、荼蘼等等。有时将各种写生花卉自然地组合连续成一条花边，名之为"一年景"。

宋代装饰艺术已经出现宫廷工艺与民间工艺分头发展的格局，宫廷工艺的花卉图案繁缛纤丽，工致秀雅。民间工艺的花卉图案犷达生动，简洁朴质，北方磁州窑刻划花白地黑花瓷器的花卉造型，是民间花卉图案的代表作，其中尤以写生牡丹造型简练生动，流利活泼，达到了神化的程度。

元代蒙古游牧民族在中国统治了八十多年，由于军事势力的扩张，引进了一些西方和北方民族的工艺美术，但中国南部的装饰艺术仍然保持着宋以来的艺术风格。

明代的花卉纹样的造型，继承宋代的传统而强调整体气势，花头造型分写生简化型与变体装饰型两类。写生简化型是根据花卉的生长规律，进行归纳概括，舍弃非主要的繁杂成分，强调和扩大花卉的主要成分，创造出既保持自然形态又简练概括的花卉造型。例如明代的牡丹纹和莲花纹，一般归纳成八瓣形，甚至简化到六瓣、五瓣甚至三瓣的。变体装饰型的代表是宝仙花，宝仙花的基本结构是偏心圆，以内圆作略带透视的花芯，外圆按通过圆心的垂直中轴作左右对称的花瓣，并将云头的造型与花瓣造型结合起来，成为一种理想的宝花。叶子则作"一枝三叶分三岔"的形式，与穿枝或缠枝茎干连接，花头硕大，枝茎粗壮，是明代花卉造型的特点。

清代的花卉纹样造型与宋、明的传统一脉相承，但强调技法的工整精细，花头分瓣比明代细，叶子则表现转侧变化，至后期出现娇柔繁琐的弱点。

六、人物纹样

人是客观世界的主体，人类最早的装饰艺术就是从美化自身开始的，在人类文化的黎明时期，人们就用绘画来反映人与自然的斗争，近年中国各地发现数量众多的原始崖画，以拙稚的手法画出人与人之间、人与动物之间的关系，造型质朴而生动，是原始人的观念和情感的完美表达。

新石器时代的彩陶图案，人物造型被赋予了更多的思想内涵，例如西安半坡和临潼姜寨彩陶上的人面鱼纹，蕴含着原始宗教的意识，半坡彩陶中还有人与鱼合体的纹样，是寓人于鱼的观念反映。人面鱼纹的头上，如角形装饰及尖顶高帽、头顶正中所作的发髻及固发髻的骨笄，则是当时服饰的真实描写。在甘肃临洮、青海乐都烧沟都发现了上半身人形彩陶，甘肃秦安大地湾出土少女人形彩陶瓶，均以写实的笔法，描出当时文面、戴颈饰、女性有耳穿可持耳饰等形象。1973年秋，在青海大通县上孙家寨发现一件高14厘米、口径29厘米、底径10厘米卷唇平底的彩陶盆，内壁绘有四道平行带纹，其上绘有三组五个人手拉着手跳舞的舞人纹，他们都面向左，辫发右垂，而身体朝右，腰带左垂，左脚微举，画出了五个人节奏划一的舞蹈动作。在其他地方还发现了穿连衣裙、腰间束带、举起双手哄赶家畜的放牧纹彩陶罐。

商周时期一些石刻及玉雕人像，用线条刻画出衣服结构及纹饰，表情动作刻板，这与奴隶社会凝重、静止、庄严的整体艺术风格是协调的。

战国时期的人物造型，无论是器物图案或绘画、雕塑都发生重大变化，在器物图案上的纹饰，已逐渐摆脱神秘狞厉的气氛，出现宴乐、射猎、战争、采桑等现实生活题材。1965年成都百花潭出土的宴乐水陆攻战纹壶，以镶嵌法作装饰，画面用带状分割法划分为三层六组，上面第一层右面画妇女坐于桑树上采桑，枝上挂着筐子，左面画习射。第二层为室内室外平时生活的描写，左边为射猎飞禽的场面，射者使用箭尾带绳子的箭，箭射中了猎物后，可沿绳子把猎物拉回来，射不到猎物也能把箭收回，天空群雁飞过，有的已被射中，地面还有许多鸟站在水岸上，水中有鱼，右边二层楼房，楼上有人举酒欢饮，楼下有编钟，编钟挂于长架，使人在作乐歌舞。第三层是攻防战，左边描写水兵驾船或游泳进攻，城上有人防守，右边描写步兵用云梯登城，城上守军用长短兵器防击。三层之间各有对角雷纹花边分隔。由于花纹是用黄铜镶嵌的，所以人物造型要求单纯化变形，以侧影形式造型。1935年在河南汲县山彪镇出土一件水陆攻战纹铜鉴，外壁用红铜镶嵌水陆杀射、格斗等战争场面，战士束腰佩剑，有的张弓搭矢，有的持戟刺杀，有的架梯，有的驾船，有的首级落地，共人物三百多，水中还有游鱼，此铜鉴现藏台湾。1950至1953年间，河南辉县赵固镇出土一件铜鉴，用细如发丝的线条刻出宴乐、射猎、鸟兽、草木等纹饰，人物刻在中层，有宫室房屋六栋，人物37人。人物造型也是单纯化的变化，只画外形轮廓，以动态表现神情动作。1982年1月在湖北江陵马山砖厂发现的舞人动物纹锦，一对舞人高举双臂作舞，长袖飘忽，也是只画轮廓大动态的剪影式造型。河北平山战国中山王墓出土的玉人，河南洛阳出土的战国舞蹈玉人和铜人，湖北随县曾侯乙墓出土编钟架下层铜人，河南信阳战国墓出土彩绘木俑等，人物衣着、纹饰、发式、佩饰的刻画都很具体，信阳彩绘木俑有的身穿两色偏衣，佩两组组佩，有的身穿长袍，佩一组组佩，反映了当时玉佩佩挂的情况；这些雕塑，人物表情和动作具有典型性，形象优美。湖南长沙出土的战国龙凤少女帛画和驭龙升天帛画，用细线双勾加彩描绘，人物与衬景相互呼应，使人物造型发展到新的历史阶段。

汉代人物造型具有强烈的时代特色，善于以质朴粗犷的形象，通过动势和力度的强化，以及人物之间的呼应，表现情节主题。例如常见的车骑人物，大多器宇轩昂，序列严整，有一股强大的冲力。山东武氏祠画像石"荆轲刺秦王"，故事出于

《史记·刺客列传》，燕太子丹派荆轲去刺秦王，让素称勇士的秦舞阳跟去接应。荆轲带了秦叛将樊於期的头和燕国地图去见秦王，想在献地图时把秦王刺杀，地图中裹着匕首，荆轲把地图一段一段打开来给秦王看，地图快看完时，被人发现了匕首，荆轲被秦王的侍卫用药囊打伤，刺杀未成，终被秦王捉住。俗话"图穷匕见"的典故就从此而来。画像石中用一根柱子将画面左右分隔，左边荆轲将匕首向秦王掷去，匕首插进了柱子，一个卫士抱住荆轲阻挡他去追赶秦王，秦王已逃到柱子右方，他回头惊慌地看着荆轲，一只袖子已被割断。一个卫士赶过来保护秦王，装樊於期头的盒子被打翻在地，秦舞阳吓得趴在地下。人物造型十分洗练，没有作任何细部描绘，就是靠大的动作和人物之间的关系，把故事最紧张的刹那间情节，生动地表现在画面上。其他如山东沂南画像石百戏图中的飞剑跳丸、戴竿之戏、马戏、伐鼓等，也都是通过动势的夸张，达到扣人心弦的艺术效果。汉代画像石中有些描写神话内容的组合变体型人物造型，如人首蛇身的伏羲与女娲，尽管上身是人，下身是蛇，由于感情质朴，给人们的感受却仍然是人而不是神，因为它的主体部分给人以亲切的感受。

南北朝时期的人物图案造型受佛教艺术的影响，脸形和体形都相对拉长，造型清秀，所谓"秀骨清相"，外秀内寒，追求超脱，失去汉代那种质朴纯真的情感。南北朝人物造型注重形式的华丽，线条的洒脱流利，把人物形象理想化，这个时期的洞窟艺术中飞天的形象，将一个普通的人画成飞的姿势，借助飘带飘起的方向和动势，看上去竟像轻身飞舞在天空中一般，姿态十分优美自然，这是一个非凡的艺术创造。飞天在洞窟艺术中十分活跃，是非常重要的装饰，无论在藻井中、花边中都被运用，在庄严的说法图中佛主的左右天空，也用飞天对称飞舞，使画面显得空旷飘渺，把观众的思维带进佛国世界。

唐代的人物造型，由南北朝的理想主义重新走向现实，初期人物造型俊俏健美，中期造型逐渐强调丰满，以至以丰腴为美的标准，在晚唐陶俑中有被称为"胖姑娘"的，不但脸部用饱满的弧线造型，身子自胸腹至脚以腹部为最高点，也形成一条弧线，这是中国历史上一段特殊的美学风尚。

五代以后，人物画的宗教气息和雍容华贵气度逐渐消失，宋代市民经济发展，人物画向世俗化发展，人物造型也向世俗的秀美发展，例如北宋砖雕《庖厨》中厨娘的造型，与宋绢画《杂技人物》中的两位年轻妇女作风一致，为世俗女子现实生活的反映。宋代的佛像如《水月观音像》，也从佛国庄严变为世俗秀美的形象，至于罗汉、济公、八仙、麻姑、天官、门神、寿星等在民间装饰艺术中常见的人物造型，经过民间工匠在生活形象中的提炼，各自具有性格化、程式化的特点。这些人物造型，以人的现实形象为依据，例如艺人工匠，把人的脸形归纳为田、由、国、用、甲、目、风、申八种类型，把脸部的比例总结为三停五眼，三停是将发际至下颔之间分为三等分，一停在眉线，二停在鼻底线，三停在下颔线；五眼是指人面正面的宽度为五只眼睛之和。又有人体长度比例为立七坐五盘三半的说法，即七头身的比例。但在实用美术人物造型中，又常常打破这些自然规律的制约，例如寿星的造型，由头顶到眉线的长度，不但比眉线至下颔的长度更长，甚至比整个身体还大，这是抓住老年人头顶秃发后显得越来越长，而下颔牙齿脱落后显得越来越短的感觉趋势而进行夸张，所以显得合情合理，根据自然规律，而又打破自然规律的约束，所谓无法之法乃法中之法，是中国图案人物造型的辩证方法。

七、景物纹样

世界上的物种千千万万，但概括起来只有两大类，一类叫做自然物，一类叫做人造物，人造物中间最能对自然景观产生影响的是建筑物，风景包括自然的景观以及建筑物与自然景观的和谐。人类最初为了改善生存条件而营造房屋，进而追求房屋的美化，以及建筑群与自然环境的和谐。把美的环境景观作为装饰题材，是在人类物质文明发展到一定高度的产物。

中国大约在春秋战国时期才把房屋吸取到装饰图案中，例如北京故宫博物院藏的采桑壶，中国历史博物馆藏的水陆攻占纹壶等。当时画桑树和房子，是从反映人的活动场所的角度出发的，所以还不能称它们为风景图案。最早的风景图案是在东汉四川画像石中看到的。也许将来考古工作发展，还会发现更早的材料。

《采莲图》用剪影式的形象，画出荷塘中一叶小舟游弋，水鸭浮在水面，圆圆的荷叶有规律地分为四组按水平方向排列，在上方占画面1／4的地方用一条水平线画出塘岸，岸上是三棵竖向生长的树，与荷塘中重复的水平线形成动静对比，以动育静，显得画面空旷平静而有生机。以小面积的动势陪衬大面积的静势，正如"蝉噪林愈静，鸟鸣山更幽"，格外富有诗意。

《煮盐》画面布满了大大小小的山头，在约1／2处突起一个大三角形的山把画面分割成三部分，上方左右两角各画两个三角形小山，下方大三角形内画四座小三角形山头重叠，在构图上以三角形的重叠变化取得统一和谐，再以人物动物点景。远山有虎、猴、鹿和飞禽，在较近的山坡上有人射猎，两条猎犬正向前扑去。另一山坡有一鹿奔跑，一鹿回首看着追逐的猎人。近处左边山坡有盐井，四人立木架上汲盐水，两人上提，两人往下放空桶，盐水通过竹管向另一山坡下的方形水池过滤，再流入锅灶，有人在灶门烧火，稍远有人背盐包走去，山林茂密。作者用生活中流动的视觉积累，把时空约集在一个画面，远景、中景、近景、人物鸟兽、煮盐过程都表现出来。

《采桐》画面左下角一所小屋，其余满布纵立的桐树，小屋旁一人斜扶竹竿，准备采集桐子。桐树、小屋都是直线，只有采桐人手执的竹竿为一根斜线，打破了直线单调的重复，直线间疏零的叶点，表露了深秋情调。

《庭院》把一所四合院从大门外画起，进入大门内有斗鸡，进入二门有双鹤起舞，堂上主人在款待宾客，左侧院里仆人在忙，狗在高台下叫，高台有阶梯可踏级而上。另一小院放置碾粮食的碓、架。对照汉乐府歌："上金堂，著玉樽，延贵客，入金堂。东厨具肴膳，椎牛烹猪羊，主人前进酒，弹瑟为清商。"画面虽没有表现杀猪宰牛、弹瑟歌舞，但通过庭院，已可体会到主人的豪奢生活。突破视线的限制，把景物由门外画到院内各个角落，以几条稳定的平行线将画面分割成横带式，由中间的一排房屋形成一条纵斜线，以之打破平行线的平板，是一种极新颖的构思。

通过以上四个例子，可以看出中国风景图案的造型，不是自然景象的简单重复，而是作者长期生活经验的浓缩，用中国画论的话来概括，就叫作"以大观小"。设计者以宽大的胸怀，用自己的洞察力，于有限的画面描绘千里景观，不论室内室外，山前山后，天上人间。这是凡人在一时一地看不透的，图案家则能经过概括，把典型性的景物组合到小小的幅面，这就不是西方的焦点透视所能解决的事。中国传统风景图案，一般采用平视法、立视法和组合法来造型，至于焦点透视法则是近代才采用的。

1. 平视体风景装饰造型，利用正面平视的角度取景，将景物平置在一条水平线上，向上下左右延伸。景物可以不只一组或一个，但都用正面平视的画法。每组景物都是观众视圈以内的视角形象，一切都是正面平视的，景物之间不重叠，不强调空间前后层次，山上山下，房舍树木，天上飞的、地上走的、水中游的，大千世界一切事物，统统用平视法排列，从而表现出安静、整齐的和谐美。单纯、明确、划一，简而不繁，在汉唐石刻图案风景中，常用这种造型方法。

2. 立视体风景装饰造型，在汉唐石刻画中，也常见用立视的角度表现景物的正面、顶面和侧面的，如前述四川画像石《庭院》，就能表现出庭院内外，院落内外的全部景象，具有立体的空间感。还有在一个画面上运用平视、俯视、仰视、正视、侧视等各种视角，把较复杂的建筑、景物，从村前村后、楼上楼下、屋里屋外、山前山后以至天上的各种景观透过视线屏障，一起呈现在观众面前。在画面上可以不画墙面，不论白天黑夜都用明亮的光线，前景不挡后景、场面可以不断向上、下、左、右无限延伸，即平视、立视、俯视、仰视在一个画面上并用。

3. 组合体风景装饰造型，以综合、重叠、主次均衡等手法，将几种或几组不同的景物综合组合于同一个画面，使之自然连贯，从而通过对比得到更加丰富的美感享受。

4. 利用装饰面有计划留出的空白，用框架隔围，做出"开光"，在"开光"内饰以绘画风景。

5. 焦点透视体风景装饰造型，出现于近代。

八、几何抽象纹样

抽象纹样指不具有自然物或人造物具体形象的各种装饰纹样。但它根据美的形式法则和自然的数序规律来反映大自然潜在的协调，大自然万事万物的发生、成长和运动过程都是有一定的规律的。1978年2月25日，日本京都大学用五万千伏的电子显微镜拍摄了世界上第一张原子结构的照片，发现它是一种极其严密的菱形结构，这种菱形的构成和中国唐代流行的一种簇四形放射结构的瑞花图案十分接近，而瑞花图案是根据雪花的结晶体造型的启发而设计的，象征"瑞雪兆丰年"。在自然界，有许多充满着数序规律和节奏感的抽象造型，如雪花的结晶体、宝石的晶盐、蝉翼的网纹、蜂窝的六角形、贝壳的条纹、水的波浪和旋涡，以至原子的结构和天体运行的轨迹等等。在生活活动和生产劳动中如房舍的结构、渔网及编纺织物的经纬交织、器物造型的方圆、狩猎射箭或投石索运动的轨迹、动物和人体运动的气势、鱼的浮游、鸟的飞翔……都会给人留下潜在的启示，当这种潜在的启示被转化为图案设计，以抽象纹样的形式表现出来时，就能超脱时间、空间的限制，为观众带来永远新鲜的美感享受，这就是史前时期的抽象纹样至今仍能动人心弦的原因。中国传统的抽象纹样，在不同的历史时代具有不同的形式特征，因为抽象纹样也受时代观念的影响。

西安半坡的彩陶纹样中（约7000至6000年前），常常用垂直线、水平线、对角线组合。通过线型的粗细、疏密、分离、接触、交错等形式组成对比明朗、节奏均称的几何纹。

马家窑型彩陶（约5000年前）善于以不同缓急的波浪纹、旋涡纹组成扣人心弦的抽象图案。

庙底沟型彩陶（约6000至5000年前）似乎最善于运用物体运动的潜在轨迹，用优美流畅的长线条与具有量感的点面组合，形成旋律舒展的抽象纹样。

半山型彩陶（约4500年前）是中国彩陶的鼎盛时期，平行的粗线、细线、锯齿线配合黑、白、红诸种颜色，创造了形式多变、丰满活泼的种种抽象纹样。旋涡纹中心空洞加网格纹、米字纹及其他几何纹，葫芦形纹加饰小几何纹，折线纹的中轴对称，直线与曲线的分隔对比等是常见的形式。

马厂型彩陶（约4000年前）纹饰刚健粗犷，流行四大圈纹、人形折线纹、回纹、网格纹等。

中国彩陶纹样中由自然物抽象成几何纹样的装饰也非常丰富，考古学家曾发现半坡型彩陶几何图案有的是由鱼纹进行简化的，庙底沟彩陶几何纹有些是由鸟纹进行简化的，西北唐汪式彩陶几何纹则是由云纹进行简化的，辛店式彩陶（相当于商周时期）中的双钩纹是兽面纹的简化。

我国史前时期分布在江苏、江西、浙江、福建、广东、台湾等广大地区的印纹硬陶和印纹软陶，都是在陶坯未干前用几何纹印模按所定部位，印出花纹的，有的因模印部位不准，出现花纹重复交错。常见的有水浪纹、米字纹、回纹、方格纹、编织纹、云纹、雷纹、圆点纹、圈点条纹、S纹、折线纹、孔雀翎纹、枝条纹等，加上大小、疏密的不同，式样可达数十种或者更多。印纹陶的几何纹形式多样，活泼生动，黑白双关，充分体现了中国原始社会设计思想的活跃。

商周时期由于社会的封闭，抽象纹样受直线规范的约束，以雷纹、回纹、窃曲纹、对角雷纹、三角雷纹、目雷纹、鳞纹、重鳞纹、瓦纹、环带纹、乳钉纹等为主。

战国时期的直线几何纹通过垂直线、水平线、对角线的结合、方向的转换、疏密长短的变化、线的交错、形的联结、分离、重叠等手法，达到多样化和新颖化。同时由于漆绘和金银错工艺上直线和弧线的变化应用，出现了结构复杂、新巧而规则化的种种抽象纹样，面目一新。

秦汉大一统的中央集权主义与阴阳五行学说思想的影响，几何纹样以方带圆、四方八位、突出中心等四平八稳的结构，成为一种主流。唐宋以后，仍然以此为设计思想的依归。在此基础上，再加上封建社会的吉祥寓意，出现了万字、双胜、龟背、锁子、毬路、盘绦、瑞花、棋格、连线、双距、柿蒂、回纹、仙纹、枣花、如意、八达晕等程式化的几何图案，使抽象思维受到不能自由发挥的限制。这些几何纹常作为花鸟图案的衬地应用。

九、吉祥图案

人在社会生活中都希望平安顺利、万事如意，民间画工的创作口诀，有"画中要有戏，百看才不腻，出口要吉利，才能合人意"的说法。其实祈望吉祥如意的心理，早在人类文明的黎明时期即已有之，我国新石器时代的彩陶纹样，如西安半坡的连体鱼纹、两鱼并体、三鱼并体、寓人于鱼等，都寄寓了氏族子孙繁衍的吉祥含义。自从有了文字之后，装饰纹样与吉祥内容的文字配合，曾经成为流行的风气。宋元以后，随着理学的发展，与生活密切相关的实用美术装饰纹样，意识形态的色彩越加强化，社会的政治观念、伦理观念、道德观念、宗教观念、价值观念，在装饰纹样中都反映出来，装饰纹样几乎"图必有意，意必吉祥"。甚至连几何图案，也用金锭、银锭、连线、百结等题材注入吉祥的含义。故实用美术界把吉祥寓意的图案，一律称之为"吉祥图案"。吉祥图案一般用象征、寓意、比拟、表号、谐音、文字等方法，来表达图意内容。

1. 象征：就是根据某些花果草木或动物的生态、形状、色彩、功用等特点，去表现某种特定的思想。例如石榴内多子实，象征多子。牡丹花型丰满娇艳，富丽华贵，象征富贵。葫芦、瓜瓞（小瓜为瓞）都是藤蔓不断生长，不断开花结果，象征子孙繁衍，长盛不衰。灵芝入药久服可以健身，松树树龄极长，有松寿万年之说。鹤寿命较长，古称鹤寿千年，故象征长寿。

2. 寓意：借某些纹样题材原有的特定含义，寄寓吉利的内容思想。条件是纹样题材原有特定的含义，必须是平常人都理解的。故这类题材多与民俗或文学典故有关。例如莲花是佛教中清净纯洁的象征，文学故事说莲花出污泥而不染，故王茂叔喜爱莲花，装饰纹样以莲花寓意纯洁。小说《汉武内传》说汉武帝时，东方朔三次偷食王母的蟠桃，因王母的蟠桃三千年结果，吃了可以极寿，故装饰纹样用桃子寓意长寿。

3. 比拟：赋予某些题材以拟人化的性格。例如梅花在一年中开花最早，故比作花中状元。梅花孤高挺秀，不怕寒冷，松树高大挺劲，竹子虚心有节，故松竹梅比喻为"岁寒三友"。

4. 表号：例如装饰纹样以八仙手中所拿的器物作为八仙的表号纹样，即李铁拐的葫芦、汉钟离的扇子、张果老的鱼鼓、何仙姑的荷花荷叶、蓝采和的花篮、吕洞宾的宝剑、韩湘子的横笛、曹国舅的阴阳板，这八种器物称为"暗八仙"。

5. 谐音：以装饰纹样题材的名称，组合成同音词去表达吉祥含义，如玉兰、海棠、牡丹谐音为玉堂富贵。灵芝、水仙、菊花谐音为灵仙祝寿。

明清时期，吉祥图案种类极多，第一类是期望功名富贵、升官发财的，例如功名富贵——打鸣的公鸡和牡丹花。一品当朝——丹顶鹤（原一品文官补子纹样的题材）、山石、潮水、鹤后上方有红日纹。连中三元——清代科举制度，经过乡试、会试、殿试三级考试中试者，其中乡试第一名为"解元"，会试第一名为"会元"，殿试第一名为"状元"。三级考试中连续获第一名为"连中三元"。纹样用荔枝、桂圆、核桃各三枚，或以三个元宝，及用弓箭对准三个铜钱以隐喻之。平升三级——纹样为古瓶中插三支戟，旁画一笙。官上加官——纹样用公鸡与鸡冠花，公鸡有冠，鸡冠花之冠与官同音。杏林春燕——清代殿试及格者，由皇帝于初春二月杏花初开时在礼部设"荣恩宴"，相传孔子在杏坛讲学，杏花又称及第花。纹样以杏花与燕子表示。二甲传胪——以二只螃蟹和芦草隐喻殿试第二名得中"榜眼"。一路连科——纹样以莲花、芦苇和一只鹭鸶组成。

第二类是祈祝好运的，如天官赐福——天官是道教供奉的三官神天官、地官、水官之首，农历正月十五上元节是天官的生日，故在上元节挂天官赐福图以祈天官保佑。天保九如——《诗经·小雅》："天保定尔，以莫不兴，如山如阜，如冈如陵，如川之方至，以莫不增。……如月之恒，如日之升，如南山之寿，不骞不崩。如松柏之茂，无不尔或承。"意思是皇帝得天命，天下长治久安。纹样用天竺子和如意表示。五福捧寿——《尚书·洪范》所谓五福，一曰寿、二曰富、三曰康宁、四曰攸好德、五曰考终命。即长寿、富贵、健康、有品德、能死于正寝。这五福与六极相对，六极为一凶短折、二疾、三忧、四贫、五恶、六弱。纹样为五只蝙蝠环绕寿字。三阳开泰——泰是周易六十四卦中的卦名，由三个阳爻在下与三个阴爻在上组成"☰"，是吉卦，纹样中有太阳及三只羊，取太、泰同音，羊、阳同音。刘海戏金蟾——传刘海为五代时燕山（今河北蓟县）人，另一说为后梁广陵（今河南密县）人，燕王刘守光时当过丞相，有一天，有来客将十个鸡蛋摞于十个铜钱上，对刘海说："人生荣乐安危，就同鸡蛋摞在铜钱上。"刘海恍然醒悟，弃官到华山、终南山一带隐修，终于得道成仙。纹样画一人持穿有铜钱的绳逗戏蟾蜍。五毒协和——吕种玉《言鲭》说旧时齐地风俗，在谷雨这一天画五毒符，即蝎子、蜈蚣、毒蛇、蜂、蛾（蛙），各画一针刺着，贴了可以避虫毒。清代民间多在端午节挂五毒符，佩五毒纹荷包，儿童穿五毒纹花衣。八仙——即李铁拐、汉钟离、张果老、何仙姑、蓝采和、吕洞宾、韩湘子、曹国舅八位传说中的散仙，用人物形式的称八仙，以八仙手中所持八种器物表现的称暗八仙，有八仙庆寿、八仙过海等形式，为民间庆寿贺喜等用。天女散花——《维摩经·问疾品》记载，在维摩室中有一天女，以天花撒诸菩萨，撒到菩萨身上，天花都落下去了，而在大弟子身上的天花落不下去，天女说他"结习未尽，故花著身"。纹样形式为天女手举花篮散花。麻姑献寿——麻姑为建昌人，修道于牟州东南的姑余山，东汉桓帝时应王政平之邀到蔡经家，年十八九岁，头顶束髻，余发垂至腰部，衣着光彩耀目，手像鸟爪，能掷米成珠。相传三月初三西王母寿诞，麻姑在绛珠河畔用灵芝酿酒，为西王母祝寿，故世人画麻姑献寿图赠人为寿礼。

第三类是祈望平安和气的，如和合二圣——传唐代寒山、拾得二人曾在天台山为僧，清雍正皇帝追封寒山为"和圣"、拾得为"合圣"。《西湖游览志》说宋时杭州习俗，于农历十二月八日（腊八节）祭"万回哥哥"称作"和合之神"，其像蓬头笑面，身穿绿衣，左手执鼓，右手执棒，祭家人在万里之外也能平安回家。故纹样上画和合二圣为两个蓬头笑面的仙人，一个拿荷花，一个拿圆盒。也有单画荷花和捧盒，不画仙人的。平安如意——《释氏要览》说："如意之制，盖心之表也，故菩萨皆执之，状如云叶。"和尚讲经时，手拿如意。宋代宫廷以之为玩物。纹样用一个瓶子，安放一把如意。

第四类是宣扬封建伦理纲常的，如三纲五常，三纲即"君为臣纲、父为子纲、夫为妻纲"，五常即"仁、义、礼、智、信"。纹样用三口缸，五个人用小勺子品尝缸里盛出来的汤水，因纲、缸同音，常、尝同音。五伦图——五伦指父子、君臣、夫妇、长幼、朋友之间的封建宗法关系。《孟子·滕文公》说："父子有亲、君臣有义、夫妇有别、长幼有序、朋友有信。"这就是封建社会提倡的人与人之间的行为准则和道德规范。纹样凤凰象征君臣、白鹤象征父子、鹡鸰象征兄弟、鸳鸯象征夫妇、莺象征朋友。榴开百子——典故出于北齐安德王延宗皇帝纳赵郡李祖收之女为妃，帝去李家，李妻宋氏纳二石榴于帝怀中，说石榴多子，祝新妇子孙众多。纹样画开口露子的石榴。石榴与寿桃、佛手画在一起，则象征多福、多寿、多子，简称"三多"。百子图——传说周文王有九十九个儿子，再收一义子为百子，宋代开始有百子图纹样，北京定陵出土明万历帝孝靖皇后所穿的洒线绣百子戏女衣，上绣一百个儿童作各种游戏，祈望子孙众多。

第五类是宣扬封建的人际关系，如君子之交——《大戴礼》卷五有"与善人交，如入芝兰之室，久而不闻其香"的话，纹样用竹子、兰花、灵芝隐喻君子之交。

第六类是祈望生子聪明富贵，如麒麟送子——传说孔子出世前，有麒麟来吐玉书，孔子死前，有驾车人鉏商在大野打死一个麒麟，麒麟是孔子的化身。故麒麟送子，必然聪明富贵。纹样画一男孩骑在麒麟背上。五子登科——取五代蓟州（今河北蓟县）窦燕山建四十间书院，聚书数千卷教育五个儿子，后五个儿子都做了宋朝大官的典故。纹样用一只公鸡和五只小鸡在窠上，窠、科同音，象征科举及第。鲤鱼跳龙门——传说山西河津和陕西韩城交界处有龙门山挡住黄河去路，禹用神力将其劈开，分跨黄河东西两岸，称为龙门。每年春天江海的鲤鱼都来这里跳水，跳过龙门便升化为龙。人们比喻科举会试中状元者为登龙门，纹样画一上书"龙门"匾额的牌坊，下为水浪，有鲤鱼从浪中跳起。

吉祥图案的内容极广，形式也较多，本书收集的一些吉祥图案，可见到表现手法的一斑。社会的观念是随着时代不断发展变化的，吉祥的内涵每朝每代都在改变，所以过去的吉祥图案只能反映过去的社会历史，新的装饰纹样需待当代的设计家们去新创。

十、构　图

　　构图是决定图案总体面貌的重要因素，构图就是总体布局，在中国画论中把它称为"经营位置"，是绘画"六法论"中的一法。

　　在立体图案中，构图涉及器体造型与附属装饰之间的关系，例如原始社会没有桌子，彩陶器都是放在地面上使用的，人在室内席地而坐，视线从上而下，主要看到陶器的顶部和肩部，因此原始彩陶的装饰重点在肩部，并顾及器体在拿起来时的平视效果，例如半坡类型的彩陶人面鱼形纹盆，把主装饰放在盆的内壁及外壁的肩部。而半山类型的直颈鼓腹壶，则把主装饰放在肩部，以器口为中心，将主要的纹饰如空心旋涡纹、葫芦纹、锯齿垂幛纹等以四分法、八分法等位处理，在侧面看时是等位连续纹样，在俯视时就是圆形的装饰纹样，成为多效的装饰；器腹以下因不接触视线，就留作空地，形成了纹地对比，又节省了工时。又例如商周青铜器是用合范浇铸法铸造的，器体的合范交接处多作棱角，装饰花纹常以棱角作中轴线对称对位，把主要花纹安排在器体直接接触视线的装饰区内，而在器体变化的斜倾面上，则用三角形或倒三角形的蕉叶雷纹、三角雷纹等作装饰，以适应器型开放或收缩的要求。任何器物的纹饰都和器体的结构面相关，清康熙时的过枝大桃盘，纹样用工笔绘画表现自然形，桃枝从大盘背后长出，一口气从盘后背越过到盘正面来，但桃枝的长势还得与盘背的结构面及盘正面的圆形相适应，在形量和空间关系上协调，才达到艺术上的成功。即使像服装鞋帽等类造型，纹样装饰也都与结构和功能相联系。冠帽的主体在额前和帽顶，所以在这两个部分重点镶金饰玉。上衣穿在身上，两肩和前胸后背是接触视线的主要部位，所以如四团花、过肩龙等，就装饰在这四个部位。明清时的官服补子，则放在前胸和后背。下身衣摆下垂，自膝线以下是很完整的装饰部位，故龙袍的寿山立水或平水纹就装饰在这里，称为"寿山福海"。而膝线部位用横条花"膝襕"为过渡。

　　立体造型的主要结构面上的装饰纹样就是各种不同形状的平面图案。所以平面图案有两大类，一类就是立体器物表面的装饰纹样，受器物结构面基本形的约束。还有一类是外形不受其他因素约束的连续图案，凡可以向二方无限延长的，称为二方连续；凡是可以向四方无限连续的，称为四方连续。平面图案根据不同的需要，自身也可以分割成不同形状的装饰区，如地毯图案可以划分为中心花区，角隅花区，大、小边区等。各个装饰区又是统一的整体，各区之间必须相互陪衬、相互响应，因此要在总体思想指导下进行权衡，如尺度与比例、纹样与空间、动势与静势、封闭与开放、分隔与接触、交错与联合、纹样与骨架的隐藏或显露等等，都是构图需要解决的课题。

中国画论把"气韵生动"作为品评画品的最高标准，在形似的基础上求神似，神似就是精神气质和生命活力的表现，由精神活力来传达情感，叫作传神或情感转移。画面的图像本来是静止的，但要求给观众的视觉以动觉感受，除了单独的造型动势之外，画面的整体安排，就十分重要，因为视觉上的动势要通过形象与形象之间的关系、形象与空间的关系、画内与画外之间的相借相让等参数对比才能产生的。

各种器物的造型千变万化，器型结构面的形状大小变化尤为复杂，但构图的基本原理原则有共通性。图案是具体的形象思维，抽象的理论能够解决一些原则概念，但不能代替具体的实践问题。为此，请读者在本书收集的几千种传统纹样中选取圆形、方形、长方形、角隅图案、二方连续、四方连续等六种类型，根据具体的纹样实例去进行具体分析，通过分析，对深入理解对称、平衡、调和、对比、节奏、韵律等装饰纹样的形式法则，丰富装饰形象思维，推陈出新，提高设计水平，必定会有很大的帮助！

原载黄能馥：《中国历代装饰纹样大典》，北京，旅游出版社，1999年版，第3-24页。

龙的装饰艺术

图1　原始社会彩陶瓶上的人头蛇身像，高18厘米，1973年甘肃武山县出土。

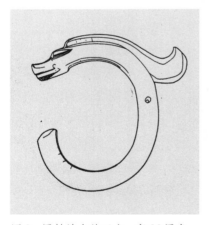

图2　原始社会的玉龙，高26厘米，内蒙古赤峰市郊翁牛特旗红山文化遗址出土。

龙是中国装饰艺术领域中为人们喜闻乐见的传统题材，早在五六千年前原始社会的彩陶和玉器中，就出现了龙的形象。到三千五百多年前的商代青铜器装饰上，龙纹图案就已经很普通了，龙纹的式样变化也相当丰富。自此以后，中国历代的装饰艺术，包括建筑、舟车、礼乐器具、家具、陶瓷、金属、纺织刺绣、服装、漆器、玉器、玩具、钱币、邮票、商品装潢等多方面，都用到龙纹。龙在中国如此广泛流传，是有特殊原因的。

龙的神话

龙是中国人的人文动物

在古生物学中，龙是指距今约两亿三千万年到七千万年前的爬行动物。当时地球处在中生代，正是爬行动物全盛期，鱼龙、恐龙、翼龙遍及海、陆、空，所以生物学家称中生代为"恐龙的时代"。到中生代末期，大型的爬行动物都已灭绝，留存下来的只是龟、鳖、蛇、蜥蜴、鳄鱼等。

中国文化中的"龙"，不是这种曾在地球上称霸一时的自然动物恐龙，而是中国人独创的精神文化——人文动物。成书于公元1世纪的中国最早的一部字书《说文》释"龙"字如下：

龙，鳞虫之长，能幽能明，能细能巨，能短能长，春分而登天，秋分而入渊。

这表明中国文化领域上的龙，是一种神灵幻化的理想性的人文动物。其神灵幻化概念，是中国上古原始文化长期糅合的结果。（图1～图3）

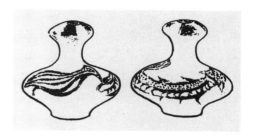

图3 原始社会彩陶罐上的龙凤纹，高21.6厘米，1958年陕西宝鸡北首岭出土。

神话中的几种龙的概念

在原始社会中，龙是重要的原始宗教信仰对象之一。丰富多彩的原始神话充分反映这一信仰。先秦文献中有关龙的记载，代表性的有如下四种说法：

第一，把人和龙混为一体。例如，开天辟地的宇宙开创者伏羲氏、"抟黄土作人"的生命创造者女娲氏、领导人民战胜强敌和创造物质文化的黄帝、教导人民耕种的神农氏，都描写成龙身人面或蛇身人面。

图4 唐代壁画神人乘龙纹。甘肃敦煌莫高窟。

第二，龙乃人的化身。例如，禹（传说中的中国古代部落联盟领袖）的父亲鲧，死后三年不腐，化为黄龙。

第三，龙是神通广大的神灵。例如，禹为了拯救百姓，悉心竭力治理洪水，他的行为感动了天地，于是神龙以尾画地成河，帮助禹疏导洪水。

第四，龙是神人驾御的动物。例如，中国古代地理名著《山海经》说，夏后氏启（禹的儿子，是建立中国历史上第一个朝代夏代的君王）乘两龙。西方之神蓐

图5 东汉石刻画击鼓龙车。山东沂南出土。

收，南方之神祝融，北方之神禹疆，东方之神句芒也都乘两龙。战国时期楚国大诗人屈原在《九歌》中说河伯"驾两龙兮骖螭"。中国古代装饰艺术中神人乘龙的画面，屡见不鲜。

显然，龙成为中国原始社会的崇拜对象，反映出当时人们崇拜超自然力，神化那些带领他们战胜自然的领袖思想和心态。所以那些英雄，既是人又是龙。而龙就是超自然力的象征，成为具有神力的形象。它能直上九霄，又能深入千寻；既可

图6 宋代壁画神人乘龙降魔图。山西繁峙县岩上寺。

图7 且（祖）形角龙头形铺首纹。殷墟晚期方彝腹部纹饰。

腾云驾雾，兴云布雨，又可摇波簇浪，倒海翻江。随着社会的发展，龙的形象和性格越来越复杂。几千年的正史与民间口头文学里，龙的神话此起彼兴，层出不穷。（图4～图6）

龙与皇权

统治者的先祖

在中国原始社会中，龙是超自然力的象征，是整个社会共同的精神支柱。到了奴隶社会初期，随着皇位世袭制度的出现和奴隶主对社会财富的独占，龙就转化为统治者一姓的祖先。商代金文中"龙"字的造型，龙形头部冠以且字（祖）形的角。商周彝器有很多采取龙纹作装饰，龙头上也有且形角，此皆表示龙与皇权的关联。这种观念发展到封建社会，龙纹主要就作为皇权的标志。（图7）

龙与帝一体化

古代神话里说，黄帝在荆山下铸造铜鼎，铜鼎铸成时，一条挂着长长胡须的龙从天而降，黄帝乃乘龙上天。这故事表明人们心中的领袖精神不死，而龙与君主一体，亦一脉相承。

禹第一个废除禅让制，把皇位传给儿子。据说禹的礼服，绘绣了十二种表征皇权的花纹，名为"十二章"，其一便是龙纹。河南安阳出土的商代玉人，其中男子的衣领和背部刻着黻纹，前胸有正面龙头纹，两臂各饰一降龙，两腿各饰一条升龙。这证实了天子十二章纹样礼服之说。到了西汉，人们编了一个故事，说汉高祖刘邦是个龙种，因其母刘媪梦与龙交而生，故刘邦喝醉酒的时候，头常显出龙形，以此来证明推翻暴秦之合法，可见龙与皇帝已一体化了。后来"龙颜"、"龙体"等成了描写皇帝的词汇。而皇帝的生活用品，也常以龙称之。例如皇帝的衣服叫做"龙袍"，面朝的座位叫做"龙床"等等。龙纹在宫廷装饰艺术中的使用也越来越频繁，地位越来越显要。

皇帝的象征

皇帝的礼服，汉代龙纹作为十二章之一和其他十一种纹样并列。唐代龙纹常画于大袖，或作团龙饰于前胸和后背，比其他十一种纹样要大。宋代除有四团龙的款式外，还流行一种通身的大龙，称为"缠身龙"。元代初年，政府下令禁止民间织造五爪缠身龙袍。明朝皇帝礼服和朝服以龙纹作主要装饰，形式不一。清朝的皇帝龙袍制作更加精细，龙纹除用彩丝、金线、银线、孔雀羽线外，还用细小的珍珠、红珊瑚珠串起来绣织，极尽奢华之能事。

宫室方面，以北京故宫太和殿为例，殿中金銮宝座两旁，分列六根金大柱，每柱各有一条巨龙围绕，东三柱龙头西上望，西三柱龙头东上望，藻井顶部木雕金漆巨龙衔珠俯首下视，全都把视线引向宝座。后面屏风上雕有升龙、行龙、坐龙，使得金銮宝座呈现群龙竞舞的壮观场面。除此之外，整个故宫，为了体现"君权神授"的思想，无论是皇帝处理朝务，与群臣议事以及寝宴之处，乃至祭天祈福、游览玩乐之地的建筑，都有龙的形象。北海九龙壁，九条不同姿态和不同颜色的游龙，腾跃在一片澎湃浪涛之中，神采流畅，气势磅礴。以威武庄严的龙的艺术形象，体现皇权的尊严，是宫廷装饰艺术龙纹造型的重要特征。

龙与民俗

中国古代除华夏地区的汉族以外，北方的匈奴，南方的楚、越、粤人，西南的苗人等也都以龙为图腾。

龙的民俗概念的多样化

在民间文化中，龙这个题材也占有很重要的地位。在民间，人们习惯把有才德、有地位的人比作龙凤。大诗人杜甫曾写出"攀龙附凤势莫当"的诗句。后来人们就用"攀龙附凤"来指趋炎附势。

元、明之际，民间普遍流传"龙生九子不成龙，各有所好"的传说：老大"囚牛"好音乐，老二"睚眦"好杀，老三"嘲风"好险，老四"蒲牢"好鸣，老五"狻猊"好坐，老六"霸下"好负重，老七"狴犴"好讼，老八"赑屃"好文，老九"螭吻"好吞。其后，囚

图8　龙生九子纹

牛为胡琴头上的刻兽，睚眦为刀柄上的龙吞口，嘲风为殿台角上的走兽，蒲牢为钟上的兽钮，狻猊为佛座上的狮子，霸下为碑座上的龟，狴犴为狱门上的衔环铺首，贔屃为石碑两旁的文龙，螭吻为殿堂脊梁的龙吻。另有一种说法是"龙生九子"为：蒲牢、狴犴、睚眦、贔屃（形似龟，好负重，后成石碑下龟趺）、螭吻（形似兽，好望，后成屋上兽头）、饕餮（好食，立于鼎盖）、蚣蝮（性好水，故立于桥柱）、金猊（形似狮，好烟火，故立于香炉）、椒图（形似螺蚌，性好闭，故立门首）。"龙生九子"的传说在苗族人民中流传更早，但内容稍异，是说龙生了九个儿子，头八个都是胆小鬼，只有老九才有胆量。（图8）

龙的故事

在民间文学艺术中，龙的形象常是拟人化的，就以家喻户晓的海龙王的形象来说，有的为民造福，有的为害百姓。许多文学作品中都有善恶不同、性格似人的海龙王出现。《西游记》描写了孙悟空到水晶宫向龙王借兵器的情节。《封神榜》描写了哪吒打死为害百姓的龙王太子敖丙的故事。元杂剧《柳毅传书》则叙述唐朝书生柳毅，搭救落难的洞庭龙女，以后结为夫妇的悲欢。而《张羽煮海》则是秀才张羽与龙女反抗龙王，煮沸大海，终成眷属的喜剧。人们通过这些龙的神话故事来扬善罚恶，宣传人民心中的社会价值观念。

龙能布云施雨的说法由来已久。在苗族地区，每年举行布龙舞，人们把一片片青布用双手举过头顶，互相连接成为长龙，象征源源不断的流水，祈祷丰收。在汉族地区，不论东南西北，各地都有龙王庙，那是过去用来祈祷风调雨顺，保佑丰收的地方。

有关龙的活动

因为龙这一人文动物代表着社会不同人群的性格、哲理思想和生活理想，所以龙也一直是人民喜爱的体育活动和文艺活动的道具形式，其中赛龙船和龙舞最普遍。龙船的历史，可以追溯到周穆王乘龙舟出游。隋炀帝经运河到南方游览，坐的也是龙舟。河南信阳长台关出土的漆棺，就有王者乘龙舟的图案。在民间，人们为了纪念屈原，在阴历五月初五端午节举行龙舟竞渡的活动。于是龙舟的形象也成为绘画和工艺美术装饰纹样的题材。关于龙舞的活动，汉代已有文献记载，也见于汉代的石刻画。今天

图9　汉代画像石龙舞杂戏图。山东沂南出土。

逢盛大喜庆节日，仍有各式龙舞表演。（图9）

龙的造型

龙纹的基本形

　　中国人根据自己对生活的理解和审美观点，创造出千姿百态的龙的艺术形象，经历了漫长的发展过程。在原始社会，龙只是一种人头蛇身的动物。商周时期龙纹处在发展的初期，龙的种类较多，主要表现在角形和体形的变异上。从角形看，有且字形角、尖形角、花冠形角、分岔形角、牛角形角、多齿冠形角等六大类型。直到宋代，分岔形的龙角才成为固定的式样。商周时期的龙纹体形长短不一，归纳起来有五大类型：第一种是蛇体形造型，商代龙字就是兽头蛇体的象形字。商代的人首蛇身造像卣、周代的鱼龙纹盘盘心蟠龙纹、战国早期交龙纹鼎腹部装饰的龙纹都是蛇体形的造型。第二种是兽体形造型。第三种是蛇体缩短而呈爬虫形的造型。第四种是分解组合型，包括一头双体组合型、两头一体组合型、三头一体组合型。第五种是变体龙纹。变体龙纹是由写实风格的头部与抽象几何纹或蔓藤纹、蔓草纹的身子组合的纹样。蔓藤龙纹与蔓草龙纹的差别：蔓藤纹龙身只画蔓藤而不画枝叶，蔓草纹龙身则直接生枝发叶。把动物形象与植物形象合为一体，赋予艺术生命，构思和手法都很独特。（图10-图11）

龙纹布局

　　商周时期，龙纹成为象征"天命神权"的青铜器主要装饰纹样。青铜器以其雄浑、庄严、稳重的美学风格体现"天命"的威严。青铜器的装饰纹样也采用严格按照器型结构分区和中轴对称的构图方法。龙纹形体和分区的空间必须配合妥帖，由于商周青铜器以矩形为主轴，寓圆于方，用垂直与水平的线形分割，因此，商周时期的龙纹造型，也由垂直与水平线作主要架构，弧线处于辅助的地位，充满理性精神。在图案构成上属于严谨的格局。

图10　战国早期蛟龙纹鼎腹部的一头双体牛头变体龙（斗牛）纹。斗牛者，如龙而觖角也，是龙的变种，炎帝神农氏便画成牛首人身。商周青铜器中牛头形装饰用得很多。此系牛头与龙身组合。明朝的斗牛纹则以牛角形的面貌出现。此图取对角雷纹图框架做纹样单元，按180°回转与相邻的纹样单元交互套叠连续而成。

图11　西周晚期龙纹大钟篆部的分岔角变体龙纹

春秋战国时期，出现了百家争鸣的局面。这时期的文学艺术，已摆脱商周时期的凝滞、拘谨、划一的格局。青铜工艺也渐向具有实用意义的轻型和多样化发展。龙纹造型新巧，写实作风的分岔角兽体形龙纹和龙头与几何纹、蔓藤纹、蔓草纹组合的变体龙纹，代表着春秋战国时期装饰纹样的基本风貌。变体龙纹的结构尤为复杂，常常运用反射、移动、回转、交错、套叠、半错位重复等等构成方法。龙纹图案错综繁复，变化多端。它们常常由几个单相龙纹，依据一定的几何骨格，巧妙地转移连接而成。图案几何骨格有时被直接作为龙身而显露于画面，有时仅作为界定龙纹环境空间的暗线而不露痕迹。浪漫、新巧、精细，是战国时期龙纹图案的特点。近年在湖北随县战国曾侯乙墓出土的青铜铸器和湖北荆州马山砖厂一号战国墓出土的刺绣，都有战国变体龙纹的典型形象。这种变体龙纹到秦汉时期，仍在铜镜、带钩、玉佩等工艺装饰中广为使用。

龙的写实造型

汉代统治者，利用龙这一人们崇尚的人文动物，作为宣扬皇权的工具。龙纹在工艺装饰领域乃居于显要的地位。当时龙纹以写实的手法、凌厉的动势、豪迈的气魄为其美学造型之本。汉代龙纹仍有蛇体型和兽体型两种模式。作为主装饰的龙纹，多数突破规矩的几何框架的限制，而依龙的运动状态来布局，故能充分占有广阔的运动空间。用简化、单纯化的形象表现生命的千姿百态，以剪影式的质朴造型表现激昂的神情动作。强化力感，夸张动势，简化细节，注重神采，是汉代龙纹装饰图案手法的精髓。

南北朝时代，佛教盛行，龙纹也披上佛教的色彩。汉代那种强壮、粗犷、奔放、豪迈的龙纹造型，已被佛国风度的宁静、洒脱、俊俏所代替。龙的体形拉长，从头至尾动作缺乏变化，体现耐性的克制。运用横向的长线条表现风云的飞动，借定向飞动的空间环境陪衬宁静的主题，表现超凡脱俗的精神意念。（图12、图13）

图12　战国中期刺绣蟠龙飞凤纹，95厘米×65厘米，湖北江陵马山砖厂一号楚墓出土。此图龙凤相间作反射对称排列，龙纹为蛇体型，交互盘绕。

唐宋——龙造型成熟

自东晋灭亡至南北朝，经历了两个世纪的分裂和战乱，但为各民族思想文化的交流和融合创造了

图 13　北魏元晖墓志侧石刻四神中的青龙纹，高 15 厘米，陕西省博物馆藏。这幅青龙纹形象清秀，姿态娴静。背景用导向性长线云气纹，衬托青龙在天空中悠然翱翔之境界。这反映出北魏艺术追求超脱世俗的秀逸之风。

条件。公元589年隋文帝灭陈，中国复归于统一。至公元7世纪初，中国广泛吸收和包容了本国各民族及国外文化的精华，创造了灿烂的大唐文化。这时中国的龙纹图案，也重新充满现实的生活气息和激昂的精神气魄。如西安出土唐代刻花银碗器底装饰的蟠龙纹，龙身蜿蜒蟠曲。龙的头、颈、胸、腹、腰、背、臀、尾、四肢、骨骼结构分明，角、毛、鳞、须形态丰满，标志着龙这一纯属幻想虚构的艺术形象，已臻完美成熟之境。

　　如为北宋磁州窑白地黑花剔花瓶，是宋代龙纹的代表作。这条龙欠身仰望，龙颈后抽，龙头仰起，龙足徐徐后掣。腿前的火苗被龙腿后拖而表现出飘曳感，这生动地表明，来自画外的刺激带来了龙的神情和瞬间动作的变化，情态之真和动态之活，与中国传统审美习惯以"气韵生动"见长的准则一脉相承。唐代张彦远，描述南朝梁画家张僧繇画了四条没有眼珠的白龙，后来两条点了眼珠，马上破壁飞去的故事，说明中国人十分重视艺术作品的生动传神。宋代郭若虚指出画龙要掌握"三亭九似"。九似，指角似鹿，头似驼，眼似鬼，项似蛇，腹似蜃，鳞似鱼，爪似鹰，掌似虎，耳似牛。三亭，指脖亭，腰亭，尾亭。也就是说，龙的造型需综合许多动物的局部形象特征，并在脖、腰、尾三处加以强调，才能画得好。

图 14　元代蟠龙纹青花扁壶。英国伦敦维多利亚美术馆藏。蟠龙前身由左向右、后身由右向左活动，画出了转弯的瞬间动作。姿态敏捷，栩栩如生。龙头近于蛇头比例，造型凶猛。

图 15　元代蟠龙青花双耳对瓶

图16　北宋磁州窑白地黑花剔花花瓶装饰的行龙纹，此幅龙纹画出了龙在行进间突然欠身抽颈向上窥视的刹那动作。虚构的龙的瞬间神情动作画得这样活，可见造诣之高。

图17　明宣德蟠龙纹青花瓶，台北故宫博物院藏。

近世的演化

元、明、清三代，龙的造型虽也各有特点，但基本上没有重大的改变。元代的龙，姿态灵活有力，但也有头部造型较小，接近蛇形而带凶恶感的作品。元代以前的龙纹，四足大多是三爪形的。唐代长陵的两巨幅行龙纹，前足三爪，后足四爪。元初龙袍上流行缠身大龙的花式，四足均为五爪。元帝禁止民间生产和服用五爪龙袍。为了在名称上有所区别，称五爪者为龙，五爪以下（四爪及三爪者）为蟒。明沈德符《万历野获篇·补遗》卷二说："蟒衣如龙之服，与至尊所御袍相似，但减一爪耳。"此外还有弯角龙头，龙身带飞鳍、鱼尾形的"飞鱼纹"及牛角龙形的"斗牛纹"，也是四爪或三爪的。明朝服制规定，蟒服、飞鱼服、斗牛服都是内吏监宦官、宰辅蒙恩特赏的人才能穿的高贵服装。

元代和明初的龙纹，上嘴唇明显拉长，向上翻翘，这一特点颇与五代辽墓出土的龙形相似。明初，龙的上唇已比元代加宽加厚。至明中期，龙的上嘴唇缩短，与下嘴唇收齐，嘴巴紧闭，龙发综聚向上飞起。明万历年间形状又变了，双眼突起，上下唇均加长，嘴开启，常作戏珠状，头加大，角加长略呈弧状，身粗壮，爪苍劲有力。至清代则龙发披散，龙身略拉长，鳞纹刻画均匀，此外无重大的变化。清初龙纹较明代秀细，浑身具有力量感，富丽而有威严之气。到清嘉庆以后，龙纹形象松弛，缺乏飞腾活跃之势。比之康熙、乾隆年间的龙纹，实在相形见绌。（图14–图18）

龙的民间工艺

自然经济占主导的中国封建社会，民间工艺美术的发展从未停止过。明清时期，民间工艺美术都以美化和实用为宗旨。剪纸、蓝印花布、刺绣、挑花、家具、

图18　明初瓷器上的卷草龙纹

建筑装饰等等，常用龙纹作装饰。民间艺术的龙纹和宫廷艺术的龙纹，神采风韵显然不同。民间艺术中的龙，形象朴素，稚拙可亲，表现的是普通百姓的审美思想和感情；而宫廷艺术中的龙，形象威猛刚烈，严厉可畏，表现的是王权的尊严。前者充满普通人民对生活的赞美和幸福的憧憬之情，后者则表现皇朝宣扬之需。它们在艺术上也各有千秋，当难以同日而语。（图19）

图19　龙凤戏珠纹剪纸。河北民间刺绣鞋花花样。

结语

中国是龙的故乡，中国人自称是龙的传人。龙的艺术凝聚着中国人数千年来的艺术想象力和创作智慧。随着时代发展，龙的艺术正在以崭新的面貌为现实生活服务。例如旅游景点建设、商业建筑的室内装修，乃至工艺品、商品装潢、广告设计等等。毫无疑问，古老的龙的艺术将会在新时代中焕发青春。

本书把中国历代工艺美术装饰中有代表性的龙纹，系统地按朝代顺序编辑成册，借兹介绍龙纹图案的形状和风格的演变，为有兴趣汲取和学习中国传统艺术造型方法的读者，提供较为详尽的参考资料。

黄能馥 谨识

原载黄能馥、陈娟娟：《中国传统艺术·龙纹装饰》，北京，中国轻工业出版社，2000年版，第17-43页，本文为此书代序。

袍服礼仪价值的提升

袍服是一种上衣下裳相连，结构简单的长装，从原始岩画中就有这种长装的形象出现。近年在河南、湖北、湖南、四川、新疆各地出土从西周至两汉时期的袍服实物和身穿袍服的绘画人物及木俑、陶俑，说明袍服在先秦至两汉时期是贵贱男女都穿用的服装。但据《礼记·丧服大记》记载："袍必有表，不禅，衣必有裳，谓之一称。"（注："袍、褻衣，必有以表之，乃成称也。"）又《周礼·天官·玉府》："掌王之燕（闲居）衣服。"（注："燕衣服者，巾絮寝衣袍禅之属。"）孙诒让正义："按泽禅字通。诗笺、杂记注及论语乡党皇疏引郑注，并以袍禅为褻衣。盖凡着袍者，必内着禅衣，次着袍，次着中衣，次加礼服为表。"禅衣，就是汗襦和绮之类近垢之衣。根据儒家的理论，袍不是礼服，而是一种褻衣（生活便装），自然不会把龙纹作为主装饰。〔编者按：儒家的这种理论和出土的商代穿龙纹礼衣的玉人和铜人对照，似有出入。〕袍服能够提升为礼服，是在东汉明帝永平二年（公元59年）的事。这一年，汉明帝下诏采用《周官》、《礼记》、《尚书·皋陶篇》，乘舆服从欧阳氏说，公卿以下从大小夏侯氏说，制定了官服制度，

《后汉书·舆服志》："通天冠……乘舆（皇帝）所常服，衣深衣，制有袍，今下至贱更小吏，皆通制袍、单（禅）衣为朝服云。"由此可知，袍从东汉明帝时定制可以作皇帝的礼服，同时贱更小吏也可以穿，查考先秦两汉乃至三国两晋传世及出土有关服饰文化的直接间接文物资料，战国至西汉出土的袍服及禅衣有直裾衣和曲裾衣两类。1982年在湖北江陵马山1号楚墓出土（墓主人属于士一阶层的人物）的35件战国中期衣物，纹饰皆以刺绣加工，题材有花草龙凤虎、花草鹤鹿、雁衔花草、合体两龙一凤、变体花草龙等等，这类纹饰的刺绣，也用来制作衾被、坐垫、香囊等生活用品，并非依据衣服款式进行设计（图1至图3）。1972年在湖南长沙马

图1　战国中期一凤一龙相蟠纹绣紫红绢禅衣，1982年湖北江陵马山砖厂1号楚墓出土，衣长175厘米，领缘宽5厘米，袖展274厘米，袖宽48厘米，袖口宽40厘米，袖缘宽1厘米，腰宽65厘米，下摆宽80厘米，摆缘宽12厘米。湖北省荆州地区博物馆藏。曾发表于《湖北江陵马山砖厂1号墓出土报告》、《中国美术全集·印染织绣》上。

图 2　战国中期（4 世纪）龙凤虎纹绣禅衣之局部，实物于 1982 年湖北江陵马山砖厂 1 号楚墓出土，湖北省荆州地区博物馆藏。绣地经密每厘米 40 根，纬密度每厘米 42 根；花纹单位长 29.5 厘米，宽 21 厘米。主题纹样围绕一菱形骨骼穿插安排。其中虎纹写实，威武刚健；龙凤身体与蔓草纹合成一体，婉曲优雅。目前尚未发现单独以龙纹为装饰的龙袍。曾发表于《中国美术全集·印染织绣》上，图版二四。

图 3　战国中期刺绣二龙一凤合体纹。1982 年湖北江陵马山砖厂 1 号楚墓出土，花纹单位 28 厘米 ×28 厘米。龙凤在中国自古以来一直都作为吉祥的题材，此图将二龙与一凤组合成一个菱形的适合纹样，构思十分巧妙。曾发表于《中国美术史全集·印染织绣》上。

图 4　西汉信期绣茶黄绮绵袍，1972 年湖南长沙马王堆 1 号墓出土，衣长 155 厘米，袖展 243 厘米，袖口 27 厘米，腰宽 60 厘米，下摆 70 厘米，领缘宽 28 厘米，袖缘宽 30 厘米，摆缘宽 28 厘米。湖南省博物馆藏。曾发表于《长沙马王堆 1 号汉墓》。

图 5　湖南长沙马王堆 1 号西汉墓出土帛画中的龙纹。

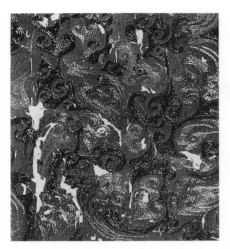

图6 西汉变体云纹乘云绣，以云纹作龙身。1972年湖南长沙马王堆1号西汉墓出土，花纹单位21厘米x15.5厘米。曾发表于《中国美术全集·印染织绣》上。

图7 西晋顾恺之《洛神赋图》中的曹植带着随从在洛水之滨凝神怀念甄氏（洛神）的情景。曹植戴远游冠，穿大袖袍裙、蔽膝、赤舄；随从戴笼冠。故宫博物院藏。

王堆1号西汉墓出土织绣印染织物约100件，成件衣物58件，其中有袍12件，11件为棉袍，1件为夹袍，工艺有泥金银印花、印花敷彩及辫子股锁绣等，绣花的有信期绣、长寿绣、乘云绣、茱萸绣等名称，其中乘云绣的纹样为变体云中龙凤，由变体龙头与变体云纹组合成变体龙纹，龙的形象很不明显。这座墓的主人为西汉时期第一代轪侯长沙相利苍（黎朱苍）夫人，轪侯俸禄仅700户，以轪侯夫人的身份地位不可能穿龙袍。但像战国时的那种变体风格的龙凤和西汉时期的变体云中龙凤，所给予人们的艺术感染不是政治权力的威迫感，而是民间幸福的亲近感（图4至图6）。至于这一历史阶段的陶俑、彩绘木俑及墓室壁画人物，穿长袍的社会各阶层身份的人都有，足见袍服的普及程度。

我国从公元3世纪后半叶政治动荡，世居北方和西北的游牧民族乘虚进入中原。草原民族便于骑射的短装即襦裤装给中原地区传统的长袍带来了很大的冲击，大袖襦衣及大管裤和小管裤一度在中原地区流行。这一时期，一些草原民族的统治者虽然主张服装汉化，但汉族传统式样宽博、结构繁复的长装如曲裾袍，因制作费工费料，穿起来活动功能性差，就被生活自然淘汰。这一历史阶段反映统治阶段高层人物服装的绘画作品，如东晋大画家顾恺之的《洛神赋图》中，有一段是描写曹植带着随从在洛水之滨怀念甄氏（洛神）的情景。曹植戴远游冠，穿大袖袍裙、蔽膝、赤舄；随从戴笼冠，袍上无纹饰（图7）。传唐朝大画家阎立本曾作《历代帝王图》，共画了汉昭帝刘弗陵、汉光武帝刘秀、魏文帝曹丕、蜀主刘备、吴主孙权、晋武帝司马炎、陈文帝陈蒨、陈废帝陈伯宗、陈宣帝陈顼、陈后主陈叔宝、北周武帝宇文邕、隋文帝杨坚、隋炀帝杨广等十三帝，除北周武帝宇文邕的佩绶上饰有青龙纹外，其余均无龙纹。再如在山西省大同市北魏前期司马金龙墓出土的彩漆画屏风中所画的坐步辇，穿冕服的汉成帝（前32～前7）像，衣服上也没有龙纹装饰。在出土的南北朝时期的纺织品中，英国伦敦大英博物馆有一件由A·斯坦因从中国敦煌莫高窟取走的龙虎朱雀纹锦，纹样颇具北朝佛教艺术风味。

公元589年，隋文帝杨坚统一中国，结束了自汉末以来360多年的分裂局面。隋文帝历行节俭，经过20年休养生息，国力大增。公元605年隋炀帝即位，为宣扬皇帝威严，恢复秦汉章服制度，并将冕服十二章纹中的日月分列两肩，星辰列于后背，从此至后代，"肩挑日月，背负星辰"，就成为帝皇冕服的既定款式。清乾隆时，把星辰移置于前胸正龙的上部，把山纹改列在后背。

唐代高祖李渊于武德七年（624年）颁武德令，规定有天子之服十四、皇后之服三、皇太子之服六、太子妃之服三、群臣之服二十二，命妇之服六。各类服装的穿着对象和场合及配套方式在《唐书·舆服志》有详细说明："皇帝……其常服，赤黄袍衫、六合靴，皆起自后周，便于武事；自贞观之后，非元日、冬至受朝及大祭祀，皆常服也。"即皇帝从祭时穿传统的祭服，大朝时穿朝服（唐代又称具服），其他时间则穿公服（又称从省服），平时燕居穿常服（又称燕服），公服和常服都是受南北朝以来在华夏地区流行的胡服影响的袍衫与华夏传统服装结合的新形式，如缺胯袍（又称四襟衫，即直裾、左右开衩的长袍），它可以和幞头、革带、长靿靴配套，这是唐代男子的主要服装形式。唐代官服发展了古代深衣制的传统形式，于领座、袖口、衣裾边缘加贴边，衣身前后均为直裁，并于前后襟下摆各用一整幅布横接成襕，使衣服平贴周正。衣袖窄紧直袖的称为褠衣，便于活动。宽袖大裾的称圆领衫袍，可以表现华贵潇洒的风度。

唐朝以前，黄色可上下通用，唐朝认为赤黄近似日头之色，日是皇帝尊位的象征，"天无二日，国无二君"，故赤黄（柘黄）除皇帝外，臣民不得僭用，把柘黄定为皇帝常服专用的颜色。唐代对于袍衫式样的改进，隋代对于皇帝章服日月星纹装饰部位的规定和唐代对于柘黄色只能归皇帝常服专用的规定，都对后世具有深远的影响。

唐代自唐高祖规定亲王至三品官员常服用紫色大科（即大团花）绫罗制作之后，对后世的影响也很深远。紫色在古时被认为属于间色，不是高贵的色彩，自从春秋时齐桓公（前685至前643年在位）穿紫袍起，才确认紫为上品服色的格局。大团花式样的流行，则与波斯萨珊王朝艺术风格的交流有关。关于唐代帝皇祭服的形象，在敦煌莫高窟第220窟唐代壁画《维摩诘经变图》中具体可见，实为传统的冕服，上有日、月、山、粉米、黻等章纹（背面的文章图中无法看到）。至于唐代皇帝常服的形象，如台北故宫博物院藏唐高祖立像，为朱红地六团龙纹圆领右衽袍，龙纹四爪，龙身周边的云纹似火焰（图8），这与西安长陵的行龙图为三爪，唐代

图8　唐高祖立像，穿圆领六团龙纹袍，戴幞头，穿乌皮六缝靴，腰束红鞓玉銙带。

图9　《唐太宗纳谏图》中的唐太宗　戴垂脚幞头，穿胸背团龙纹圆领袍，束玉銙带，乌靴。

图10　唐太宗立像，戴幞头巾，穿圆领窄袖，柘黄六团四蔓龙袍，红鞓玉銙带。脚穿长靿靴，为常服式样。

图11　唐张萱《唐后行从图》（近人临摹），画中武则天戴珠宝凤冠，穿深青交领礼衣，红地金凤纹蔽膝，日月纹相间条纹裤，腰系玉佩，足穿饰金宝珍珠的笏头履。女官戴软巾长脚幞头，穿圆领衫，脚穿男装黑靿靴。

图12　唐代联珠纹对龙纹绮纹样，据1972年新疆吐鲁番阿斯塔那出土、新疆维吾尔自治区博物馆藏品绘制，原件长21.2厘米，宽25.3厘米。原件曾发表于《新疆历代民族文物》，图一五五。

图13　唐代联珠对龙纹绮纹样，原件藏于日本奈良正仓院。

铜镜及丝织品上的龙纹均为三爪，及云纹多为如意云的情形不合，疑为后人所画。另有《唐太宗纳谏图》，唐太宗穿大红胸背团龙纹圆领右衽袍，团龙纹被手臂遮掩，题徐仲和临阎立本。（图9）台北故宫博物院藏另一幅唐太宗立像，穿柘黄地青龙彩云六团纹圆领右衽袍，青龙五爪，云纹细碎，也可能为后人所画。（图10）此外阎立本画的《步辇图》，表现贞观十五年（641年）吐番丞相禄东赞到长安迎文成公主入藏，受到唐太宗接见的故事。唐太宗穿常服，但被抬步辇的宫女遮住身体，常服上的花纹无法看清。唐张萱《唐后行从图》，画中武则天戴珠宝凤冠，穿礼衣出行，在蔽膝上有凤纹，但无龙纹装饰（图11）。唐代龙纹织物有新疆吐鲁番出土以及日本奈良正仓院收藏的唐代联珠对龙纹绮可以互相对照（图12、图13）。

原载黄能馥、陈娟娟编著：《中国龙袍》，紫禁城出版社与漓江出版社共同出版，2006年版，第13—31页。

清代有关龙纹袍服的制度

一、衮服、龙褂和礼服

图1　清晚期皇帝衮服小样（正面），故宫博物院。

清朝依照女真族传统服装重骑射实用的习惯，对服饰制度进行了一些改革。废除了汉族传统的冕服，把衮服简化成对襟、平袖、左肩日、右肩月、四团龙纹的外褂，皇帝只在祭圜丘、祈谷、祈雨等场合穿衮服，把衮服套在龙袍的外面。皇子所穿去掉日月纹，不叫衮服而叫龙褂。皇帝穿衮服、皇子穿龙褂时，王公大臣和百官穿补服。亲王、亲王世子的补服，五爪金龙四团，前后正龙，两肩行龙。郡王五爪行龙四团。贝勒前后正蟒二团。贝子、固伦额驸四爪行蟒前后各一团。镇国公、辅国公、和硕额驸、民公、侯、伯四爪正蟒方补前后各一。其余百官各按品级，文官用禽鸟纹补，武官用走兽纹方补。（图1）

二、男朝服

皇帝在登基、大婚、万寿圣节、元旦、冬至、祭天、祭地、朝日、夕月等重大典礼和祭祀活动时穿朝服，皇帝朝服由披领（又称扇肩）和上衣下裳相连的裙袍配成，衣袖由袖身、熨褶素接袖、马蹄袖端三部分接成。腰间有腰帷。上衣与下裳相接处有襞积（褶裥），其右侧有小正方形的衽，缝于下裳右侧边的外面。朝服与朝冠、朝珠、朝带、朝靴配套。分冬朝服与夏朝服。（图2、图3）冬朝服分两式。一式：明黄色，两肩、前后各绣正龙一条，上衣前后列十二章及云水江崖；下裳襞积绣行龙六条及云水江崖。下裳其余部位和披领全裱以紫貂，马蹄袖裱以薰貂。为自阴历十一月初一至正月十五天气最冷时所穿。二式：明黄色，上衣两肩、前后正龙各一，腰帷行龙五，衽正龙一，襞积前后身团龙各九，裳正龙二、行龙四，披领行龙二，袖端正龙各一。十二章日、月、星辰、山、龙、华虫、黼、黻在衣，宗彝、藻、火、粉米在裳，间以五色云，下幅八宝平水。披领、袖端、下裳侧摆及下摆先镶石青色织金缎或织金绸边，再加镶海龙裘皮边。另外朝袍掩襟的襞积部位加绣团龙四，裳部加绣行龙一，以防走动时掩襟出来不好看。

十二章的位置：上衣领前列三星，领后为山纹，右肩为月兔，左肩为金鸡（日），前胸正龙右下黼（斧）纹，左下黻（亞）纹，后背正龙右下为龙纹，左下为华虫纹（雉鸟），上衣共合八章。下裳前身右为火纹，左为粉米，后身右为藻纹，左为宗彝纹。这种排法从乾隆时开始，直至清末。

皇帝夏朝服：明黄色，但南郊祈谷，常雩（于）求雨用蓝，朝日用红，夕月用月白（浅蓝），形式与冬朝服二式相同，但不镶裘皮边。

皇子朝服金黄色，一式前胸后背两肩正龙各一，襞积行龙六。二式前胸后背两肩正龙各一，腰帷行龙四，裳行龙八，披领行龙二，马蹄袖端正龙各一。

亲王、亲王世子、郡王朝服蓝或石青色，若赐金黄亦可用之，余同皇子。

贝勒、贝子、镇国公、辅国公朝服不许用金黄色，通绣四爪蟒。

民公、侯、伯朝服一式蓝或石青色，前胸后背两肩正蟒各一，腰帷行蟒四，裳行蟒八。二式前胸后背两肩四爪正蟒各一，襞积四爪行蟒四条，曾获赐五爪蟒者亦得用之。伯以下至文三品武四品有职掌大臣、县主、额驸、一等侍卫等同。

图 2　清晚期皇帝十二章夏袍小样（正面），故宫博物院藏。

图 3　清朝晚期皇帝一式冬朝袍小样，正面与背面，故宫博物院藏。

三、男吉服

1. 男龙袍

在官服制度中正式用"龙袍"这个名称，是从清朝开始的。清朝的龙袍为圆领右衽大襟、窄袖加素接袖（即综袖）、马蹄袖端、四开裾（男式）长袍。清代只有皇帝皇后穿的才叫龙袍，皇太子穿的就叫蟒袍而不叫龙袍。龙袍实际上就是皇帝皇后的吉服袍。皇帝龙袍为明黄色，从雍正时始列十二章。前胸后背及两肩各饰正龙一条，下幅前后襟各饰行龙两条，底襟行龙一条，下摆八宝立水江崖，马蹄袖端正龙各一条。雍正时的龙袍十二章纹，排列在袍身左右两边的内容相同，和明朝衮服

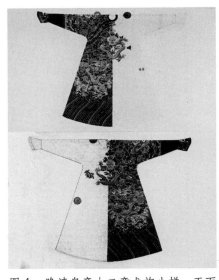

图4 晚清皇帝十二章龙袍小样，正面与背面，故宫博物院。

的排法一样。乾隆时改为左右章纹不同的排法，一直沿用到清末。（图4）

2. 男蟒袍

清代蟒袍又叫花衣，皇太子蟒袍杏黄色，皇子金黄色，领袖石青色织金缎镶边，绣五爪蟒九条，四开裾（清代五爪蟒的形象与龙纹难以区别，本书在插图图文中，一律按通俗称法为龙袍，而把织绣四爪蟒者称为蟒袍）。亲王、亲王世子、郡王地色蓝或石青，余同皇子。贝勒、贝子、镇国公、辅国公饰四爪蟒九条，不得用金黄色。民公、侯、伯曾获赐五爪蟒者亦得用之，文武三品、郡君额驸、奉国将军以上及一等侍卫相同。皇帝生日的前三天到后四天，百官都穿蟒袍。谓之"花衣期"。

在平时，王公大臣文武百官穿吉服时，都必须在袍外罩穿补服褂，只有在三伏大热天时可以不罩穿补服，谓之"免褂期"。

四、女朝褂

清代皇后、太皇太后、皇太后、皇贵妃朝褂有四种款式，均石青色，织金缎或绸及泥金纱镶边。

一式：圆领对襟有后开裾，缺袖的长背心，自胸围线以下作襞积。在胸围线以上前后绣立龙各二条，胸围以下横分为四层，一、三两层前后各绣行龙二条，下平水江崖。二、四两层各绣万福万寿，彩云相间。

二式：圆领对襟后开裾，上钉五个纽扣，胸围线以上前后绣立龙各二，胸围线以下分三层各通襞积。一层前绣小立龙十，后绣小立龙十一，下海水江崖；二层前后各绣小立龙十二，下为海水；三层前后各绣小立龙十六。

三式：圆领对襟后开裾，腰下有襞积的长背心，前后各绣正龙一条，腰帷前后行龙各二，下幅行龙前后各四，各层下均有寿山平水江崖纹。

四式：圆领、对襟、缺袖、无襞积，左右开裾至腋下的长背心，前后各绣大立龙二，下八宝寿山立水江崖。

朝褂穿在朝服外面，领后垂缀饰珠宝的明黄绦，胸前挂彩帨，领有镂金饰宝的领约，颈挂朝珠三盘，头戴朝冠，冠下有金约，脚穿高底鞋。

贵妃、妃、嫔朝褂与皇贵妃同，领后垂金黄绦。

皇子福晋、亲王福晋、世子福晋朝褂石青色，饰纹前行龙四，后行龙三。领后垂缀杂饰的金黄绦。

贝勒夫人、贝子夫子、镇国公夫人、辅国公夫人朝褂石青色，饰四爪蟒，领后垂石青绦。

民公以下夫人朝褂石青色，饰纹前行蟒二，后行蟒一。

五、女朝袍

皇后、皇太后朝袍冬夏两季均明黄色，由披领、护肩与袍身组合，开领从领口右缘向右方折斜成斜矩形，袖子由袖身与接袖（约10厘米宽的行龙纹花边）、综袖（即素暗条纹中接袖）与马蹄袖端接成。在腋下至肩部，加缝一段上宽下窄的装饰性护肩，领后垂缀有珠宝的明黄绦。穿朝袍时外罩朝褂。

皇后冬朝袍有三种形式。

一式：圆领曲襟右衽，马蹄袖端，袍身无襞积，饰金龙九条，彩云、平水江崖。披领行龙二，袖端正龙各一，接袖行龙各二，皆石青色。片金加貂皮边。肩上下袭朝褂处（护肩不与袍身缝死的一面），亦加边。（图5）

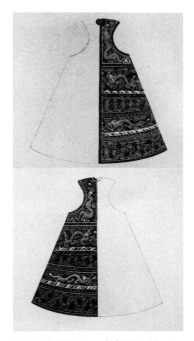

二式：腰下有襞积，前胸后背正龙各一，两肩行龙各一，腰行龙前后各二，下幅行龙前后各四，各区均有云纹及海水江崖纹，以片金加海龙缘边，余同一式。

三式：除袍身加后开裾外，均同一式。

皇后夏朝袍随季节以纱或缎为面料，形式如冬朝袍二或三式。（图6）

皇贵妃朝袍同皇后，贵妃、妃朝袍金黄色，嫔朝袍秋香色。

皇子福晋、亲王福晋、亲王世子福晋、郡王福晋、固伦公主、和硕公主朝袍纹饰，胸背正龙各一，两肩行龙各一，襟行龙四，披领行龙二，袖端正龙各一，接袖行龙各二，后开裾，领后垂金黄绦。

贝勒夫人、贝子夫人、镇国公夫人、辅国公夫

图5　晚清皇后一式朝褂小样，正面与背面，故宫博物院藏。

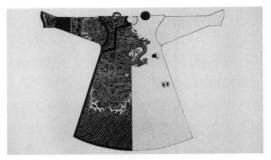

图6 清晚期皇后十二章夏朝袍小样（有黄签），正面与背面，故宫博物院藏，北京故宫虽藏有十二章纹的女朝袍实物和女朝袍小样实物，但未有人穿过。

人、郡主、民公夫人、县主、郡君、县君以至三品命妇朝袍，前胸后背正蟒各一，两肩行蟒各一，襟行蟒四，披领行蟒二，接袖行蟒各二，裾后开，领后垂石青绦。

四品至七品命妇朝袍：蓝或石青，纹饰前后行蟒各二，中无襞积，后垂石青绦。

六、女龙褂

为圆领、对襟、左右开气、平袖端、长与袍齐的服装，只限皇后、太皇太后、皇太后、皇贵妃、妃、嫔穿着。文献记载有两种形式，但故宫博物院藏品中有三种形式，皆石青色。一式：五爪金龙八团，两肩前胸后背各一团为正龙，前后襟行龙各二团，下摆八宝寿山水浪江崖，袖端行龙各二及水浪纹（图7）。二式：除八团金龙外，下幅不施纹彩。三式：除五爪金龙八团外，下摆加水浪、寿山、立水纹，袖端无纹饰。

嫔龙褂两肩、前胸、后背正龙各一，襟前后夔龙各二。

皇子福晋、亲王福晋、世子福晋、固伦公主、和硕公主所穿称吉服褂，石青色，饰五爪金龙四团，前胸后背正龙各一，两肩行龙各一，郡王福晋吉服褂五爪行蟒四团，贝勒夫人吉服褂前胸后背四爪行蟒各一。镇国公夫人、民公夫人、辅国公夫人、郡主至三品夫人吉服褂，均石青色，饰杂花八团。

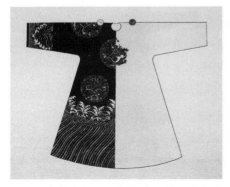

图7 清晚期皇后一式龙褂小样，故宫博物院。

七、皇后、皇太后、皇贵妃龙袍

为圆领右衽大襟，左右开裾，袖有袖

身、中接袖、素接袖、马蹄袖端的长袍。袖身与袍身明黄色，领与中接袖、素接袖、马蹄袖端均石青色。纹饰有三种形式。

一式：饰正龙九条，两肩前胸后背各一，前后襟各二，底襟一。间以彩云，或加福寿纹。下幅八宝立水。领前后饰正龙各一，左右及交襟处行龙各一，袖端正龙各一，中接袖行龙各二。（图8）

贵妃龙袍金黄色，嫔龙袍香色。纹饰相同。

二式：织绣五爪金龙八团，两肩前胸后背正龙各一，襟行龙前后各二，下幅八宝立水。

三式：下幅无纹饰，余如二式。

图8 清晚期皇后一式九团龙纹龙袍小样，正面与背面，北京故宫博物院。

八、女蟒袍

皇子福晋蟒袍通饰九蟒，形式与龙袍同，秋香色。亲王福晋、亲王世子福晋、郡王福晋、固伦公主、和硕公主、贝勒夫人、镇国公夫人、辅国公夫人、下至乡君蟒袍通饰九蟒。

民公夫人，侯、伯、子、男夫人至三品命妇蟒袍，蓝及石青随所用，通饰四爪九蟒。

四、五、六品命妇通饰四爪八蟒。

七品命妇通饰四爪五蟒。

通过以上介绍，可知清代冠服制度所指的"龙袍"，实际只包括皇帝和皇后的吉服袍，而清朝以龙纹及蟒纹做主装饰的长装，则有衮服、龙褂、补服、男女朝服、男女龙袍、男女蟒袍、女朝褂、女龙褂等，品类繁多。通过各自不同的纹饰、款式、色彩，以标识穿着者身份地位的尊卑高低。凡是帝后穿用的服装，均依礼部定式，或皇上命题，由内务府或如意馆画师绘制工笔重彩小样，由总管太监或内务府大臣呈请皇帝御览批准后连同批件送江南织造，织成后送绣作、裁作、衣作绣花，裁剪，缝制成衣。在小样上署有画者的姓名如"臣沈振麟恭画"、"臣谢醇恭画"、"臣沈世俊恭画"等。凡上用衣袍由陆路运送进京，宫用服装则由水路船运进京。凡由织造府织造的服装，用料珍贵，加工精良，根据清宫档案资料，刺绣一件皇帝戳纱绣朝袍，一般要花九百多工，如由一个人去绣，要两年零五个月时间。缂织一件皇帝冬朝袍，要花工料银三百三十余两，相当于一个缂丝工人四年的工资。如果是那些特别珍贵的龙袍，如通身用孔雀羽线、金银线、粟米珠线、珊瑚珠线等绣制的，则更价值连城。它不仅具有历史时代的社会价值和文化价值，更重要的是它凝聚着劳动人民的艺术才能和创造智慧。

织绣工艺是植根于民间的传统工艺，我国在元代初期，已有民间生产的龙袍在街市上出售，元世祖看到这种情景，才下令禁止民间私自织造。及至明朝，民间机户遍布江南各地，明朝官府除在京、苏、杭等地设立官府工场之外，并用"召买"、"坐派"等名义以低于官价强迫民间机户为宫廷生产丝绸产品，因此清朝除"江南三织造"等官府机构以外，民间也有织绣衣袍的生产。官府生产的高级服装和匹料大量在北京故宫珍藏，北京故宫博物院是世界上最大的古代丝织服装博物馆，同时也有一些古代（特别是清代）的以龙纹为主装饰的衣袍流散于民间及国外，目前已成为文物爱好者收藏的对象。宫廷保藏的织绣文物，纹饰设计规范，生产标准严格，每件文件按例有文字腰封，说明制作年代及文物名称等，为文物鉴定提供可靠的依据。而民间织绣的产品，在生产的前期，纹饰就可能不够规范，在流传过程中由于保管条件差，致使色质变化受损，特别是当文物进入流通市场之后，一些商人往往将原件进行挖补改装，例如在一般的龙袍上加补上皇帝专用的十二章纹，用清末时的衣袖替换早中期衣袍的残破衣袖等等，使原本不太规范的衣袍更加面目全非，这些都是常常可以见到的。本书前面介绍清代冠服制度中一些有关的知识，目的是帮助读者了解各种形式的服装在当时的社会价值。有了这些基本知识，然后进一步通过龙袍纹饰的具体形象对比，去掌握各个时期龙袍纹饰形象色彩的特点，是鉴别龙袍历史年代的捷径。装饰纹样的形象和色彩，是最容易直观把握的，但难以用抽象的文字具体描述。本书通过各种渠道，收集了北京故宫博物院、中国国家博物馆、中国丝绸博物馆、北京艺术博物馆、奥地利国家博物馆、澳大利亚悉尼动力博物馆、中国嘉得国际拍卖有限公司、北京嘉瑞文化艺术有限公司、美特斯邦威服饰博物馆及私人收藏家贺思祈等收藏的清代各时期以龙纹为主装饰的袍服，按时间顺序和袍服品类编排对比，并对每件袍服的纹样特征，用最浅显的文字加以说明，相信读者只要通读本书，便能鉴别清代龙纹袍服的时代特色、文物价值、艺术特色，以及文物存在的修补或缝制中的错误缺陷。在缺乏科学鉴定测试的技术设备和技术的情况下，根据实物进行排比对照，是唯一便捷可靠的方法。

原载黄能馥、陈娟娟编著：《中国龙袍》，紫禁城出版社与漓江出版社共同出版，2006年版，第95—106页。

复原三星堆青铜立人龙纹礼衣的研发报告

在中华民族的传统文化中，龙文化是历史最悠久，覆盖面最广，影响最深刻的民族文化，根据考古的发现，原始龙文化的遗存，目前可追溯到距今8000年前，1996年在辽宁阜新市查海村8000年前的新石器遗址出土了一条用红神褐色石块摆塑的、长约19.7米、宽约1.8-2米的巨龙[1]。同年5月在辽宁省葫芦岛市连山区塔山乡杨家洼两方深土坑内发现8000年前用黄色黏土在红褐色地面上塑出的两条飞龙，一条长1.4米，一条长0.8米。1987年在河南濮阳西水坡发现一条距今6460年、用白蚌壳摆塑的巨龙，长约1.78米（图1）。这些巨龙或位于村落和坟墓之间，或位于墓室之旁，推想古人是把龙作为自然的保护神而塑造的。新石器时期原始的龙纹也常出现在原始彩陶和原始玉器中，例如1978至1987年中国社会科学院考古研究所和山西省临汾地区文化局对陶寺遗址进行大规模发掘时出土了一件蟠龙纹彩陶盘，距今3900至4500年（图2）。1971年在内蒙古自治区翁牛特旗三星他拉村距今约5000年前的红山文化遗址出土一件高26厘米的墨绿色玉龙（图3）。在新石器时期的早中期，我国先民已发明麻、葛、蚕丝等纺织技术，创造出丰盛华美的原始服饰文化，华夏先民普遍尊崇的龙图腾形象，是否也会在当时的服饰中出现呢？这是一个非常值得探讨的问题。

用麻、葛、蚕丝等纺织品或毛皮制作的服

图1　1987年在河南濮阳西水坡发现距今6460年的蚌塑巨龙，长约1.78米。

图2　山西临汾地区陶寺出土的蟠龙纹陶盘，距今3900-4500年。

图3　1971年在内蒙古自治区翁特牛旗三星他拉存距今约5000年前的红山文化遗址出土的墨绿色玉龙，高26厘米。

---

[1] 见《中国文物报》，1997年6月8日，第一版。

装实物都会在自然环境中腐朽，很难保存到今天，古代文献记载用龙纹作衣裳的装饰纹样，最早见于《尚书·益稷》篇，即帝舜训示夏禹用日、月、星辰、山、龙、华虫、藻、火、粉米、宗彝、黼、黻等十二种象征王权和帝德的纹样作礼服。从夏禹开国至今已约4200年，夏代在距今3700年前为商汤所灭，夏代国王所穿的礼服具体款式如何，现已无从查考。20世纪初在甘肃临洮出土了几件半山型人形彩陶器盖（距今约4000年），年代相当于夏代，其中有一件人形头顶爬着一条长蛇，蛇头露在人头顶正中间，蛇身从后背蜿蜒下垂至肩部，衣服上也画有S型的蛇纹。中国古代传说形容龙是人首蛇身的神异动物，所以国内外的学者都认为这件半山型的人形彩陶器盖可能与中国的龙文化有关，可惜这件彩陶器盖只塑到人体的肩部，无法看到衣服全身的式样，这是龙文化在服装上反映的第一个实例。

公元前17世纪初至前11世纪商代的服装样式，我们幸运地能在河南安阳等地出土的商代玉人、石人、铜人中看到一些概貌，但当时服装结构和整体配套都交待不清。1986年7、8月间，在四川成都平原广汉市以西7公里处的三星堆遗址2号祭坑出土了青铜头像、青铜面具、玉璋、玉戈、金面罩、金箔饰等文物1300余件，其中有一件高2.61米、重180多公斤的青铜立人像，细腰修身，头戴皇冠，身穿四件套组成的龙纹礼衣，服装的整体配套和纹饰及裁制结构，都雕塑得清清楚楚，手法细腻写实，最外面的一件是右手短袖、左手背带式吊袖。右衽开气至腋下，左侧不开气，长仅及膝，前后襟左侧各绣两条行龙纹，分上下两列规整排列、前后襟龙尾相对龙头朝右，龙头右面有一条直条纹区隔，直条内饰有变体云雷纹，直条纹的右面饰有变体鸟纹组成的直条纹；由外往里第二件为短背心，其右肩后背部位绣有一条蟠龙纹，第三件为不绣花的右衽上衣，左衽不开气；第四件即穿在最里面的贴身

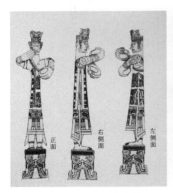

图4　四川广汉三星堆遗址，二号坑出土青铜立人摹绘图。

图5　四川广汉三星堆遗址2号坑出土，青铜立人第一件龙纹外衣前襟上的龙纹拓片。

图6　四川广汉三星堆遗址2号坑出土，青铜立人第四件长内衣前身下摆兽面纹横襕及填格变体鸟纹拓片。

长衣，前襟长至膝下，后襟长可掩踝，前长后
短，而且后襟下摆的左右两角呈三角形延长，
使后襟下摆呈鱼尾状，这件长衣两袖的前臂至
袖口部位绣有变体云纹，花纹是凹下去的，似
为贴绣花纹；长衣前后襟下部均在膝下绣一条
兽面纹横澜，横澜的下面绣垂直分格变体鸟纹
至下摆边缘。上述这些花纹，除第四件袖部的
变体鸟纹是用平涂方法表现之外，其余所有的
纹样都是用单线勾勒， 线条遒劲匀称，富有装
饰性（图4–图7）。据夏商周断代工程首席科
学家、专家组组长李学勤教授说，三星堆青铜
立人像距今已有3200年。我想，根据3200年前
的纺织手工水平，青铜立人身上的那些线条勾
勒的花纹，不可能是用织机织出来的，由于纹

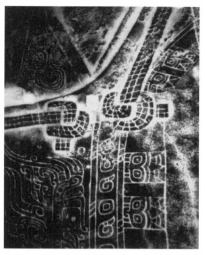

图7　四川广汉三星堆遗址2号坑出
土，青铜立人背面的服饰纹样和编织
带拓片。

样的表现手法和1974年在陕西宝鸡茹家庄西周初年渔伯墓妾倪墓室中出土的刺绣残
痕相一致，所以最有可能，就是用锁绣辫子股绣法绣制的，如果这一推断能够成
立，那么就能说明蜀绣的历史源于商代，比过去所说蜀绣起源于清中期的说法，提
前了至少2700年。

　　在21世纪的今天，要想清清楚楚地了解3200年前的先民穿着的服装样式，只能
从历史记载的文字和从3200年前流传下来的绘画、雕塑等艺术形象中去探寻，因为
当时的衣装实物早已腐烂了。现在居然能在三星堆青铜立人塑像上看到蜀王龙纹礼
服如此清楚的裁剪结构、纹样形式、重叠套穿的服装配套，使我们目睹到我国历史
上最古老的龙袍实例，这真是中国服饰文化史上的伟大奇迹。

　　三星堆2号祭祀坑与青铜立人同时出土的，还有30余件小铜人，小铜人的服装
式样各不相同，反映了他们各自不同的身份地位，然而他们毕竟都是青铜塑像，手
感钢硬，缺乏纺织服装的衬和感，如果能用工艺技术手段以科学实证方法将这些铜
人身上的服装予以复原，使尘封三千多年前的古蜀服饰展现到当今世人的眼前，应
该是综合研究古蜀服饰最理想的方法。我庆幸我的想法得到北京京都丽人商贸有限
公司董事长张润香女士的理解和支持，张润香是台北"旗袍设计制作大师领头人"
杨成贵的合伙人，对中华传统服饰文化有深厚感情。于是我们就立即着手三星堆青
铜立人龙纹礼衣的复原工作。

　　制作这套龙纹礼衣首先要解决采用什么质地的面料的问题。我国商周时期的衣
料主要是麻织品和丝织品，蚕丝在我国已有7000年的历史，广汉地区的蜀国， 就

是蚕桑的故乡，我国古代有关蚕桑的传说，多与蜀地有关。"蜀"古体字像作茧之蚕，《说文》说蜀是"葵中蚕"，《释名》和《玉篇》都说蜀是"桑中蚕"。《太平御览》卷一六六："蜀之先王者曰蚕丛、柏灌、鱼凫、天明。"清代段玉裁《荣县志》"蚕以蜀之盛，故蜀曰蚕丛，蜀亦蚕也。"《潞史》记载，在南齐永明二年（484年），益州刺史萧鋭曾发现"蚕丛氏之墓"，得不少铜器玉器，并有"金蚕虬数万"。川南的青神县有青衣水，系纪念蚕丛氏穿了青衣到民间劝农桑而得名，古时在成都的"圣寿寺侧，金花桥东"有蚕丛祠，附近的郫县、双流一带也有蚕丛祠。古代传说黄帝元妃嫘祖西陵氏教民养蚕，据说嫘祖是四川成都盐亭县金鸡镇嫘祖村人，原名王凤，以善蚕织被举为西陵酋长，其伯父岐伯以丝进献黄帝，黄帝慕名来访，促成黄嫘联姻，嫘祖死后归葬于盐亭。1965年秋，我曾和成都丝绸总公司王贵林总经理及钟秉章主任专程到盐亭县嫘祖陵祭拜嫘祖娘娘。此外还有一个蚕神马头娘的故事，见于《搜神记》卷一四，也是出于四川。宋代戴植在《鼠璞蚕马同本》中说："蜀中寺观多塑女人披马皮，谓马头娘，以祈蚕，俗谓蚕神为马明菩萨，以此。"我数次去成都，必去马头娘娘庙瞻仰。综合以上史料，我认为三星堆铜人立像的龙纹礼衣的面料，必定是丝绸。

丝绸因经纬线的配置和组织不同而有不同的品种变化，据瑞典远东古物博物馆收藏我国商代铜钺和北京故宫博物院收藏的商代青玉曲内戈上所附着的丝织物残痕，主要丝织品种有雷纹绮、回纹绮、平纹绢和双根并丝作纬的缣等，再考察宝鸡茹家庄强伯墓所出土西周初年的刺绣残痕和湖南长沙、湖北江陵、河南信阳长台关等地战国楚墓出土的刺绣，多数都用平纹绢作绣底，所以我们在复原三星堆铜人龙纹礼衣时决定以平纹绢为刺绣面料。

至于这套龙纹礼衣的色彩，虽史书有"殷尚白"的记载，但最早见于秦朝《吕氏春秋》："黄帝之时……土气胜，故其色尚黄，其事则土。及禹之时……木气胜，故其色尚青，其事则木。及汤之时……金气胜，故其色尚白，其事则金及文王时……火气胜，故其色尚赤其事则火。代火者必将水……水气胜，故其色尚黑，其事则水。"代火者指秦。战国后期，齐国驺衍把当时流行的五行说附会到社会历史变动和王朝兴替上。《吕氏春秋》所记五行五色就是采纳驺衍的"五德终始"说而来，其可信度有待探讨。证以商代贵族墓出土纺织品的色彩，如河北藁城台西商中期贵族墓出土衣衾为红黑相间。山东滕州前掌大晚商大型墓出土的织物有红白黑三色彩绘图案，为菱格纹和带状云雷纹[1]。殷墟妇好墓曾出土朱色丝绢，殷墟中等贵族墓出土织物有红地兽面纹敷黄黑色者，末流贵族墓出土织物有红地黑线绘蝉纹

---

[1] 详见"滕县前掌大新石器时代及商代遗址"，《中考古学年鉴》，1988年，第176页。

的。陕西泾阳高家堡晚商3号贵族墓出土的布片和布纹残迹，纹理极细，色鲜红[1]。以上实例均与"殷尚白"的说法不同。四川自古盛产红色的矿物染料丹砂（辰砂 Hg5），《史记·货殖列传》记载，秦时巴郡（今四川东南部重庆泸州一带）有寡妇名字叫清的，其夫生前发现丹砂矿穴，发家致富，丈夫死后，寡妇清继续经营，无人敢欺侮她，秦始皇给她筑"怀清台"。同书记载四川丹砂通过千里栈道运销各地。另外鉴于1974年12月在陕西宝鸡茹家庄西周早期弭伯妾倪墓室出土的锁绣残痕，绣底为丹砂所染的红色平纹绢，绣线为石黄所染的黄色，因此把三星堆铜人的龙纹礼衣复原件，采用红色平纹绢和黄色绣线来绣制。绢的经纬密度，参考殷墟妇好墓所出平纹绢，粗者每平方厘米有经线20，纬线18根；中等者每平方厘米有经线50根，纬线26根；精细者每平方厘米有经线72根，纬线30根[2]，精细者大约与现代生产的电力纺相当。绣线的精细参考陕西岐山西周墓出土刺绣所用绣线大约用50个茧的丝合抽捻成，约合45但尼尔（denier，每根丝长9000米，其重为一克者为1但尼尔）。这次复原限于技术条件，只做到大体接近。

三星堆青铜立人龙纹礼衣配套的件数，过去一般认为是三件，我们这次复原发现从铜人的左肩能清楚地看出是四件重复套穿，因为最外面的一件左肩是背带式吊肩袖，第二件是背心，第三件是短袖，第四件是窄长袖，如不仔细观察，很易错断为三件配套。四件衣服的长短，则可从衣服左肩胁下及右侧的开气中看得很清楚，四件衣服左侧都不开气，右侧开气第一件开至腋下，以后每件开气都往下低一点，每件衣服的下摆长度都塑得很清楚，这是这件青铜塑像极为难得的精细的地方。这套龙纹礼衣有一条编织带，从外面第一件龙纹外衣的后背左侧穿孔拴住，由左手腋下经前胸绕过右肩回至后背右侧穿孔拴住，因编织带的位置与V字领领口靠近，所以有人误以为这套衣服是左衽的，实际上四件衣服都是右衽，但前后襟连在一起，穿时需套头穿。通过复原，得知历史文献如《太平御览》卷一六六和《文选·蜀都赋》等书所说蜀人椎髻左衽，不晓文字，未有礼乐是不完全正确的。古时北方游牧民族披发左衽，春秋时管仲辅佐齐桓公帮助燕国打败北戎，营救邢、卫两国，制止戎狄对中原的进攻。齐桓公以"尊王攘夷"为号，成为春秋时期第一位霸主，所以孔子称赞管仲，说如果没有管仲，我们将披发左衽了。三星堆青铜立人穿的是右衽的龙纹礼服，说明古蜀人民是龙的传人，古蜀文化是龙文化的一脉。

三星堆青铜立人龙纹礼衣上所绣的纹样，题材内容和河南安阳殷墟出土的铜人、石人、玉人身上的纹饰题材内容如龙纹、兽面纹、云纹、雷纹等都是相通的。以龙纹为例，殷墟妇好墓出土372号圆领窄袖长衣，两袖各饰降龙一条，两腿部各

---

[1] 参见陕西省考古研究所：《高家堡戈国墓》，三秦出版社，西安，1994年，第54、199—200页。

[2] 参见中国社会科学院文物考古研究所编：《殷墟妇好墓》，文物出版社，北京，1980年，第17—18页。

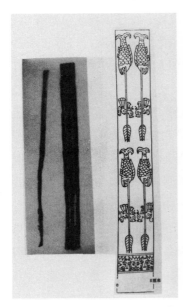

图8　1986年四川广汉三星堆 1号坑出土鱼鸟纹金杖。

图9　三星堆青铜立人龙纹礼衣加戴王冠和面具的效果图。

图10　三星堆青铜立人龙纹礼衣复原件，从外到里第二件背心前身。

饰升龙一条，前胸饰龙头形兽面纹，后背饰两个黻纹，领部饰云雷纹，只是龙的造型像蛇，不如三星堆龙纹礼衣上的龙形华丽。殷墟出土的青铜乳虎卣，乳虎两腿也饰有两条蛇形的升龙，身上遍饰云雷纹。三星堆青铜立人的龙纹礼衣前襟短、后襟长；安阳殷墓出土后流落美国温斯洛普（G.L. Winthrop），现由哈佛大学福格美术馆（Fogg Art Museum，Harvard University）收藏的一件圆雕石人，头戴高巾帽，身穿右衽窄长袖由内外衣套穿的套装，也是前衣襟短，后衣襟长。衣襟前短后长，便于行走。但这件殷墓出土圆雕石人的后衣襟下摆是平的，而三星堆青铜立人后衣襟下摆是鱼尾形的，为什么要设计成鱼尾形呢？联想到三星堆1号祭坑出土的鱼鸟纹金杖，其上端有三组平雕纹图案，最下一组为头戴皇冠耳戴三角形耳饰的人头，上端两组图案相同，下方为两背相对的鸟，上方为两背相对的鱼，在鱼的头部和鸟的背部上压有一支箭，似表示鸟驮负着中箭的鱼飞翔而来，此金杖被认为可能是蜀王鱼凫氏的权杖（图8），那么青铜立人衣服上的龙纹，可否认为是皇权的标志，而衣服上的变体鸟纹和后衣襟下摆的鱼尾形造型设计，也是蜀王鱼凫氏的标示呢？

　　总而言之，三星堆青铜立人的龙纹礼衣，给我们留下了很多值得深入研究的文化信息，它以具体的形象语言准确地反映了古蜀王国政教礼仪和艺术设计及工艺技术和文化交往诸方面的现实情况，具有极其重要的历史价值和文化价值。如今三星堆文化古迹驰誉寰球，世界各地来三星堆访问旅游者络绎不绝，从旅游文化

图11　三星堆青铜立人龙纹礼衣复原件，从外
到里第二件背心后身。

图12　三星堆青铜立人龙纹礼衣复原件，从
外到里第一件龙纹外衣前身。

图13　三星堆青铜立人龙纹礼衣复原件，从外
到里第一件龙纹外衣后身。

图14　三星堆青铜立人龙纹礼衣加编织绶带
后的效果图。

和三星堆文物展示更人性化、更贴近群众考虑，如能把三星堆2号祭坑出土的所有
铜人的服装全部复原，在三星堆遗址开设古蜀王国服饰文化陈列馆，并由服装表
演队进行表演，使观众能亲眼目睹古蜀王国的衣冠风采，用四川省人民政府省长助
理余国华先生的话说，既能加深对古蜀文化的研究、又能增加旅游者观光的兴趣，
延长旅游者在三星堆停留的时间，对三星堆文物研究，文化建设、旅游经济和工艺
美术开发，都将带来实实在在的好处。我国历史界和服饰文化界的著名专家如清华

大学人文学院李学勤教授，清华大学美术学院院长李当岐教授，中国红楼梦学会会长、中华炎黄文化研究会副会长冯其庸教授，原中国艺术研究院常务副院长李希凡教授，台湾中华服饰学会会长、原台湾历史博物馆馆长王宇清教授等都认为，对三星堆青铜立人四件套装龙纹礼衣的复原是"前所未有的重大创举"，"复制古服饰的一项新成就"，"对中华服饰文化史具有历史意义的新贡献"，"不仅具有学术价值，而且对于弘扬祖国传统文化，指导现代的服饰设计也都具有很强的现实意义"。（附三星堆青钢立人龙纹礼衣复原件效果图9-14）

最后感谢北京京都丽人总经理张宏伟先生协助我复原三星堆青铜立人四件套龙纹衣的总体设计，台湾著名旗袍设计制作大师杨成贵博士的第一代徒弟程志锋、石水香与第二代徒弟周丽负责裁剪和手工缝制，工艺美术大师、著名刺绣艺术家李娥英女士监制刺绣，使这套龙纹礼衣珠联璧合，顺利完成。

原载《装饰》，2008年第1期，第48-51页。

杂谈

谈谈苏、杭织锦缎图案的设计

苏州、杭州等地出产的织锦缎，是高级的电力机多梭织物，不但品质优良，而且图案设计丰富多彩，具有民族风格，因此驰誉国内外市场。

织锦缎在生产制作上有很多特点，要求图案设计与它密切结合。最大的特点是只用三把梭子穿三种不同颜色的纬线织造，却要求在缎面上织出色彩十分丰富的花纹来。这是因为梭子用得太多，不但会使成本过高（梭子多了纬线就费得多，费工费料，还要有复杂的多梭箱装置的织机来配合），且纬线过多，织出成品太厚，还会损害它的实用性。为了照顾经济、实用，丝织设计师就想出一种办法，即织造时虽然只用三把梭子，但三把梭子所带的纬线，有两把经常不换色（称为长跑纬线），而把其中的另一把梭子，经常织一段，就停下来换一次颜色。这样，织造时虽只有三把梭子，而缎面上的花纹颜色则可以用得很多（经常换色的一把纬线称为短跑纬线）。

设计织锦缎图案时，首先要求符合上面的生产条件，即花纹和色彩的配置必须照顾"短跑"纬线换色的方便，既要色彩变换很丰富，又要避免因"短跑"纬线分段换色而产生色彩的横档路子。

织锦缎生产上的另一个特点是织物的组织。它以"八枚缎"的组织为基础，有花纹的地方把纬线浮织到缎面上来，没有花纹的地方把纬线沉到织物的反面去，即主要以纬线织出花纹。但纬线浮出缎面的长度不能太长，因为太长了容易被磨断，变成好看而不耐用。所以织锦缎的花纹不宜过大，较大的花朵都需要在适当的地方切断，让纬线与经线交织一下，以增加织物的坚固。这种断切口称为"切间丝"。"切间丝"过多，又会影响图案的美观。

由于组织法和生产上的种种限制，设计织锦缎图案就不能光求画面好看，必须掌握生产

图1　杭州织锦（之一）

图2　杭州织锦（之二）

特点，联系实际，才能保证成品的实际效果。

　　苏州、杭州的丝绸艺人，不但精于艺术设计，而且密切结合生产制作，他们和丝织技术人员的联系非常紧密。每一个花样的选定，艺人和技术人员都要经过共同研究，遇到问题立即进行修改，而后投入生产。因此，他们不但不受技术条件的限制，相反却能够巧妙地利用技术上一切有利于发挥艺术效果的因素，创造出千变万化的图案。例如他们在配色时通常把两把"长跑"纬线配成一深一浅，在深色缎面地子上，深色"长跑"纬线就可以做成暗花，用以陪衬彩色主花。而在浅色缎面地子上，则浅色的"长跑"纬线又可以做成暗花，形成明暗相衬的图案效果。在彩色主花部分，深浅两"长跑"纬线可同时用来为主花做叶子，做包边线及明暗光线等等。"长跑"纬线有时可做成各种几何形骨格，再让"短跑"彩纬在骨格

图3　清代织锦（之一）

图4　清代织锦（之二）

内填成主花，这种办法继承了我国传统图案上"开光"的构图方法和"天花锦"图案风格的特点。在主花后面满铺各种细致的锦地底纹，或者部分留出缎面净地、部分满铺底纹，又可做出层次变化无穷的图案效果。工艺美术的目的是为了满足广大人民的物质和文化生活的需要，因此在设计中必须密切结合生产，注意群众的喜爱，适应生活使用的要求。织锦缎图案的设计也是这样。但生活永远是向前发展的，人民不断有新的需要，新的工艺材料和技术也不断涌现，这就为新图案的创造不断地开辟新的途径。在祖国社会主义建设全面大跃进的形势下，丝绸艺术的鲜花一定还要开放得更美丽。（图1～图4）

原载《装饰》，1959年第4期，第12页。

风格的继承和创新 [1]

（一）

我们常常谈到风格，但是什么是风格呢？理解的不尽相同，回答的也不一样。因此，探讨一下风格的意义，对于新风格的创造不是无益的吧。

在工艺美术方面，虽然还没有人对于风格这一问题摆出过明确的论点，但却常听到"蓝印花布风格"、"剪纸风格"等等诸如此类的说法。很明显，这是以不同物质材料所构成的不同艺术形式的特点来作为风格的出发点的。但是，只要我们仍略加考察，便会发觉一些不能解决的问题。譬如：我国和外国的剪纸与蓝印花布的风格不同，唐、宋的陶瓷与今天的陶瓷风格不同，湖南与东北的蓝印花布风格不同，同是江苏的剪纸而扬州张永寿与宜兴芮金富的剪纸风格又不相同。与此相反，战国时期漆器图案的风格与铜器图案的风格一致，唐代的染织、装饰画、金银器的风格一致，苏州的建筑和苏式彩画风格一致，齐白石的书法、印章和他的绘画风格一致。这些问题又该如何去解释呢？

由此可知，虽然同一物质材料，但由于出于不同民族、不同时代、不同人，也就产生不同的风格。另一方面，虽然物质材料不同，但由于出于同一民族、同一时代、同一人，风格便相一致。因此，只能得出这样的结论：不同物质材料的不同性能所制约的形式特点，不是形成风格的根本因素（当然有着一定作用）。

马克思说过，"风格就是人。"中国也有句古语："文如其人。"人不是抽象的概念，他是具体的人，是生活在一定社会、处于一定阶级地位的人。由于人们不同的阶级地位、经济条件、生活方式和他所受的不同教育，形成了人们不同的精神素质和审美观点。这些，当作者在进行创作的过程中，便渗透到了艺术作品中，形成了反映作者世界观和审美观点的艺术风格。具体地说，工艺美术的风格是取决于作者的世界观、审美爱好和他对生活的体验，对遗产的舍取，对工艺美术特征的认识，对物质材料性能和表现能力的掌握等等，而这一切，都不能摆脱当时社会一定阶级思想意识的束缚和支配，从而通过造型、纹样、色彩和装饰特点而具体地表现出来。

个人的创作风格是多种多样的。不同的作者表现同一内容，采取同一资料和

[1] 本文系与兰石、顾方松合著。

物质材料，也不会出现相似的风格。江苏剪纸艺人张永寿和芮金富两人最近为郭沫若同志的"百花齐放诗集"所作的剪纸插图，便可看出不同的个人风格。前者是采取写实的变化手法，用折枝花的形式来表现，较为自由秀劲；后者则以写意变化的手法，用花中有花的适合纹样形式来表现，较为严谨朴实。但他们毕竟是生活在今天的社会主义时代里，都怀着满腔热忱地歌颂祖国"百花齐放"的新景象。这就构成了他俩之间风格的共同因素，这些因素就形成了所谓"时代风格"。就民族而言，共同的经济、文化传统、地理条件所形成的共同精神素质，也就构成了共同的风格，即所谓"民族风格"。我国地大物博，各地区之间在经济、文化、地理环境、物质材料、人们的风俗习惯和爱好不尽相同，所以也就有着不同的所谓"地方风格"。

如果这是正确的话，那么我们便可以得出一个结论，新风格的创造绝不是专门在形式的独特和新颖上用功夫便能解决的。它首先在于具有和时代一致的精神风格，深入了解人民生活的需要和审美要求，同时需要认真地继承遗产，正确地认识工艺美术的特征，努力提高艺术的表现能力。

（二）

工艺美术和其他造型艺术一样，是上层建筑的一部分。它的风格是随着社会政治、经济的发展变化而发展变化着的。但是，这种发展和变化又是在传统的基础上进行的。为了说明这一问题，不妨把各个历史时期工艺美术的风格演变简单地叙述一下。

原始社会用石器生产，过着渔猎和萌芽的农业生活，这就决定了那时只能有简朴原始的编织和陶器。动植物和编织几何纹样，就成了那一时期的主要装饰资料。

原始社会进入奴隶社会以后，阶级产生了，奴隶主占据并奴役着大批奴隶，享受着奴隶所创造的一切财富。这时出现了精工的青铜工艺。这些工艺品上的纹样装饰大多是饕餮纹、怪兽纹等，反映了当时人们原始图腾和宗教迷信的思想意识。它大多是用来做祭祀和镇赋社稷的，形成一种神秘、庄重和绮丽的风格。

在秦汉时代，劳动者从奴隶制度下摆脱出来进入封建社会不久。由于铁工具的发明和发展，生产力大大提高。这时正处于封建社会的上升时期，国力强盛，文化艺术得到迅速繁荣，反映在工艺美术的装饰方面，题材扩大了，出现了大量反映生活的题材，如交通、征战都用的战马以及大量的走兽动物普遍地应用在工艺品上。与此同时，直接为封建政教服务，反映封建迷信及封建伦理思想的图案装饰，也大量出现。这些纹样突破了商周时期拘谨静穆的对称形式，形成了一种矫健茁壮、具有生活气息的新风格。

魏晋南北朝由于经过长期的战乱，使得厌恶世俗生活的出世思想弥漫开来，由此佛教得到了肥沃的土壤，而佛教艺术也就流行起来。我国民族艺术在传统的基础上，吸收了佛教艺术的滋养，又有了新的发展。从敦煌、大同、龙门等地的壁画和装饰图案中，便可以明显地看到这种交流和融合。

唐代统一中国，社会经济空前繁荣，表现在装饰艺术上线条从容、柔和、优美，人肥马壮、造型丰腴。装饰题材也大大广泛起来了，色彩也更为富丽。构图形式也达到多种多样，圆形联珠纹的格式、成对成双的花鸟动物、散点小簇花及卷草纹的大量运用，形成具有富丽明朗、雍容大方而活泼的新风格。

宋代继承了唐代的传统，但纹样逐渐趋向于纤秀，构图也逐渐地脱离了对称的格式。由于当时统治者的提倡，写生的风气空前加强，并在图案的装饰中得到了明显的反映。几何图案出现了各种穿插复合的组织形式，几何纹样大量用在各种工艺品和建筑上，有的和写生花纹结合起来。秦汉以来，工艺美术出现了表达美好愿望与理想的艺术形式，即后人称之为吉祥图案。到了宋代，这种吉祥图案就发展到了相当成熟的地步，有的以纹样的名称谐音表达，有的以图案形象表达，有的还附加以文字表达。分析起来，吉祥图案不外两类：一类是统治阶级用来宣传封建迷信思想，藉以美化与歌颂统治者，麻痹劳动人民，使他们安于被压迫的现状，达到巩固其封建统治的目的。例如"天子万年"、"江山万代"、"一品当朝"、"马上封侯"等等，都属于这一类。另一类是从民间发展起来的，反映了劳动人民对美好生活的理想和希望。例如"四季平安"、"富贵白头"、"吉庆有余"等等便是（这类图案之所以能够存在发展，是因为它们虽表现了劳动人民的愿望，也不与封建统治者的利益抵触，这类图案具有一定的进步意义，但也不免受封建意识的一定影响）。这一切便构成了宋代图案风格的特点。

明代装饰风格较为粗犷，设色浓郁，构图上采用分割装饰和满布到边的章法。由于封建社会已趋向衰微，统治阶级所占有的宫廷工艺品也日趋丧失它旺盛的生命力。但是，民间工艺却得到了相应的发展，人们喜闻乐见的蓝印花布就是从这时广泛流传起来的。

清代的工艺美术在技艺上，比以往历代更加提高了一步。但这时的封建社会已进入腐朽的最后阶段。工艺美术的装饰和统治者没落颓废的意识相符合，大多追求极端的奢华，形成了一种繁冗淫巧的风格，这尤其以乾隆以后的宫廷工艺最为典型。

鸦片战争以后，我国受到帝国主义的侵略和压迫，陷入半封建、半殖民地的地位，帝国主义者实行政治、经济和文化上的侵略与奴役。国民党反动派崇外媚外，丧失民族气节，抛弃民族文化。因此，工艺美术呈现着有史以来所未有过的混乱，当时为城市资产阶级所欣赏的图案装饰，就出现了一种不中不西的所谓"特殊风格"，这就是半封建、半殖民地社会的反映。

从以上简单的叙述中，不难看出：风格是代代相承，却又代代相异的。每个时代的风格都反映了当时社会的政治、经济、思想，同时又是和前一时代的艺术传统密切相关的。所以，每个时代的风格都在反映现实和继承传统的基础上进行不断的革新，创造着新的该时代的风格。

（三）

我们社会主义时代工艺美术新风格的创造，是不能脱离传统的，这正如列宁所说的："无产阶级文化应当是人类在资本主义社会、地主社会、官僚社会压迫下所创造出来的知识总汇发展中的必然结果。"

我们有着悠久的文化传统和丰富的遗产，是我们创造新时代的新风格的最好借鉴，必须加以科学的总结和利用。毛主席教导我们"有这个借鉴和没有这个借鉴是不同的，这里有文野之分，粗细之分，高低之分，快慢之分"。毛主席还教导我们继承绝不是一揽子包下来，必须"批判地吸收其中一切有益的东西"，要"取其精华，去其糟粕"。

我们知道，自从进入阶级社会以后，工艺美术便分作了两大支：一支是为劳动人民所创造而为统治阶级所享用的所谓"宫廷工艺"，一支是劳动人民自作自用的所谓"民间工艺"。前者是统治阶级为了显示他们的豪华富有和权势，满足他们饱食终日和淫逸享乐的私欲，凭借着他们优越的经济条件和政治权势，占有贵重精美的材料，并把它装饰得奢侈繁杂，矫揉造作，往往不顾其适用意义。后者则是劳动人民根据生活适用的要求，充分利用当地的物质材料，以最少的加工达到高度的美观。就是这样，民间工艺把适用、经济、美观有机地结合起来。它的风格就像劳动人民一样的朴实、明朗、健康，充溢着生活的气息。这种明显的分野，不但反映在思想内容方面，而且反映在形式方面。

因此，在继承遗产时，我们首先应该向民间工艺学习，学习它的创作思想和创作方法，同时也看到它受时代局限的一面。

宫廷工艺是否就无可取之处而完全丢掉呢？当然不能。宫廷工艺为统治阶级所享用，必然反映着他们的思想感情和审美观点，这是需要加以批判的。但是，不能不看到另一方面，即宫廷工艺也是劳动人民所创造的，闪耀着劳动人民智慧的结晶，给我们留下了宝贵的艺术财富和高超的技术方法。这些由劳动人民所创造的工艺品，总是自觉或不自觉、或多或少地灌注着他们自己的思想感情，发挥着创造性的艺术才能，从反复的劳动实践中，掌握了工艺美术的规律和法则，获得了辉煌的艺术成果。如前所述，统治阶级凭借着他们的特殊地位，往往夺取了当时最新最高的艺术和技术成就的工艺品。就是以上这些理由，我们才把奴隶主所使用的青铜工艺品作为奴隶社会工艺美术的代表，才给封建社会历代的宫窑御瓷、织物、金银器等等，给予高度的评价，才把故宫和颐和园完整地保留下来，也正是这样，我们在宫廷工艺中也可以看到优美的造型、纹样和色调。所以，在批判它的同时，也要吸收对我们有益的东西，来为我们今天服务。

向民族民间学习和继承遗产，是一个长时期的工作。目前，有一个迫不及待的任务，那就是继承老艺人这份"活的遗产"。民间艺人生活在群众中，大都是祖辈师徒相传，有着深厚的民族传统和群众基础以及宝贵的创作实践经验。但在旧社会里，他们过着穷困潦倒的生活，更没有学习文化的可能，因此我们工艺美术工作者如何把老艺人的创作经验加以系统的总结，这就是一项很重要的工作。另一方面，我们还必须尽最大的努力把他们的技艺实际地继承下来。

在继承民族传统的基础上，我们也善于不断地吸收外来的营养。今天的服装、家具、装潢设计，以及某些现代新型建筑的结构、灯具等，都可以看到民族传统风格中融合了外来的优秀因素。正因为我们是根据自己时代的要求主动地批判借鉴的，使它们一旦融合，便起了质的变化，成为我们新风格有机的、不可截然分割的一部分了。

（四）

目前，在对待创造社会主义时代工艺美术新风格的问题上，需要澄清两种不正确的看法。一种看法认为既然风格为时代的政治、经济等因素所决定，那么新的时代风格迟早会自己形成，因此也就用不着我们去追求和探索了。

我们不能同意和采取这种消极态度，因为我们是马列主义者，应该积极掌握客观事物的发展规律，促进新事物的迅速成长，使上层建筑尽快地和经济基础一致并反过来积极为它服务。另一种看法则认为：我们的新风格形成得太慢了。他们对新生事物不能给予正确热情的评价，而把事物的发展过程看得过于简单。前面说过，新风格的创造首先决定于思想，新风格的形成是一个思想发展的过程，它需要反复实践，需要反复经过群众的鉴定认可。新事物的成长发展贯穿着一系列的矛盾和斗争，但是新事物终究是要胜利成长的。北京新建筑的装饰布置是一个典型的例子，它们具有伟大的民族气派，但决不是古代封建社会建筑艺术的摹仿，也决不是西洋建筑艺术形式的套搬，而是我国社会主义时代精神面貌的反映，难道不正是向新风格的趋向成熟和大大迈进吗？建国十年来，祖国工艺美术事业的成就是十分巨大的，只要我们工艺美术工作者遵循着党和毛主席的文艺方针前进，不断努力地探求、总结、实践，新的时代风格就一定会不断形成，不断发展。

原载《装饰》，1961年第3期，第6—9页。

蜡染方便裙

蜡染是我国传统的民间美术工艺，它以蜂蜡做防染剂，将蜡加温融化成蜡液，用毛笔或蜡刀蘸蜡液在布帛上画出花样，蜡液渗透并凝固在布帛上，因蜡不溶于水，布帛画蜡的地方不能接触染液，就能留出白色花纹。

蜡的熔点只有62至65℃，碰到62℃以上的热水就会溶解，所以染色时要用冷染的染料去染，传统的蓝靛是蜡染常用的染料。画上蜡的花布在染缸中染色时因布帛折绉，蜡纹自然龟裂，能染出人工难以描绘的冰纹；冰纹的装饰美，就像龙泉哥窑瓷器上的开片那样和谐自然而富于变化，蜡染给人的艺术感受则更明朗粗犷，具有独特的乡土风味。

蜡染可以就地取材，用民间土产的布帛、蓝靛、蜂蜡，用简易的工艺方法进行加工。还因它是手工画花，每一件蜡染都可变换新花样，可以充分适应各人的艺术爱好，发挥各人的创造才智。而且蜡的性质稳定，不易变质，画一件蜡花，可以一次很快画完也可以断断续续利用闲暇精工细画，搁它一年半载再染色，也不影响画面效果，可以不误农时。所以，蜡染就和民间挑花、刺绣那样，在民间经久流传。

在我国华南、中南、西南地理气候暖和的地区，例如在苗族、布依、瑶族、仡佬、黎族、水族人民生活中，蜡染是美化生活的重要手段，人们把蜡染用来制作裙子、衣袖、头帕、背兜、被毯、包袱、门帘等。姑娘们一般六七岁就学画蜡花、十几岁就成为能手，在傍晚或农闲时，她们围坐在火炉旁，拿小碗装上蜂蜡，放在温火中融化，一边谈笑歌唱、一边画花，画出寓意深长的飞鸟、游鱼、昆虫、走兽、桃花、石榴、银钩花、鸡冠花、鱼鳅花、皆皆豆、葫芦花……及丰富多变的种种几何花纹。这些花纹，有的取材于生活，有的继承于传统，例如贵州和广西的古代铜鼓纹样，就常常运用在蜡染上。有的地区，还用黄栀、杨梅汁等与蓝靛配合使用，染出多彩的蜡染。有的则和绞染、挑花、刺绣、织花工艺结合起来，或则先染后绣，或则先染后织，创造出效果更丰富的手工艺术品。这种创造性的艺术思考，是非常值得学习的。每逢节日，姑娘们穿起自己的新衣裙，显示自己的巧手，聪明小伙子也把这当作选择对象的一个条件。等到姑娘们出嫁的时候，人人都有几套出色的衣装，给生活增添喜气和光彩。

蜡染在亚、非、拉地区也广泛流行，东南亚地区妇女常穿非常出色的蜡染"沙朗"，这是中国人都熟悉的。近来蜡染这种传统的民间工艺和一般的生活服装相结合，创造了一种"蜡染方便斜裙"，它用料节省，式样大方，裁制简单，穿着方

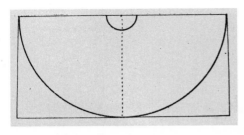

方便裙裁剪法示意图

便，能够适应不同年龄和不同体型的对象使用。如果能把我国兄弟民族丰富多彩的蜡染纹样及传统的历代装饰纹样吸收融化，发展创造应用到"蜡染方便裙"（参看图例）的图案设计中去，对于美化人民生活、创造出口品种，可能都会有积极的意义。现将蜡染方便裙规格及制作方法，介绍出来，供工艺美术爱好者参考：

1.蜡染方便斜裙的用料：幅宽2.7市尺以上，2.9市尺以下的漂白或浅色平布、府绸均可。每条裙子用料5.5市尺。（如果用本白布，需在画蜡前进行皂煮退浆，以免吸色不匀。）

2.蜡染方便斜裙裁剪法：在布幅一边1/2处作圆心，以布料全长5.5尺作直径，在幅面上划出半圆，即为裙子的底摆线。裙腰半径假设腰围为2市尺，加裙腰叠合处5寸即2.5市尺为裙腰大。求半径：

2.5市尺=3.14×R

∴R=2.5/3.14=7.9市寸≈8市寸。

以裙子底摆线的圆心为圆心，以7.9市寸为半径作同心圆，在幅面上划出半圆，即为裙子的腰围线（附方便斜裙裁剪法示意图）。图中的半圆形即裙面，半圆以外的两角可作镶腰及带子用布。

3.画蜡：先在裙面用铅笔线描好花纹轮廓。取蜂蜡置小罐中，放到酒精灯上或火炉旁加热将蜡融成蜡液，待加热到蜡液冒气时，即可用狼毫笔或蜡刀蘸蜡，在裙面上画花。蜡的温度不宜过高或过低，蘸蜡运笔动作要快，使蜡液既能渗透布面又不致晕出花纹轮廓边界。

如不用蜂蜡，可用石蜡代替，但需加入适量的松香与石蜡融化使用，便于做出冰纹。

4.染色：可用蓝靛、纳夫绥、拉彼达、印地可素等类染料染色。印地可素价格高昂，在多色蜡染点染彩色时可用之，大面积的底色可用其他染料套染。

5.脱蜡：单色蜡染，在染色后用开水冲或煮，或将布夹垫于废报纸中烫熨脱蜡，再以皂液洗净。

多彩蜡染，可上一色、脱一次蜡，或先画蜡上浅色，每上一色，即以蜡封住，再上第二种色；于全部染完后再脱蜡。

原载《装饰》，1982年第1期，第52—53页。

一种优美的夏季时装
——统身长裙

　　随着经济体制改革我国服装已进入时装化的年代。目前的时装——男性化的西装和运动装（包括羽绒服、潜猎装、旅游服等）居支配地位。这类服装形式健美，动作方便，与青年好动的性格谐调，但不能充分表现女子柔和、优美的女性美，是不足之处。

　　生活的内容是丰富多彩的，既有豪迈紧张的劳动，又有闲适愉快的休息。反映时代面貌的时装也应该是丰富多彩的，既需要适应快速节奏的运动装，也需要适应清闲气氛的浪漫型服装。这也是生活美的一种自然调节。

1．设计：袁泉 2.设计：高毅 3.设计：彭红 4.设计：李鸿祥 5.设计：吕春祥（指导教师：黄能馥 工艺指导：崔亚莉）

　　中央工艺美术学院染织系1981级学生分析了目前时装流行的趋势，认为1985至1986年人们将注目健康优美的浪漫型时装。中国传统浪漫型女装主要有旗袍和裙子两类。目前长裙将是主要的流行形式。长裙的款式很多，他们吸收了中国旗袍简洁合体的造型，流畅优美的线条，在领、袖、衣襟开衩、装饰花纹等方面进行了革新：用料节省（每件7至7.5尺），缝制简易（两小时就可做成），裙长可自行调节、线条优美、新颖大方、凉爽舒适。既有西式紧身长裙的优点、又有传统旗袍美感特征的"统身长裙"，它轻盈富丽、华贵优雅，能充分表现青年女性的形体美（附统身长裙工艺制作图例）。（图1～图3）

原载《装饰》，1985年第2期，第22-23页。

中国艺毯

艺毯包括地毯、壁毯、炕毯、蒙古包毯、拜佛垫、座垫、靠背、马毡、驼毡等等品种。这些织物，过去统称"地毯"。本文主要指具有艺术性的用手工拴结法织成裁绒的毯类。

中国人一向居住防潮防寒性能好的砖木结构住宅，使用艺毯并不普遍。古代西方人的住宅是石材建筑，多使用地毯壁毯保温防潮。因此，过去有些人以为地毯裁绒拴结的技术是外来的。最近我看到新疆乌鲁木齐出土的汉代人头马身像和树叶纹缂毛座垫及双面裁绒的艺毯残片，才注意到专家们曾提到中国人首创地毯拴扣方法的说法；证以汉代考古实物之精美程度，得知中国人的确是地毯栓扣方法的创始者之一。中国古代艺毯一般以麻和棉线做底组织经纬，以羊毛或蚕丝裁绒。新疆出土汉至北朝的地毯均以羊毛裁绒。唐代白居易《红线毯》诗吟咏的则是宣州生产的巨型铺殿丝毯。唐代太原生产的羊毛地毯也很著名。13世纪，元大都附近的毡罽生产大为发展，《大元毡罽工物记》记载的毡罽名目有七八十种之多。到明清时期，由于商品性艺毯生产的发展，出现了不同地区的艺毯风格流派，它们以独特的地方风格在世界市场产生影响。

北京艺毯

北京是元明清的都城。艺毯最初受内蒙艺毯风格的影响，作坊分布在河北蓟县一带，即所谓"燕北艺毯"，清中期后又称"东陵艺毯"。起初工匠不用画稿，凭祖传经验进行编制。清初各地向朝廷进贡珍贵艺毯，交敬事房发交各处铺用。皇帝也授意如意馆画师设计图样，经审定后交造办处发放生产。康熙皇帝要求工艺装饰追摹唐宋遗风，崇尚工丽淡雅。乾隆皇帝则崇尚精工富丽，移植青铜古玉饰纹作为艺毯图案之资料，并延聘甘肃技师进京传授技艺。也有说是喇嘛僧胡其昌，携徒二人在报国寺设地毯织制场。两徒织法不同，在寺分东西二门出入。北京艺毯为东门法，天津地毯为西门法。

北京地毯纹样格局规矩对称，一般用三道花边（外边、大边、线边）围框，外面为一条深色小边。中间为一条深地大边，内饰卍字纹、缠枝莲、八吉祥（轮、螺、伞、盖、花、罐、鱼、盘长）、锦地纹（即小型几何地纹）。线边（即内小边）饰丁字纹、回文或联珠纹。三道边框以内的范围为大地，一般有中心团花和四

图1

图2

图3

个角花组成。布局的稳定、疏朗，与中国建筑结构的对称布局及室内陈设极易协调。北京地毯有宫廷用毯及民间用毯的区别。宫廷用毯豪华富丽，其花式又因铺设场所而异。在故宫太和殿、保和殿、乾清宫以及宝座下铺用的殿毯，长宽约四米见方，配五彩，纹样用云龙海水，庄严富丽，与大殿整体装饰及用明黄地色礼仪形式相互辉映。在皇帝进行一般政治活动的养心殿等处铺用的殿毯，则采用明黄或金黄色地配五彩或其他色的清地穿枝花（牡丹、莲花、宝仙），几何骨格填花（如四合如意、盘绦、方棋、龟背）等既富丽又较和谐的花式。在东、西诸宫，花纹色彩都较为多样，常见的有拐子草龙（仿古铜、古玉纹样演化而来，其特征为以写实的龙凤头部与纵横线组合之身部及卷草组合之纹样）、折枝花卉、风景、八吉祥、暗八仙、八宝等。晚清时宫中地毯的纹样更为新颖多变，除主要宫殿仍用传统风格外，其余布局、结构由对称趋向平衡。主要的有：纹样分列于毯两头或两对角处，纹样有整枝写生花（竹菊、玉兰、牡丹、松竹梅）和庭院小景等。将纹样集中于一头或一角，另一头或一角作铺称的"一头沉"式构图，其纹样有松鹤长春、六合（鹿鹤）同春、狮子绣球、三阳（羊）开泰等。将纹样作散排的有：团花、皮球花、文房四宝、七珍图、八宝、八吉祥、暗八仙、五福捧寿、长寿字、圆寿字、折枝花、梅兰竹菊、云蝠等。将纹样作满地串花的有：仿唐草及仿西方文艺复兴时期的穿枝玫瑰、花绳装饰等。此外还有几何连续的满地锦等。北京民间毯坊生产的艺毯，仍以四面有三道边围框，大地四角有角云，中间饰一夔（指团花）；或四角有拐子草龙、中饰一夔，或中饰五团；或中饰其他规矩式图案的地毯为主。这是国外市场公认的北京地毯的标准格式。配色方法有正配（深地浅边）、反配（浅地深边）、透地配（边地同色）、素配（不同明度的同类色）、彩配（不同色相的系列相配或点缀相配）、三蓝三绿三灰配等各种类型，均以平涂为主。常用色相是深蓝、浅蓝、月白、乳白、驼色、锈红等；以暗中显亮为要领，故有"漂漂漂、暗中漂"的口诀。北京地毯工艺采用抽绞，八字扣拴结，起绒高十毫米以上，一英尺间有八十至九十道，细者一百二十道，裁绒直立，毯背坚实。（图1～图3）

蒙古艺毯

蒙古是中国艺毯重要产区之一，明朝织毯业中心就在内蒙一带。产品高贵者供皇宫、喇嘛、活佛所用。宫廷王府使用的有铺殿毯、吉毯、走廊毯、厅毯等。喇嘛、活佛用的有拜佛垫、龙抱柱毯、佛帘毯、庙门帘毯等。色彩以明黄、绛红、杏黄、橘红为主调。民间是自产自用的蒙古包毯、马褥、马鞯、驼鞯、钱褡之类。在城市还大量使用炕毯。民间艺毯色彩主要以三蓝加白为多。炕毯是银川地区的重要织品，图案用蓝地加彩色开光。银川曾是西夏首都，为元代宫廷用毯基地，明清时宫廷朝贵用毯也向该地搜求。纹样题材有：梅花、牡丹、宝仙、博古、八宝、八吉祥、暗八仙、龙纹、福寿字、卍字、回纹、几何锦纹、赶珠纹等，还有以纵横直线组成的拐子草龙抱角花；用白、驼、锈红及以三蓝色一面轻、一面重的鸳鸯配色法配色，艺术特色尤为显著。绥远地区织制的蒙古包毯、马鞯、马褥、花纹以牡丹、五福捧寿、大博古为多；色彩以素地三蓝为主。包头织制的蒙古包毯、拜佛垫、马褥、马鞯、驼鞯、炕毯，花纹多用对莲花、丹凤朝阳、六合同春、小博古、几何填花等；色彩有蓝白彩花、素地三蓝彩、驼色几何等。赤峰织制的小型炕毯，花纹多是对莲团花、六合同春、狮子绣球、八骏马等。色彩用天然深浅棕、驼及黑色羊毛配伍，也有以棕色、黄色牛毛织地，黑色牛毛织花的，但花纹形象较羊毛配伍者略显粗放。（图4、5、6）

图4

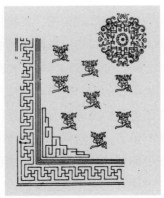

图5

图6

西藏艺毯

西藏艺毯在明朝即以造毛纯、做工精、颜色美、花式全而著称。该地所产挂毯甚多,其上下各以数道花边和彩边装饰,下面以立水纹满铺。纹样题材以龙纹、人物纹为多,其他有夔龙、兽纹、折枝花、灵芝朵云、八宝、博古等。花纹造形简练, 地纹开阔。前藏的产品花纹较写实,后藏江孜地区受新疆和阗毯影响,花纹具装饰味。配色深沉,多对比色以当地土产之核桃、红花、皂结、红土作染料。西藏之红花染色鲜艳,为他处所不及。西藏地毯用抽绞拴八字扣,羊毛绒毛粗而倾斜,绒长达十三至十六毫米,一英尺间有七十道。民间使用的粗毯也有二十道且栽绒也长。毯身厚重而光润,毯背柔软。明清之际藏毯即扬名于世,但清代的艺术质量则不如明代。

新疆艺毯

新疆艺毯原称和阗毯。当地传说,洛甫县人那克西万为地毯之祖,和阗附近的塔马沟(意为土围子)为和阗毯之发源地。在洛甫县一带居民都善织毯(包括丝毯和毛毯)。丝毯供宫廷显贵使用,每英尺有绒纬结扣一百二十至一百六十道。供百姓防寒防潮的毛毯,每英尺为八十至一百道。新疆中部和北部居民家里都有几块乃至几十块毯子,女儿出嫁也用地毯陪嫁。和阗毯又名疏勒毯,大都运往疏勒(今喀什)销售,在世界久负盛名。其品种包括栽毛毯、丝毯、金银线编织加栽绒丝毯三类。栽毛毯有的棉经棉纬,有的毛经毛纬;拴马蹄扣,过三道纬拴结一排;抽绞拴

图 7

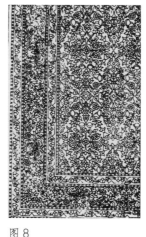

图 8

图 9

图 10

结，其经纬均为两股至五股的股线。它和武威地区每过两道纬拴结一次的织法是不同的。和阗毯厚度为十五至二十五毫米。中期的毯背柔软，晚期的挺实。丝毯经纬均用丝，织法相同。金银线编织加栽绒丝毯产于喀什、阿克苏、叶尔羌等地。它是用四股或五股合捻的金、银线，在丝质经纬上盘编成辫股状作地纹，并以彩色丝绒拴结栽绒花纹，极为华美富丽。清代，用这种高贵的地毯进贡朝廷。此种毯在宫殿内铺设时，要先在地面铺一层用棕绳编结的棕毯。清宫廷有棕匠专门编织棕毯，由门神门帘二库保管。

公元8世纪以前和阗地区居民就信奉佛教，后来又信奉伊斯兰教，因此，艺毯纹样既有佛教艺术的影响，又有伊斯兰艺术的影响。伊斯兰装饰纹样忌用有眼睛的动物，而和阗艺毯有时用动物题材；但新疆莎车附近的西库力传统艺毯，则不用动物题材的图案。

新疆艺毯纹样以几何组合型为主，属于东方式地毯风格类型。基本形式分石榴花骨架、瓶子花骨架、腊花骨架（在方格或八角形内填充变体雪花纹，腊花即雪花）、盒子花骨架（以菱格为骨格、由菱格的中心点逐层填装饰纹，使之呈现虚实变化，构成大型的几何纹）和散花型等。晚清时又生产西方文艺复兴初期流行的玫瑰花组合的洋花型纹样。新疆传统艺毯纹样的处理方法多是单线勾勒的，花中套花，花外有皮瓣中套瓣，多边组合。构图紧凑，空间匀密。

新疆地毯染色采用核桃皮、石榴皮、红花、蓝草等植物作染料，色牢度强。（图7、8、9、10）

随着科学技术的发展，出现了多种多样的纤维材料，艺毯也随着生活方式和审美观念的改变而更加多样化。然而具有高度艺术价值和强烈的民族艺术特色的中国艺毯，已成为世界艺术的珍宝，它将永远散发出浓郁的芬芳。

原载《装饰》，1986年第2期，第6-8页

苏绣艺术评述

今年5月，苏州刺绣研究所来北京举办首次《苏绣展览》，大批优美的刺绣精品，牵动了观众的心弦，博得了中外人士的称赞。

苏绣在中国传统的四大名绣中列为榜首。它的发展和苏州的自然条件及文化渊源有着密切关系。苏州建城已有2800年的历史，地处太湖之滨，蚕桑兴盛，大约从建城开始就有刺绣。公元前500余年的吴王诸樊时代，晋平公派叔向使吴，吴人以锦绣衣裳相送（刘向《说苑》卷九）。苏州生产锦绣世代相传，到明清时，苏州的刺绣服装"吴服"不但在国内畅销，而且为海外所重。

中国刺绣一向有"南绣"与"北绣"之分。美术史把传统的艺术风格称为"南秀北壮"，刺绣的风格也是如此。南绣柔丽优美，设色和顺，绣线劈绒纤细。北绣敦厚庄丽，色彩浓郁，绣线多用双股。宋代由于工笔绘画的影响，闺阁绣画兴起，明人评品宋绣称"宋之闺阁绣画……针线细密，不露边缝。其用绒一二丝，用针如发细者为之……"（明，项子京《蕉窗九录》）所指当为"南绣"。"北绣"直至明朝仍用较粗的双股绣线，如"洒线绣"、"衣线绣"及山东地区的欣赏性绣画"鲁绣"等均如此。传世宋代绣画如《白鹰轴》（故宫原藏）、《楼台跨鹤图》（辽宁博物馆藏）等，均为精巧秀雅的"南绣"风格，其美学特色为苏绣所继承。

17世纪以来，传世苏绣珍品不少。到清代，苏绣能手辈出，晚清沈寿对苏绣技艺的贡献尤为卓著。她青年时就对我国历代刺绣针法进行排比研究，赴日考察之后，又吸收西方艺术和"美术绣"技法，创造了"散针"、"旋针"，丰富了表现物象的针法。她以杰出的刺绣作品蜚声国际艺坛，为祖国争得荣誉。晚年从事刺绣艺术教育，并著有《雪宦绣谱》。该书从刺绣实践、理论诸方面进行了总结，为后人留下了宝贵的财富。

苏绣作为民族的物质文化，它的兴衰是和国家的兴衰同命运的。1937年日寇侵华，苏绣销路中断。抗战胜利后，国民党反动政府又进行摧残。解放前夕，苏绣庄大多倒闭，欣赏性绣画人亡艺绝。曾追随沈寿在京任绣工科教习，作品先后在"南洋劝业会"、"太平洋——巴拿马国际博览会"获奖的刺绣艺术家金静芬，当时竟然失业，成为家庭妇女。

全国解放以后，苏绣在党的"保护、发展、提高"的方针下，逐步恢复发展。1954年成立了苏州刺绣研究所，在一些优秀刺绣艺术家的努力下，从继承发扬苏绣优良传统入手，将设计与科研、生产相结合，大大提高了苏绣的艺术水平。通过实践丰富并发展了苏绣的技艺针法，从沈寿美术绣时期的18种针法发展到40多种，并把历史上的尖端绣种"双面绣"、"乱针绣"、"发绣"推进到新的阶段。与此同时，为国家提供了大量的具有民族风格与地方特色的高级礼品、展品及实用美观的刺绣日用品，在对外文化交流和友好往来中，发挥了重要的作用。

从出土文物考察双面绣可追溯到北宋初期（见浙江瑞安慧光塔出土双面绣团鸾纹经袱）。苏州木渎、光福一带农民也偶用双面绣绣制包巾、兜头纱等小件用品。其特点是在一次操作中完成正反两面在颜色、形象、大小、针脚排列等方面完全一样的绣品。清代宫中使用的屏风及隔扇心、宫扇等，也有少量的双面绣。1955年李娥英（工艺美术家）对传统的双面绣作了分析研究，同研究所同志们合作，绣成第一幅散套双面牡丹屏。20世纪60年代中期，苏州刺绣研究所又试制成功双面异色的作品。如今的双面绣已发展为双面异色、异形、异针的"三异绣"，把双异绣技术发展到神奇莫测的境界。

乱针绣是20世纪30年代江苏丹阳正则女子中学绣工老师杨守玉所首创。她把传统刺绣"排比其针、密接其线"的方法改造成以长短参差的直斜、横斜线条交叉、分层揽色的方法，绣制人物、风景、静物、动物等题材，把传统刺绣与西洋画理融合，使绣品色彩丰富，层次鲜明。守玉先生的门生周巽先、任慧甸（苏州刺绣研究所工艺师）等探讨乱针绣和色彩学及素描的画理，将色调冷暖配置与空间透视等原理用来指导乱针绣，改变过去单纯追求丝理光、滑、平、齐的技术观点。例如绣金鱼，过去把金鱼轮廓绣得很整齐，但却感到平、板、呆、薄，不活泼，缺乏生命力。经过改进，运用粗细、疏密、厚薄、虚实的变化，强调总体的谐调与色彩的主调而达到"神似"，绣出的金鱼就像在透明的水中游动一般。经过不断实践，创造了"虚实乱针绣"、"双面乱针绣"等多种技法，使乱针绣技艺达到炉火纯青的高度。

发绣是以线条纤细、格调素雅而著名。明代《顾氏七滚楼发绣人物图》，所用发丝粗仅0.03毫米，绣出的线条比男子的一根头发还要细。苏州刺绣研究所艺人发展了这一传统绣技。他们选择韧性强而细长的发丝，以皂液洗去油腻，再用蛋清逐根处理，视画稿线条需要，将发丝作分劈处理。线条细的，将发丝分劈成四缕，而后用来绣制。过去发绣以双勾为主，她们则能绣成晕色，使线条的浓淡干湿极尽变化，而丝丝有笔意。过去发绣只有黑白两色，她们则采用各种自然色调的头发施绣，使色彩富有变化。苏州刺绣研究所绣制的《长生殿》、《九歌图》（工艺美术家徐绍青设计）等发绣作品，均已名扬海外。

苏州刺绣是刺绣艺术家们纯真的艺术情操和聪明才智的结晶，它的风格以空灵、含蓄、平淡、自然取胜，充满着情感意识。苏绣画面于有限场景、对象、题材、布局中，潜含着景外之景，画外之情，给观众以充实的美享受，是苏绣艺术的美学特色。在形象与情调的处理上，诗意与真实细节相结合，缩千里于尺幅，绣万趣于指下，以少胜多，以虚代实，绣针虽小，丝缕传情，这或许正是苏绣艺术所特有的魅力吧。在苏州刺绣研究所——苏州环绣山庄，每年四季车水马龙，吸引着十余万外宾。自1956年顾文霞同志赴英国伦敦，在"国际手工艺品展览会"上作现场刺绣表演之后，该所先后有数位刺绣能手分别去英国、瑞士、法国、加拿大、日本、澳大利亚、美国表演刺绣，受到广大观众的赞赏。苏绣作品曾到世界上多个国家与地区展出，被誉为"亚洲艺术之冠"、"东方的明珠"。

苏州刺绣研究所成立多年来，已经取得丰硕的成果。今天，一代新人正在成长，她们正以改革家的风貌，探求苏绣艺术更加发展的新路。苏绣作为时代的物质文化，理应追随时代发展的步伐在绣技融合画理的理论深度、创作与现代环境设计整体谐调等要旨方面，进一步深入探讨，保持和发展优势，这是苏绣艺术继续提高的必由之路。

原载《装饰》，1987年第4期，第16-17页。

流行色彩论

　　流行色彩是在一种社会观念指导下，一种或数种色相和色组迅速传播和盛行一时的现象。"流行"一词最早见于《史记·晋世家》，当时并非针对色彩而言，但色彩的流行现象，却是古已有之。我国原始社会山顶洞人用红色粉末涂染装饰品，仰韶文化时期人们用红、黑色（有时用白色）绘制陶器花纹，夏代贵族以黑色为主要服色，商代贵族以白色为主要服色，周代尊崇赤色，并以赤、黄、青、黑、白为正色，象征尊贵等等，都是一种色彩的流行现象。但上古时期人们对色彩的认悉，是寓有巫术崇拜的意义的，和现代人谋求新的生活样式，以色彩的变化来丰富美的享受，追逐时髦，性质是完全不同的。现代流行色彩，是现代经济、科学、文化高度发展的产物，是现代物质文明作用于精神文明并在审美意识中反映出来的社会现象。在现代社会审美活动的各个领域，都存在着不同形式的流行现象，诸如现代音乐、现代舞蹈、现代绘画、现代建筑、现代家具、现代装潢、现代服装等等。而现代流行色彩，则贯穿于造型艺术和装饰艺术的各个角落。

一、流行色是社会生产、消费达到一定高度的产物

　　在原始狩猎社会，人们对色彩的认知只能停留于巫术崇拜的阶段。农业兴起是人类社会发展的头一个转折点，即阿尔温·托夫勒所称的第一次浪潮，这个浪潮经历了数千年。由于生产力的发展缓慢，色彩流行变化的周期是很长的。在一个政治保守、经济不发达、物质生活贫乏的社会环境里，人们不可能奢望经常变换色彩来丰富生活。只有在物质生产达到一定高度，人们在物质生活的享受达到数量上的一定满足，进而要求在质量上满足美的享受的环境条件下，色彩流行的周期相应缩短，人们才会发现色彩流行变化的意义。在西方世界出现工业革命即第二次浪潮之后的300年，第二次世界大战后的10年，工业化程度就达到新的高潮，其特征是以石化燃料为能源基础，出现了技术的突飞猛进和大规模的销售系统。生产能力和生产水平已能超过人们的自然需要，人们物质生活中最重要的服装已不必等到穿破之后才把它淘汰。因此，企业家为了刺激消费，展开了流行色彩的研究和预测，使产品通过色彩的更新来强调时代意识，改变人们的消费观念，加速商品周转的流程和资金积累的速度。在日本厂商，商品每年一般周转16次（每季度4次）。百货商店因资金少，不能多积存货，服装商品停放的时间短、批量小，一般每年要周转32

次。厂商要想商品周转顺利，就必须重视对流行色的市场调查和预测。流行色预测工作的重点是考虑社会的大多数即中上层的消费心理，因为时髦者毕竟只有少数。由日本流行色协会支持的福井精炼株式会社有18个企业，经过1945年战争和1948年大地震的破坏，他们由于抓住流行色彩和花式品种的研究，使产品对路适销恢复发展很快。而美国时装业中小企业，虽拥有资金2000万美元，因对流行色彩调研预测的错误，在10年内倒闭了80%。我们国家在不到半个世纪的岁月里，经历了一个又一个不平凡的变化，在20世纪40年代最后的时刻，人民获得了解放，50年代刮起的共产风，60年代的"文化大革命"，都使我国经济建设受挫折。我国纺织界在60年代就已注意国际流行色的信息，但由于旧社会闭关锁国传统意识的残余影响和纺织产品依靠布票进行分配的现状，在领导层头脑中以为色彩爱好是消费者各随所便的事，无需加以干涉，致使以灰蓝色为基调，变化很少的服装色彩长期未能扭转。而且在纺织品对外贸易上，长期处于被动状态。党的十一届三中全会以后，改革开放的政策促使经济建设高速度地发展。1981年2月，第一个全国性的流行色研究机构——中国丝绸流行色协会在上海成立，翌年该会就参加了总部设在巴黎、有18个国家参加的国际流行色委员会。近几年，通过市场调查，对每年春夏季和秋冬季服装色彩流行的趋向，于18个月以前做出预测，制订和发布流行色卡，对社会审美时尚起到指导性的作用。流行色的研究从此在我国开辟了自己的进程。

二、流行色和常用色

流行色是从事装饰色彩设计的专家们在流行色协会的组织下，根据国内外的市场消费心理和社会时尚精心研究，预测市场流动的变化，提前于18个月以前拟定并向产品生产者推出的若干色相和互相搭配的色组。流行色的英文名称是Fashion Color，意即时髦的、时兴的色彩，或翻译成时装的色彩。也有称为Fresh Living Color的，意即新颖的生活用色。我们应该弄清楚所谓流行色，并不光是一种或几种色彩，而是若干种色相和色组。流行色并不专属于服装，而可适用于各个消费性工业和商业，无论是建筑、包装装潢、商业环境布置、交通工具、家用电器、皮革、塑料、化妆品、纺织印染、服装、工艺美术等商品上都可以使用流行色。在国外，凡是采用流行色的商品，不仅易于销售，而且可以卖得好价。相同质量的商品，仅仅因为花色或款式过时，就只好削价销售。过时落令的商品与最新时髦商品的售价差距可达数倍、十数倍，以至数十倍之多。我们在经济开放以前，市场上是有什么卖什么、穿什么用什么，可说是"卖方市场"。经济开放以后，消费者对商品有了选择的余地，市场转变成由消费者左右商品趋向的"买方市场"。款式花色不新的商品卖不出去，变成了"处理货"。都市繁华地段的大商场和偏僻地段的处理市场差价也拉开了。在这种情况下，直接承担商品经济责任的企业领导人不得不重视流行色信息的变化，服装商店也都挂出"国际流行色"产品的招牌就是十分自然的事情了。然而一套高档服装并不是只穿几次就破，家具、家用电器等耐用商品还有连续使用的性质，消费者的审美心理由于性别、年龄、性格、文化修养、家庭及经济情况等因素的不同而千差万别，反映在社会文化层的色彩流行现象，是相当复杂的。世界各国每次流行色预报，总是同时推出好几组色彩，目的就是适应不同消费者的需要。其中常常会有几个不同凡响的色彩崭露头角。例如1970至1980年风行的紫，1982至1985年风行的松石绿、玫瑰、黄，1986至1987年风行的黑、白，1988年风行的蓝、白等。而在这几种色谱风行的同时还有一大批在前一年流行的基础上略加变动的色谱群，隐现着流行色使用的延续现象，构成色彩交响的乐章。这种流行色的延续现象在秋冬季服装尤为突出。

与流行色相应的，还有一些是某些地域、某些国家、某些民族的消费者长期习惯使用的基本色彩。它们的适应性广，适销时间延续性长，有些色彩多年保持不变。例如在欧洲，与白种人肤色发色及眼睛色极为协调的牛奶黄、米色、咖啡色，在欧洲人的服装特别是风衣、外套等，使用非常普遍。这些颜色感情温和，极易和其他色彩搭配，因而在服装配饰和室内装饰及地毯中都普遍使用。我们称这些基本色彩为常用色。常用色和流行色互相依存和互相补充。在亚洲地区，与黄种人肤色对比协调的蓝色和蓝灰色系，则是亚洲特有的常用色。流行色和使用色具有时间和空间的相关性，加深这种辩证关系的认识，对于流行色的运用将有很大帮助。根据市场调查，西欧市场当年推出流行色商品的销售量，也只能占全部市场脱销商品的20%至25%，足见还有75%至80%的商品时采用常用色的商品，这个比例数的分量是不容忽视的。然而流行色却是反映市场消费者心理变化的寒暑表，流行色和常用色在比例上是可以转化的。当流行色由萌芽期发展到高潮期之后，它对消费市场的覆盖率就会扩大，由数量上的少数转化为多数。

三、流行色的研究预测是一个多层次的科学体系

流行色的研究和预测以商业行为为动机，而实用效果则在于改善人们的生存空间，美化生活环境，提高文化层次的享受。它和当今世界新的艺术思潮殊途同归，而与现代工艺设计的新趋向完全一致。在西方当代社会，流行色已广泛渗透到社会生活和人类日常生活的各个领域，参与了工业、商业、设计和商品生产的过程，色彩的应用已打破过去局限于某种产品的局部装饰，而广泛地涉及人类生活的整体空

间。因此，流行色的研究与美学、图案学、社会学、经济学、心理学、生理学、市场学及各种工艺科学相结合，才能适应时代发展的要求。

任何形式的美（包括自然美、艺术美、社会美），都必须通过事物的感性形象才能体现。色彩的物理现象作为一种审美客体之所以能使人产生美感，从社会属性来看，是因为色彩这种审美客体包含着人的本质力量的对象化。从自然属性来看，因为色彩这种审美客体具有天然的美学属性。马克思指出："色彩的感觉是一般美感中最大众化的形式。""金银之所以会成为财富绝非偶然，因为它们的美学属性使它们成为满足奢侈、装饰、华丽、炫耀等需要的天然材料。总之，成为剩余和财富的积极形式。它们可以说变现为从地下世界发掘出来的天然光芒，银反射出一切光线的自然混合，金则专门反射出最强的红色色彩。"（《马克思、恩格斯全集》13卷145页）人对审美客体的美感，积累着社会实践的群体智慧。但不能强调社会属性，如不讲美的自然属性，对许多因色彩感觉引起人的心理活动的现象就无法解析。例如红色象征热血，黄色象征智慧光明，绿色象征丰收的希望，白色象征纯洁，蓝色象征精神的召唤，粉红色象征少女的丰润，紫色象征权力的威严等等。当色彩的刺激引起人体生理机能的条件反射，产生相应的心理反应，激起某种情感的共鸣时，色彩才能成为审美的对象。由于社会的复杂性，人们有不同的民族习尚、文化修养、地理环境、经济地位、职业、性别、年龄、生理或心理特征，这些都影响他们对于色彩心理反应的差异性。另一方面，由于色彩的知觉是和人类生存的历史，包括社会的生产斗争和生活斗争的经验相关，人类具有某些共同的文化素质和生理、心理素质，加上人类生活方式中赋予的趋同心理的作用，从而表现为色彩心理反应的共性。由此可见，流行色的研究既要从美的自然属性方面抓住美的形式法则，又要从美的社会属性方面寻找审美主体与审美客体取得协调的可行途径。如何把握流行色发展的规律，问题相当复杂，据目前资料归纳，大概有以下几种理论。

（1）时代精神论

人们处于不同的时代，就有不同的时代精神向往。当一些色彩被赋予象征时代精神的意义，迎合人们的认识、理想、兴趣、爱好、希望时，这些色彩便具有流行的可能性。60年代初苏联宇宙飞船上天，开拓了人类进入宇宙的新纪元。这个标志着新的科学时代的事件轰动了世界各国人民，当宇宙飞行员从空中传来"我现在看见地球是一个透明的蓝色球体"的声音时，色彩学家们就抓住色彩透明度这一要领，制定并发布了"宇宙色"的色谱，结果在一个时期内流行于世界各国。不久美国太空火箭上天，色彩专家又制订了"太空色"，继续在世界各国流行。

1973年中东战争爆发以后，设计师们感到人类需要更多人情味的作品来充实和补偿，同时工业社会由于空气环境污染的公害，生态学理论受到人们的关注，于是从历史、民间和大自然主题取材，从人情味的要求体现人的天性，成为设计师思考的重点。20世纪80年代初，古典派时装已经运用现代技术在往日华丽、严谨、高雅的风采中注入现代生活的节奏。都市风格派从现代绘画中吸收美感，以高档的用料、简洁的线条、典雅的色彩，创造与工业化社会观念吻合的新装。田园风格派以宁静淡泊的情调体现人的本性情感。前卫派则以异乎常规的款式体现青年人的进取精神。国际流行色正是在这样的时代氛围中赋予了精神色彩，1981年英国发布春夏季的流行色就是印象派风景画中看到的那种具有柔和平静的色彩。1982到1983年国际流行色委员会发布的"沙漠色"，1984年联邦德国、芬兰、奥地利、比利时和国际羊毛总局提出的"影子色"，联邦德国、奥地利提出的"金属色"，英国、瑞士、奥地利、比利时提出的"自然色"，1983年中国首次发布的"敦煌色"，英国提出文艺复兴时代的田园风味色彩，法国提出的"巴罗克"或"罗可可"风格等，都是以时代气氛中的心理趋向为依据。

（2）自然环境论

有的色彩学家认为，色彩的流行与所处的自然环境有关。处于南半球的人容易接受自然的变化，喜欢强烈的色彩。处于北半球的人对自然的变化感觉比较迟钝，喜欢柔和的色调。意大利的学者对日光所作的测定，发现北欧的阳光偏近发蓝的日光灯色，北欧人喜欢青绿色；南欧意大利的阳光偏近偏黄的灯光色，意大利人喜欢黄、红砖色；美国以纽约为中心的大西洋沿海城市喜欢浅灰色，旧金山太平洋沿岸的地区喜欢鲜明色。日本的东北部喜爱樱红色，东南部喜欢鲜明色。

（3）色彩生理心理反映论

人类身体结构需要保持生理平衡，色彩学家黑林根据人类眼睛的生理构造提出四色学说，即红与绿、青与黄这两组在色轮上相对的颜色有互补关系。当眼睛受到红色光刺激之后，人眼内的感红细胞就会受到消耗而与感绿细胞暂时失去平衡，如外科医生在手术中长时间看到红色的血液，当视线偶尔转移到白色工作服或墙面时，眼中就会出现绿色眩象，这就表明感绿细胞在此时出现过剩，而感红细胞需要补偿。所以现在医院手术室一般采用浅绿色，医生在手术室所穿的工作服都改用浅蓝色。人眼在接触青与黄这对互补色时产生的色彩现象，情形也是如此。证明人对色彩的感受会本能地向相对方向转化。在生活中当某几种色彩流行较久以后，人们就会因视觉疲劳而感到厌腻，就需要寻找与之相反的色彩来进行调节，这些新出现的色彩就会使人感到新鲜从而流行。

另一方面，由于人们对色彩的感受并不会停留在生理的初级阶段，当视觉神经接受色彩刺激传达到神经中枢时，还会产生深层的心理反映，通过想象、联想等形象思维，产生不同的情感爱好和欲望。因此，了解人们对色彩心理反映的一般规律，也是研究流行色趋向的基本课题。

（4）民族地区论

世界各国，不仅自然地域条件不同，而且历史、社会、政治、经济、文化、科学、艺术、教育、传统观念、生活方式也各不相同，表现在气质、性格、爱好上千差万别，对色彩的心理反映和爱好，也不尽相同。例如中国人传统婚礼服用红色，而西方国家用白色；中东很多沙漠国家把绿色当作吉祥的颜色等等。世界各大洲由于人种、发色、肤色不同，在生活服装的基本色方面，各有自己的特点。而且东方人与西方人在使用色彩的习惯上还有一个不同的特点，东方人常常采取与自然同化、融自我于自然的方式，在春夏季百花娇艳的季节以及年龄处于青春旺盛的时候，穿用鲜丽多彩的服装；在少彩的冬季及老年时穿素色服装。而西方人常常采取与自然对立、突出自我的方式，在多彩的春夏季及年轻时穿少彩的服装，而在冬季及老年时反而喜穿多彩的服装。

随着现代世界经济、文化交往的日益频繁，民族地区间的某些传统习惯是具有可变性的，这也是研究流行色变迁所需考虑的方向。

（5）流行色周期变化理论

人类生活在一个色彩的世界，我们看到的色彩总是与周围事物的色彩相联系构成一个色彩的整体。人与人之间因肤色、年龄、性别、文化素质而形成的差异对比，人与室内、室外环境色彩的对比，因为季节、气候、太阳光源的变化而引起的色彩差异，这些因素足以构成千变万化的色彩现象。根据美国海巴·比伦的精神物理学说，人们在自然界能够看到的色彩是有限的，如果不断接受同样事物就会感到单调乏味，于是要求新的刺激。而色彩知觉的一般规律可用以指导流行色的变化，如色彩明度、色相、纯度的对比（同时对比），色彩残像（连续对比），色彩的前进、后退感，膨胀、收缩感，色彩给人的兴奋和沉静、温暖和寒冷、沉重和轻快、华丽和朴素、柔软和坚硬、明亮和灰暗等等，某些情调的色彩流行一段时间之后，就会出现变化。据日本流行色协会研究，蓝与红常常同时流行。蓝的补色是橙，红的补色是绿，当蓝与红流行时，绿与橙不流行，蓝与红成为一个波度，绿与橙成为另一个波度，合起来是一个周期，一个周期大约是7年，而这又与人的生态规律相适应，人的生态每7年是一次总代谢。流行色的高潮大约是1年半左右，为新鲜感时期。到3年半左右是交替期，市场上会出现白、灰、黑等搭配色。而色彩明度的流行变化，据说与太阳黑子的活动有关，当太阳黑子数极多时，女装流行色彩明度相对下降；而太阳黑子减少时，女装色彩明度相对提高，淡色构成比例上升。太阳黑子数由极大到极低的变化周期是12年，循环周期的前期为7年，后期为5年。前期的特征，大致是女性化、罗曼蒂克式、比较正统、造型简洁、稳重的女装款式和高明度色彩流行。后期的特征是女装款式混乱、反复无常、变化不定、无规律、造型不对称、打乱并取消服装各部位正规比例、宽松肥大或过分贴身的女装款式和低明度色彩流行。从1949年起推算到20世纪末，女装女性化时期为1949至1955年、1961至1967年、1973至1979年、1985至1991年。女装混乱期为1956至1960年，1968至1972年、1980至1984年、1992至1996年。关于太阳黑子活动造成磁力变化能引起人体功能失调的现象，近年已为苏联医学界研究证实，它与人们心理变化以及对于色彩流行变化的因果关系，有待于今后进一步的研究。

（6）个性化流行环境的到来

　　流行色作为社会文明结构的成份，是与社会的生产、社会变革的浪潮、社会对未来的发展信念、社会的价值观念等相联系的。社会是进化的，历史将奔向人类生活更美好的未来。第二次浪潮把中世纪的时间圆圈论改变为时间直线说（工业化需要精确计算时间单位并使之标准化）。第三次浪潮带来宇宙新观念，科学家指出时间在宇宙不同部分的流速不同，在粒子和微波世界中时间还会倒流，从而动摇了时间直线说。未来学家预言第三次浪潮文化创造新的伦理观，将把人看成同时是生产者和消费者，其实践将是自助和自力更生的经济组织。其文明的特点和第二次浪潮文明的标准化、专业化、集中化、同步化相反，而趋向于重新走向多样化。新的激光机工作原理和原来的不同，它裁的一次不是十件百件衣料，而只是特定款式的一件。消费者只要把录像机对准自己，电脑就能把尺寸输入并指挥机器按照你的体型裁制出新式衣服，从而使服装形式多样化、个性化。目前一些经济发达国家正在探讨一种新的流行理论，它就是"个性加时新等于美"。

原载《装饰》，1989年第3期，第15—17页。

新加坡的衣文化

1989年下半年，我随中国古代丝绸服饰艺术展览团到新加坡共和国，得到一些片段的观感。这里，着重谈新加坡的衣文化。

我先发现，当地人的衣着打扮都相当朴素，一般的生活服装多用化纤织物制作，像真丝那样高档用料的服装，穿的人不多。服装款式大方，没有多余的装饰，也没有发现身穿奇装异服招摇过市的。新加坡气候炎热，我们到新加坡时，正值国际上流行平跟鞋、短裙和裙裤的套装，当地穿超短裙的只限于女学生，成年妇女上班时穿着都很端庄。在新加坡，华裔人口占77%。我们接触到的新加坡朋友都说："我们新加坡是小国，资源不足，连饮水都是进口的。我们建国才24年，不能忘记祖辈开发荒岛创建国家的辛劳。只有勤劳奋发，才有立足之地。"他们现在已经富裕起来，但在人们内心仍然充满强烈的危机感和竞争意识。

服装作为社会表层的一种物质文化活动，是社会意识的反映。了解了一个国家服装文化的信息源，不能停留在市场信息的表层，而应深入了解社会意识的内在因素对于衣文化所起的影响。我们曾陈列了各种丝绸衣料和成衣在现场展卖，观众在货架前流连徘徊，反复打听价钱，拿了衣服试了又试，但购买的不多。

在我们表演的时装中，有一部分是根据中国古代服饰艺术的传统风格或当代民族民间服饰艺术的特色进行设计的；还有一部分是根据国际市场西方时装流行趋势设计的。从表演现场及与新加坡时装界同行的交往中了解到，新加坡人对具有我国民族特色的服装评价比较高，特别是那些在旗袍造型基础上吸收融合西式套装特色而设计的旗袍，尤其引人注目（图1、2）。20世纪80年代后期的旗袍演变能够充分表现女性体型曲线美，在保持长条形衣身的

图1

图 2

造型基础上，在领部、袖部及衣身长短和某些装饰性结构上吸收西方某些连衣裙或套裙的特点，成为形式变化丰富、结构简洁、富有整体感和现代美感的服装样式。在现代服装中，旗袍的形式已打破空间概念的界限，成为世界服装文化的一个组成部分。在新加坡人民中的华裔人与中国人气质相通，因此，旗袍同样可以成为新加坡女性选择的款式对象。

新加坡的衣生活以至居住、交通，都已进入现代化生活方式，但他们非常尊重自己的传统和国家发展的实际，表现了自己的民族自豪感和求实精神。在北京——新加坡新航班机上的空中小姐，身穿马来民族蜡染衣裙，那强烈的乡土风情吸引着你去向往马六甲海峡的神秘岛国。在新加坡，尽管马来亚人只占总人口的15%，印度、巴基斯坦人只占7%，但他们的衣文化仍然活跃在新加坡的各种场合，马来、印度、中国各个不同风格的服装和西式服装可以在各种商场买到，使新加坡衣文化的内容增加了绚丽的风采。在旅游者云集的新加坡，多风格的衣文化也给当地人带来了经济效益。今天我们处于20世纪后期的超工业时代，生活不会重复过去，当代的流行服装自然是新加坡衣生活的主流。

新加坡是全方位向西方开放的国家。在服装业方面他们以西欧国家为主要市场，对西欧国家服装流行的信息，了解得十分透彻而及时。他们从意大利、法国进口面料，根据常年派驻西方国家的服装设计师提供的款式和工艺要求，组织印度尼西亚的劳力制成服装再返销给西方国家。新加坡人是很懂得经营之道的。

一个国家的衣文化的主流，是由那个国家的人民生产、生活和他们的情感、意识、精神风貌决定的。人民群众是时代的主人，他们的生活需求是服饰文化的本质。新加坡服装市场的衰荣，是由新加坡人民的生活决定的。我们从新加坡最富有传统风味的唐人街、牛车水商场，到最兴隆的奥琪服装公司，看到放在自选衣架上的多数是普通生活服装。普通料子的低档衬衣每件售价大约10新元，裙子大约15新元。奥琪公司的时装，中高档的女套装大约在100至200新元之间。这个价格比照新加坡大学毕业生月工资大约1600新元的收入来看，相当廉价。当然质料多数是化纤混纺之类，但式样简洁，色彩高雅，做工相当讲究。

新加坡的春天百花竞放，天气晴和，来自世界各地的旅游者特别多。新加坡趁这个热闹季节，每年三月举办时装节，西方国家的服装商也带他们的产品和时装模特儿前去参加。时装节活动在市中心繁华的街段举行，非常热闹。1989年时装节上有名的时装模特儿集中表演。新加坡的时装表演和中国的时装表演从方式和性质上都有很大区别，中国的时装表演是在舞台上穿了具有欣赏性的服装走舞步，与现实生活有很大的距离。甚至每年举办的服装大奖赛，评奖时也往往受国外服装专家审美思想所左右，前几年评出的一等奖，就我国现实生活来说，实用意义反而不及那些仅得鼓励奖的作品。有人认为服装大奖赛的意义在于技术性方面的引导。可是，在社会实践的效果上，我们的服装大奖赛却和当前服装行业的实际生产脱节，新加坡时装节的时装表演是让模特儿穿上正在展卖的面料和服装，插入群众的行列在街上和群众一起走动，使群众发现其中的美，自然而然地去购买。可见他们的服装表演是围绕着商品的一种宣传，同时也起到审美的教育作用。时装表演的自然化、生活化，是发展的必然趋势。

中国服装无论从文化传统、面料品种、工技、劳动力资源等方面都具有极大的优势。但我们对于现代服装生产的技术和服装设计的信息，还远远没有深入掌握，市场调查停留于表面，服装设计和生产厂家停留在半机械型和生产型阶段，与现代技术型和现代经营型的生产方式还有较大的差距。新加坡建国只有24年，是一个总面积仅623平方公里、261万人口的岛国。然而，它的建设事业、环境治理和社会治理的卓著成绩则为举世所公认。在发展我们伟大祖国四化建设，振兴中华的过程中，虚心向他们学习一些成功的经验，是必要的，也是有益的。

原载《装饰》，1990年第2期，第17-18页。

致广大　尽精微 [1]

　　徐悲鸿认为艺术至境为"致广大，尽精微"。本书著者从纵横万余里即历史
"空间"的伸张性和分布性上，详细地描述了中国服饰审美文化的博大精深。

　　披览《中国服饰美学史》（以下简称《美学史》），深感蔡子谔先生对于中国
服饰审美文化及其美学思想所进行的探赜索隐、钩深致远的开掘，是极具广度和深
度的。

　　《美学史》对于中国服饰审美文化及其美学思想开掘的广博程度，首先鲜明地
体现在确定研究对象的多层面、多视角、多品类即广泛性上。蔡先生认为中国服饰
审美文化具有两大分野：一种是艺术掌握世界的总体方式，即"形而下"的中国服
饰上的存在形态、历史形态和实践形态的感性显现：如历史文物典章、典籍、史乘
等的文字资料，以及发掘出土或遗存于世的服饰实物及陶俑、泥塑、玉雕、石雕、
画像石、棺椁漆画、墓壁画、寺壁画、石窟壁画、岩画、绢、纸本画卷和形形色色
的工艺制品中人物服饰的形象资料。另一种则是艺术掌握世界的总体方式，即"形
而上"的中国服饰上的意识形态、美学形态和理论形态的理性体现：如先秦时期的
中国服饰审美文化，是社会历史的富有个性的理性精神及其美学思想兼容并包的渊
薮，乃至兼收并蓄的承传载体，成为孔子、孟子以"仁"为核心的"礼乐"文化，
老子、庄子"纯任自然"的"道"观念，墨子"非乐"的功利主义，荀子、韩非子
"明吾法度"的法学思想以及屈子"香草美人"所象征的高尚俊洁人格的感性显现
形式。其次，著者对中国服饰审美文化及其美学思想与政治、经济、军事、法律、
宗教、文化、艺术等方方面面内在联系的开掘，也是极具广度的。如在"冕服体
现的天人感应与君权神授的必然联系"中，涉及到冕服所体现的客观唯心主义哲学
在政治上的应用："彪炳史册的是赵武灵王胡服骑射的军戎服饰变革。"军戎服饰
所体现的变革导致军事作战形态乃至军事力量的深刻变化；至于"象刑"——则是
以象征性惩恶徵尤这一寓意形式和负面服饰文化审美价值来体现法律效应的特殊服
饰审美文化现象，无疑关涉法学范畴。再次，著者从上下五千年即历史"时间"的
顺序性、持续性上，充分展示了中国服饰审美文化的源远流长：《美学史》中既有
处于莽涛苍雾的人类蒙昧时期"隐障和昭彰生殖器遗制的祭服之芾"和"昭示着中
华民族审美意识最古老起源的图腾服饰"；也有"辛亥革命前后并行不悖的长袍马

---

　　[1] 此文为黄能馥先生为蔡子谔所著的《中国服饰美学史》所写书评。《中国服饰美学史》，蔡子谔著，
河北美术出版社 2001 年 10 月第 1 版。

裙、西装和中山装"以及"充分表现东方女性典雅美的趋时与创新的旗袍"等等。与之同时，著者还详细地描述了中国服饰审美文化的博大精深：《美学史》中既有寓"礼乐"教化为目的的中原服饰如冕服、玄端和深衣等，又有裤褶这种魏晋南北朝胡汉服饰审美文化融合的典型；既有高标"汉官威仪"的峨冠博带，又有"魏晋风度"的"轻裘缓带"，既有元代服制"遵行汉法"和"质孙"的礼乐文化精神，又有清朝"顶戴花翎"及其繁缛丰赡的装饰之美所体现的等级制度……这些都令人赞叹地体现了《中国服饰美学史》对于中国服饰审美文化及其美学思想开掘的广博程度。

如果说《美学史》开掘的广博程度，主要体现为中国服饰审美文化及其美学思想在社会历史"时空"上的涵盖性，在理性思辨"比较"中的丰富性和在审美文化"嬗变"中的变化性、差异性的话，那么，《美学史》开掘的深湛程度，主要表现为中国服饰审美文化及其美学思想在社会历史"时空"上的聚焦性，在理性思辨"比较"中的精微性和在审美文化"嬗变"中的矛盾性和隐秘性等等。如在社会历史"时空"的聚焦性上，典型的例证便是对于"孔子以礼乐教化为目的论的服饰审美文化思想"的考释和论述：这里既有"孔子以礼乐教化为目的论的服饰审美文化纲领"，又有"孔子服饰审美文化观所反映的政治主张和礼仪规范"；既有"文质彬彬：孔子服饰美学思想的内容与形式的统一"，又有"尽善尽美：孔子服饰穿着审美文化思想所体现的伦理风范和道德理想"等多层面、多视角地"聚焦"于同一历史"时空"中的同一历史人物的服饰美学思想，其开掘的深湛性无疑得到了充分的展现。其次，同为儒家的服饰美学思想，而孟子与孔子通过理性思辨"比较"，体现了"孟子服饰美学思想的美感普遍性及其所体现的个体人格美"。这种"比较"还体现在同为道家的老子、庄子和葛洪的服饰美学思想及其同为先秦礼服的"冕服"和"玄端"之中。在"比较"之中显现出来"同中有异"和"异中有同"的精微性，正是深湛程度的另一形态。再次，审美文化"嬗变"的差异性乃至隐秘性，在《美学史》中表现尤著。以"髡发"为例，"髡"本为上古刑罚，剃除头发，以示贬辱。战国时期的南方荆楚蛮荒之地，便有了屈原《九章·涉江》中的"接舆髡首兮"的歌咏，接舆为楚国隐士，佯装疯癫，自行"髡首"。稍后北方属东胡一支的乌桓、鲜卑族均以"髡首"为饰。及至辽代的契丹族、金代的女真族、元代的蒙古族俱"髡发"成俗。"髡发"时因剔留之差异，又有"一答头"、"大圆额"、"小圆额"、"银锭"等十多个名目，不一而足。清之严令"髡发"前，金于天会年间也曾下令削发"，有不如式髡发者死"。将"髡发"历史继承性的来龙去脉及其形制、习俗、名目、花样的"嬗递演绎"的变化，及至金代和清代入主中原后的严令推行和汉人有"至死不从"者不乏其人的急遽尖锐矛盾等，——

道来，堪称动态的精湛描述和考释范例。另如《美学史》所揭示的祭服在"滥觞期"、"图腾期"和"比德期"的不同质料、形制乃至审美意蕴和功利作用，"冕旒"隐匿的黠慧审美经验和"衣隐"之"障"与"衣移"之"彰"的二律背反的丰富美学内涵等等，也都是审美文化"嬗变"中精湛动态阐释的显例。

对于洋洋洒洒的180万字的巨著来说，我的这篇二三千字的书评，只能选就《美学史》在服饰美学方面的广博而深湛的开掘这一视角，做一点管中窥豹的介绍和评骘。

原载《中国图书商报》，2002年4月4日，第13版。

怀念恩师沈从文

　　1953年，全国高等院校进行院系调整，我从杭州来到北京中央美术学院。那时只要凭校徽，就可免费到故宫博物院参观。一次，在故宫神武门楼上听学术讲座，主讲的就是沈从文教授，他讲的是明代的织金锦。这年暑假，我毕业留校做研究生，和我同班的波兰留学生吴光启也留下来做研究生，波兰方面要吴光启在中国学一些丝绸史的知识，因为中国是"丝绸之国"。

　　中央美术学院特聘沈从文先生专门给吴光启教授"中国丝绸史"，并指定我同吴光启一起听课，负责记笔记，经沈从文先生审改后，油印给吴光启。沈先生每次来美院讲课，都是雇三轮车拉来许多丝绸文物资料，系统详尽地讲解分析，使我们直观地得到知识。讲完课后，因美院门口找不到三轮车，沈先生就和我抱着那些授课资料，徒步回家。接着把我记的笔记细心地修改补充后，交我请学校刻印，发给吴光启。

　　在平时，沈先生常到学校叫我和吴光启跟他去故宫或历史博物馆参观，给我们讲解；还带我们到前门外珠市口一带的估衣庄、古董店去参观。那时，这些商店摆放着很多旧衣服、旧绣片，明朝的织锦锦片，各式各样的古瓷器、漆器等，价格也不贵，绣片和锦片大约一角钱就可买到一片。沈先生当时常在《光明日报》、《中国建设》等报刊发表文章，有了稿费时，他就买古代的锦片、绣片、青花瓷、粉彩瓷等送给中央美术学院、北京大学等院校作资料。他对康熙时的粉彩瓷、雍正时的蔓草纹绵、嘉庆道光时的皮球花、三蓝刺绣等特别喜欢，拿到这些文物时就赞不绝口："美极了，美极了。"

　　1953年寒假，中央美院会计科叫我送80元讲课费给沈先生（当时大学生每月伙食费标准是7元钱），沈先生见了就说："我是有工资的，美院的钱不能收，你马上给我送还美院会计科。"1954年暑假前，新闻电影制片厂为了报道留学生在华学习

1984年，陈娟娟与恩师沈从文教授鉴赏南京云锦研究所复制成功的定陵出土的金孔雀妆花纱龙袍料。

和生活的情况，到中央美术学院来采访，那天正好沈先生在给吴光启讲课，学校叫我请沈先生参加拍摄讲课的场面，沈先生严词拒绝，说自己并不是美院的正式教师，只不过是给吴光启讲一些辅导课，不能上电影出头露面。

1960年，中宣部和文化部成立全国高等艺术院校统一教材编选组，由文化部长沈雁冰出面聘请沈从文先生为学术顾问。那时我国正处于物资供应严重困难的时期，参加教材组的专家教授来自全国各地，有的已年高体衰，文化部为保证参加教材编选工作的同志有一个稳定的工作生活环境，决定让大家到香山饭店吃住。工艺美术教材编选组组长张仃先生、副组长雷圭元先生，《中国工艺美术史》编写者陈之佛先生和罗叔子、龙宗鑫、李万成、王家树，《中国陶瓷史》编写者邓白、梅健鹰先生，《中国漆工艺史》编写者沈福文先生，《中国染织纹样史》编写者兼编选组秘书李绵璐和我，都住进了香山饭店。但沈从文先生却拒绝去香山饭店，他独自住在东堂子胡同简陋的宿舍里，日以继夜地为这许多教材写文字提纲和参考书目。他每天只睡四个小时，早晨五点起床就拿起毛笔一直写到晚上一点钟。那年，北京天气异常炎热，我到沈先生家，看到沈先生光着上身，一手执小蒲扇，一手写提纲。中午吃饭没有用菜，一手拿着面包，一手拿着毛笔书写。

他说要在大家动手编写之前，先把书目和提纲写出来，供大家参考。就这样，他在短短数月之中为教材编选组写出了大约二十万字的书目和提纲。

他把这些书目和提纲交给编选组之后，又一批一批地带领编写组的同志到故宫和中国历史博物馆去看文物。沈先生是中国历史博物馆的研究员，兼故宫的顾问。在故宫织绣组，有沈先生的办公桌和书架。故宫吴仲超院长特地为教材组在御花园淑芳斋开了一个读书室，并给教材组每人都发了临时出入证。淑芳斋读书室的钥匙，当时就交给我保管。另在保管部开辟了几间房子，布置了一些织绣、陶瓷、漆工艺的文物资料，那些资料都是沈从文先生亲自挑选的，并由他仔细地给教材组的同志讲解，使大家得到感性的认识。接下来沈先生又一本一本地为教材审批初稿，认真地纠正错误，补充史料，提示稿中的不足。我有一次用模糊的词语阐述一个历史事件，没有引证古典，而用"据说"的字眼，沈先生用红笔在旁边批了"据谁说"三个大字，还特别画了一个大问号，要我严格认真地对待学术问题。

"文革"期间，沈先生被下放到湖北咸宁看守菜园子。在那里，看不到一本书。

他写信告诉他的学生陈娟娟（我的爱人），凭着记忆，一直把有关中国古代服饰的历史材料默默地记写下来，相信终会有用的，任何条件下都不能让有限的时光白废。

　　1971年，沈先生因年迈多病被允许回到北京，东堂子胡同原来的三间平房已被别人占去两间，给他留下一间十平方米左右的小房。沈先生马上开始工作，继续编写他的晚年巨著《中国古代服饰研究》。这书原是1963年周恩来总理在一次例会上提出来要写的。周总理说，我出国时看到人家有蜡像馆、服装博物馆。中华民族是具有伟大创造力的民族，文化比他们悠久，可是没有自己的服装博物馆，没有相应的服装史，什么时候我们才能编一部有自己特色的服装史？文化部副部长齐燕铭插话说，这事沈从文可以做。周总理说，好，那就交给他去做。这部书在"文革"前原已完稿，中国财经出版社已经制好部分插图的图片。"文革"一开始，制好的图片全被红卫兵抄走撕毁，沈先生只好从头做起。因为摆放大量参考图籍的需要，只好在小屋东墙用木方和木板钉起一个很高的书架，沈先生只有登上木凳，才能取到木架上层的书本。此外只能铺一张单人床，放一张老式两屉写字桌，两把椅子和1个小茶几，冬天取暖生蜂窝煤炉，就格外拥挤不堪。沈先生的床上、桌上堆满了书，床上只留出一点勉强躺身的位置，睡觉时连翻身都不好翻。沈师母只好到小羊宜宾胡同作家协会的宿舍去睡。沈先生每天到小羊宜宾胡同和家人吃一顿中饭，饭后用一个小竹篮子，把晚饭和第二天的早饭带回东堂子胡同。但他工作起来常常忘记吃饭。有一天，我和陈娟娟去看沈先生，到沈先生家已是下午3点多了，他还没有吃午饭，见我们去了，才拿几个素包子放到门外的蜂窝炉上烤一烤、泡一杯茶就算是午餐了。

　　这些时候，沈先生常常眼底出血，血压高上去降不下来，这位当代的文学巨人，处境如此困难，使我非常心痛。回家的路上就对娟娟说："沈先生这样杰出的著名专家，处境尚且如此，我们还奔个啥？将来就不要再搞伤脑筋的写作了。"

　　娟娟把我的想法告诉沈先生，沈先生急了："你马上叫黄能馥到这里来见我！"

　　我赶到沈先生家，轻轻推开小屋的门，见沈先生面朝里躺在床上。所到门响，沈先生慢慢转过身来，见我靠床沿站着，就又闭上了眼睛，一颗泪水从眼角流下来，面容憔悴。我鼻子发酸，一时说不出话，但心里领会到老师的爱多么深厚，就这样相对无言，沉默了一刻多钟。沈先生终于问了我一句话："听说你灰心不想干，要改行了？"我不敢回答，但知道自己想法错了。我慢慢扶沈先生坐起来，捧过去一杯热茶，沈先生喝了两口，接着说："目光要远大一点，国家不能没有文化，不能没有传统。"此时他表情严肃，话音低沉。这三句话永远在我心底，激励我只能前进，不能后退。

　　在此后的二十多年里，我和娟娟一直坚持从事中国丝绸和服饰史的研究工作，沿着沈先生开辟的以历史文献与考古实物相对证的研究方法，取得了一点成果，曾经先后获得国家图书奖荣誉奖两次，国家图书奖一次，中国图书奖两次。1994年7月25日，前中国社会科学院院长胡乔木先生给我写信说："接到7月20日来信，深为教授夫妇以多年精力和辛劳著成《中华服饰艺术源流》一书的奋斗精神所感动。今出书在迩，深致庆贺……沈先生九泉有知，亦当为尊夫妇新作的成功而含笑矣……"沈先生从专业研究上给我启蒙，在事业上给我激励，他以伟大的人格力量给我们树立了楷模，使我们懂得永远以一颗平常的心，去对待命运、对待折磨、对待痛苦、对待欢乐、对待人生。沈先生永远活在我心间！

原载《中国社会科学院院报》，2005年4月19日，第4版。

淡如清水，亲如家人

——回忆 20 世纪 50 年代初的师生情谊

1953年大年初三，我们因全国高校院系调整，从杭州中央美术学院华东分院实用美术系来到北京中央美术学院，当时国务院命令中央美术学院负责筹建中央工艺美术学院，所以把全国高等艺术院校的工艺美术师资力量和教学资源都集中到北京来。当时中央美院成立了工艺美术研究室来筹建工艺美院，由庞薰琹先生主持筹建工作，张仃先生原任中央美院工艺美术系主任，此时把系主任职务让给杭州过来的雷圭元先生，他还担任着系党支部书记的工作。为了全面掌握全国工艺美术的情

1953 年，黄能馥（前排左二）与同学合影于中央美术学院。

况，文化部决定在1953年举办全国第一次民间工艺美术展览会，由庞薰琹先生和张仃先生主持筹备工作。此外为了适应我国驻外使馆招待宾客的需要，国务院指示中央美院工艺美术研究室组织设计"建国瓷"，还要在"五一"节和国庆节盛大的游行活动前，进行游行队伍的艺术设计。所以当时庞薰琹先生和张仃先生肩负的担子非常重。为了完成各方面的工作，学校决定抽调实用美术系毕业班的一些学生，上午在班里上课，下午就到工艺美术研究室和老师们一起工作，有的去设计"建国瓷"，有的去设计节日的游行队伍，有的去参加天安门会场布置，有的为专业教材建设参加临摹敦煌图案及古代织锦图案，出版画册，并请校外一些著名专家如沈从文先生等，帮助学校收购古代家具、陶瓷、织绣、漆器、铜器、书画等，以充实工艺美院的教学资料。从杭州过来的老师庞薰琹、雷圭元、柴扉等，都住在中央美院操场后的小平房里，泥筑的土墙，房子很矮，每家有一个蜂窝煤炉，烧水做饭取暖，都全靠这个蜂窝炉了。自来水管也在房子外面，冬天要用稻草捆绑水管，以免封冻。就是在这几间矮小的平房里，美院的党委书记江丰，全国美协的蔡若虹、华君武先生，文化部艺术教育司的王子诚、刘建庵等美术界的领导几乎天天晚上到这里，聚集在庞薰琹先生家议论举办全国第一次民间美术展会和筹建工艺美院的事，热闹非凡。当年北京的崇文门外花市，前门外鲜鱼口、天桥，西城白塔寺等每星期

都有几个集市，集市时各地过来卖土产的小商小贩十分热闹，为了到集市收集工艺美术品，张仃先生总是领着张光宇、雷圭元、徐振鹏、周令钊、夏同光、郑可等先生去赶集。由美院走不远到长安街坐有轨电车，张仃先生总嘱咐我和李绵璐、钱家锌、李葆年、邬强等跟随在后面的学生给老先生找座位，但每次上车后，总是张仃先生先发现座位，先让张光宇先生坐下。到集市之后，也总是张仃先生先发现有艺术价值的工艺品。有一次在天桥，一个农民肩扛着一批牛毛毯，张先生叫他停下来一看，那些毯子的配色非常含蓄而丰富，就买了回来；有一次在花市大街的地摊上堆放着一批脏兮兮的粗瓷器，张先生捡起几个瓷盘，掸去浮土，竟然是非常漂亮的民间青花鱼瓷器；还有在白塔寺发现了一批刻画得很精美的驴皮影，这些民间工艺品后来都在第一次全国民间工艺美术展览会上展出了，现由清华大学美术学院资料室收藏。

1954 年春天，全国第一次民间美术展览会在北京天安门东侧的太庙大殿展出，非常轰动，周恩来总理、朱德总司令等都曾前去参观，展览会结束后，文化部就把大部分展品都拨给中央美术学院工艺美术研究室作研究教学的资料，现在仍保存在清华大学美术学院。

全国第一次民间美术展览会成功举办，是全国各省市文化厅局和美术界共同的贡献，展览使社会各界认识了中国民族民间工艺美术传统的博大精深，以及它对国家经济民生的重要地位和贡献。展览结束之后，庞薰琹、张仃、张光宇先生商议要创办一个民间工艺美术的学术刊物，先以《工艺美术通讯》的名义在内部发行，由张仃、张光宇先生负责设计。张光宇先生就把中央美院工艺美术1953年毕业留校的学生召到一起，说："我来教你们怎么编杂志。"他拿了一整张白报纸，裁开订成一个小册子，编了页码，然后分配页面，把文章分排进去，并且亲手设计了"装饰"两个美术字和衣食住行四个图形。张光宇先生住在中央美院对面的煤渣胡同宿舍，每周六晚上，工艺美术系的研究生们都要到他家去坐一坐，聆听先生的讲话，或者站在先生座椅后面看先生作画。

不久，张仃先生要到国画系去了，临走前，他到人事处调阅了工艺美术系老师的档案，然后把研究生叫到一起，把系里主要教师的学术成就、艺术风格，逐一地介绍给大家，使学生了解老师，尊敬老师。

我遇到的一代老师就是这样献身于事业，与人为善，以身作则教导学生的，师生之间淡如清水，却亲如家人，转眼间半个多世纪过去了，回首往昔，在20世纪50年代当学生的时候，真是幸福啊！

原载《装饰》，2008年第5期，第80页。

黎族衣裳图腾 [1]

　　1954年春，文化部组织在北京太庙举办第一届全国民间美术展览会，我担任管理组副组长和少数民族馆馆长，第一次接触到黎族的民族服饰和龙被，就被龙被纹形的辉煌和服装款式的新奇所感动，真希望能有机会更深入地去切磋这些民族艺术的瑰宝。2005年秋，在上海美特斯邦威服饰博物馆闭幕仪式的盛会上，我又看到了那里展陈的几十幅黎族龙被。不久蔡于良先生给我寄来一本由他编著的《黎族织贝珍品·龙被艺术》，拜读之余，深感黎族传统文化内涵的深厚，艺术智能的精深。今年秋天，蔡于良先生又一学术著作《黎族织贝珍品·衣裳艺术图腾》即将问世，嘱我为序，使我获得再次深入接触学习黎族传统艺术的机会。

　　黎族是一个古老的民族，为古越人百越族的分支，古称儋耳人，为夏禹王的后裔，聚居海南岛中南部。黎族人民居住在祖国南部偏僻的沿海边疆，在20世纪中叶还保留着古老的原始公社合作制，刻木为契，钻木取火，原始居屋（船型屋）、原始制陶、原始编织等原生态的生活方式，因此，黎族地区也是保留人类口头和物质文化遗产最丰富的传统文化宝库。

　　黎族织贝是我国最古老而文化内涵最深厚的历史遗产，《尚书·禹贡》就有"岛夷卉服，厥篚织贝"的记载，《蔡传》中有"今南夷木棉之精好者谓之吉贝"的记载，所指当为攀枝花木棉树，春季开红花，实中有棉但纤维短，木棉树高可达30至40米。现黎族妇女用来织布的多为一种多年生的海岛木棉，还有一种四月下种，秋后生花结子，高仅数尺的草本一年生海岛棉。我国西北还有一种植株矮小的棉花品种——陆地棉。《南史·夷貊高昌国传》中有："有草实如茧，茧中丝细如纑，名曰白叠子，国人取为布，布甚软白。"汉以来西北的白迭和南方的吉贝，逐渐向内地传播，至宋元时期已普及内地。元代松江人黄道婆把海南先进的黎族棉纺技术传往松江一带，并经过改革，创造出一整套先进的棉纺工具和纺织技术，在中国棉纺织史上传为佳话。

　　黎族人口众多，在20世纪50年代已有近40万人，现已达到120万人。因居住点不同分为五个支系，黎族人自称有五种方言：1.润方言，居住在白沙黎族自治县高峰、金波、南开乡一带，保持传统生活方式较明显。东汉刘向《说苑》说越人断发纹身以像龙子，以避蛟龙之害。润方言的人以前遍体刺繁密的花纹，白沙地区润方

---

　　[1] 此文为黄能馥先生为《黎族织贝珍品——衣裳艺术图腾百图集》所作的序。

言的龙被和贯头衣两侧用双面绣法刺绣的龙纹极其精彩，是黎族民间艺术的精品。

2.哈方言，以乐东黎族自治县为中心，分布琼南区西、南半部沿海，人口最多，其中哈方言地区女衫宽松长大（胸围135厘米，衫长71厘米，袖宽24厘米），而志仲地区的哈方言地区女衫紧身合体（胸围90厘米，衫前短后长，后长46厘米，袖长仅10厘米，宽11厘米），节日装裙子纹彩鲜丽，下缘有铜铃、铜钱、绒穗。3.赛方言，以保亭黎族免租自治县加茂乡为中心，故又称加茂方言，平时穿立领偏襟衫，祭服后背在蓝地上用白线绣人纹（祖宗纹）、带状纹（丧带纹）、斑鸠纹（平安幸福纹），缝入云母片为饰，筒裙长至膝下。早期纹样题材丰富，茂密精湛，为黎锦之最。4.美孚方言，聚居东方市，昌江黎族自治县、乐东黎族自治县，男人已穿汉装，女子仍穿黎族搭肩领素对襟衫，扎经染织花齐地大摆长裙，少女及婚礼服素彩相亲，斑斓夺目。5.杞方言，居住昌江黎族自治县王下乡、五指山市番阳、红山、万宁市、琼海市南部，早期妇女穿直领无钮扣对襟衫，后改圆领有金属钮扣。

黎族织锦刺绣纹样保持原生态文化的古风古韵，内容多传承原始社会自然崇拜和祖神崇拜的遗风遗俗，赋予装饰纹样以丰富的图腾含义，例如见得最多的龙纹，形象质朴可亲，具有自然保护神的品格，与历代帝皇以龙为政治权威的标志俨然有别。凤纹则与黎族传说中黎母由纳加西拉鸟含谷子喂大的神话相关。雄鸡为报晓的阳鸟，且鸡吉同音，是吉祥的象征。甘工鸟鸣声"甘工、甘工"，是报春播种农作物的吉祥之鸟。人纹或成排牵手，头顶象征混沌的横板，或伸臂叉腿作天字形，或顶天立地带有男根，或曲线四肢如蛙状，古代神话伏羲开天地作八卦，女娲创造人类，"娲"、"娃"、"蛙"三字同音，故黎族织贝中的人纹、蛙纹、娃纹图案，都含有孝念祖先、奋力自强、战天斗地、创造幸福生活的深刻含意。而蜘蛛纹则与神话中伏羲师蜘蛛而结网罟、作八卦的传说有关，因蜘蛛网形似八卦，黎人称蜘蛛为"龙伢"。再如蝙蝠纹，因蝙蝠能夜出捕食，故认为蝙蝠能识藏鬼之地。我出生于古越人故乡浙江，小时看到端午时节家家门口挂钟馗画符，钟馗的前面往往飞着一只蝙蝠，身后有一只吐丝的蜘蛛把身子倒悬在一根丝上，原来浙江民间和海南黎族民间一样都流传着古越人遗留下来的民俗。此外，海南黎族人认为农历三月三日是"牛日"，给牛喝用"牛魂石"泡过的酒，我家乡认为四月四日是牛生日，也要用竹管装黄酒灌给牛喝，浙江人早已过着现代化的生活，但古越人的民俗观念，却仍然依稀可见。

蔡于良先生是海南土生土长的黎族学者和艺术家，从20世纪70年代起，他就和金景山教授深入到黎族民间的最基层，发掘、收集黎族民间宝贵的织贝遗产，金景山教授早年逝世，蔡于良先生则坚持整理发掘，深入研究。蔡先生既深谙黎族人民的生活现状和传统民族习尚，又掌握黎族织染刺绣的工艺技术和图案设计的原理原则，加上他数十年如一日的毅志恒心，把黎族五个方言中织贝艺术的精华，一件件地提出来用黑白画的图案手法，精心整理描绘，用精练的说明文字，分析其构成方法、工艺方法和文化内涵，既描其形，又倡其神，这是唯独蔡于良先生才能做到的。经蔡于良先生描绘的黎族织贝图腾图案，受织贝工艺以经纬线交织显花的条件限制，图案都具有几何化的特点，黎族姑娘利用古老简陋的工具，以自己淳朴的理想追求和艺术才智，把繁复的自然对象去繁就简，抓住精神实质，创造出千千万万结构简单而精神十足的织贝图腾图案，这些具有民族艺术原生态的图腾图案，是黎族姑娘艺术心灵的智能之花，愿它们永世常青！

2006年8月 黄能馥

原载蔡于良编著：《黎族织贝珍品——衣裳艺术图腾百图集》海南出版社，2007年版。

附录

胡乔木致黄能馥先生的信

黄能馥教授：

接到7月12日来信，深为教授夫妇以多年精力和辛劳著成《中华服饰艺术源流》一书的奋斗精神所感动。今出书在迩，深致庆贺。所嘱题词或题写书名事，虽本人书法拙劣，亦当奉命。题词恐措辞失当，兹先奉上拙书书名，不知可用否？如另有佳作，亦可请代拟题词稿当照书可也。沈先生九泉有知，亦当为尊夫妇新作成功而含笑矣。陈娟娟先生统此问候。

胡乔木

七月二十五日

1994年7月25日，胡乔木为《中华服饰艺术源流》题写书名，并致黄能馥先生书信。

胡乔木先生信件原稿

用生命写成的巨著

——读《中国丝绸科技艺术七千年》

冯其庸

　　黄能馥、陈娟娟两位专家的巨著——《中国丝绸科技艺术七千年——历代织绣珍品研究》出版了，我捧着这部沉甸甸的巨著，一时思绪奔腾，感慨万端。

　　我与两位专家是邻居，十多年来，我经常向他们请教，有时他们也来我住处小坐。他们克服种种困难艰苦著述的情况我十分清楚，特别是陈娟娟研究员，长期重病而仍坚持研究，黄能馥教授则经常要奔走于医院病榻，经历着种种人生的艰难。但他们却始终不堕其业。陈娟娟虽多次病危，却说人总是要死的，书却不能不写。他们的话使我感到这部经历了几十年写作历程的巨著，不是一般的科研著作，而是用他们的生命写成的，是他们的学术结晶、精诚结晶，更是他们生命的结晶！

　　我的第一点感受，就是认为这是一部划时代的巨著。我们这个七千年的丝绸古国，以前却一直没有这样一部上下七千年、纵横百万里的巨著。真可以说是"前无古人"。我这个话，并不是抹煞前人的成果，前人的成果是要十分尊重的，他们所作的努力也是应该要受到尊敬和肯定的，特别是沈从文先生的成就，任何时候也不能忘记。可以说没有沈先生，就没有今天的这部巨著，何况这是沈先生的临终托付。但是，这部巨著毕竟是在今天诞生的。因此，它是丝绸科研的一个划时代的标

1993 年，由黄能馥主编，陈娟娟协助编著的《中国美术全集·工艺美术编·印染织绣》上下集获得首届国家优秀美术图书"特别金奖"和首届国家图书奖"最高荣誉奖"（左为陈娟娟，右为黄能馥）。

志。我这样说完全是从历史发展的角度讲的，是据事实讲的，是冷静理智的话，不是感情的冲动。

我的第二点感受，是认为书中提出的七千年的概念是完全准确的，我非常赞成这个提法。我认为这是科学的结论，不是想当然，书中引用了大量的考古发掘资料，这些都是这个七千年科学结论的基石。国内有不少原始文化遗址我曾多次实地考察过，如河南郑州裴李岗文化，距今已有八千年，甘肃天水大地湾文化，距今也已八千年左右。浙江的河姆渡文化遗址，我去过两次。河姆渡的发掘，不仅仅将丝绸的历史提到七千年，其他如建筑史上的卯榫结构，水稻的人工种植，原始的骨刻艺术，原始的陶塑艺术……等等，都可以提到七千年。这是碳十四的科学方法测定的，不是想当然。

科研在发展，学识在更新，以往提中华五千年文明，是根据以往考古发掘的成果。今天提七千年是根据今天考古发掘的新成果，它表现了两位专家严谨的实事求是的科学态度和前进的步伐。

我的第三点感受，是这部巨著不仅仅是丝绸科技艺术的发展史，而且是以丝绸科技为核心，内容丰富，意蕴深广的一部丝绸文化史。这部书里，不仅从生产、技术的角度对丝绸作了七千年的纵向叙述，而且对丝绸在各个不同时期的社会功能：文化的、经济的、政治的、社交的等等方面，都作了横向的叙述，给读者以立体的知识，完全可以作为一部丝绸文化史来读。

我的第四点感受，是作者严谨的学术态度和卓越的表述方式。他们的论述（不仅仅是结论）和作出的学术论断，都是非常有充分史料根据的，不仅仅是一般的实物依据，而且还用科学方法，将这些古丝绸用绘画的方法作了组织分析，而这些分析，又是以显微放大为依据的。任何人读了这部书，都会被这严谨负责的态度所感动。

这部书的表述方法，不仅仅是图文并茂，它更是图文一体、图文互补、两者紧密结合的叙述方式。以往的著作并不是没有图片，但图片往往只是一种点缀、装潢，只是为了好看；充其量也不过是增加一些直观的证据，并不能运用图片来作辅助叙述。但这部书却不同，它的大量图片，却是另一种方式的叙述，看它的图也就像图在为你讲解，因而那么多高深难懂的问题，在这样巧妙的叙述方式下，纷纷化艰难为平易了。

读这部书，我深深感到，我们这个七千年的丝绸大国，从此可以扬眉吐气了。我们不仅有古老而完整的丝绸之路这一光辉的历史遗产；有五光十色、精美绝伦、丰富多彩的丝绸文物，可供世界瞻仰；现在我们还有了对我国古丝绸上下七千年的科学叙论，为世人解开亘古以来未曾解开的丝绸之谜。黄、陈两位专家的这部巨著，是他们对伟大祖国的真诚奉献。也是我国出版事业的荣耀，我们伟大祖国的荣耀。为此，我写了一首诗，向两位专家和出版社祝贺：

祝黄能馥、陈娟娟两教授合著《中国丝绸科技艺术七千年》巨著出版

两命相依复相嘘，艰难苦厄病灾馀。

寒灯共对研经纬，风雪沈门托付初。

万里关河寻旧迹，几间陋屋写新图。

从今不负丝绸国，照耀寰瀛有巨书。

2003年2月7日旧历

癸未年正月初七灯下

　　我万万没有想到，当我这篇文章写完后一个小时左右，陈娟娟教授便在医院里去世了。我的文章是7日夜12时左右写完的，她是1时左右去世的。2月9日白天，我给黄能馥教授打电话，总无人接，我心想白天他在医院里照顾病人，就等晚上打吧。谁知9日晚上拨通电话后，得知的竟是这样一个令人痛心的消息。他们两位曾经多次说过，人总是要死的，书不能不写。由此，我想起了文天祥的诗："人生自古谁无死，留取丹心照汗青。"文天祥用诗表现了崇高的民族气节，光照日月的襟怀气概；而黄、陈两位，却是用他们的行动表达了对祖国、对人民和他们所从事的丝绸研究事业的无限忠诚，用自己的"丹心"——他们的不朽巨著，照耀中华民族的史册，所以这两者的精神是相通的！同时又使我想起了太史公自序：太史公是"网罗天下放失旧闻"，"原始察终，见盛观衰，论考之行事"，而成就他的一代巨著的。而如今黄、陈两位的这部巨著，也是网罗旧闻，原始察终，对我国的丝绸事业的发展，作了七千年的纵贯叙论，成此一代伟著以献于人民的，所以，他们两者之间的精神也是相通的！因此，也可以说，黄、陈二位，完全无愧于"留取丹心照汗青"这句话，也无愧于太史公书了。

　　我谨补记此数语，以当对死者的无尽哀悼，对生者的真诚解慰！

2003年2月10日晨

原载《中华读书报》，2003年3月12日书评。

7年成书收获7000年文化

《中国纺织报》记者　苏铁鹰

《中国丝绸科技艺术七千年——历代织绣珍品研究》的出版发行，在纺织界、文物界、工艺美术界、新闻出版界引起如潮好评。在日前举行的该书出版座谈会上，这部凝聚了两代学者、三对夫妇、积累半个世纪、出版历时7年、内容跨度长达7000年的鸿篇巨著，获得到场政府官员、行业领导和专家学者的一致高度赞誉。

杜钰洲（中国纺织工业协会会长）：

丝绸文化代表着中华民族对世界文明的杰出贡献，这种贡献不仅表现在物质需求的满足上，而且体现在古代技术和艺术的不断领先、创新上。我们正在为实现中华民族的伟大复兴而奋斗，但如果连历史也搞不清，何谈复兴！《中国丝绸科技艺术七千年——历代织绣珍品研究》是迄今为止最完整、最科学的一部纺织类学术性工具书。它既有大量民族原创之作，也有不少中外民族之间交流、交融的成果，体现了中华民族文化的广博性、原创性和包容性。作者倾注半个世纪的心血收集资料，研究条件又十分艰苦，出版过程历经7年，收获了7000年文化，这样的成就的确令人振奋。对这部书和作者，应该加强在行业内和全社会的传播力度，建议尽快发行英文版，以满足世界范围的需求。

陈之善（中国纺织出版社社长）：

由一对令人尊敬的伉俪合著的《中国丝绸科技艺术七千年——历代织绣珍品研究》，从选题到付梓出版，经历了7年多的时间。其间黄老夫妇倾注大量心智和精力，集近半个世纪对中国丝绸潜心研究的结晶于一书，以详实而丰富的图文资料向世人昭示：丝绸文化发源于中国，丝绸技术与艺术发展于中国。该书具有较高的学术价值、实用价值和收藏价值。

范森（中国纺织出版社高级编辑）：

陈娟娟女士16岁患风湿性心脏病，20岁进入故宫博物院，为了取得研究的科学数据，她长年累月拖着病体在立体显微镜下用细针一丝一层地拨动实样，观察、记录纹样组织结构，成为世界上唯一长期坚持这项工作的研究人员。作为我国研究古代丝绸织绣文物方面的专家，两位作者家中有大量的研究素材和宝贵资料，这是他们一辈子的心血。如果能整理出版，是非常有价值的，既是对文物的抢救，也对中国现代纺织品的创新有丰富启发。编辑出版这部专著的过程长达7年，收集资料则历时近半个世纪，今天《中国丝绸科技艺术七千年——历代织绣珍品研究》终于问世，我从中感悟到一种崇高生命的价值。

冯其庸（中国红楼梦学会名誉会长）：

我与黄能馥、陈娟娟夫妇是邻居，很清楚他们在搜集资料、研究、写作、出版前前后后付出的巨大艰辛；今天看到这部著作制作得这么精美，高兴的心情无法形容。沈先生晚年时我去过他家，知道他在研究中国传统文化方面的想法和成果。依我看，《中国丝绸科技艺术七千年——历代织绣珍品研究》在所有同类著作基础上，又大大跃进了一步；无论深度、广度，还是设计装帧的精美程度，都是前所未有的。这部专著以丝绸为中心描述了中华民族的文化史，用文物考证展现了中华民族7000年的灿烂文明；同时，与众多晦涩难懂的考古书籍不同，作者使用了清晰、流畅、生动的语言，让人越读越觉得有意思。所以，说它是"前无古人、后无来者"的划时代巨著，一点儿不夸张。

周谊（中国版协科技委员会主任）：

这部巨著的诞生让人产生两种激情：一是对中华7000年灿烂文明的自豪之情；一是对作者、编辑、设计者，尤其是对黄能馥、陈娟娟夫妇倾注毕生心血完成此书研究出版的敬佩之情。

张仃（清华大学美术学院前任院长、著名画家）：

我和两位作者认识几十年了，黄能馥在我们学院从读研究生到当教授，一贯做事认真，虚心好学。鉴定丝绸文物是一种很枯燥、很细致、很艰苦的工作，夫人娟娟长期有病，却做得这样出色，付出了常人难以想象的毅力和智慧。《中国丝绸科技艺术七千年——历代织绣珍品研究》取得这么高的学术成就，不

1959年暑假，到敦煌临摹历代服饰图案期间，与常沙娜（左二）、李绵璐（左一）在月牙泉边。

1960年，张仃（左一）带领李绵璐（左二）、黄能馥（左三）、梁任生在云南写生（本图为梁任生摄影）。

是偶然的。

史树青（中国收藏家协会会长）：

　　以丝绸为中心将中华民族的文化史推至7000年前，这是前无古人的；史料如此丰富，描述如此生动，研究出版过程如此艰苦，成书又如此精美，恐怕也是后无来者的。我到河姆渡遗址去过三次，那里令人惊赞的出土文物证明：中华民族创造了世界最早的伟大文明。这本书的出版列入国家级图书项目，但作者承担了太多，作者、编辑是代表国家做了一件大好事。

李当歧（清华大学美术学院常务副院长）：

　　《中国丝绸科技艺术七千年——历代织绣珍品研究》作为一部学术专著，不但时间跨度大，信息量大，图文并茂，印刷精美，而且从科技和艺术结合的角度考察解析丝绸发展史，以毕生积累和奋斗的结晶，对考古学和纺织发展史的研究作出了独特的贡献。同时，黄先生和陈女士在十分简陋的条件下，长期与病魔和困顿作斗争，坚持研究工作；晚年更是抢时间、高质量地完成了这部巨著，为后人留下了宝贵的精神财富。

李之檀（故宫博物院文物研究专家）：

　　过去人们谈到丝绸之路，总是关心"路"而忽略了连接这条路的主体"丝绸"；其实，丝绸之路的重中之重是丝绸，中国源远流长的丝绸文化体现了几千年来中华民族的智慧和创造力，在科学和艺术两方面都留下了浩瀚的遗产。但是，出土丝绸文物的长期或原样保存难度很大；为了不让珍贵的文物沉睡库房并悄悄消逝，为了让丝绸文化不再是支离破碎的，而展现出完整的体系，《中国丝绸科技艺术七千年——历代织绣珍品研究》诞生了！这不仅对中国文化而且对世界文化也是一种贡献。

阎晓宏（国家新闻出版总署图书司司长）：

　　两代学者、三对夫妇克服重重困难，终于在沈从文先生诞辰100周年之际让《中国丝绸科技艺术七千年——历代织绣珍品研究》风光问世，这应当算是出版界的一段佳话。中国纺织出版社伸出援手，促成巨著的完成，并做出一部完美的精品，这同样值得称道；受此事启发，政府职能部门应在有利精品图书出版方面推出相应的鼓励政策。

不灭的激情 燃烧的生命
——《中国丝绸科技艺术七千年》出版传奇

《中国纺织报》记者 苏铁鹰

　　春节前夕，本报记者来到北大医院危重病房看望陈娟娟。看到《中国纺织报》2003年1月20日头版有关《中国丝绸科技艺术七千年——历代织绣珍品研究》的新闻报道后，这位在世界丝绸文物研究领域享有盛誉的杰出女性，尽管因心脏手术气管切开躺在床上四个月没能说话，竟用尽气力说出了"谢谢！……"这是记者听到她说的第一句话，也是最后一句话。2月8日，陈娟娟安详地走了……

　　在作者简陋的家中，记者看到陈娟娟和我国现代文学大师、文物学家沈从文先生在一起的老照片。陈娟娟老伴黄能馥介绍说：沈从文先生原是享誉国内外的文学家，解放后尽管经历种种坎坷，却矢志不移地潜心研究中国古代服饰。其间，在故宫博物院工作的陈娟娟认识了沈老，并成为这位大师的忠实学生和得力助手。黄能馥1953年从浙江转入北京中央美院读研究生，由于学业优异，毕业后留校任教。他开创了该校的丝绸织花设计、织花工艺制作、中国染织纹样史、基础图案等课程。从指导苏联和奥地利留华博士研究生开始，长期担任染织专业研究生导师。同时主持并辅导该校和后来的中央工艺美院中国服装史及中国丝绸史的研究。自1956年起，陈娟娟经常陪同沈从文先生到中央工艺美院讲课，正好由黄能馥负责接待。一来二去，黄能馥、陈娟娟这两名沈从文的忠实弟子竟也结为了风雨同舟的伉俪。

　　1981年沈从文的代表作《中国古代服饰研究》由商务印书馆（香港）出版，在国内外产生了巨大轰动和深远影响。而在亲眼目睹沈从文先生鉴定文物、解析织纹图案内涵的过程中，黄能馥、陈娟娟也学习并积累了丰富的经验。尤其是在丝绸织绣方面的研究，这对夫妇形成了得天独厚的搭档。

　　沈老晚年病痛缠身，希望后学在他研究的服饰文化领域深入下去。他把许多珍贵的手稿资料送给这对年轻人，并具体指点在研究中如何由表及里、去伪存真。

　　"文革"中，黄能馥收集、绘制的大量古代文物纹样，被当成歌颂帝王将相、才子佳人，他被关进"牛棚"。当时陈娟娟刚做了乳腺癌切除手术，黄能馥经特批，得以每晚回家照顾爱人。在干完一天体力劳动后，他骑着自行车拼命往家赶，生怕娟娟会有意外。只有见到自家的灯光还亮着，他才算松了口气，知道爱妻还活着。在追忆往事时，黄先生眼中闪着泪花，他说，从事古代服饰、织绣文物研究，是一件十分枯燥乏味的工作；加上"文革"的遭遇，我曾一度想弃研从画。沈老从娟娟那儿得知后，把我们喊到他家。一进门，我看见沈老冲墙面躺在床上，听到我来了，没挪窝儿说出的第一句话就是："听说你不想干了？！"我的眼泪一下子涌了出来。他一字一句地说："中国的服饰文化源远流长，光辉灿烂。我的研究只是开了个头，你们要

1975 年，黄能馥与陈娟娟在故宫御花园。

在服饰、纹样、织绣三个方面深入研究下去，不要打退堂鼓。"从那以后，我们不再放弃。

谈到自己的中国丝绸情结，黄能馥无法忘记对儿时在浙江义乌老家的回忆，无法忘记终日辛劳精于桑梓织绣的母亲，无法忘记那飘逸灵动的美丽如何迷住整个世界的目光！早在读研时，他和几个同学竟在宿舍里偷偷养起蚕宝宝，以致床头、书桌、墙上爬满了这些他心中的宠物。直到现在，两位著作等身的老学者家中仍堆满书籍、画稿、资料，有关丝绸研究的一图一纸也舍不得丢。

谈到躺在重症病房中的妻子，黄老先生充满爱意和感叹："她创造了生命的奇迹！"

陈娟娟16岁患风湿性心脏病，1967年患乳腺癌，1994年心脏衰竭，去年经手术安装了心脏起搏器。从20岁进入故宫博物院工作至今，她一直在经受病魔的折磨。然而，在近半个世纪的事业旅途中，陈娟娟亲手为故宫及兄弟博物馆分析鉴定了数以万计的织绣文物，成为世界上唯一长期坚持这一艰苦枯燥工作的具有国际声誉的专家。

古希腊人称中国为"丝国"，西汉时已开通丝绸之路，中国的丝绸在域外早已获得殊荣。不过，一些外国文物学家却一直声称："丝绸之路在中国，丝绸之路的研究在西方。"语气何其傲慢！见解何其偏颇！然而事实不得不令国人汗颜。

1995年，香港为迎接回归祖国举办了一个"中国锦绣"展览，并向黄、陈夫妇发出了邀请。由于囊中羞涩，二人未能赴港。没想到，展览结束后20多位不同肤色的国际文物界学者和收藏家，结伙专程来到北京来看望这两位中国丝绸研究学者。其中一些人年事已高、行动不便，听说陈娟娟身体有病，他们便集体登门拜访。离开北京时，每人抱走一大摞黄、陈合著的丝绸和文物研究书籍。黄老对记者说，这不仅是海外同行对娟娟个人的尊重，更体现了中国丝绸文化在全世界的崇高地位。

弘扬丝绸的科技与艺术，根在中国。但仅凭断简残编的文字记载，要著述一部

完整系统的中国丝绸科技艺术史，又谈何容易！所幸的是，黄能馥、陈娟娟，一个在清华美术学院（原中央工艺美术学院）从事丝绸艺术教学与研究，一个在故宫博物院专研丝绸文物，生活上相濡以沫，学术上互补相助。

艰辛的研究最终带来累累硕果：这对夫妇合著过《丝绸史话》（1975年获优秀爱国主义通俗历史读物奖）、《中国服装史》（1997年获第二届全国服装书刊展评会最佳书刊奖）、《中华文化通志·服饰志》（1999年获全国第四届国家图书奖荣誉奖）、《中华服饰艺术源流》、《中华历代服饰艺术》（2000年11月获中国图书奖）、《中国历代装饰纹样大典》（2001年获清华大学优秀教材二等奖）、《中国丝绸史》（将由耶鲁大学出版社和外文出版社以中英文出版）。陈娟娟还与他人合著了《国宝》、《故宫博物院藏宝录》等书；并在《文物》、《文物报》、《故宫博物院院刊》、《紫禁城》等学术报刊发表专业论文40余篇。这位昔日因体检不合格未能踏入高等学府的小姑娘，现已担任故宫博物馆研究员，中国国家文物鉴定委员会委员，中国古代丝绸文物复制中心副主任和中国丝绸博物馆、苏州丝绸博物馆、南京云锦研究所、中国服饰艺术研究会等多家文化单位顾问及北京市门头沟区政府刺绣顾问，同时在海外丝绸文物研究领域享有很高的声誉。

《中国丝绸科技艺术七千年——历代织绣珍品研究》所全面总结和揭示的历代工匠的创作实践，为中国丝绸的再度辉煌注入民族文化的深厚底蕴；为有志中国丝绸研究、发展的科技、艺术界学子奠下一块进取的坚实基石；更以雄辩的事实表明，丝绸之路在中国，丝绸之路的研究在世界，也在中国！

原载《中国纺织报》，2003年2月17日，第2版。

万苦千辛 大功毕成

——黄能馥、陈娟娟著《中国丝绸科技艺术七千年》出版

（综合《中国纺织报》、中国纺织出版社消息）清华大学美术学院教授黄能馥、故宫博物院研究员陈娟娟夫妇合著的《中国丝绸科技艺术七千年——历代织绣珍品研究》一书，近日由中国纺织出版社出版。该书为国家科学技术学术著作出版基金资助出版的"九五"重点图书，清华大学美术学院985科研项目。

2003年1月21日，中国纺织出版社和清华大学美术学院在北京东方花园联合举行了《中国丝绸科技艺术七千年——历代织绣珍品研究》座谈会。中国纺织工业协会会长杜钰洲、中国版协科技委员会主任周谊、国家新闻出版总署图书司司长阎晓宏、中国纺织出版社社长陈之善、清华大学美术学院常务副院长李当岐、中国图书评论学会副秘书长李可可、中国红楼梦学会名誉会长冯其庸、清华大学美术学院教授（原中央工艺美术学院院长）张仃、中国收藏家协会会长史树青、故宫博物院文物研究专家李之檀等专家学者出席了座谈会，对这部以丝绸文物研究为依托、将中华民族的文明史向前推进2000年的精美专著，大家给予了"前无古人、后无来者"的极高评价。

专家学者们认为，该书的重大贡献在于：第一，以七千年的时间跨度、一千多幅精美实物图片和翔实生动的科学分析，对中国丝绸机具品种和构造的演变，纹样组织品种、图案和色彩，印染和刺绣技术的发展作出独到创新的历史评价。第二，以丝绸文物研究为基础，将丝绸起源时间追溯到河姆渡早期时代，这就从丝绸发展角度佐证了中华民族的文明史，将其令人信服地向前推进了2000年。第三，该书抓住科技与艺术结合的主线，研究了丝绸发展演变一脉相承的历史渊源和内在规律。不仅有着积极的文献参考价值，而且对中国人民在新的历史时期创造影响世界的新时尚，实现中华民族的伟大复兴，是一种不可多得的杰出贡献。第四，该书采用国际

2003年，黄能馥、陈娟娟编著的《中国丝绸科技艺术七千年》荣获第十一届全国优秀科技图书一等奖及第六届国家图书奖。

流行16开本470页全彩精印精装，封面上龙纹刺绣图案富丽高贵，书中文物实样丰富，史实解析生动，文字优雅流畅，图片印刷精美。无论内容文字和设计装帧，均称上乘杰作，确是一部名符其实的精撰、精编、精印的精品图书。

　　黄能馥、陈娟娟夫妇长期与病魔做斗争，坚持完成鸿篇巨制的事迹使与会者深受感动；他们在极其艰难、清贫的条件下，笔耕不辍的感人经历，令与会者深深震撼。在座谈会上张仃先生以"刻苦、认真、虚心、好学"八个字高度评价了黄能馥先生卓越的学术成就。李当岐副院长代表学院领导和全体师生向黄能馥先生巨著的出版表示由衷的祝贺，并对在这部学术著作出版过程中给予各种帮助的各位领导、专家学者和中国纺织出版社表示衷心的感谢。

原载《装饰》，2003年第3期，第33页。

情系七千年华夏服饰史

——记中国历代服饰研究专家黄能馥先生

段晓明

　　黄能馥先生家客厅里最醒目的地方，挂着一块康熙皇帝龙袍织锦，暗金色的底子，上面绣着翔舞的龙，显得雍容典雅，这一特殊的装饰品与主人历代服饰研究专家的身份相符。说到中国历代服饰研究，我们会想到它的开创者沈从文先生。黄能馥先生和他的夫人陈娟娟正是师从沈从文先生，受沈从文先生的影响走上这条道路，并完成沈先生未竟之事业的。今年80岁的黄能馥先生头发花白，神态谦和淡定，走起路来步履稳健，不显老态。谈起古代服饰研究，他兴致勃勃，如数家珍，一边说一边搬出一部部他与已去世的夫人陈娟娟合著的厚重的大部头著作：《中国历代服饰艺术》、《中国服饰史》、《中国丝绸科技艺术七千年》、《中国历代装饰纹样》……每一部书都是图文并茂，那些印刷精美、色彩斑斓的图片，焕发着古色古香的灿烂。"最古老的东西也是最现代的。"黄先生脱口而出一句带有哲理性的话。

记住沈从文先生的托付

　　打开《中国丝绸科技艺术七千年》这部书，上面的丝绸文物照片和手绘的织物组织结构线描图相互对照，让读者一目了然。这手绘图凝结着两位老人的多少心血啊。为了把织物表里层的结构形象地表现出来，需要长年累月地在立体显微镜下用细针一根丝一根丝地拨动观察，同时眼看、针拨、心数、手绘，有时为了弄清一个组织结构，需要在显微镜下看上一整天。这项枯燥的工作主要是陈娟娟以重病之躯，几十年如一日地完成的，她是世界上唯一长期坚持这项工作的人。有几十位外国来访的纺织专家，看到陈娟娟所画的这些图，无不为之惊叹。这部凝聚着两人半个世纪的积累的专著，以丝绸文物作依据将中华民族的文明史向前推进了2000年，被冯其庸先生称为"前无古人"的划时代巨著，2003年获得国家图书奖和全国优秀科技图书一等奖。冯其庸先生写了一首诗赞曰："两命相依复相嘘，艰难困厄病灾馀。寒灯共对研经纬，风雪沈门托付初。万里关河寻旧迹，几间陋室写新图。从今不负丝绸国，照耀寰瀛有巨书。"两个人著书的艰辛历历在目，"风雪沈门托付初"指的是沈从文先生的嘱托。

　　黄能馥1952年从杭州国立艺专转到北京中央美术学院读研究生。那时，学校特聘沈从文先生专门给留学生教授中国丝绸史，指定他同留学生一起听课，负责记笔记。沈先生常带他们参观故宫和历史博物馆，还带他们到珠市口一带的估衣庄、古董店参观，沈先生一有稿费就买来古代的锦片、绣片等送给中央美院作资料。耳濡目染，黄能馥渐渐对古代的东西产生兴趣。陈娟娟1956年高中毕业后来到故宫博物院工作，负责整理、记录20多万件文物，沈先生给他们做指导。陈娟娟是个有心人，看见好的文物就记下来，沈先生要查的时候她都能指出放在哪里，沈先生很欣赏她，到学校讲课时就带着她。黄能馥就这样通过沈先生与陈娟娟相识，两个人因共同的爱好走到一起。在亲眼目睹沈先生鉴定文物、解析织纹图案内涵的过程中，他们也学习并积累了丰富的经验，这对夫妇形成了得天独厚的搭档。沈先生晚年病痛缠身，希望他们在他研究的服饰文化领域深入下去，他把许多珍贵的手稿资料送给这对年轻人，并具体指点在研究中如何由表及里，去伪存真。沈先生接受周恩来总理的嘱托，潜心编写他的晚年巨著《中国古代服饰研究》。"文革"中黄能馥受到冲击，一度灰心，想弃研从画。沈先生从陈娟娟那里听说后，把他们叫到自己家。当时沈先生正在病中，面冲墙躺在床上，听见他们进来，沈先生说："听说你不想干了。"黄能馥看到沈先生流下了眼泪，沈先生一字一句地对他说："目光要远大一些。国家不能没有文化，不能没有传统。"从这以后，黄能馥和陈娟娟再没有放弃这项事业。

同心耕耘结硕果

　　黄能馥先生家的客厅里挂的唯一照片就是陈娟娟的照片，黄先生说起妻子充满深情。他们几十年来相携相助，相濡以沫，共同在清苦的条件下从事寂寞的研究工作，在工作中感受心灵相通的幸福。黄能馥从美院毕业后留校任教，参与筹建中央工艺美术学院，开创了该校的丝绸织花设计、织花工艺制作、中国染织纹样史、基础图案等课程，主持并辅导该校的中国服装史及中国丝绸史的研究，是该院的教授。陈娟娟16岁患风湿性心脏病，后来又患乳腺癌和心脏衰竭，长期受病魔的折磨，但她凭顽强的毅力和好学的精神从一个高中生成长为故宫博物院的研究员，国家鉴定委员会中唯一的织绣方面的专家委员。在近半个世纪中，她亲手为故宫和其他博物馆鉴定了数以万计的织绣文物。他们一起参加文物出土工作，她做科学鉴定，研究面料、染料、织法、针法等，他临摹纹样图案，研究款式、色彩、佩饰、穿着效果等。黄先生记得有一次他们在定陵考察，在那里住了好几个月，吃的是腌萝卜和冷馒头，他们将出土的衣服用透明胶片覆在上面，用毛笔勾出来，再用硫酸纸覆在胶片上画下来，过到图画纸上，复原原来的颜色，就这样复制出古代服饰图。他们算得上最早开始研究复制出土丝绸刺绣服装的人，先后指导复制汉、唐、清等各朝代的丝织品几十件，其中万历皇帝缂丝十二章衣服，曾获复制金杯奖和全国工艺美术百花奖。复制品在新加坡展出时曾有人要出十几万美金买下，都被婉拒了。他们夫妇俩都是淡泊名利的人，只醉心于自己的事业，在萃取民族文化的精华中获得乐趣。他们先后出版了几十本书，多次获得国家级奖项。1995年，香港为迎接回归祖国举办"中国锦绣"展览，受到邀请的黄、陈夫妇因囊中羞涩未能赴港，展览结束后20多位不同肤色的国际文物学者和收藏家一起来到北京看望这两位中国丝绸研究学者，离开北京的时候，他们每人抱走一大摞黄、陈合著的历代服饰和文物研究书籍。

黄能馥先生曾帮助筹建了中国丝绸博物馆，现在依然关注中国历代服饰研究和传承工作。听说北京京都丽人商贸有限公司发起并启动中国历代服饰文化工程，并出资创办中国历代服饰博物馆——创办中国历代服饰博物馆也是周恩来总理的遗愿——黄能馥对此非常关注，欣然出任顾问，亲自指导复制历代服饰，现在正在指导复制一件4000年前商代鱼凫王的龙袍，这是中国历史上第一件龙袍。黄先生曾撰文专门探讨中国的龙文化。黄先生的心，总是系挂着这一份民族文化宝贵遗产，他主张古为今用，希望有更多的人了解中国历代服饰文化。

原载《人民日报》海外版，2007年8月3日，第7版。

黄能馥先生访谈录

记者：郭秋惠 王丽丹

黄能馥，原名黄能福，1927年[1]2月出生于浙江义乌。1950年考入杭州国立艺专实用美术系。1952年底转入北京中央美术学院实用美术系染织科学习，1953年毕业留校当研究生，1955年毕业留校当助教。1956年调入中央工艺美术学院，历任助教、讲师、副教授、教授。1988年退休后，曾任中国书画函授大学副校长、中国丝绸博物馆筹建总顾问、中国流行色协会专家委员会委员、北京现代实用美术学院名誉院长等职。1961年起为中国美术家协会会员。主要著作有《中国美术全集·印染织绣》、《中华服饰艺术源流》、《中国服装史》、《中华文化志·服饰志》、《中华历代服饰艺术》、《中国丝绸科技艺术七千年》、《中国南京云锦》、《中国成都蜀锦》、《中国龙袍》、《中国历代装饰纹样大典》、《中国彩版服装史教材》、《中国服饰七千年系列丛书》、《中国印染史话》、《丝绸史话》等。1984年，获"优秀爱国主义通俗历史读物奖"。1991年，获"首届中国优秀美术图书特别金奖"。1993年，获"首届国家图书奖最高荣誉奖"。1997年，获"全国第二届服装展评会最佳书刊奖"。1999年，获"全国第四届国家图书奖荣誉奖"。2000年，获"第十二届中国图书奖"。2002年，获"清华大学优秀教材二等奖"。2003年，获"第十一届全国优秀科技图书一等奖"、"全国第六届国家图书奖"。2005年，获"第十四届中国图书奖"。

求学经历

记者（以下简称记）：您为何报考杭州国立艺专实用美术系？

黄能馥（以下简称黄）：我从小爱画画，常在墙上画婺剧人物。抗战胜利后，我到了杭州，经常在周日跑到艺专门口看学生进进出出。但是因为小时候家里很穷，解放前我只有初中文化水平。由于语文比较好，我的语文老师就让我在母校义乌中学当事务员，还教初一语文。1951年，我的中学同学吴进在杭州国立艺专绘画系上学，他就鼓励我考艺专，还教我画素描，结果就考上了。考虑到从实用美术系毕业后比较好找工作，我就报了实用美术系。当时，实用美术系主任是雷圭元，有

---

[1] 1950年登记入学时写为1927，延用至今。

染织、陶瓷、建筑、印刷四科。刚入学时不分专业，学习素描、水粉、共同课等，但绘画课很少，更多的是学习专业课。几个月以后，就搞专业了。

记：分专业的时候，您为何选择了染织科？

黄：当时，杭州染织工厂很多，为了将来好找工作，我就选了染织科。那时学校真的是"精兵简政"，工作效率非常高，大家齐心协力。教务处只有三个老师，都是有名的画家兼任的。总务处也是三个老师兼的：一个教日文，一个管会计，另一个做一般事务性工作。庞薰琹先生是绘画系主任、教务长。每个系都有系干事，由老师兼任，我们系干事是由田自秉先生兼任的。另外，还有好多事情都是学生会管，我在第三学期就当学生会主席了。由于学校不大，大家都认识，学生和老师、工友的关系都非常亲密。虽然整天搞运动，但是学校仍非常关心学生的健康。后来合并到北京以后，人与人之间的关系就没有那么亲密了。除了我们自己班，其他班的同学很多都不认识，别的系就更不认识了。

记：请谈谈实用美术系的老师以及他们担任的课程。

黄：染织科有两个老师，主任是柴扉先生，业务水平很高，主要教染织设计。解放前，他在上海开过图案馆，专门搞设计。后来，他就来学校教书了。但是，他和染织工厂、染织界的设计人员都很熟悉。当时，染织科特别重视和生产单位结合，平时我们经常下厂实习。杭州的丝绸厂非常多，解放前多是私人开的，因为柴先生的关系，这些老板对我们都特别亲热。我当时觉得下厂实习最难的就是把工艺技术学到手，因为画画平时就可以练习，但是工艺技术必须到工厂学。因此，放假的时候我就自己跑到工厂，有些人非常热情，把机器拆开来给我看，然后讲解、重装，还送给我书，像《纺织机械学》、《织物的组织》等，这些在学校都是学不到的。所以，我懂得染织的全套工艺技术，懂得图案。后来我出版的很多书都是靠这个阶段打下的基础。另一个染织老师是程尚仁先生，他在我入学时去华大（政治学校）学习，我二年级时他才回来。当时，实用美术系没几个老师。雷圭元先生教基础图案。田自秉先生教会展布置和美术字。庞华士先生教素描，后来到《人民画报》编辑部了。袁迈先生教陶瓷，后来又教印刷、装潢。邓白先生教陶瓷，合并的时候家里有事，说要晚一点过来，后来就没有过来。

学院的筹建工作

记：请您谈谈中央美术学院华东分院实用美术系和中央美术学院实用美术系合

1952年在杭州，黄能馥（后排右一）与同学、老师合影（前排左四为雷圭元先生、左五为袁迈先生）。

并前后的情况。

黄：1952年，中央为成立中央工艺美术学院开始做准备工作。先把苏州美专、上海美专的图案科并到杭州的中央美术学院华东分院实用美术系，集中师生力量。我们班原来有5个同学，苏州美专、上海美专的同学并过来以后大概有9个同学。1952年底，1953年初，刚过完春节，杭州的实用美术系师生又合并到中央美术学院。在火车上，学生由我和蔡诚秀两人领队。当时，蔡诚秀是团干部，我是学生会副主席，庞先生就叫我们带队。到北京以后，实用美术系分为染织、陶瓷、印刷三科。当时，实用美术系还设计了"建国瓷"。另外，还选派了一些留学生。

张仃先生原来是实用美术系主任，合并后不久就到绘画系了。雷先生任实用美术系主任。庞先生是工艺美术研究室主任。各系管理教学，研究室管理中央工艺美术学院的筹建。应该说建中央工艺美术学院，庞先生功劳特别大。筹建工作是一步一步做出来的，例如从其他院校、单位调教师到北京充实师资队伍，像奚小彭、邱陵、张振仕等先生都是那时调过来的。所做工作有筹办中国首届民间美术工艺展览会收集资料，扩大宣传影响；派遣留学生，培养师资；组织人员临摹图案画册、出版教材等。但大规模编选教材直到1960年中宣部和文化部组织编选全国高等艺术院校统一教材时才开始。

当时，我还没毕业，庞先生找我到工艺美术研究室当秘书，上午上课，下午做起草文件、打报告、报销、领钱、买书与文物等工作。一些古董商人主动送来古董，我们就请庞先生以及沈从文等校外的先生看看，然后进行收购，资料室的藏品就是这样积累下来的。如果文物的价格比较高，我就到文化部去打报告、领钱。资料室还有《纂组英华》、《东瀛珠光》、《古铜精华》等珍贵的书籍，是我去购买的。图书馆原有的书柜是我请罗无逸先生设计，我跑到大红门买木料，再请学校的木匠师傅制作的。后来，我和庞先生说不想做行政工作了，想搞专业。他就说："我希望你从基层工作做起，然后才会有比较大的发展。"最后，庞先生就尊重我的选择，让我回来搞专业了。之后，庞先生从南京文化局调何燕明先生来当秘书。

记：1953年12月，首届全国美术工艺品展览会在劳动人民文化宫举办。您是会场管理组的副组长和少数民族工艺馆馆长。这次展览在社会中引起了怎样的反响？

黄：1953年初，为筹建中央工艺美术学院成立了工艺美术研究室。研究室第一步具体的工作，就是筹建全国第一届民间美术工艺品展览会，由文化部发文到各地的文化局，向全国各地征集展品。当时，地方很重视中央的文件，在规定时间内就把最好的展品送来了。资料室的人负责验收、登记、管理。1953年12月至1954年1月在北京劳动人民文化宫展览。展览结束以后，文化部就把展品拨给学校当资料了。

少数民族的展品，一部分是全国选送的，但是大部分是从民族学院的文物室借的，展完以后就还给他们了。少数民族的展品专门在劳动人民文化宫后面的一个大殿展出。金属工艺、漆工艺、染织工艺等不同的展品在正殿、侧殿、偏殿等不同的地方分开来展出，每个馆都有专门负责的人，李绵璐、刘守强等都是分馆的负责人。开馆前我一个人在偏殿守殿，开馆以后，各馆的负责人都来了。

当时，我国从来没有办过全国性的民间工艺品展览，所以在社会上很轰动。展出期间，展馆门口天天排了很长的队伍。周总理、朱德等国家领导人也在晚上去参观了，鲁迅的夫人许广平第一天就去了。朱德特别关心工艺美术，他曾说："染织生产是关系工农联盟的大事。"当时没想到这个展览这么轰动，其他的绘画展览都没这么轰动。与这个展览相关的有工艺美术界的座谈会，根据这些展品还出了《中国民间漆器》、《中国民间织绣》、《中国民间雕塑》等几本小册子。

工艺美术研究室还有专门搞临摹的人，有一个是德国人叫马安娜，临摹敦煌藻井、明朝锦缎等。同学也搞临摹，临摹好的就挑出来。像《敦煌藻井图案》、《中国锦缎图案》等画册就是这么出的。从1953年开始，庞先生看到哪些专业需要培养教师、准备师资，就派一批青年人去波兰、捷克、东德等国学习玻璃、陶瓷、金工、服装等专业，例如白崇礼学服装，余秉楠学装潢，李葆年学雕塑等。

记：请您谈谈学院筹建过程中印象较深的人和事。

黄：周总理曾专门为筹建中央工艺美术学院找过庞薰琹、雷圭元等先生。他们回来向大家传达讲话精神，大体意思就是中央工艺美术学院要办得有中国特色、民族特色，要生动活泼等。当时，学院是文化部和教育部双重领导，文化部没钱，在北京也没房子，要在无锡办校，但是老先生们不愿意去。这时中央手工业管理局也就是后来的轻工部，有筹办学院的积极性，他们有房子，在白堆子。后来，中央就决定在北京办校，行政领导归手工业管理局，业务领导归文化部，院长是手工业管理局局长邓洁先生。他原来也是学美术的，与雷先生是杭州国立艺专的同学。副院长是庞先生和雷先生。此外，还要提到的一个人就是谢邦选，他是长征老干部，人非常好，社会关系也很多，学院缺什么东西，他一句话或一封信就可以解决问题。

办学思想的分歧

记：1956年，学院作为中国第一个工艺美术高等院校成立了。成立之初，学院整体的教学和学术氛围怎样？

黄：当时比较大的问题是两种办学思想的分歧，一个以庞薰琹先生为代表，要搞现代工艺，与现代的大工业结合；另一个以手工业管理局为主体，以邓洁先生为代表，主张要搞传统手工艺，把学校办成手工作坊，师傅带徒弟。这些不同的办学思想是暗里存在，没有正式地开会讨论。但是，搞现代工艺占主流，因此在教学课程设置方面也是以此为主。搞传统手工艺像泥人张、面人汤、皮影路这样的教师还是属于少数。

建院初期，学院的教师和行政人员为何会起矛盾？一个是教师原来领工资，都是学院发工资的人送到家里去的，从手工业管理局过来的行政人员就认为这些教师不好伺候，架子比较大。最初的矛盾就是这样引起的。教师们一心想要文化部领导，反右前写了一个请愿书。后来反右的时候，谁在请愿书上签名，基本上就被划为右派。1957年初，我带着留学生到杭州、上海、苏州实习半年，后来留学生回校了，我申请延长半年搞工艺调查。正在上海学习丝绸印染时，学院打电报让我回来，当时右派已经都"揪"出来了。

记：当时还有一种强调继承和发展民族民间装饰艺术的办学思想，是如何提出的？

黄：张仃先生在反右以后调到学院任副院长，他和张光宇先生对民族民间艺术一向非常重视，很自然的，他们会在教学中贯彻这种思想。其实，原来也有这种办学思想，他们来了以后就更加强调了。他们的装饰画既有中国特色，又很现代。华君武给张仃取了个"毕加索加城隍庙"的绰号。

1956年，中央工艺美术科学研究所办了内部刊物《工艺美术通讯》，虽然是内部刊物，但是文章质量很高，经常请专家来谈工作。1958年，《装饰》杂志创刊，由张仃和张光宇先生负责，他们在这方面很有修养。张仃先生很尊重张光宇先生，《装饰》杂志的名称也是张光宇先生和张仃先生商量后起的。他们很重视杂志的装帧，"装饰"两个字就是张光宇先生写的，每一期装帧张光宇先生都要看，刚开始的几期版式都是他自己画的。张光宇先生上课不像现在的老师一套一套理论，例如他教版面设计，就拿出几张纸，订成一个小本本，然后一页一页地画。张仃先生坚持《装饰》要有书脊，以便在书架上易于辨认。而且很重视图片，主张图七文三或图六文四，不像现在以文为主。《装饰》是中央工艺美术学院的学报，是反映工艺美院艺术和学术成就的窗口，应该注意图片的质量及数量。《装饰》编辑部虽然从一开始就是由几位老师在教学之余

1958 年 2 月，学院欢送 18 位教师、干部下放海淀区白家疃劳动时的合影。

兼职的，但《装饰》却是国家第一流的刊物。现在《装饰》编辑部继承发扬了这个优良传统，把《装饰》改成月刊，每期文字过万，工作量很大。人少办大事，值得庆贺。

记：建院之初，装饰为何成为学院专业设置或课程设置的重点？是否与学院参与的十大建筑装饰设计以及学院倾向装饰的办学思想有关？

黄：我没有感觉到装饰成为学院专业设置的重点，一直是平衡发展的。十大建筑装饰设计是政治任务，和教学没多大关系，当时政治任务来了，教学都停下来了。图案一直是雷圭元先生的教学体系，搞写生变化。像染织系需要了解传统，所以开了纹样课，但课时很少，一般是在低年级上两周时间。

沈从文先生的教诲

记：1953年您本科毕业留校当研究生，导师是谁？当时，您如何认识沈从文先生，并得到他的专业指导？请您谈谈沈先生对中央美术学院以及中央工艺美术学院教学与研究的支持。

黄：当时都是学校留本科毕业生读研究生，没有同学考研究生的，也没有考试。我当了两年研究生，主要在工艺美术研究室当秘书。我的导师是柴扉先生，但是我的专业导师是沈从文先生，他在历史博物馆工作。由于学院没有丝绸史方面的老师，就请他来上课。1953年初，我们迁到北京，只要戴着校徽，就可以免费进故宫参观。当时，午门楼上每个月都有专家做学术报告。我第一次听的报告就是沈先生的。和我一起留校当研究生的还有几个东欧的留学生，他们的大使馆认为中国

1956年，沈从文先生（中间讲话者）为中央工艺美术学院丝绸艺人创作研究班学员讲课（后排左三是黄能馥）。

是丝绸之国，向学院提出让他们学习中国的丝绸历史与工艺，学院没有老师，就请沈从文先生讲课。但是，沈先生有湖南口音，庞先生就让我去听课，做笔记，把笔记交给沈先生修改以后，学院再印出来发给留学生。

沈先生在中央美院上课的时候，学院给他开讲课费，叫我送到他家，他都让我退回去了。他一有稿费就买文物资料，像陶瓷、漆器、丝绸等等，还送给咱们学院不少，也送给北大、故宫、历史博物馆不少。他很喜欢粉彩瓷碗，每当他买到好的就送到学院让大家看，说怎么好，说完了就送给学院了。当时，前门外、珠市口文物非常多，比较便宜，像经皮子（由织锦做的佛经封面）才2毛5分钱一斤。我当时在北京的伙食费是7块钱一个月。在工艺美术方面，沈先生主张向古人学习，要了解民族传统，要重视很多很美的和西方不一样的东西。我在南方时看了很多很洋气的印花丝绸，觉得很好看；到北京以后，第一次接触传统的丝绸文物，不知道这些东西好在哪里。像蓝印花布刚开始我也不知道好在哪里，自己临摹以后才知道哪里好。

当时，故宫对我们学院也特别照顾。我经常陪留学生去故宫上陶瓷课，故宫指定几位专家，从库里调出文物摆在桌子上，然后由陈万里先生给我们讲解。像漆器、玉器也都是这样上的课。在这过程中，我一直陪着留学生上课。当时，我们和老先生的关系都很好，除了上课以外，我们经常到他们家里。这些老先生都不讲大理论，而讲很实际的。在理论方面，当时北方比较重视，现在越来越重视，新的名词越来越多。

记：您的夫人陈娟娟也是沈先生的学生吧？

黄：是啊。我爱人是北京人，16岁就得了风湿性心脏病，一直身体不好。她父亲陈子光原来是利生体育用品公司的总经理，是跳高运动员，后来当教练，还去日本访问过一次，"文革"期间被打成"走资派"了。我爱人原来要学医，因为她姐姐、姐夫都是学医的，后来考试通过了，但是体检没通过。1956年故宫招人，她家离故宫比较近，她就去了，一起招的有20个女孩子。沈先生的编制在历史博物馆，但在故宫有办公桌、书架。故宫当时东西特别多，光织绣就有20多万件，需要点数，搬到新库房，再用包袱包着排架。一般的女孩子搬去了就摆，我爱人记性特别好，打开看后记下特点、号码及摆放地点。沈先生来查资料的时候，别人都不知道在哪，她跑过去就拿来了。所以，沈先生很喜欢她，到哪工作都带着她，到咱们学院上课也带着她。这样，我们就认识了。

记：20世纪70年代初期，沈从文先生曾对您说过："目光要远大一点。""国家不能没有文化，不能没有传统。"这一席话对您来说意味着什么？沈先生对您的专业发展有何影响？

黄："文革"以前，去沈先生家的人络绎不绝，但是"文革"的时候没有人去。他那时身体也不好，眼睛黄斑出血，血压非常高，我和爱人每周都去看他。他住的房子很小，就十几平米放着一张床、一张小桌子和自己钉的书架，到处都是书，门口放着蜂窝煤炉。他也不能和爱人在一起生活，中午他爱人来送饭，吃剩的晚上放在蜂窝煤炉上热着吃。有一次，我和爱人从他家回来，我就说像沈先生那样的人物现在都落得这样的境地，我原来是学画画，现在还是画画好了，不搞织绣印染的研究了。我爱人马上去告诉沈先生，他听了很生气，让我爱人马上把我找来。我去的时候，门没关，他冲着墙躺着。我喊了好几声沈先生，他才回过头来说："你来了。听说你不干了？"那种场面挺惨的，我不敢说话。他就说："眼光要放远一点，要远大一点。"沈先生掉眼泪了，我也很感动，哭了。"文革"中，知识分子遭受的政治压力很大。我听了沈先生的指点，看到了一丝光明，坚定了搞专业的决心。

我第一次写《中国印染史话》时，也不知道该引经据典，其中有一句写着"据说"，沈先生看了用红笔圈出来，写上："据谁说？"这使我认识到研究历史要有科学依据，不能随意主观推测下结论。

织绣服饰研究

记：在此后的30多年里，您和夫人陈娟娟女士一直坚持从事中国丝绸和服饰史的研究工作，取得了多项重大成果。您和夫人是否继承了沈先生开辟的以历史文献与考古实物相对证的研究方法来研究中国服饰？

黄：对，而且以实物为主，以图为主，加一些科学的解释。第一，是因为在我们学院查文献，很多查不到。我看文献比较多的是"文革"下放劳动回来以后。当时所有图书馆都封了，但是考古所是开放的。庞薰琹先生和考古研究所所长夏鼐先生解放前在中央研究院是同事，比较熟，我就请庞先生写个条子去找夏先生看书。

1956年冬，中央工艺美术学院举办的全国丝绸艺人创作研究班结业合影（前排左四为雷圭元、左七为柴扉、右一为黄能馥）。

庞先生虽然身体不好，但是他听了，就拄着拐杖带我直接去了。此后半年多，我天天拿着出入证躲在考古研究所内部阅览室看书。还有"批林批孔"的时候，派我到北京师范大学联合"批林批孔"，他们的古典图书都是开架的，我在那又看了半年。第二，是因为"文革"期间吸取教训，那时写文章都要引录"毛主席最高指示"，然后是马克思怎么说，恩格斯怎么说。我的文章从来没有引这些伟人的话，我觉得把唯物主义和辩证主义的观点应用在内容中就可以了，不搞教条主义。他们的这些观点随着时代的发展会改变，最宝贵的、不会改变的是文物，要很科学地研究文物，记录科学数据。所以，我写书、写文章，一直把文物作为主要根据，而且想尽量让人家能够懂，要是直接引用古文的话，很难懂，我都用白话文翻译。而且，历史文献有一些学说是后人附会的，所以要去伪存真。另外写稿子时，我的字也是规规矩矩的，就是仿宋体，因为审稿的人看了乱七八糟的字会头疼。《装饰》我也编过，看《装饰》的文稿时如果字很潦草看不清楚，我就不会仔细看。

实物方面，全国各地的文物经常到北京展览，各地博物馆知道我会分析织物，就寄来织物标本让我分析。我分析完以后把标本和分析结果再寄回去，我从来不写文章而让他们去发表。这样博物馆对我就很信任，而且我对织机、织物组织比较清楚，可以把织物组织一层一层地画出来。

染织服装教学

记：您研究生毕业后就在染织系任教了。请谈一谈当时的染织教学是否很重视下厂实习、工艺调查？

黄：刚建院，染织系办了两件大事：一件是到各地收集丝绸品种。公私合营以前，我和柴扉先生到天津、南京、苏州、杭州、上海等丝织厂，这些厂很多是私营的，了解这些厂生产哪些品种，哪个设计师是最好的。柴先生和他们谈话，我就挑比较好的产品，拿回学校后，我整整花了半年时间，把样品一一装裱、写说明，包括品种、规格、经纬线原料、工艺、组织，以及哪一年哪个厂出的。现在那批东西在资料室，很可惜，没多少人知道这批资料的好处。实际上，20世纪三四十年代中国丝织品种的收集，我们学院是最全的。

另一件是办丝绸艺人研究班。我和柴扉先生列了一个全国优秀丝织设计师的名单，跑纺织部和丝绸进出口总公司搞了一个计划，把他们集中到咱们学院来搞研究，半年时间，资金由丝绸进出口总公司出。学院为他们开了各种讲座，柴先生讲丝绸设计，徐振鹏先生讲色彩学，沈从文先生讲丝绸历史，纺织部总工程师讲织物组织原理，丝绸总公司徐经理讲丝绸外销，我是这个班的班主任。这个班29人，对中国丝绸发展的作用非常大，他们回去以后都成为当地丝绸界的领导、骨干。浙江省丝绸总公司总经理丁志平就是这个班的学生。他被派到香港一段时间，回来后就在深圳办了一个华丝公司，成为中国丝绸的一个窗口。此外，还有苏州丝绸研究所所长金庚荣、中国流行色协会的创建者之一蔡作意等。另外，这对我们学院的染织发展也有益处。我带着学生去实习，不仅吃住都没问题，而且选花会的时候（当时的生产要通过选花会，通过以后才能生产），他们总会挑一些学生的作品投入生产，然后把样品给我们。他们还无保留地教学生设计。

记：染织系在建院初期算是一个大系，为什么它能成为一个大系？

黄：这和社会背景有关系。比如分配以后，不一定是学染织就搞染织，可能让你搞别的工作，因为染织系的学生图案基础特别扎实，各种设计也需要图案，这样学生出去以后，哪一行都能适应。系主任柴扉先生虽然理论水平不是很高，但是他的教学经验、设计水平很高，学生们包括留学生都很佩服。学生在设计时碰到什么困难，他一指点问题就解决了。搞业务的老师，关键不在于多能讲，而在于学生碰到困难的时候，你能解决。

记：当时，染织系还有哪些师资力量？您上哪些课程？

黄：程尚仁先生属于雷圭元先生的教学体系，搞写生变化。我对写生变化有看法，因为写生变化出来的东西比较死板，就是对称、平衡。高考的时候，就是写生变化，一朵花变成哪个样子；本科学生上课画的作业和考生的差不多；老师的示范作品也是那个路子。后来就变成一个怪现象，必须按照那个套数去画才能得高分，如果考生有新的画法，就可能不及格。所以有些考生就说：考工艺美院画图案要照老套路，不能闯新路，否则就会碰钉子。"反右"以后，柴扉先生被错划为右派，我在系里上的课就比较少了，给我排的课主要是纹样史、染织工艺，并让我带学生下厂实习。1958年，学院在中国美术馆办过一次展览，张仃先生要求拿出实物。系里程尚仁先生让我教学生手工编织，我找学院木工张克俊师傅配合做了18台少数民族的手工织机，学生兴趣特别高，最后织出了壁挂、背包之类的东西。各种风格都有，有少数民族风格的，也有很时髦的。当时是计划经济，买不到线，而且要各种颜色、不同粗细的，所以我就和学生到光华印染厂挑捡他们不用的乱了的线，很便宜，也不用计划指标。

"文革"以后，我曾经当过一次班主任，原应从一年级带到毕业班。我给他们上的第一课有两周时间，用石灰、豆面做染料，在教室里做蓝印花布，然后做成壁挂、口袋等各种用品。我和白崇礼两人在教室里布置作品展，当时在学院很轰动。但由于我的教法不是写生变化的老套路，到第二学期，我这个班主任就被系领导撤掉了。李当岐那个班要毕业时我还给他们上了两周课，原来排的是祝韵琴老师的课。她让我上了两周染织纹样史，把历代纹样、传统图案整理出来，让学生临摹，然后用现代手法进行色彩创新，变成装饰画。刚好美国芝加哥艺术学院师生来参观，到我们教室以后，那些学生都不肯走。

记：1960年，中宣部和文化部成立全国高等艺术院校统一教材编选组，并组织在香山饭店进行教材编选工作，您和李绵璐先生编写了《中国染织纹样史》。请谈谈当时编选教材的具体情况，这套教材对工艺美术学科的发展，尤其是工艺美术历史、理论有何作用？

黄：当时，全国高等艺术院校没有一种统一的教材，所以由中宣部、文化部和国务院出版局发起，搞统一教材的编写。这套教材是艺术类的全面教材，可能比较偏重历史方面。为使工艺美术教学走上正轨，成立了工艺美术教材编选组，组长是张仃先生，我和李绵璐是秘书。《中国工艺美术史》是重点教材。我和李绵璐先生编写了《中国染织纹样史》，他写少数民族部分，其他的是我写的。我和他分工，他多管一些行政方面的工作，老先生都需要照顾。因为当时是困难时期，中宣部认为搞这种高级脑力劳动，营养需要保证，在香山饭店吃得好一点，每周可以买点水果糖和香烟，这在外面是买不到的，所以集中到香山饭店住。这套教材在当时没有发挥太大的作用，因为这批教材出版上市的时候，毛主席刚好批评戏曲界"才子佳人占领舞台"，因此马上就从市场上撤下去了。但是，这套教材的编写为后来的教材编写奠定了基础。当时故宫很支持教材编写，在漱芳斋边上准备一个很讲究的房子，里面摆了二十来张桌子，钥匙交给我，大家什么时候去都可以。沈从文先生当顾问，他很热心。在具体工作开始之前，就写了二十多万字，列了各个科目的参考书以及主要的内容。他不到香山住，因为找他的人很多，他怕大家找不到他。

记：这套教材的编写对您以后的染织著作有何影响？

黄：这套教材的质量应该很不错。我后来写这些书，也是这个时候打的基础。我当时写《中国染织纹样史》不光是研究故宫的实物，还阅读很多古代文献材料，以及像《考古》、《文物》等刊登的考古报告以及各地的博物馆馆刊。1986年，因为很多助教提升不上讲师，还以雷圭元先生的名义办了全国范围的助教进修班。我带他们到主要地方的博物馆参观收集资料，那次我也收集了好多资料。他们回去以后，很多很快就升为讲师了，成为当地的教学骨干。

记："文革"期间，您还有机会参加与专业相关的活动吗？

黄：那时我随学院下放到石家庄的部队劳动了，不允许搞专业。直到1972年湖南长沙马王堆出土文物要到日本展览，才提前把我调回北京分析马王堆的织物。

记：1982年学院在染织系设置了服装专业，1984年服装设计从染织美术系分出。1991年两个专业又合并成为染织服装设计系。您如何理解染织与服装两个专业在教学上的关系？

黄：学院成立服装系时候，办了一个服装艺人研究班，从全国29个省市调了服装师傅，为筹建服装系做教材、软件的准备，我和白崇礼、袁杰英参加这项工作。服装系成立以后，我回到染织系接着教染织纹样史和染织工艺。其实，服装是龙头，从创造性来讲，基础打得越宽越好，一个是服装款式和工艺，一个是色彩和纹样，如果色彩和纹样的基础很深，服装的变化就会很大，因此服装必须结合染织。如果分开，染织的路子很窄，一般的工厂都没有设计部门，都是来样加工。所以，染织系的学生出去以后，待不住，要改行。另外，染织系的同学基础比较宽，改行也可以适应。现在，我问染织专业的学生，在毕业班上什么课，她们说上手工刺绣、手工织花。我想现在都是信息时代，可以用电脑设计，作为清华大学，这不是太落后了吗？现在很现代的课程，老师过去没有学过，也没有请外面的人去上，也没有一种规划，送学生出去培养、学习，那么这个学校将来怎么追得上时代的发展？北京服装学院经常请我去参加答辩，我看他们搞得挺活的；上海东华大学也请我去，他们那里也很活。学院的发展要跟上时代，跟生产、实习、市场结合起来。如果脱离生产、脱离市场、脱离生活，那还有什么创造能力？学院的规划要有远大的眼光。像我院环艺系、工艺系等与社会联系紧密，毕业生毕业作品展所反映的水平就属于上乘。

记：您从学生时代起就十分注重工艺，后来撰写多部著作，例如获得国家图书奖的《中国丝绸科技艺术七千年》，也是以丝绸科技艺术为题。您认为染织、服装的教学研究与设计实践应如何处理科技或工艺与艺术的关系？

黄：前几天，我参加上海的国服研讨会，会后看了一场服装表演。我不知道现在的服装设计有什么作用，有什么意义？很臃肿，什么乱七八糟的都堆上去，人体很美的体形都给破坏了。我觉得搞创作设计，一方面要懂得工艺、技术，另一方面要和时代的潮流结合起来，传统与现代的时尚结合。例如，我儿子原来在咱们学院学室内设计，后来吸取藏文化，把西藏佛经的元素，设计成装饰画，色彩用红白黑三色，在这基础上再加金或银，画的篇幅很大，有很强的民族特色和现代感，非常大气。这样，他就打开国外市场了。他的画就是很有中国传统文化内涵，而且很时尚，与现代建筑很协调。中国的传统十分悠久，但是不能走回头路，不管是服装、陶瓷，还是室内设计、建筑设计等等，都必须和时尚、和现代生活结合。但是，这样做有一定的难度，必须充分地理解、消化传统，而不是照搬。

记：您的教学方法就是传统和时尚、现代科技、现代审美生活结合起来。

黄：对，我主张搞艺术不能模式化。第一要打基础，根据个人的才能因材施教，扬长避短，把作品搞活。第二要深入学习民族传统，并了解审美时尚的发展变化，在应用时不能照搬，必须和时代、生活结合起来，要时尚化。第三，古代的东西比较复杂，现在的设计要简化。例如，你想

1988 年，黄能馥教授在中央工艺美术学院为学生讲授手工印染课。

运用中国彩陶文化的元素，当你透彻地理解彩陶艺术的规律之后，哪怕是画一条线，也能反映出彩陶艺术特有的风韵。写生和学习传统都是艺术积累的手段。

"要重视人才资源"

记：您对此次院史编修有何建议？

黄：院史写作要有原则，掌握一些大的方向，发扬正义，不用写得太具体。这次写院史广泛采访老教师、老党政工作者，集思广益，尊重历史，在这样的基础上

进行汇总归纳，写出学院的发展史，做法本身就是符合辩证唯物主义的。

记：您认为中央工艺美术学院主流的办学思想和学术精神是什么？

黄：学院在"反右"以前，师资中有许多是真正的国家一流专家，而且这些专家一

2006 年访谈合影，左起：郭秋惠、黄能馥、王丽丹。

辈子专心要把这个事业办好，像庞薰琹先生对学院的教材建设、师资建设、专业建设等都下了很大的功夫。"反右"以后，幸亏有张仃先生主持工作。他在历次政治运动中，不管怎么挨批，都坚持"百花齐放、百家争鸣"的方针，他在我们国家艺术风格的创新方面有很大的功劳。像这些专家的社会威望也很高，可以请社会上的专家讲学，还可以通过文化部组织规模宏大的全国性中国装饰设计交流活动。这不仅是一个学校的问题，而且使工艺美术事业引起了社会的重视。像20世纪60年代，由中宣部和文化部组织全国高等艺术院校工艺美术教材的编选，影响也很大。这都必须要组织著名的专家来主持工作，然后才能把这些事办好。学院贵在有名师，要有全国有名望的专家、人才，要重视人才资源，办学思想和学术精神是通过人才体现出来的。

原载《传统与学术：清华大学美术学院（原中央工艺美术学院）院史资料集》第四期，2006年；后载杭间主编：《传统与学术：清华大学美术学院院史访谈录》，清华大学出版社，2011年版，第136-149页。

与黄能馥先生闲话二三事

访谈、录音整理：肇文兵

2011年夏末，为了确认文集定稿的事情，我来到位于北京望京西园的黄能馥先生家中拜访。老先生一个人住，过着简单朴素的生活。在看过文集稿件之余，为了确认先生年表中的若干问题，又闲话起来，谈到"文革"十年、谈到先生的导师柴扉先生，也谈到黄能馥先生几十年治学的不易与坚守。

（下文为编者与先生谈话的部分记录整理）

关于"文革"十年

编者：关于"文革"这十年，您的年表里只有一句话："由于'文化大革命'而停止了正常的教学工作。"你觉得还有什么需要补充的内容吗？

黄：（关于"文革"十年的事情）就算了，不要讲了，本来也没有什么可讲的。

编者：十年间您停止了教学工作，但是研究方面呢？还在继续吗？

黄：大概在1973或1974年期间中国第一次出国办文物展，是去日本展览马王堆的文物。那个时候叫我去分析马王堆的丝绸，除此之外便没有其他的研究活动。那几年我在北京没有事做，那时候图书馆统统都关门了，我就到社科院考古研究所的图书馆，他们的图书馆还是开着的。当时请夏鼐先生批准，我天天去他们的图书馆看书，大概看了一年多。当时咱们（中央工艺美术学院）很多书都没有，他们都有，而且都是开架的。还有就是尼克松访华的那一年，我被派去北师大参加"批林批孔"，在那里又呆了半年多，北师大的教室和图书馆也是开放的，书也是开架的，在那里我又看了半年多书。"文革"十年间就只有这两个阶段看了一些书。那个阶段就是这样，没做别的事，所以不用讲什么。

关于我的老师柴扉教授

黄：以前我写过一篇关于柴扉教授的文章，那时候我还在《装饰》编辑部，当时整个杂志都编好了，里面有段文章是我写的《怀念柴扉教授》，结果到发稿的前一天被当时的党委书记撤掉了。我问为什么，他说"这是搞个人崇拜"，当时只好把稿子撤掉了，那期杂志就弄得很被动，又用其他的文章补了上去。后来，过了很长一段时间，我说这和个人崇拜没关系，再后来又在另外一期上发表的，是哪一期我都记不清楚了。

虽然柴先生没有写文章也没有写书，但是他在丝绸、纺织这个行业里是非常受尊敬的，他画得很好。他的教学也不是讲很大很空的理论，学生作品有问题，遇到困难解决不了，经他指点也就很快解决了，包括当时的外国留学生对他都非常尊敬。学院刚建校的时候他是染织系的系主任，系刚刚一成立他就办了一个"丝绸老艺人研究班"，把全国的丝绸老艺人都调到北京来。当时我是班主任，就跑到丝绸总公司跟纺织部去批文件，请他们给些经费。半年以后，这些人回去地方都担任了各个地方丝绸方面的领导。所以，那以后我们系里带学生出去实习的时候，各地都给了支持。柴先生一直强调教学一定要和生产结合，这在之前是没有的。社会上对柴先生是很尊敬的，很多会议都会找他去参加，后来他被错划为"右派"了，染织系的工作也受到了影响。他主要是主张教学与生产的结合，另外就是关心老一辈的手工艺人。说起来很简单，但是柴扉先生做了很多事情。

我与《装饰》杂志及《工艺美术论丛》

因为我们是美术学院，原来张光宇和张仃先生一开始（做《装饰》杂志的时候），想要把学校的教学成果反映出来，主要是（刊登）设计和绘画作品，所以当时规定是图七文三，或者是图六文四。学院当时很多毕业生的作品都很优秀，但是反映不全面，我当时为了保证《装饰》杂志的风格，便以图为主。但是很多好的论文无处发表，我就办了一本《工艺美术论丛》，这样《装饰》杂志登不下的文章，我就放到《工艺美术论丛》上面去了。《装饰》杂志保持原来风格，把学校一些好的作品能够反映到社会上去，我在《装饰》杂志的时候是这样做的。那时跟现在不一样，听说现在发表一篇文章要交占版费的。作为一个国家一级刊

1981 年出版的《工艺美术论丛》第 1 辑封面。

物，应该维持它的权威性，去扶持它，国家应该拨出经费和人员，而不是靠杂志社自己去打拼。

研究与学术生涯

黄：我是觉得，不管怎么样，写的文章一定是要让人看得懂，能够普及。我这个专业，很重要的内容就是装饰纹样，纹样是装饰艺术的灵魂，我对纹样历史的研究不是从文章到文章，而是看实物，并且主要是出土文物，做到"以物证史"。因为如果不是实物求证的话，很多都是文人、儒家的理论，这个学者跟那个学者有很多提法都不一样。例如，离我们很近的中山装，才多少年的历史？有些理论说，中山装的纽扣是五权宪法，三个口袋是三民主义等等说法，实际上孙中山早期穿的中山装不是五个纽扣而是七个纽扣，所以这些说法与实际都是不符合的，都是文人牵强附会上去的。还有过去的王权标志十二章纹，几千年下来，牵强附会就更多了。所以最根本的还是要以物证史，根据这样的学术理念来做就比较可靠。当然这些理论也需要跟实物对照、比较才可靠，我的观点就是这样。另外，我上装饰纹样史或者服装史的课程，你写文章光靠文字，写得再细致也不具体，但是一看实物就清楚了，所以我比较重视图。另外，我们学校当时的条件也不太允许，一些理论方面的书也没有，当时一个月的工资也很少，自己买书也买不起，去买相机和照片更不现实。于是，我带同学出去实习的时候，到一个地方的博物馆就开始画文物，先用铅笔打草稿，然后回到住的地方，我就坐在小凳子上趴在床上画。到任何地方都是这样的。所以就画了很多很多，家里稿子就多了。有一次，旅游出版社叫我写一篇关于龙的文章，编辑到我家一看，那么多一摞一摞画的稿子，他说这么多稿子怎么不发表？后来他就拿去发表了，当时发表的条件是没有稿费，只是给了200册的书。

我是一直很重视纹样，这一辈子一共抓了三个方面的事情：一个是装饰纹样，我也在当时教纹样史，所以后来就出了一本《中国装饰纹样大典》。第二个方面就是中国丝绸，除了纹样以外，我要看它的科技，就是怎么织造出来的，织造技术、印染技术我比较重视，不是只看花样，而是要研究它是怎么织出来的，纹样的组织结构是怎么样的，所以在这方面我和我的爱人就下了很大功夫。当时由于我在杭州，柴扉教授和当地的一些技术人员都很熟悉，当时他带我到工厂去学习，他们都非常热情，也很欢迎，他们甚至把机器拆开来给你看，给你讲，然后给你装上，一步一步把关键的东西都教给你了，一点都不保留，所以这样我能够知道丝绸是怎么织出来的，它的组织结构我就都懂了，就是靠在杭州的时候还有后来下厂实习的时候不断积累这方面的知识。工厂的机器是比较复杂的，但是也都是根据原始的纺织机器原理制造出来的，所以对于民间的织花机器也就一看就懂了，它等于是把民间少数民族的机器的一个单位的组织，变成几十个单位，现在是上万个单位都可以

制造出来，根本的东西懂了就好办
了。所以研究古代印花用的染料、
机器构造，都有了了解的基础。后
来上染织工艺课的时候，我就用木
头做的机器来给同学们讲，这就对
后来那本《中国丝绸科技艺术七千
年》那本书以很大的帮助。这是第
二方面。

作者黄能馥与编者肇文兵，2013 年。

第三方面，纺织品主要是用来
做衣服的，所以不能够离开服装，
后来就研究服装这一块。因为我爱人陈娟娟在故宫工作，另外我在早期也参加了马
王堆服装的研究，当时全国博物馆的研究人员都来参加，他们也都知道我会绘制，
后来地方上出土的很多材料都把标本寄给我让我，给他们分析，我分析完以后一
个字都不发表，就把原件寄给他们，请他们自己去发表。这样人家就比较信任我，
因为出土的东西多少年才那么一件，你拿去发表了人家会很不高兴的，我都是分析
完了把书就给他寄回去，把标本寄还给他们，请他们自己去发表文章，一直都是这
样。所以我要是想要什么材料、图片，就去请他们帮助，他们都会寄给我。有一次
我带学生去福建实习，去宋代的王昇墓，他们甚至在仓库里面装了聚光灯让我去那
里面研究，把所有资料都给我了。那个时候中国历史博物馆去了三个人要去看看，
他们说这个地方非常潮湿，窗户是封着的，不能进人的，之后就给他们提供了三小
块东西请他们看一看和做报告，而我就可以天天在仓库里面做研究。这些纺织品其
实已经破损得很严重了，没法展览了，但是这些东西非常好，资料很全的。

服装是纺织品的龙头，原来周总理在20世纪60年代的时候说，我在国外看到
时装博物馆和丝绸博物馆，中国历史比他们长，我们那么大一个国家，什么时候能
够有一部中国的服装史？什么时候能够建我们自己的丝绸博物馆？当时文化部的一
个副部长就说：这个工作沈从文可以做，于是总理说那就交给沈从文吧。这样沈从
文先生就开始写那部服装史。后来丝绸博物馆是80年代的时候才开始办的，那个时
候也叫我去帮忙做顾问。关于服装博物馆的建设，原来有一个叫"北京服装设计研
究中心"的机构想搞这个博物馆，但是这个博物馆到现在也没有建成，现在连这个
机关也没有了，房子也卖掉了。要建服装博物馆很难，因为实物很少，而且不好保
存。故宫以前办过一次丝绸馆，展出几年以后那些东西都坏掉了。

这一辈子就主要这三本书，一本是《中国历代装饰纹样》，第二本就是《中
国丝绸科技艺术七千年》，第三本书就是《中国服饰艺术七千年》。我本来也不

像人家那样有才华，写文章我都是老老实实的，没有什么文采，目的就是要人家看得懂。我手写的稿子都是楷书的，因为我自己当过编辑，如果送来的稿子字迹很潦草，我就没办法改。所以字要写得规整点，让人家看得懂，另外就是文章也要写得实实在在，也是为了让人家看得懂。

现在年岁大了，八十多了，外面也去不了，博物馆也去不了，另外出版也很困难。因为我原来是学美术的，所以我现在还画画东西。

2011夏末

年表

1924年 2月5日（农历甲子年正月初一）出生于浙江省义乌县，原名黄能福。

1942年 在义乌县立初中肄业后，进入新群高中学习土地测量，历时半年。

1943年 进入浙江省测量队工作，成为测量队队员。

1949年 被母校义乌县立初中聘为语文教员。

1950年 考入杭州国立艺专（11月，更名为中央美术学院华东分院），开始使用姓名黄能馥。

1953年 年初，因全国院系调整，转入北京中央美术学院工艺美术系学习。
7月，本科毕业并继续攻读研究生，导师柴扉教授。读研期间，开始跟随沈从文先生学习中国丝绸史。
任中央美术学院工艺美术研究室秘书、全国第一届民间美术展览会会场管理组副组长、少数民族馆馆长。

1955年 研究生毕业并留在中央美术学院任助教。

1956年 中央工艺美术学院成立，调入学院任助教。
担任学院举办的全国丝绸艺人创作研究班班主任。
在工作中，结识了沈从文先生的另一位弟子陈娟娟女士。

1958年 为染织系一年级学生讲授"临摹"课，共15周，75学时。
与染织系温练昌、常沙娜、李绵璐、朱宏修、程工等老师一起参与了国庆十周年北京"十大建筑"的装饰设计工作，共同完成的工作包括人民大会堂主席台、北京厅、钓鱼台国宾馆的地毯设计以及人民大会堂的丝织窗帘、锦罗绒沙发面料的设计工作。

1959年 与陈娟娟女士结为伉俪，从此开始了两个人在学术与人生上相濡以沫、互相扶持的岁月。
暑假，学院组织各专业教师深入生活采风。与常沙娜、李绵璐到敦煌莫高窟，临摹历代壁画、彩塑人物服饰上的图案，共整理出彩图328幅。这些临摹作品还在学院进行了展出观摩。

1960年　为染织系三年级学生讲授"纹样"课程。

在张仃带领下，与李绵璐、梁任生赴云南采风。

1961年　任文化部高等艺术院校统一教材编选组成员兼秘书。

成为中国美术家协会会员。

为染织系三年级学生讲授"纹样"课程，共两周，44学时。

1962年　编著《中国历史小丛书——中国印染史话》，中华书局出版，印数50500册。

为染织系三年级学生讲授"纹样"课程。

1963年　与李绵璐合作编写《中国染织纹样简史》，此书为高等艺术院校统一教材，

于1964年由中国财政经济出版社出版。

与陈娟娟合作编著《中国历史小丛书——丝绸史话》，由中华书局出版。

为染织系三年级学生讲授"纹样"课程。

与袁杰英、李绵璐一起为染织系四年级学生讲授"染织设计"课程。

1964年　为染织系三年级学生讲授"纹样"课程。

与程尚仁、袁杰英、李绵璐共同为染织系四年级学生讲授"染织设计"课
程。

1966年　3月，为染织系三年级学生讲授"（织花）专业设计"。

5月，由于"文化大革命"而停止了正常教学工作。

1970年　5月，随学院师生到河北获鹿县1594部队农场下放劳动。

1972-1973年　国家文物局抽调中央工艺美术学院的一批教师参加"中华人民共和国
出土文物展览"的文物临摹、复制及设计工作，黄能馥参加了其中出土织物
的分析工作。在不到一年的时间里，他们以湖南长沙马王堆出土文物为复制
重点，为展览完成了51件高质量的文物临摹复制品。此次展览是"文革"中
首次以国家名义组织的出国文物展。

1977年　中央工艺美术学院逐步恢复教学工作；取得讲师职称。

1978年　12月，为全国艺术院校助教进修班讲授"传统染织图案临摹与分析"课程。

1979年　9月至10月，为染织系1979级学生讲授"写生变化及二方连续"以及"传统印

染"课程。

1980年 参加中央工艺美术学院院刊《装饰》杂志复刊工作，任编辑。

参加《中国百科全书·文物卷》、《当代中国的工艺美术》、《北京风物志》等书的编写工作。

与陈娟娟合作编著的《丝绸史话》由中华书局再版，累计印数65150册。

7月，为染织系1979级学生讲授"基础图案工艺制作"、"花头、叶子写生变化"以及"适合纹样"课程。

9月至10月，为染织系1977级、1978级学生分别讲授"染织纹样史"。

1981年 成为中国工艺美术协会会员、中国工艺美术馆顾问、中国云锦协会顾问。

10月，主持编辑学术刊物《工艺美术论丛》第一辑的出版工作（至1982年共出版三辑，由人民美术出版社出版）。

同年至1982年，为1978级、1979级学生讲授"丝绸织花设计"、"蜡染设计"等课程。

1982年 2月，为染织系1980级学生讲授"染织纹样史"。

开始担任中国流行色协会学术顾问、专家委员会委员。

受《中国美术全集》编委会聘任担任《中国美术全集·工艺美术编·印染织绣》上、下集主编，两书分别于1985年12月和1987年9月由文物出版社出版中文版，后出版英文版与日文版。《中国美术全集》60集出齐后，于1991年在首届中国优秀美术图书评比中获"特别金奖"；1993年又在首届国家图书奖评比中获"最高荣誉奖"。

1983年 3月，为染织系1981级学生讲授"染织纹样史"。

9月，为染织系1980级学生讲授"丝绸织花设计"，带学生到杭州胜利丝织厂与图案设计人员一起做设计。

任国家科委、中国科技馆赴加拿大"中国古代传统科技展览会"纺织科技顾问。

与常任侠等五人应中日友好协会邀请合著《中国美术史谈义》，由日方翻译，并由日本淡交社在日本京都出版，黄能馥执著其中的《中国青铜器》部分。

撰写论文《谈龙说凤》，阐明龙凤起源于新时期时期的中早期，至阶级社会分化为宫廷文化与民俗文化，今天龙凤已不再代表皇权的标记，龙凤是中华民族传统文化的象征，凝结着中华民族共同的心理特征以及与之相适应的审美趣味，是非常宝贵的民族传统文化遗产。此文发表于《故宫博物院院刊》1983年第3期头版第一篇。

与陈娟娟合著《中国历史小丛书——丝绸史话》被编入《古代经济专题史话》（中国历史小丛书合订本），由中华书局出版，并于1984年获"优秀爱国主义通俗历史读物奖"。

1984年 编著《中国动物图案》，由湖南美术出版社出版。

6至7月，为染织系1981级学生讲授"手工印染"课程。

10至11月，为染织系1980级学生讲授"丝绸印花"，与教师田青一起带学生下工厂实践。

1985年 《中国美术全集·工艺美术编·印染织绣》上集由文物出版社出版。

获副教授职称。

4月，为染织系1983级学生讲授"染织纹样史"课程。

12月，为染织系1984级地毯班学生讲授"传统地毯图案"。

1986年 编绘《历代动物纹样》、《龙凤图集》，均由天津杨柳青画社出版。

6月，为染织系1984级学生讲授"染织纹样史"。

10月，常沙娜编著的《敦煌历代服饰图案》由香港万里书店有限公司和轻工业出版社合作出版。书中收录黄能馥与常沙娜、李绵璐于1959年在敦煌临摹绘制的作品300余幅。

1987年 任中国丝绸博物馆筹建处总顾问。

与陈娟娟合作编著《中国龙纹图集》，由香港万里书店有限公司、轻工业出版社联合在香港出版。

担任中央工艺美术学院《工艺美术辞典》编委会编委，主编《基础图案》、《染织》、《服装》三章，该书于1988年由黑龙江人民出版社出版。

获教授职称。

1988年 1月，为染织系1987级学生讲授"手工印染"，为织绣班讲授"传统图案"课程；同时为史论系1985级学生讲授"中国染织史"。

在中央工艺美术学院退休。

任中国书画函授大学副校长兼实用美术部主任。

撰写论文《龙年说龙》，发表于中国对外文化交流主办的、以16种文字向世界发行的《文化交流》刊号总第一期头版第一篇。

1991年　与黄钢合作编著《图案造型基础》，由神州出版社出版。

1992年　任纺织工业部服饰博物馆总顾问。
　　　　编著《色彩学基础》，由中国书画函授大学出版。

1993年　撰写论文《中华龙文化综述》为《中国龙文化景观》代序，由中国旅游出版社出版。

1994年　任北京现代实用美术学院名誉院长；
　　　　与陈娟娟合作编著的《中华服饰艺术源流》由高等教育出版社出版，胡乔木先生为此书题写书名并写信致贺。

1995年　与陈娟娟合作编著的《中国历代装饰纹样大典》和《中国服装史》两本书由中国旅游出版社出版。

1997年　与陈娟娟合作编著的《中国服装史》在全国第二届服装书刊展评会上获最佳书刊奖。

1998年　与陈娟娟、钟漫天共同编著《中国服饰史》，由文化艺术出版社出版。
　　　　与陈娟娟合作编著《中华文化通志·服饰志》，由上海人民出版社出版；
　　　　《中华文化通志》（101卷）于1999年获全国第四届国家图书奖。

1999年　与陈娟娟合作编著两本书，其一为《中国历代装饰纹样》，由中国旅游出版社出版，此书于2002年获清华大学优秀教材奖；另一部为《中华历代服饰艺术》，由中国旅游出版社出版，此书于2000年获第十二届中国图书奖。

2000年　与陈娟娟合作编著《中国传统艺术·龙纹装饰》，由中国轻工业出版社出版。
　　　　出任《中国艺术百科辞典》副总主编及服饰卷主编，冯其庸先生任总主编，该书于2004年由商务印书馆出版。

2001年　原《敦煌历代服饰图案》再版，更名为《中国敦煌历代服饰图案》（精装版），由中国轻工业出版社出版。

2002年　与陈娟娟合作的一部重要著作《中国丝绸科技艺术七千年》由中国纺织出版社出版。
　　　　与李当岐、臧迎春、孙琦合著的《中外服装史》由湖北美术出版社出版。

2003年 2月8日，夫人陈娟娟因病辞世。

主编《中国南京云锦》，由南京出版社出版。

与陈娟娟合作编著的《中国丝绸科技艺术七千年》获第十一届全国优秀科技图书一等奖及全国第六届国家图书奖。

2004年 受聘为上海美特斯邦威民族服饰博物馆高级顾问。

与陈娟娟合作编著的《中国服饰史》，由上海人民出版社出版。

2005年 主编的《中国南京云锦》一书获第十四届中国图书奖。

2006年 与陈娟娟合作编著的《中国龙袍》，由紫禁城出版社与漓江出版社联合出版。

主编《中国成都蜀锦》，由紫禁城出版社出版。

2007年 编著《中国服饰通史》，由中国纺织出版社出版，获中国纺织总会2007年优秀图书奖。

2008年 任国家文物局"指南计划"织绣组专家评审组组长。

论文《复原三星堆青铜立人龙纹礼衣的研发报告》，发表于《装饰》2008年第1期。

10月，获中国美术家协会授予"卓有成就的美术史论家"奖。

论文《中国龙文化》，发表于中国美术家协会主编的《卓有成就的美术史家论文集》，由山东美术出版社出版。

2009年 4月，由中国民族文艺家协会推选为"共和国60年功勋文艺家"。

5月，受聘为苏州大学兼职教授。

与乔巧玲合著的《衣冠天下——中国服装图史》由中华书局出版。

论文《中国南京云锦与红楼梦作者曹氏世家》，发表于《红楼梦学刊》，2009年第3期。

2010年 与苏婷婷合著的《珠翠光华——中国首饰图史》由中华书局出版。

2011年 黄能馥、陈娟娟、黄钢共同编著的《服饰中华——中华服饰艺术七千年》四卷本，由清华大学出版社出版。

2012年 与陈娟娟分别撰写部分章节的《中国文化与文明丛书——中国丝绸艺术》（主编：赵丰、屈志仁），由中国外文出版社与美国耶鲁大学出版社联合出版。

9月15日至11月20日，《沙鸣花开——敦煌历代服饰图案临摹原稿展》在杭州中国丝绸博物馆展出，其中的大部分作品是黄能馥与常沙娜、李绵璐于1959年完成于敦煌。常沙娜先生代表黄能馥先生和已故的李绵璐先生，将他们当年共同完成的400幅敦煌服饰和装饰纹样原稿，全部捐献给中国丝绸博物馆。

编著《黄能馥绘画六十二年》，由江西美术出版社出版。

2013年　与陈娟娟、黄钢共同编著的《服饰中华——中华服饰艺术七千年》（精编本），由清华大学出版社出版。

《中国丝绸科技艺术七千年》日文版即将由日方出版，目前正在翻译过程中。

著述目录

一、著作

1. 黄能馥 著：《中国历史小丛书——中国印染史话》，中华书局，北京，1962年。

2. 黄能馥、陈娟娟 著：《中国历史小丛书——丝绸史话》，中华书局，北京，1963年。

3. 黄能馥、李绵璐 编著：《中国染织纹样简史》，高等艺术院校统一教材，中国财政经济出版社，北京，1964年。

4. 黄能馥、常任侠等五人合著：《中国美术史谈义》（撰写《中国青铜器》部分），日本淡交社出版，京都，1983年。

5. 黄能馥 编著：《中国动物图案》，湖南美术出版社，长沙，1984年。

6. 黄能馥 主编：《中国美术全集·工艺美术编· 印染织绣》上、下集，文物出版社，北京，分别出版于1985年和1987年。

7. 黄能馥 编绘：《龙凤图集》，天津杨柳青画社，1986年。

8. 黄能馥 编绘：《历代动物纹样》，天津杨柳青画社，1986年。

9. 黄能馥、陈娟娟 编著：《中国龙纹图集》，香港万里书店有限公司、轻工业出版社联合出版，1987年。

10. 《工艺美术辞典》编委会（编委和作者，撰写《基础图案》、《染织》、《服装》三章，黑龙江人民出版社，哈尔滨，1988年。

11. 黄能馥、黄钢 编著：《图案造型基础》，神州出版社，北京，1991年。

12. 黄能馥、陈娟娟 编著：《中华服饰艺术源流》，高等教育出版社，北京，1994年。

13. 黄能馥、陈娟娟 编著：《中国服装史》，中国旅游出版社，北京，1994年。

14. 黄能馥、陈娟娟 编著：《中国历代装饰纹样大典》，中国旅游出版社，北京，1995年。

15. 黄能馥、陈娟娟 编著：《中华文化通志·服饰志》，上海人民出版社，1998年。

16. 黄能馥、陈娟娟 、钟漫天编著：《中国艺术简史丛书——中国服饰史》，文化艺术出版社，北京，1998年。

17. 黄能馥、陈娟娟 编著：《中国历代装饰纹样》，中国旅游出版社，北京，1999年。

18. 黄能馥、陈娟娟 编著：《中华历代服饰艺术》，中国旅游出版社，北京，1999年。

19. 黄能馥、陈娟娟 编著：《中国传统艺术·龙纹装饰》，中国轻工业出版社，北京，2000年。

20. 黄能馥、陈娟娟 编著：《中国丝绸科技艺术七千年》，中国纺织出版社，北京，2002年。

21. 黄能馥、李当岐、臧迎春、孙琦合著：《中外服装史》，湖北美术出版社，武汉，2002年。

22. 黄能馥 主编：《中国南京云锦》，南京出版社，2003年。

23. 冯其庸总主编：《中国艺术百科辞典》，黄能馥主编《服饰卷》，商务印书馆，北京，2004年。

24. 黄能馥、陈娟娟 编著：《中国服饰史》，上海人民出版社，2004年。

25. 黄能馥、陈娟娟 编著：《中国龙袍》，紫禁城出版社（北京）与漓江出版社（桂林）联合出版，2006年。

26. 黄能馥 主编：《中国成都蜀锦》，紫禁城出版社，北京，2006年。

27. 黄能馥 编著：《中国服饰通史》，中国纺织出版社，北京，2007年。

28. 黄能馥、乔巧玲 编著：《衣冠天下——中国服装图史》，中华书局，北京，2009年。

29. 黄能馥、苏婷婷 编著：《珠翠光华——中国首饰图史》，中华书局，北京，2010年。

30. 黄能馥、陈娟娟、黄钢 编著：《服饰中华——中华服饰艺术七千年》，清华大学出版社，北京，2011年。

31. 《中国文化与文明丛书——中国丝绸艺术》（黄能馥、陈娟娟撰写部分章节），主编：赵丰、屈志仁，中国外文出版社、美国耶鲁大学出版社联合出版，2012年。

32. 黄能馥 编著：《黄能馥绘画六十二年》，江西美术出版社，南昌，2012年。

二、论文与杂文

1. 《谈谈苏、杭织锦缎图案的设计》，《装饰》，1959年第4期。

2. 《云锦图案的装饰》，《装饰》，1960年第3期。

3. 《风格的继承和创新》，《装饰》，1961年第3期。

4. 《蜡染方便裙》，《装饰》，1982年第1期。

5. 《谈龙说凤》，《故宫博物院院刊》，1983年第3期。

6. 《一种优美的夏季时装——统身长裙》，《装饰》，1985年第2期。

7. 《龙——中国文化的象征》，《今日中国》，1985年第2期。

8. 《中国艺毯》，《装饰》，1986年第2期。

9. 《〈中国历代家具〉即将出版》，《装饰》1986年第4期。

10. 《苏绣艺术述评》，《装饰》，1987年第4期。

11. 《龙年说龙》，《文化交流》，1988年第1期。

12. 《龙的起源和演变》，《紫禁城》，1988年第3期

13. 《流行色彩论》，《装饰》，1989年第3期。

14. 《新加坡的衣文化》，《装饰》，1990年第2期。

15. 《中华龙文化综述》，《中国龙文化景观》代序，中国旅游出版社，北京，1993年。

16. 《龙袍探源》，《故宫博物院院刊》，1998年第11期。

17. 《致广大，尽精微》，《中国图书商报》，2002年4月4日。

18. 《怀念恩师沈从文》，《中国社会科学院院报》，2005年4月19日。

19. 《衣冠古国之服饰神韵》，《中国博物馆》，2006年第4期。

20. 《复原三星堆青铜立人龙纹礼衣的研发报告》，《装饰》，2008年第1期。

21. 《中国龙文化》，中国美术家协会编，《卓有成就的美术史论家论文集》，2008年。

22. 《淡如清水，亲如家人——回忆20世纪50年代初的师生情谊》，《装饰》，2008年第5期。

23. 《中国南京云锦与红楼梦作者曹氏世家》，《红楼梦学刊》，2009年第3期。

24. 《追思最亲密的同学和战友李绵璐》，《装饰》，2010年第11期。

跋

自从考入中央工艺美术学院学习，一直到毕业后留校任教，再到今天，风风雨雨走过了35个春秋……如今我也是一名执教31年的老教师了。这使年近花甲的我深切地体会到：在这个世界上，无须努力便可轻易得到的东西就是年龄。这35年来经历了许多事情，其中最大的事情莫过于学院并入清华大学。学院虽更名了，但中央工艺美术学院的精神并未改变，尤其是一批资深教授生命不息、笔耕不辍做学问的精神，不断激励着我们这些晚辈对学问的兴趣和执着。

黄能馥先生是位不折不扣的学术上的耕耘者，也是我钦佩和崇敬的一位学问大家。他的毅力，他的为人，他的学问，可以说是有口皆碑，广受赞誉。

数十年来，黄能馥先生始终没有停止过对服饰文化和丝绸历史的研究热情，之所以著述近30部，与他这种执着的精神和坚韧的性格有直接关系。可以这样说，黄先生迄今为止的辉煌成就，来自他对染织史论研究事业的情有独钟和不可割舍。从根本上说，他做了他热爱的事，也做了他应该做的事，所以，他努力做好了他想做和该做的事，于是他就成功了……毫无疑问，这就是黄能馥先生的巨大成功，他"平心静气，始终专一"的探研态度决定了他的学问深度。我想，所有与黄先生打过交道的人，尤其是晚辈们，定会有诸多感触，先生的刻苦精神和专一态度，是我们今后做学问的榜样。

黄能馥先生曾长期担任《装饰》杂志的编委和顾问。我担任主编期间，曾得到先生对我工作的大力支持，至今一直心存感激。回想起来，不论拜读先生的赐稿，还是观摩先生的书稿，时常被他严谨的治学态度所感动，有些举例，有些忠告，迄今记忆犹新。

有次，我看到黄先生书稿中大量亲手绘制的插图感到很吃惊，便问先生如此现代化的条件下，为何不用电子图片还要亲自手绘呢？先生答道：只有自己亲手画的，才对内容理解得更深刻，而且将来不会引发版权纠纷之类的事……说得多么中肯，多么感人。他的人生态度和学术风范，给予我等晚辈们以极大的启示和影响。

当然，最令人感动的是，黄能馥先生随着研究的深入，随着年事的增高，做学问的势头和热情也越来越旺，并结出了累累硕果。他与夫人陈娟娟女士呕心沥血、历时7年，共著《中国丝绸科技艺术七千年——历代织绣珍品研究》一书，轰动了学界。对这部以丝绸文物研究为依托，将中华民族的文明史向前推进了2000年的精美专著，学界相关专家都给予了"前无古人，后无来者"的极高评价。

　　《黄能馥文集》犹如先生的学术耕耘史，不仅诠释了先生 "以历史文献和考古实物相对证" 的研究理念，也体现出先生的人格魅力和思想境界。我想，我们读先生的文集，不仅为他丰硕的学术成果所震撼，也会被他那颗平静的、专一的、笃诚的心所感动。

张夫也

2013新年钟声敲响时于北京褐石园文心斋

编后记

那些看起来简单的事情，往往并不简单，编辑文集就是这样一件事情。从大量资料中如何截取并整合，才可以体现一位历史研究者大半生的学术历程与思想？这是第一步要考虑的问题，也是重要的基调。其后就是一步步的调整与琐碎的细节工作。文集的编撰历时较长，其中也经历了一些小波折。希望最终可以相对全面地呈现黄能馥先生几十年来的学术成就与治学方法。

黄能馥先生年近九十了，从1962年出版的《中国印染史话》，直到去年的《服饰中华——中华服饰艺术七千年》四卷本，他的著作已有近三十部。几十年来，黄先生一直没有停止对服饰史和丝绸史研究的热情，这份执着令我万分钦佩。老一辈工艺美术史研究者们最令人钦佩之处，就在于他们坚韧的性格，以及认真和严谨的治学态度。黄能馥先生的作品，其文字量与图片量都十分丰富，甚至可用海量形容。要将这样高产的服饰史与丝绸史研究成果都融于本文集显然是不可能的，我们只能从黄先生每一部大部头著作中萃取部分编于文集之中。每一篇文章的选择也不是随意为之，例如像《中国服装史》和《中国丝绸科技艺术七千年》这样的大部头通史，选择了既可体现黄能馥先生在服装史、丝绸史研究方面的全面性，又可体现其历史代表性的文章编入文集。这样，整体上看来，黄先生对于服装史和丝绸史的研究就呈现出一条清晰的脉络，而在这条脉络中我们又可细细品味它的每一处独特和精致。

黄能馥早年师从沈从文先生，沈先生的治学态度与研究方法对其影响深远。

其中一点体现在沈从文先生所开辟的"以历史文献和考古实物相对证"的研究方法上，黄能馥先生一直坚持用这种方法来撰写服饰史与丝绸史。多年以来，他所出版的学术著作当中，每一段对古代实物的描述均一定要辅以一幅甚至多幅图片作为说明，并且每一幅图片的注解也不是简简单单的叙述，实物的尺寸、颜色、织造方法、出土于哪里、现存何处，以及曾发表于哪里等等一系列细节都体现在图片的注解当中。这也是本文集编写过程中所遇到的特殊问题，同时也成为文集的独特之处。由于篇幅所限，在尊重原著的基础之上，我们仍不得不在图片上进行一些删减，例如在文中提到的某个纹样与实物，尤其是那些做了详细分析的实物，其图片一定采取保留的方式，而文中没有重点进行分析和讲解的辅助图片，我们在这里只能忍痛舍掉，这也是文集的局限所在。即便这样仍然希望文集可以相对完整地体现出黄能馥先生的研究体系与治学方法。通过文集，读者可以从一个层面了解到黄能馥先生的治学严谨与研究跨度之广。希望可以起到抛砖引玉的作用，使更多的人有兴趣去阅读黄能馥先生的原著。

文集在编辑过程当中，得到黄能馥先生的大力支持。作为一代大家，黄先生的平和、亲切与谦逊，令我十分感动。一位耄耋之年的著名学者仍然在不懈地致力于他一生的事业，这实在是令同样也身处艺术史研究领域的我甚感惭愧。老先生的平和与简单，其实非常不简单，那是经过岁月的磨砺而得来的一种从容和宽厚，作为后辈，可以从老先生那里学得的东西实在是太多。

此外，要非常感谢杭间老师、张京生老师、张夫也老师在文集编辑过程中的不断鼓励与帮助。编辑过程中的疏漏与不足有请读者指正。

肇文兵

2012年12月于清华园

图书在版编目（ＣＩＰ）数据

黄能馥文集 / 黄能馥著；肇文兵编． —济南：山东
美术出版社，2014.4
（中国现代艺术与设计学术思想丛书）
ISBN 978−7−5330−4804−4

Ⅰ．①黄… Ⅱ．①黄… ②肇… Ⅲ．①服饰文化−文
化史−中国−文集 Ⅳ．①TS941.12−53

中国版本图书馆CIP数据核字（2013）第227349号

策　　划：王长春　李　晋
责任编辑：韩　芳

主管单位：山东出版传媒股份有限公司
出版发行：山东美术出版社
　　　　　济南市胜利大街39号（邮编：250001）
　　　　　http://www.sdmspub.com
　　　　　E−mail：sdmscbs@163.com
　　　　　电话：(0531) 82098268　传真：(0531)82066185
　　　　　山东美术出版社发行部
　　　　　济南市胜利大街39号（邮编：250001）
　　　　　电话：(0531) 86193019　86193028
制版印刷：山东临沂新华印刷物流集团
开　　本：787mm×1092mm　16开　27.5印张
版　　次：2014年4月第1版　2014年4月第1次印刷
定　　价：79.00元